BIBLIOTHÈQUE ÉLECTROTECHNIQUE (No 2)

L'ÉLECTRO-AIMANT

Sa construction — Ses applications

ET L'ÉLECTRO-MÉCANIQUE

PAR

SILVANUS P. THOMPSON

DIRECTEUR DU COLLÈGE TECHNIQUE DE FINSBURY, A LONDRES

OUVRAGE TRADUIT ET ADAPTÉ DE L'ANGLAIS

par

E. BOISTEL

Électricien

EXPERT PRÈS LE TRIBUNAL DE LA SEINE

———

Avec un portrait de l'auteur et 221 figures dans le texte.

———⟨◦⟩———

PARIS

LIBRAIRIE INDUSTRIELLE

J. FRITSCH, ÉDITEUR

30, RUE DU DRAGON

—

1895

L'ÉLECTRO-AIMANT

ET

L'ÉLECTRO-MÉCANIQUE

Silvanus P. Thompson.

BIBLIOTHÈQUE ÉLECTROTECHNIQUE (N° 2)

L'ÉLECTRO-AIMANT

ET

L'ÉLECTRO-MÉCANIQUE

PAR

SILVANUS P. THOMPSON

DIRECTEUR DU COLLÈGE TECHNIQUE DE FINSBURY, A LONDRES

OUVRAGE TRADUIT ET ADAPTÉ DE L'ANGLAIS

par

E. BOISTEL

Electricien

EXPERT PRÈS LE TRIBUNAL DE LA SEINE

Avec un portrait de l'auteur et 221 figures dans le texte.

PARIS

LIBRAIRIE INDUSTRIELLE

J. FRITSCH, ÉDITEUR

30, RUE DU DRAGON

1895

PRÉFACE

(D'APRÈS L'AUTEUR)

———

De tous les livres écrits sur la science électrique, il n'en est pas qui traite un sujet d'un caractère plus général et d'une utilité plus universelle que celui-ci.

Télégraphie, téléphonie, appareils de signaux, sonneries électriques, dynamos génératrices des courants, moteurs retransformant en travail mécanique l'énergie de ces courants, lampes à arc, instruments de mesures, utilisation de l'électricité dans les industries minière et métallurgique, électro-thérapeutique, et maint système électro-mécanique, toutes ces grandes applications de l'électricité ont pour organe fondamental un *électro-aimant*. — Merveilleux intermédiaire, dont la forme pratique paraît remonter à William Sturgeon (23 Mai 1825) (1) et qui place cet illustre physicien au premier rang parmi les savants, cet appareil si simple en lui-même — un noyau de fer roulé d'un fil de cuivre isolé — et qui nous est aujourd'hui si familier permet de produire et de régler *à volonté et à distance* des actions mécaniques à l'aide de courants électriques.

(1) *Transactions of the Society of Arts* (Comptes-rendus de la Société des Arts), 1825.

Mais, s'il est connu de tous que ces actions mécaniques varient — avec la masse, la forme et la qualité du noyau de fer, — avec la quantité et la répartition du fil de cuivre dont il est revêtu, — avec l'intensité du courant électrique qui circule dans ce fil, — avec la forme, la qualité et la distance de l'armature en fer sur laquelle agit l'électro-aimant, on connaît moins, pour ne pas dire mal, les lois qui en régissent le fonctionnement suivant la valeur de ces divers éléments et qui ont été l'objet fréquent de longues et profondes discussions. La lumière s'est cependant faite peu à peu, et ce qui, il y a peu d'années encore, était vague et incertain est devenu net et précis.

Telle est d'ailleurs l'allure progressive générale de l'étude des sciences physiques. La loi de la circulation des courants électriques continus, également obscure à une certaine époque, a été mise au jour par la règle fameuse à laquelle Ohm a attaché son nom. Son extension au cas des courants à fréquentes intermittences, tels que ceux employés en télégraphie, a été découverte par Von Helmholtz, tandis que l'honneur de son extension ultérieure aux courants périodiques, alternatifs, ou ondulatoires, revient à Maxwell.

Tous ces remarquables travaux étaient cependant d'ordre purement électrique ; la loi de l'électro-aimant n'était pas encore découverte ; la partie magnétique du problème à résoudre restait enfouie dans l'obscurité. L'étude du magnétisme s'appliquait à des questions d'un genre différent. Elle se perdait dans une terminologie aussi nuageuse que défectueuse et était plus qu'inutile à la solution pratique des problèmes relatifs aux électro-aimants. La théorie spéculative de deux fluides magnétiques distribués sur les faces terminales des aimants avait mal-

heureusement été, sous l'autorité mathématique de grands
noms tels que ceux de Coulomb, Laplace et Poisson, accep-
tée comme fondement physique de la science, en compa-
gnie de la loi, non moins mathématique, de l'inverse des
carrés, et il est impossible d'apprécier aujourd'hui l'importance du retard apporté par le poids de ces noms illustres
aux progrès de l'électromagnétisme. On sait maintenant
combien est fausse et trompeuse, sauf au point de vue mathématique abstrait, la doctrine des deux fluides magnétiques. On sait que le magnétisme, loin de résider aux
extrémités ou à la surface d'un aimant, est une propriété
qui a son siège dans toute sa masse ; — que l'aimantation interne, et non ce qui en apparaît extérieurement,
est le seul fait important à considérer ; — que le soi-disant magnétisme libre à la surface n'est guère qu'un
phénomène accidentel ; — que l'aimant est en réalité
plus puissamment aimanté aux points qui présentent le
moins d'aimantation superficielle ; — et que finalement
la théorie de la distribution externe de fluides est absolument impuissante à fournir à l'électricien aucune base
de calcul de quelque utilité. Il a besoin de règles capables non seulement de lui indiquer d'avance la force
portante d'un électro-aimant donné, mais encore de le
guider dans l'étude et la construction d'électro-aimants
de formes appropriées aux exigences de la pratique. Il
lui faut tantôt un puissant électro-aimant qui retienne
fortement son armature comme le rocher fixe l'huître qui
y adhère, tantôt un appareil doué d'un champ d'action très
étendu, et, par suite, une règle de nature à diriger son
étude. Un autre cas exigera une forme spéciale susceptible d'une action aussi rapide que possible ; enfin, dans
certaines applications, on devra tout sacrifier à la réali-

sation d'une action maxima avec un poids minimum.
L'ancienne théorie du magnétisme n'est d'aucun secours
pour la solution de ces divers problèmes pratiques. Son
affublement de symboles mathématiques est une dérision.
Il en est à cet égard comme du cas où l'on mettrait un ingénieur, aux prises avec l'étude d'une machine à vapeur,
en présence de recettes lui permettant d'en évaluer les
frais de peinture.

Peu à peu cependant on vit poindre à l'horizon une
nouvelle aurore. En dépit des mathématiques pures, on
se fit à l'idée de voir dans le magnétisme une sorte de
circulation suivant une trajectoire définie, circulation plus
libre dans certains corps, comme le fer, que dans d'autres substances relativement non magnétiques. Des analogies entre la circulation du courant électrique dans un
circuit électriquement conducteur et le passage d'un flux
magnétique à travers des circuits doués de conductibilité
magnétique se firent jour dans certains esprits et les
conduisirent à une manière d'envisager la question sur
des bases toutes différentes de celles antérieurement admises.

Dès 1821, Cumming (1) se livra à des expériences sur
la conductibilité magnétique. L'idée d'un circuit magnétique hanta plus ou moins les cerveaux de Ritchie (2),
Sturgeon (3), Dove (4), Dub (5), et de la Rive (6) qui

(1) *Camb. Phil. Trans.*, 2 avril 1821.
(2) *Phil. Mag.*, Série III, tome III, p. 122.
(3) *Ann. of Electr.*, XII, p. 217.
(4) *Pogg. Ann.*, XXIX, p. 462, 1833. Voir également *Pogg. Ann.*,
XLIII, p. 517, 1838.
(5) Dub, *Elektromagnetismus* (éd. 1861), p. 401, et *Pogg. Ann.*,
XC, p. 440, 1853.
(6) De la Rive, *Treatise on Electricity* (Traduction Walker), tome I,
p. 292.

emploie explicitement l'expression de « circuit magnétique fermé ». Joule (1) trouva que la puissance maxima d'un électro-aimant était proportionnelle à « la
moindre section du circuit magnétique entier » et consi-
déra la résistance à l'induction comme proportionnelle à
la longueur du circuit magnétique. A vrai dire on rencontre dans les travaux de Joule sur le magnétisme cinq
ou six sentences qui, réunies, constituent dans leur ensemble toute la base de la question. Faraday (2) estimait
avoir prouvé que toute ligne de force forme une courbe
fermée, que la trajectoire de ces courbes fermées dépend
de la conductance des masses voisines, et que les lignes
de force magnétique sont absolument analogues à la trajectoire suivie par un courant électrique dans un circuit
approprié. Il parle d'un aimant environné d'air comme
d'une pile voltaïque immergée dans l'eau ou tout autre
électrolyte. Il entrevoyait même l'existence d'une action
comparable à celle de la force électromotrice, bien que
l'expression de « force magnétomotrice » soit d'origine
plus récente. La notion de conductibilité magnétique se
rencontre dans le grand traité de Maxwell (tome II, p. 51) ;
mais elle n'y est que très sommairement indiquée. Enfin,
en 1873, Rowland (3), adoptant formellement le raisonnement et le langage de Faraday dans l'exposition de
quelques résultats nouveaux sur la perméabilité magnétique, fit ressortir que le flux de force à travers un barreau aimanté pouvait être soumis au calcul exact ; « la

---

(1) *Ann. of Electr.*, IV, p. 59, 1839 ; V, p. 195, 1841 ; et *Scientific
Papers*, pp. 8, 34, 35, 36.
(2) *Experimental Researches*, tome III, art. 3117, 3228, 3230, 3260,
3271, 3276, 3291 et 3361.
(3) *Phil. Mag.*, Série IV, tome XLVI, août 1873, « De la Perméabilité magnétique et de l'Aimantation maxima du fer, de l'acier et du nickel.»

loi élémentaire en est », dit-il, « semblable à la loi d'Ohm ».
Suivant Rowland, on obtenait le flux magnétique en divisant la « force magnétisante d'un solénoïde » par « la
résistance au flux de force », calcul applicable au circuit
magnétique identiquement comme la loi d'Ohm aux circuits électriques. Il détermina ainsi la perméabilité de
certains échantillons de fer, d'acier et de nickel. En
1882 (1), puis de nouveau en 1883 (2), M.R.-H.-M. Bosanquet arriva à une plus large extension de la même
conception en se servant de la très juste expression de
« force magnétomotrice » pour désigner la force tendant à faire pénétrer le flux d'induction magnétique à
travers la « résistance magnétique » ou « réluctance »
(pour employer une expression plus moderne) du circuit.
Dans ces mémoires les calculs sont systématiquement
déduits et s'appliquent non seulement aux propriétés
spécifiques du fer, mais encore aux problèmes résultant
de la forme même de cet élément. Bosanquet indique la
manière de calculer les réluctances des différentes parties
du circuit qu'il additionne ensuite pour avoir la réluctance totale du circuit magnétique.

Antérieurement cependant le principe du circuit magnétique avait été envisagé par Lord Elphinstone et
M. Vincent en vue de son application à la construction
de leurs machines dynamo-électriques. En deux circonstances (3) ces physiciens communiquèrent à la Société

(1) *Proc. Roy. Soc.*, XXIV, p. 115, décembre 1882.
(2) *Phil. Mag.*, Série V, tome XV, p. 205, mars 1883, Sur la force
magnétomotrice. — *Ibid.*, tome XIX, février 1885, et *Proc. Roy. Soc.*,
N° 223, 1883. Voir également *Electrician*, XIV, p. 291, 11 février 1885.
(3) *Proc. Roy. Soc.*, XXIX, p. 292, 1879, et XXX, p. 287, 1880.
Voir *Electrical Review*, VIII, p. 131, 1880.

Royale de Londres les résultats d'expériences prouvant
que le même courant d'excitation développait, dans un
noyau de fer de structure donnée constituant un circuit
magnétique fermé, une plus forte aimantation que pour
toute autre configuration du système.

Dans ces dernières années, la notion du circuit magnétique a pris un développement considérable dans l'é-
tude des machines dynamos, au calcul desquelles ce principe de première importance sert maintenant de base
essentielle. Grâce à lui les constructeurs n'ont plus besoin
de recourir à la loi de l'inverse du carré des distances,
non plus qu'aux moments magnétiques, aux expressions
compliquées de distribution superficielle du magnétisme,
ni à tout le vieil arsenal du siècle dernier. La simple loi
du circuit magnétique et la connaissance des propriétés
du fer suffisent à toutes les exigences de la pratique.

Il y a une huitaine d'années, M. Gisbert Kapp (1) et
les Drs J. et E. Hopkinson (2) ont fait un grand pas
dans l'application de ces considérations à l'étude des
machines dynamos, qui n'étaient guère avant eux que le
produit d'une pratique empirique. Dans cet ordre d'idées
les formules du professeur Forbes (3) pour le calcul des
dérivations magnétiques, et les recherches des professeurs Ayrton et Perry (4) sur les shunts magnétiques y
ont ajouté une précieuse part contributive, et les progrès

(1) *The Electrician*, tomes XIV, XV et XVI, 1885-86 : *Proc. Inst.
Civil Engineers*, LXXXIII, 1885-86 : et *Journ. Soc. Teleg. Engineers*,
XV, p. 521, 1886.
(2) *Phil. Trans.*, 1886, pt. 1, p. 331 : et *The Electrician*, XVIII, pp.
39, 63, 86, 1886.
(3) *Journ. Soc. Telegr. Engineers*, XV, p. 555, 1886.
(4) *Ibid.*, XV, p. 530, 1886.

ainsi réalisés ont abouti à ce résultat que l'étude d'exécution d'une dynamo a été ramenée à une question de science exacte.

Cet ouvrage a pour objectif de montrer comment ces considérations si fécondes en résultats en ce qui concerne la construction des machines dynamo-électriques sont également applicables aux électro-aimants à destination quelconque. L'étude et la construction théoriques et pratiques de ces appareils seront ainsi une fois pour toutes assises sur une base rationnelle. Il en résultera des règles définies propres à guider le constructeur et à le diriger dans le choix des formes et dimensions convenables de fer à employer, et des diamètres et quantités de fil de cuivre dont ce fer doit être roulé, suivant les circonstances et le but déterminé à atteindre.

Les divisions et subdivisions des chapitres que nous avons établies, en dépit du système anglais qui place tout sous des titres de même valeur typographique, et le soin avec lequel nous en avons tiré une table méthodique des matières nous dispensent d'indiquer l'ossature générale de l'ouvrage que nous nous sommes d'ailleurs, non sans peine en certains endroits, appliqué à *internationaliser*. Nous avons dû en outre modifier, sans toutefois le faire disparaître complètement, le mode d'exposition de l'Auteur qui y a, trop souvent à notre sens, maintenu le style parlé de Conférences antérieurement faites devant la « Society of Arts », point de départ de la conception de son livre.

Depuis le long « Exposé des Applications de l'Electricité » de Du Moncel, qui, malgré la science qu'il contient et l'abondance de renseignements dont il fourmille, est confus et indigeste, il n'existait rien d'analogue; rien surtout qui fût au point. Cette considération, jointe à l'importance primordiale de son objet, nous a semblé mériter à cet ouvrage, complété par l'incorporation de travaux tout récents anglais et allemands, sinon la première, du moins la seconde place dans cette nouvelle collection. Il en constituera une des assises et rendra en outre de précieux services dans les applications de chaque jour.

NOVEMBRE 1894.

E. BOISTEL.

TABLE DES MATIÈRES

CHAPITRE I

CHAPITRE II

CHAPITRE III

CHAPITRE IV

CHAPITRE VII

CHAPITRE VIII

CHAPITRE IX

CHAPITRE X

CHAPITRE XI

CHAPITRE XII

CHAPITRE XIII

CHAPITRE XIV

CHAPITRE XV

CHAPITRE XVI

APPENDICES

ERRATA

L'ÉLECTRO-AIMANT

CHAPITRE I

INTRODUCTION HISTORIQUE

L'action d'un courant électrique, circulant dans un fil, sur une aiguille aimantée située dans son voisinage, a été découverte par Oersted en 1820 (1). Cette révélation de propriétés magnétiques possédées par un courant électrique a été bientôt après suivie des recherches d'Ampère (2), Arago (3), Davy (4), et des dispositions imaginées par plusieurs autres expérimentateurs, comprenant la pile flottante et la bobine de De la Rive (5), le multiplicateur de Schweigger (6), le galvanomètre de Cumming (7), l'appareil de Faraday (8) pour la rotation d'un aimant permanent, le pendule oscillant de Marsh (9), et la roue étoilée de Barlow (10). Mais la découverte de l'électro-aimant ne remonte qu'à 1825.

(1) *Annales de Philosophie*, de Thomson, octobre 1820 : Reproduction du travail original dans le *Journ. Soc. Teligr. Engineers*, V, p. 464, 1876.
(2) *Annales de Chimie et de Physique*, XV, pp. 59 et 170, 1820.
(3) *Ibid.*, XV, p. 93, 1820.
(4) *Phil. Trans.*, 1821.
(5) *Bibliothèque universelle*, mars 1821.
(6) *Ibid.*
(7) *Camb. Phil. Trans.*, 1821.
(8) *Quarterly Journal of Science*, septembre 1821.
(9) *Magnetic Attractions* de Barlow, 2e édition, 1823.
(10) *Ibid.*

Arago annonça le 25 septembre 1820 qu'un fil de cuivre réunissant les pôles d'une pile voltaïque, et par conséquent traversé par un courant électrique, attirait autour de lui la limaille de fer. Dans la même communication il indiquait comment il avait réussi à donner une aimantation permanente à des aiguilles d'acier placées à angles droits avec le fil de cuivre, et comment la répétition de cette expérience devant Ampère avait suggéré à celui-ci l'idée que l'action magnétisante serait plus intense si l'on substituait au fil de cuivre, droit un fil contourné en hélice, à l'intérieur duquel on pourrait mettre l'aiguille d'acier. Cette idée fut immédiatement réalisée par les deux savants.

« Un fil de cuivre roulé en hélice fut terminé par deux portions rectilignes permettant de l'adapter à volonté aux pôles contraires d'une puissante pile voltaïque horizontale : une aiguille d'acier entourée de papier fut introduite dans le solénoïde ainsi formé. Au bout de quelques minutes de séjour dans le solénoïde, l'aiguille avait acquis une aimantation très marquée. »

Arago roula ensuite sur un petit tube de verre de courtes hélices, d'environ 60 mm de long, alternativement dextrorsum et sinistrorsum, et trouva que, si l'on introduisait dans le tube de verre un fil d'acier, il s'y produisait des « pôles conséquents » aux endroits où l'enroulement changeait de sens. Le 23 octobre 1820, Ampère lut un mémoire dans lequel il démontrait par ces phénomènes la confirmation de sa théorie des actions magnétiques. Davy avait également, en 1820, entouré momentanément de bobines de fil les aiguilles d'acier sur lesquelles il expérimentait, et il avait montré qu'un courant électrique dans ces bobines pouvait conférer aux aiguilles un pouvoir magnétique. Ces expériences constituaient un grand pas vers la découverte d'un noyau de fer doux, entouré d'une bobine convenable de fil de cuivre, capable d'agir non seulement comme un puissant aimant, mais comme un aimant auquel on pouvait à volonté communiquer ou enlever ses propriétés, en les portant à un degré déterminé quelconque, et susceptible d'être mis en jeu et réglé à une distance pratiquement sans limites.

Recherches de Sturgeon.

Le premier électro-aimant pour lequel sa forme permette réellement de revendiquer ce nom fut imaginé par William Sturgeon, et décrit par lui dans le travail qu'il présenta en 1825 à la « Société des Arts », avec une série d'appareils convenablement appropriés aux expériences électro-magnétiques (1). Parmi ces appareils se trouvent deux électro-aimants, l'un en fer à cheval (Fig. 1 et 2), l'autre droit (Fig. 3). On voit dans son mémoire que les deux premières figures représentent un électro-aimant formé d'une baguette de fer re-

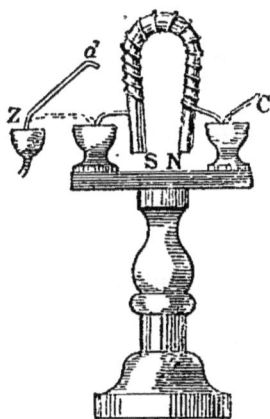

Fig. 1. — Premier électro-aimant de Sturgeon.

courbée, de 300 mm de longueur environ, sur 12 mm de diamètre, revêtue d'une couche de vernis, puis recouverte d'une seule hélice sinistrorsum de gros fil de cuivre nu à dix-huit spires. Cette bobine était appropriée à la pile que Sturgeon préférait, c'est-à-dire un seul élément formé d'un couple de lames zinc et cuivre de grande surface (840

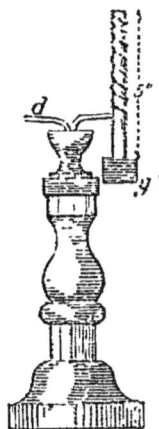

Fig. 2. — Premier électro - aimant de Sturgeon.

cm carrés environ), roulées en spirales et plongées dans l'acide. Cet élément, à très faible résistance intérieure, était capable de fournir un courant de grande intensité dans un circuit très peu résistant. Les extrémités du

(1) *Trans. Society of Arts*, XLIII, p. 38, 1825.

fil de cuivre étaient écartées latéralement et recourbées de
manière à plonger dans deux profonds godets de connexion,
marqués Z et C, fixés sur un support en bois. Ces godets, qui
étaient eux-mêmes en bois, servaient à maintenir en l'air
l'électro-aimant, et, remplis de mercure, ils étaient également
utilisés comme connexions électriques. La Fig. 2 représente
l'électro-aimant vu de côté et portant une armature de fer y.
Le circuit était complété à travers la pile par un fil de
connexion d qu'on pouvait soulever hors du godet Z pour
rompre le circuit, sans perdre les égouttures de mercure.
Sturgeon ajoutait dans ses remarques explicatives qu'on
pouvait renverser les pôles N et S de l'électro-aimant en roulant le fil de cuivre dextrorsum autour de la baguette de fer,
ou, plus simplement, en intervertissant les connexions avec la
pile, ce que permettait l'immersion du fil dans le godet C au
lieu du godet Z, et *vice versâ*. Cet
électro-aimant ainsi excité était capable de porter 4 kg.

La fig. 3 indique une autre disposition applicable avec le même
support.

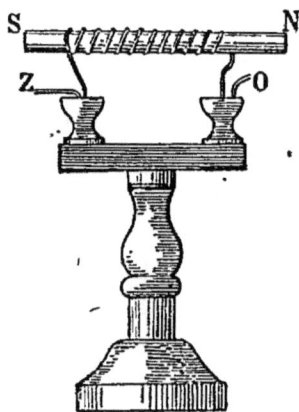

Fig. 3. — Electro-aimant
droit de Sturgeon.

« Cette disposition communique une
aimantation à des barres d'acier trempé dès
qu'on les introduit dans l'hélice, et donne
au fer doux qu'on y place les propriétés
magnétiques pendant la durée du passage
du courant. Elle ne diffère de celle indiquée par les Fig. 1 et 2 qu'en ce que l'hé-
lice est droite ce qui permet d'y introduire et d'en retirer les barres de
fer ou d'acier. »

Pour cet appareil et d'autres accessoires qui y étaient joints,
tous décrits dans les bulletins de la Société, de 1825, Sturgeon reçut d'elle le prix et la médaille, et, en signe de reconnaissance, il lui fit don de ces instruments pour son musée

qu'on pourrait ainsi supposer être fier de posséder le premier
électro-aimant qui ait·jamais été construit. Malheureusement,
telle est la vanité des choses humaines que le musée de la Société a été dispersé il y a longtemps, et cette relique sans prix a
passé soit dans les collections du Musée du Patent Office, aujourd'hui disparu, soit entre des mains étrangères où elle a
été complètement perdue de vue.

Le premier électro-aimant de Sturgeon, dont le noyau pesait
à peu près 200 g, était capable de porter une charge de
4 kg, soit vingt fois son propre poids. Ce résultat était, à
l'époque, regardé comme très remarquable. Sa couche unique
de gros fil de cuivre était bien adaptée à l'unique élément de
pile employé. Le même poids de cuivre sous.forme de fil fin
n'aurait pas donné un meilleur résultat. Ultérieurement, entre
les mains de Joule, le même électro-aimant porta une charge
de 22, 7 kg, ou environ 111 fois son propre poids. En par-
·lant en 1832 de son appareil de 1825, Sturgeon emploie ce
langage exubérant : —

« Quand je montrai le premier que les forces magnétiques d'un circuit galvanique se manifestent d'une façon plus nette avec le fer doux
qu'avec l'acier trempé, mes expériences étaient limitées à de faibles
masses, généralement quelques pouces (1) de baguette de fer d'un
demi-pouce (1,25 centimètre) environ de diamètre. Certaines de ces
pièces étaient employées en barres droites, d'autres recourbées en
forme d'aimants en fer à cheval ; chacune d'elles était revêtue d'un
conducteur de fil de cuivre roulé en hélice. Les forces magnétiques développées par ces simples dispositions présentent un caractère très
remarquable et très important, en ce qu'elles permettent de suspendre
aux pôles des pièces d'un poids considérable pendant la période d'excitation sous l'influence électrique.

« Une évolution de l'action magnétique sans équivalence dans la

_____

(1) C'est intentionnellement bien entendu, que nous maintenons
dans les citations les expressions et mesures employées par les auteurs,
pour conserver le caractère original de leur style. Toute modification
serait, sous prétexte de correction, d'un pédant anachronisme (N. d. T.).

science se manifeste aussi dans le fer doux par son passage instantané
d'un état d'inaction totale à un autre d'énergique polarité, ainsi que
par une réciprocité simultanée de polarité aux extrémités du barreau.
Le fer doux présente à cet égard la plus haute aptitude de versatilité ;
l'électricité est un agent qui en permet la démonstration avec la rapidité de la pensée et l'illustration par les plus splendides expériences
magnétiques. Il est d'ailleurs surabondamment prouvé par nombre
d'observations que l'électricité galvanique exerce une excitation des
plus marquées sur le magnétisme latent du fer doux et évoque avec
une prodigieuse promptitude ses ressources cachées ; le tout se manifeste
d'ailleurs avec une intensité qui surpasse de beaucoup tout ce qui peut
être réalisé par une application connue quelconque des plus énergiques aimants permanents, ou par tout autre mode d'expérimentation
découvert jusqu'ici. On a observé cependant, en opérant sur divers
échantillons de fer d'origines différentes, que malgré le plus grand
soin apporté à les préparer aussi identiques que possible, comme
forme et comme dimensions, ils présentent des différences considérables dans la susceptibilité qu'ils possèdent individuellement au développement des propriétés magnétiques ; un grand nombre de celles-ci
dépendent de la manière dont le fer a été traité en forge, aussi bien
que de la nature physique du fer lui-même (1).

« La puissance extraordinaire des électro-aimants, ainsi que la facilité
et la promptitude avec lesquelles leurs *énergies* peuvent être mises en
jeu, les désignent admirablement pour leur introduction dans une foule
de dispositions où de puissants aimants ont tant d'importance, et pour
un rôle de premier ordre dans la production des rotations électro-magnétiques : d'autre part, les versatilités de polarité dont ils sont susceptibles sont éminemment propres à donner une agréable diversité à
l'exhibition de cette classe de phénomènes si intéressants, et à per-

(1) J'ai fait sur de petites pièces de fer un grand nombre d'expériences d'où il semble résulter qu'un fort martelage est très nuisible au
développement du magnétisme dans le fer doux, qu'il soit excité gal-
vaniquement ou autrement. Et, bien qu'il soit toujours indispensable
de bien recuire le fer, ce qui facilite beaucoup la polarisation, ce procédé est loin de rendre au métal la haute susceptibilité qu'il perd souvent au martelage. Une baguette de fer cylindrique de petites dimensions se plie très aisément en la forme voulue sans exiger de martelage, et j'ai reconnu que de petits électro-aimants ainsi façonnés acquièrent les propriétés magnétiques à un très haut degré.

mettre la réalisation d'autres phénomènes impossibles à reproduire par n'importe quel autre moyen (1). »

On ne saurait mieux exposer les travaux ultérieurs de Sturgeon pendant les trois années suivantes qu'en le laissant parler lui-même : —

.« Jusqu'à la fin de 1828 il ne paraît pas avoir été tenté d'expériences très fécondes en vue d'améliorer la force portante des électro-aimants, depuis l'époque où furent publiées mes expériences dans les *Transactions of the Society of Arts, etc.*, de 1825. M. Watkins, constructeur d'instruments de physique, à Charing Cross, en a cependant établi de dimensions beaucoup plus grandes qu'aucun de ceux employés par moi, mais je ne sais pas jusqu'où il a poussé ses essais.

« Au cours de l'année 1828, le professeur Moll, d'Utrecht, se trouvant à Londres, acheta à M. Watkins un électro-aimant pesant environ 5 lb. (2,250 kg), le plus grand, je crois, qui ait été construit à cette époque. Il était en fer rond, de 1 pouce (2,5 cm) à peu près de diamètre, et roulé de quatre-vingt-trois spires d'un seul fil de cuivre. Quand cet électro-aimant était excité par un élément galvanique de grande surface, il portait environ 75 lb. (34 kg). Le professeur Moll construisit ultérieurement (2) un autre électro-aimant qui, une fois recourbé, présentait une hauteur de 12 1/2 pouces (31,75 cm) et un diamètre de 2 1/2 pouces (6,25 cm) ; il était roulé d'une hélice unique de fil conducteur. Sous l'action d'une surface galvanique de 11 pouces carrés (102 dm²), cet électro-aimant aurait porté 154 lb. (70 kg), mais n'aurait pas soulevé une enclume de 200 lb. (90 kg).

« Le plus grand électro-aimant que j'aie montré jusqu'ici (1832) dans mes conférences pèse environ 16 lb. (7, 25 kg). Il est formé d'un petit barreau de fer doux, de 1 1/4 pouce (3,8 cm) de côté : l'armature qui en réunit les pôles est prise dans la même barre de fer et a environ 3 3/4 pouce (9,5 cm) de long. Vingt hélices distinctes de fil de cuivre ayant chacune à peu près 50 pieds (15 m) de long, sont bobinées autour du fer en couches successives de pôle à pôle, et séparées l'une de l'autre par de la soie interposée : la première couche n'est distante du fer que de l'épaisseur de la soie ; la vingtième et dernière se

(1) Sturgeon, *Scientific Researches*, p. 113.
(2) *Edin. Journ. Sci.*, no VI, Art. III, p. 209, 1828.

trouve à 1/2 pouce (1,25 cm) de distance. Grâce à cette disposition les fils sont complètement isolés l'un de l'autre sans qu'il soit besoin de les guiper ou de les vernir. Les extrémités du fil dépassent le fer de 2 pieds (60 cm) environ pour permettre les connexions. Avec une de mes[¹] petites piles cylindriques, présentant à peu près 150 pouces carrés (968 cm²) de surface totale, cet électro-aimant porte 400 lb. (180 kg). Je l'ai éprouvé avec une pile plus grande, mais ses propriétés ne paraissent pas s'être développées effectivement autant qu'on aurait pu s'y attendre avec l'augmentation de la surface galvanique. La juste proportion de la solution acide joue un grand rôle : de bon acide nitrique ou nitreux, étendu de six ou huit fois son poids d'eau, convient très bien. Avec une nouvelle pile des dimensions ci-dessus et une forte solution de sel et d'eau à une température de 190° Fahr. (87°,7 C), l'électro-aimant portait de 70 à 80 lb. (31,75 à 36,25 kg), avec les dix-sept premières couches seulement en circuit. Avec les trois couches extérieures seules en circuit il portait juste son armature. Quand la température de la solution ne dépassait pas 40° à 50° Fahr. (4, 4 à 10° C), la puissance magnétique excitée était relativement très faible. Avec la couche intérieure seule en circuit et une forte solution acide, l'électro-aimant porte environ 100 lb. (45 kg); et, avec les quatre couches intérieures, 250 lb. (113 kg). Sa puissance augmente, pour chaque couche nouvelle introduite, jusqu'à la douzième à peu près, mais peu sensiblement au delà; les huit autres couches semblent en conséquence inutiles, bien que les trois dernières, indépendamment des dix-sept internes et à une distance d'un demi-pouce (1,25 cm) du fer, lui communiquent une force portante de 75 lb. (34 kg).

« M. Marsh a monté en électro-aimant un barreau de fer beaucoup plus grand que le mien, avec une répartition de fils conducteurs semblable à celle imaginée et employée avec tant de succès par le professeur Henry. Cet électro-aimant porte environ 560 lb. (254 kg) sous l'excitation d'une pile identique à la mienne. Ces deux appareils sont, je crois, les deux plus puissants qui aient encore été établis en Angleterre.

« La figure suivante (Fig. 4) représente un petit électro-aimant que j'emploie également dans mes conférences, avec son mode de suspension.

« Le noyau est constitué par une baguette cylindrique de fer pesant 4 onces (113 g); ses pôles sont écartés d'un quart de pouce environ (62 mm). Il est garni de six couches de fil disposées comme celles du grand électro-aimant ci-dessus décrit et porte plus de 50 lb. (22,5 kg).

« Un chevalet à trois branches est très pratique comme mode de suspension pour ces expériences. Une planchette munie de deux godets de bois est fixée à bonne hauteur à deux des pieds. Ces deux godets sont remplis de mercure dans lequel plongent respectivement les extrémités amalgamées des fils conducteurs.

« Les godets sont assez larges pour permettre aux fils de se mouvoir dans le mercure sans rompre le contact, ce qui arriverait souvent avec les oscillations de l'électro-aimant sous les poids qu'on y suspend. Le circuit est complété par d'autres fils reliant la pile aux godets de mercure. Le poids étant suspendu comme l'indique la figure, si l'on rompt le circuit en détachant un des fils de connexion, il tombe immédiatement sur

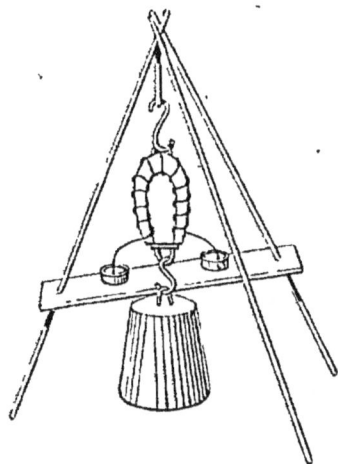

Fig. 4. — Électro-aimant de Sturgeon.

la table. Je suspends de la même façon le gros électro-aimant à un trépied plus grand; les poids qu'on y attache sont placés l'un après l'autre sur un plateau carré suspendu à un crochet fixé par une corde aux deux extrémités de l'armature qui relie les pôles de l'électro-aimant.

« Avec une autre pile et une solution de sel marin et d'eau à la température de 190° Fahr. (87°,7 C), le petit électro-aimant (Fig. 3) porte 16 lb. (7,25 kg). »

En 1840, après s'être retiré à Manchester, où il entreprit l'installation de la « Galerie Victoria de Science pratique », il continua ses travaux, et, dans le septième mémoire de sa série de *Recherches*, on trouve le passage suivant : —

« L'électro-aimant appartenant à cette Institution est formé d'une barre cylindrique de fer doux, recourbée en forme de fer à cheval, avec ses deux branches parallèles distantes l'une de l'autre de 4,5 pouces (11,5 cm). Le diamètre du fer est de 2,75 pouces (7 cm) : recourbé, il présente une longueur de 18 pouces (45 cm). Il est roulé de quatorze couches de fil de cuivre, sept sur chaque branche. Le fil constitutif de ces bobines a 1/12 de pouce (2 mm) de diamètre, et chaque bobine en contient à peu près 70 pieds (21 m). Ces fils sont groupés de la manière ordinaire pour amener les courants venant de la pile. Cet électro-aimant a été construit par M. Nesbit..... Le plus grand poids qu'il ait porté dans ces expériences est de 1386 lb. (628 kg), avec une excitation fournie par seize couples de plaques métalliques en quatre groupes de couples par quatre en série. La force portante avec dix-neuf couples en série était notablement moindre qu'avec dix, et très peu supérieure à celle fournie par un seul élément ou couple de plaques. Ce résultat assez remarquable montre combien on peut se laisser facilement entraîner à gaspiller les propriétés magnétiques des piles, faute d'un groupement judicieux de leurs éléments (1). »

Trois ans seulement après la découverte de Sturgeon on en trouve mention en Allemagne. En 1828, Pohl (2) montre à Berlin un petit électro-aimant. En 1830, Pfaff (3) décrit un de ceux de Sturgeon, construit par Watkins, qu'il avait vu dans un récent voyage à Londres.

Recherches d'Henry.

A l'époque où écrivait Sturgeon les lois qui régissent la circulation des courants électriques dans les fils étaient encore obscures. L'énonciation de la loi d'Ohm sur le circuit électrique, qui en est le point de départ, paraissait dans les *Annales de Poggendorff* l'année même de la découverte de Sturgeon, 1825, bien que son ouvrage complet n'ait été publié qu'en 1827, et la traduction anglaise, faite par le Dr Francis, en 1841 seulement (*Scientific Memoirs* de Taylor, tome II). A défaut de la loi d'Ohm pour guide, il n'est pas étonnant que les expérimentateurs, même les plus éminents, ne fussent pas en état de comprendre les relations entre la pile et le circuit capables de fournir les meilleurs résultats. Ils ne pouvaient y arriver qu'au prix de tâtonnements plus ou moins

(1) Sturgeon, *Scientific Researches*, p. 188.
(2) Von Feilitzsch, *Lehre von galvanischem Strome*, p. 95.
(3) *Journal de Schweigger*, LVIII, p. 273, 1830.

couronnés de succès. Le plus illustre parmi eux fut Joseph Henry, alors professeur à l'Institut d'Albany, dans l'État de New-York, puis à celui de Princeton, New Jersey, qui ne se livra pas seulement à des essais, mais réussit à réaliser un progrès important. En 1828, une étude du « multiplicateur » (ou galvanomètre) le conduisit à proposer d'appliquer aux appareils électromagnétiques l'idée de les revêtir d'une hélice de fil « roulée en spires contiguës », le fil ayant de 0,6 à 1 mm de diamètre et étant recouvert de soie. En 1831 il décrivit ainsi les résultats de ses expériences (1) : —

« Une barre de fer rond, d'un quart de pouce (6 mm) environ de diamètre, fut recourbée comme d'habitude, en forme de fer à cheval, et, au lieu de l'enrouler de quelques pieds de fil à spires espacées, comme on le fait ordinairement, on serra les spires faites avec 35 pieds (10,7 m) de fil recouvert de soie, de manière à faire à peu près 400 spires ; une paire de petites plaques galvaniques, qu'on pouvait immerger dans un vase à acide dilué, fut soudée aux extrémités du fil, et le tout, monté sur un support. Avec ces petits couples le fer devint beaucoup plus puissamment magnétique qu'un autre de mêmes dimensions et enroulé de la même manière, sous l'action d'une pile formée de vingt-huit couples cuivre et zinc, de 8 pouces carrés (51 cm²) chacun. On arriva à une autre forme commode du même appareil en enroulant un barreau de fer droit, de 9 pouces (23 cm) de long, avec 35 pieds (10,7 m) de fil, reposant horizontalement sur un petit vase de cuivre contenant un cylindre de zinc ; quand ce vase, qui servait à la fois de support et d'élément galvanique, était rempli d'acide dilué, le barreau se transformait en électro-aimant portatif. Ces dispositions ont été montrées à l'Institut en mars 1829. L'idée me vint ensuite que les deux petites plaques devaient fournir une quantité de galvanisme suffisante pour développer, à l'aide de la bobine, une puissance magnétique beaucoup plus grande dans un morceau de fer plus considérable. Pour en faire l'essai, je recourbai en forme de fer à cheval une barre cylindrique de fer, d'un demi-pouce (1,25 cm) de diamètre et de 10 pouces (25 cm) environ de long, et je l'enroulai de

(1) *Silliman's American Journal of Science*, janvier 1831, XIX, p. 400.

32 pieds (9,75 m) de fil ; avec une paire de plaques ne présentant que 2 1/2 pouces carrés (16 cm²) de zinc, il porta 15 lb. (6,8 kg). A la même époque il me vint à l'esprit, en lisant une description plus détaillée du galvanomètre du professeur Schweigger, un perfectionnement très important dans la construction de la bobine, et je l'éprouvai également avec un plein succès sur le même fer à cheval. Il consistait à employer plusieurs couches de fil, recouvert de soie, à la place d'un seul. Conformément à cette idée, un second fil de même longueur que le premier fut roulé par dessus celui-ci, et ses deux extrémités furent soudées au zinc et au cuivre de telle sorte que le courant galvanique pût circuler dans le même sens dans les deux, ou, en d'autres termes, que les deux fils pussent agir comme un seul : cette addition doubla l'effet produit, en ce que le fer à cheval, sous l'action des mêmes couples galvaniques que précédemment, porta alors 28 lb. (12,7 kg).

« Avec une paire de plaques de 4 pouces sur 6 (10 sur 15 cm), il portait 39 lb. (18,7 kg), ou plus de cinquante fois son propre poids.

« Ces expériences prouvaient d'une façon indiscutable qu'on pouvait développer une très grande aimantation avec un très petit élément galvanique, et que la puissance de la bobine augmentait notablement avec la multiplication du nombre des fils constitutifs, sans augmentation de la longueur de chacun d'eux (1). »

Non content de ces résultats, le professeur Henry poussa plus avant dans la voie qu'il avait ouverte. Il était très anxieux de savoir quelle force magnétique il pourrait produire en employant uniquement des courants assez faibles pour être transmis par des fils de cuivre relativement fins comme les fils de sonnettes. L'année 1830 fut marquée pour lui par de grands progrès dans cette direction, comme on le verra par les extraits suivants de ses travaux : —

« Pour déterminer dans quelle mesure la bobine pouvait être appliquée au développement du magnétisme dans le fer doux, aussi bien que pour fixer, si possible, la longueur de fils la plus convenable à employer, nous établîmes, le Dr Philip Ten Eyck et moi, une série d'expériences. Dans ce but 1060 pieds (323 m) de fil de cuivre, dit fil de

(1) *Scientific Writings of Joseph Henry*, p. 39.

sonnerie, de 45 mils (1,1 mm) de diamètre, furent tendus en plusieurs allées et retours à travers la grande salle de l'Académie.

« *Expérience 1.* — Un courant galvanique fourni par un seul couple de plaques cuivre et zinc, de 2 pouces carrés (12,9 cm²), fut lancé dans toute la longueur du fil, et l'on nota son action sur un galvanomètre. La moyenne des diverses observations faites donna une déviation de l'aiguille égale à 15°.

« *Expérience 2.* — Un courant issu du même élément fut envoyé dans la moitié de la longueur précédente, ou 530 pieds (161,5 m) de fil; la déviation fut alors de 21°.

« En se reportant à une table trigonométrique, on constata que les tangentes naturelles de 15° et 21° étaient très sensiblement dans le même rapport que les racines carrées de 1 et de 2, c'est-à-dire que les longueurs relatives de fil dans les deux expériences.

« La longueur de fil constituant le galvanomètre n'étant que de 8 pieds (2,45 m) peut être négligée.

« *Expérience 3.* — Le galvanomètre fut alors retiré du circuit, et l'on relia la longueur totale du fil aux extrémités d'un petit électro-aimant en fer à cheval, à noyau de 1/4 de pouce (6,2 mm) de diamètre, enroulé de 8 pieds (2,45 m) environ de fil de cuivre parcouru par un courant galvanique produit par les plaques employées dans les expériences 1 et 2. L'aimantation du fer à cheval était à peine perceptible.

« *Expérience 4.* — On abandonna les petites plaques et on leur substitua une pile composée d'une plaque de zinc de 4 pouces sur 7 (10 sur 17,5 cm) entourée de cuivre. Quand cet élément était directement relié aux extrémités des 8 pieds (2,45 m) de fil enveloppant l'électro-aimant, celui-ci portait 4 1/2 lb. (2 kg) : quand on faisait parcourir au courant toute la longueur du fil 1000 pieds (323 m), l'appareil portait à peu près une demi-once (14 g).

« *Expérience 5.* — On envoya le courant de la même pile à travers la moitié de la longueur du fil: le poids porté fut de 2 onces (56,5 gr).

« *Expérience 6.* — On employa deux fils de même longueur que ceux de l'expérience précédente, de manière à doubler le passage offert au courant; le poids porté fut alors de 4 onces (113 g).

« *Expérience 7.* — La longueur de fil totale fut reliée à une petite auge du modèle de M. Cruickshanks, contenant vingt-cinq plaques doubles, et présentant à l'action de l'acide exactement la même surface de zinc que la pile employée dans l'expérience précédente. Le poids porté fut dans ce cas de 8 onces (226 g) ; quand on supprimait le fil intermédiaire et qu'on reliait la cuve directement aux extrémités du fil enveloppant l'électro-aimant, il ne portait que 7 onces (198,5 g)....

« Il est possible que les différents états de l'auge au point de vue de la sécheresse ou de l'étanchéité aient exercé une certaine influence sur ce remarquable résultat; mais il est certain que l'effet d'un courant issu d'une auge, s'il n'est pas augmenté, n'est que légèrement diminué par son passage à travers un long fil...

« Quoi qu'il en soit, le fait que l'action magnétique d'un courant fourni par une auge est au moins très peu atténué par son passage à travers un long fil s'applique immédiatement au projet de M. Barlow d'établir un télégraphe électro-magnétique. Il conduit également à des conséquences importantes dans la construction de la bobine galvanique. D'après ces expériences il est évident que, pour constituer une bobine, on peut employer soit un seul fil long soit plusieurs plus courts, suivant les circonstances ; dans le premier cas, la combinaison galvanique doit consister en un certain nombre de plaques, de manière à donner de la « force de projection » ; dans le second, elle doit se réduire à un simple couple.

« Pour expérimenter sur une large échelle l'exactitude de ces résultats préliminaires, nous avons recourbé une barre de fer doux de 2 pouces carrés (12,9 cm²) de section et de 20 pouces de long (51 cm) en forme de fer à cheval de 9 pouces et demi (24 cm) de haut ; les angles vifs de la barre avaient été d'abord légèrement arrondis au marteau ; elle pesait 21 lb. (9,525 kg) ; un morceau de fer de la même barre pesant 7 lb. (3,175 kg) avait été parfaitement dressé à la lime pour servir d'armature. Les bouts des branches du fer à cheval s'appliquaient ainsi très exactement sur la surface de l'armature. Autour de ce fer à cheval on enroula 540 pieds (164,5 m) de fil de cuivre pour sonneries, en neuf bobines de 60 pieds (18,3 m) chacune : ces bobines n'étaient pas contiguës sur toute la longueur du barreau, mais chacune d'elles occupait, suivant le principe ci-dessus, environ 2 pouces (5 cm), et comprenait plusieurs couches roulées sur elles-mêmes d'avant en arrière et inversement ; les diverses extrémités des fils étaient laissées libres et toutes numérotées, de manière à permettre de distinguer aisément le bout d'entrée et celui de sortie pour chaque bobine. De cette façon nous constituions un électro-aimant d'étude de grandes dimensions, sur lequel nous pouvions réaliser plusieurs combinaisons de fils en réu-

nissant simplement les différents bouts libres. Ainsi, la soudure du
bout terminal du premier fil avec le bout initial du second, et la même
répétition sur toute la série donnaient une bobine continue d'un seul
long fil.

« En soudant entre eux différents bouts convenablement choisis, on
pouvait avec le tout constituer une bobine double, de longueur moitié
moindre, ou une bobine triple comprenant seulement un tiers de la
longueur totale du fil, etc. Le fer à cheval était suspendu à un fort
bâti rectangulaire en bois, de 3 pieds 9 pouces (1,14 m) de haut sur
20 pouces (51 cm) de large; une barre de fer était fixée au-dessous de
l'électro-aimant de manière à agir comme levier de second ordre; les
divers poids supportés étaient évalués à l'aide d'un poids-curseur déterminé, comme dans une romaine ordinaire (voir le dessin, Fig. 5). Dans
les expériences qui suivent il a été employé une petite pile formée de
deux cylindres de cuivre concentriques séparés par un cylindre de
zinc; la surface totale de zinc exposée à l'action de l'acide par ses deux
faces était de deux-cinquièmes de pied carré (370 cm²); la pile n'exigeait qu'une demi-pinte (0,284 dm³) d'acide dilué pour la submersion
complète de ses éléments métalliques.

« *Expérience* 8.— Chacun des fils du fer à cheval était successivement
soudé à la pile, par un seul à la fois; l'aimantation développée par
chacun d'eux était juste suffisante pour lui permettre de porter le
poids de l'armature qui était de 7 lb. (3,175 kg).

« *Expérience* 9. — Deux fils, un de chaque côté de la courbure de l'aimant, furent reliés ensemble: le poids porté fut de 145 lb. (65,75 kg).

« *Expérience* 10. — Avec deux fils, pris chacun à une extrémité des
branches, ce poids fut de 200 lb. (90,7 kg).

« *Expérience* 11. — Avec trois fils, dont deux pris chacun à une extrémité et le troisième au milieu de la courbure, ce poids atteignit
400 lb. (136 kg).

« *Expérience* 12. — Avec quatre fils, pris à raison de deux à chaque
extrémité, l'électro-aimant porta 500 lb. (226,8 kg) et l'armature. Le
zinc ne trempant plus dans l'acide, l'appareil continua à porter 130 lb.
(59 kg). pendant quelques minutes.

« *Expérience* 13. — Avec six fils, le poids supporté s'éleva jusqu'à
570 lb. (258,5 kg). Dans toutes ces expériences les fils étaient soudés
à l'élément galvanique; les connexions n'étaient en aucun cas établies
au mercure.

« *Expérience* 14. — Lorsque tous les fils (au nombre de neuf) étaient reliés entre eux, *le poids maximum porté était de* 650 *lb.* (295 *kg*), et ce remarquable résultat était obtenu, il ne faut pas l'oublier, à l'aide d'une pile ne présentant pas une surface de zinc supérieure à deux-cinquièmes de pied carré (372 cm²), et n'exigeant pas plus d'une demi-pinte (0,284 dm³) d'acide dilué pour l'immersion des plaques.

« *Expérience* 15. — Une petite pile, formée d'une lame de zinc de 12 pouces (30,5 cm) de long sur 6 pouces (15,25 cm) de large, et

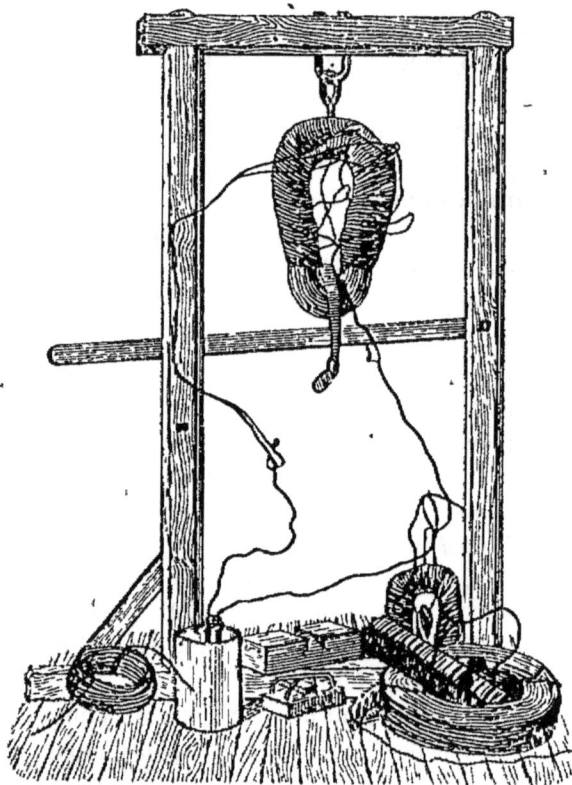

entourée d'une lame de cuivre, fut substituée aux éléments galvaniques employés dans les précédentes expériences ; le poids porté fut dans ce cas de 750 lb. (310 kg).

« *Expérience* 16. — Pour se rendre compte de l'action d'un très petit élément galvanique sur cette grande quantité de fer on relia tous les fils à une paire de lames ayant exactement 1 pouce carré (6,45 cm²) : le poids porté fut de 85 lb. (38,5 kg).

« Les expériences qui suivent ont été faites avec des fils de différentes longueurs sur le même fer à cheval.

Fig. 5. — Électro-aimant d'Henry.

Cette figure, reproduite d'après le *Scientific American* du 11 décembre 1880, représente un électro-aimant d'Henry conservé au Princeton College. Les autres engins qui se trouvent au bas, y compris un inverseur de courant et la bobine de ruban employée dans ses fameuses expériences sur les courants secondaires et tertiaires, ont été pour la plupart construits des mains mêmes d'Henry.

« *Expérience* 17. — Avec six fils, de 30 pieds (9,15 m) de longueur chacun, attachés à l'élément galvanique, le poids porté fut de 375 lb. (170 kg).

« *Expérience* 18. — Les mêmes fils que dans l'expérience ci-dessus furent reliés de manière à former trois bobines de 60 pieds (18,3 m) chacune; le poids porté fut de 200 lb. (90,7 kg). Ce résultat concorde sensiblement avec celui de l'Expérience 11, bien que celle-ci ne comportât pas l'emploi des mêmes fils individuels. Il semble d'après cela que six fils courts soient plus puissants que trois de longueur double.

« *Expérience* 19. — Les fils employés dans l'Expérience 10, mais reliés de manière à former une seule bobine de 120 pieds (36,5 m) de fil, permirent de soutenir un poids de 60 lb. (27,2 kg); tandis que dans l'Expérience 10 le poids porté était de 200 lb. (90,7 kg), ce qui confirme le résultat de la dernière expérience...

« Ces expériences donnèrent lieu à une observation qui semble quelque peu surprenante : quand la grande pile était appliquée sur l'électro-aimant et que l'armature touchait ses deux pôles, celui-ci pouvait porter plus de 700 lb. (317,5 kg): mais quand un seul des deux pôles était en contact, il ne pouvait porter plus de 5 ou 6 lb. (2,27 ou 2,72 kg), et dans ce cas on ne put jamais réussir à lui faire porter l'armature (pesant 7 lb. ou 3,175 kg). Ce fait est peut-être commun à tous les grands électro-aimants, mais nous n'avons jamais eu à consigner une différence aussi notable entre un seul pôle et les deux...

« Le Dr Ten Eyck conduisit personnellement une série d'expériences en vue de déterminer le développement maximum d'aimantation dans une petite quantité de fer doux.

« La grande majorité des résultats donnés dans ce travail ont été fournis par le Dr L. C. Beck auquel nous sommes redevables de plusieurs idées et notamment de celle relative à la substitution du coton bien ciré à la soie qui dans ces recherches devenait une cause très importante de dépense. Il fit également de nombreuses expériences avec des fils de fer de modistes, que l'on trouve tout guipés dans le commerce et que l'on peut substituer au cuivre. Il arriva à ce résultat que, avec un fil très court, l'action était sensiblement la même qu'avec le cuivre, mais que, pour des bobines à long fil, avec un petit élément galvanique, il ne donnait aucune satisfaction. Le Dr Beck construisit aussi un fer à cheval en fer rond de 1 pouce (2,51 cm) de diamètre, à quatre bobines disposées comme nous l'avons indiqué précédemment. Avec un fil il porta 30 lb. (13,6 kg): avec deux fils, 60 lb. (27,2 kg); avec trois fils, 85 lb. (38,5 kg): et avec quatre fils, 112 lb. (50,8 kg). Tandis que nous procédions à ces recherches, nous reçûmes le dernier numéro de l'*Edinburgh Journal of Science* contenant le mémoire du professeur Moll sur l' « Electromagnétisme ». Quelques-uns des résultats consignés par lui sont jusqu'à un certain point semblables à ceux ici relatés; son objectif était cependant différent : il cherchait seulement à induire une forte aimantation dans du fer doux avec une puissante pile galvanique. Le but principal de ces expériences était de produire la plus grande force magnétique possible avec la plus petite quantité possible d'électricité galvanique. Le mémoire du professeur Moll n'a eu d'autre effet sur nos recherches que de hâter leur publication; le principe qui sert de base à ses travaux nous était connu depuis près de deux ans et nous l'avions exposé à la même époque à l'Institut d'Albany (1). »

Dans le numéro suivant du *Journal de Silliman* (avril 1831), le professeur Henry décrivait « un grand électro-aimant construit pour le laboratoire de Yale College ». Son noyau pesait 59,5 lb. (27 kg) ; il avait été forgé sous la direction d'Henry lui-même, et recouvert de fil par le Dr Ten Eyck. Cet électro-aimant, roulé de vingt-six couches de fil de cuivre de sonnettes, d'une longueur totale de 728 pieds (222 m), et excité par deux éléments présentant une surface d'environ 4 7/9 pieds carrés (44,4 dm²), supportait aisément sur son armature, qui pesait 23 lb. (10,4 kg), une charge de 2063 lb. (936 kg). —

Dans un mémoire de 1857 sur ses premières expériences, Henry parle ainsi (2) de ses idées relatives à l'emploi de bobines additionnelles sur l'électro-aimant et à l'augmentation de la puissance de la pile : —

« En vue de la vérification de ces principes sur une plus grande échelle, l'électro-aimant avait été construit comme l'indique la Fig. 6. On avait mis sur le même barreau un certain nombre de bobines à

(1) *Scientific Writings of Joseph Henry*, 1, p. 49.
(2) *Statement in Relation to the History of the Electromagnetic Telegraph* (du *Smithsonian Annual Report* de 1857, p. 99); et *Scientific Writings*, II, p. 435.

plusieurs couches, avec les bouts entrants et sortants laissés libres, et numérotées de manière à permettre de les relier toutes en une seule longue hélice, ou de les combiner de diverses façons en jeux de moindre longueur.

« Une série d'expériences avec cet électro-aimant et d'autres a démontré que, pour produire la plus grande quantité possible d'aimantation avec une pile d'un seul élément, il faut un grand nombre de bobines; mais, quand on se sert d'une pile à plusieurs éléments en série, il est alors nécessaire de prendre un long fil enroulé en un grand nombre de spires autour du noyau; la longueur du fil et, par suite, le nombre de spires sont en relation directe avec la force de projection de la pile.

« En décrivant les résultats de mes expériences j'ai introduit les expressions d'électro-aimants « d'intensité » et « de quantité » pour éviter des circonlocutions. Elles doivent être prises dans un sens purement technique. Par électro-aimant « d'intensité » j'ai voulu désigner un barreau de fer doux roulé de fil dans des conditions telles que sa puissance magnétique pût être mise en action par une pile d'intensité; et par électro-aimant « de quantité », un noyau garni d'un certain nombre de bobines distinctes permettant de développer toute l'aimantation dont il est susceptible à l'aide d'une pile de quantité.

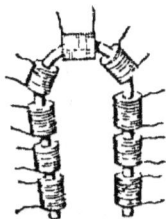

Fig. 6. — Électro-aimant expérimental d'Henry.

« J'ai été le premier à appeler l'attention sur la corrélation existant entre les deux genres de piles et les deux modes de construction de l'électro-aimant, dans mon travail reproduit par le *Journal de Silliman* de janvier 1831, et à établir que, pour développer l'aimantation au moyen d'une pile à éléments en série, il fallait employer une seule bobine longue, tandis que, pour obtenir l'effet maximum avec un seul élément, on devait faire usage d'un certain nombre de bobines distinctes... L'électro-aimant de Sturgeon, pas plus qu'aucun autre antérieur à mes recherches, n'était applicable à la transmission de la puissance à distance... L'électro-aimant construit par Sturgeon et copié par Dana, de New-York, était un imparfait électro-aimant de quantité (1),

(1) Cette critique n'est guère justifiée par les faits, puisqu'une pile à faible résistance intérieure convient à une bobine de faible résistance sur l'électro-aimant.

dont la faible puissance était développée par un seul élément.»

Finalement Henry résume ainsi les résultats acquis par lui:

« 1° Antérieurement à mes recherches les moyens de développer l'aimantation dans le fer doux étaient imparfaitement compris, et les électro-aimants alors existants étaient inapplicables à la transmission de la puissance à distance.

« 2° J'ai été le premier à démontrer par des expériences effectives que, pour développer à distance les qualités magnétiques, il fallait employer une pile galvanique « d'intensité » lançant le courant dans le long conducteur, et que, pour recevoir ce courant, on devait faire usage d'un électro-aimant recouvert d'un grand nombre de spires d'un long fil.

« 3° J'ai été le premier à aimanter réellement à distance un barreau de fer et à appeler l'attention sur le fait de l'application possible de mes expériences à la télégraphie.

« 4° J'ai été le premier à mettre en action à distance une sonnerie à l'aide d'un électro-aimant.

« 5° Les principes développés par moi ont été appliqués par le Dr Gale à actionner à distance l'appareil de Morse. »

Recherches d'Henry et de Wheatstone.

Bien que les recherches d'Henry aient été publiées en 1831, elles ont été presque inconnues en Europe pendant plusieurs années. Jusqu'en avril 1837, époque où Henry lui-même rendit visite à Wheatstone, à son laboratoire de King's College, celui-ci ne savait pas construire un électro-aimant susceptible d'être mis en action à travers un long circuit de fil. Cooke, qui devint le collaborateur de Wheatstone, était venu antérieurement, en février 1837, le consulter (1) au sujet de son télégraphe et de ses sonneries, dont les électro-aimants, tout en fonctionnant bien sur des circuits de peu de longueur, se refusaient à fonctionner quand ils étaient intercalés dans un circuit même d'un seul mille de fil (1609,3 m). Wheatstone

_____

(1) Voir la Notice de M Latimer Clark sur Cooke dans le VIIIe vol. du *Journal of Society of Telegraph Engineers*, p. 374.

lui-même est extrêmement explicite à cet égard (1) ; — « M'appuyant sur ma propre expérience, je dis de suite à M. Cooke que son système ne fonctionnerait pas et ne pouvait fonctionner comme télégraphe, en raison de ce qu'il n'était pas possible de communiquer une puissance suffisante d'attraction à un électro-aimant interposé dans un long circuit ; et, pour le convaincre de l'exactitude de mon assertion, je l'invitai à venir à King's College voir la répétition des expériences sur lesquelles je basais ma conviction. Il se rendit à mon invitation, et, après avoir vu un assortiment d'aimants voltaïques (suivant l'expression de Wheatstone), qui, même sous l'excitation de piles puissantes, ne déterminaient qu'une légère attraction d'adhérence, il manifesta son désappointement. »

Après la visite d'Henry à Wheatstone, ce dernier changea de ton. Il avait employé, faute de mieux, des circuits de relais pour actionner les électro-aimants de ses sonneries dans un petit circuit avec une pile locale. « Ces petits circuits », écrit-il, « ont perdu presque toute leur importance et méritent à peine considération depuis *ma découverte* (les italiques sont de S. P. Thompson) établissant qu'on peut construire des électro-aimants capables de produire les effets désirés au moyen du courant direct, même dans des circuits de très grande longueur (2). »

Recherches de Joule.

Nous arrivons maintenant aux recherches de l'illustre physicien de Manchester, James Prescott Joule, dont nous avons à déplorer la mort récente. Comme on l'a vu précédemment, Sturgeon s'était, en 1837, retiré à Manchester où ses conférences sur l'électromagnétisme attiraient l'attention d'un grand nombre d'hommes plus jeunes. Parmi eux se trouvait Joule, qui, enflammé par le travail de Sturgeon, apporta un large

(1) W. F. Cooke, *The Electric Telegraph : Was it invented by Professor Wheatstone?* (Le télégraphe électrique : a-t-il été inventé par le Prof. Weatstone?), 1856-7, 2e partie, p. 87.
(2) *Ibid.*, p. 95.

tribut au développement du sujet. La plus grande partie de sa part contributive à ces études fut publiée soit dans les *Annals of Electricity* (Annales d'électicité) de Sturgeon, soit dans les *Procedings of the Literary and Philosophical Society of Manchester* (Comptes-rendus de la Société littéraire et scientifique de Manchester); mais elle est plus accessible sous la forme de reproduction qui en a été donnée dans un volume publié, il y a quelques années, par la Société de Physique de Londres.

Dans ses premières investigations, il cherchait à combiner les détails d'un moteur électrique. Nous donnons ci-dessous un extrait du compte-rendu qu'il en fait lui-même (*Reprint of Scientific Papers*, p. 7) (Réimpression de Mémoires scientifiques):

« Dans la poursuite ultérieure de mes recherches, je pris six barreaux de fer rond de divers diamètres et de différentes longueurs, ainsi qu'un cylindre creux ayant une épaisseur métallique de 1/13 de pouce (2 mm environ). Je les recourbai en forme d'U, de telle sorte que le plus petit écartement entre les pôles de chacun fût d'un demi-pouce (12,7 mm); chacun d'eux fut ensuite recouvert de 10 pieds (3 m) de fil de cuivre guipé, de 1/40 de pouce (0,635 mm) de diamètre. Leurs puissances attractives, sous l'action de courants identiques, pour un aimant droit en acier, de 1 1/2 pouce (3,8 cm) de long, suspendu horizontalement au fléau d'une balance, furent, à la distance d'un demi-pouce (1,27 cm), les suivantes : —

CONVERSION EN MESURES ACTUELLES INTERNATIONALES	N° 1. CREUX	N° 2 MASSIF	N° 3. MASSIF	N° 4. MASSIF	N° 5. MASSIF	N° 6. MASSIF	N° 7. MASS'F
Longueur suivant la courbure, en cm. . . .	15,24	13,97	6,77	13,33	6,35	13,33	5,71
Diamètre, en cm. . .	1,27	1,27	1,27	0,95	0,95	0,63	0,63
Attraction pour l'aimant d'acier, en mg. . .	486	408	330	324	265	311	233
Poids porté, en g. . .	1020	1474	2608	1020	1474	567	793

« Un aimant d'acier présentait une force attractive de 23 grains (1490 mg), alors que sa force portante n'était pas supérieure à 60 onces (1700 g).

« Les résultats ci-dessus n'ont rien de surprenant si l'on considère, d'abord, la résistance que présente le fer à l'induction magnétique, et, en second lieu, combien on augmente l'induction en complétant le circuit magnétique.

« Rien n'est plus frappant que la différence de rapports entre la force portante et la force d'attraction à une distance donnée pour les différents aimants. Alors que l'aimant en acier exerce une force attractive de 23 grains (1490 mg) et porte 60 onces (1700 g), l'électro-aimant n° 3 attire avec une force de 5,1 grains (330,5 mg) seulement, mais porte jusqu'à 92 onces (2600 g).

« Pour construire un bon électro-aimant au point de vue de sa force portante, il faut : 1° que son fer, s'il est d'un volume considérable, soit formé par la juxtaposition d'un certain nombre de barreaux, de bonne qualité et bien recuits ; — 2° que la section du fer soit beaucoup plus grande, relativement à sa longueur, que ne le comporte l'usage habituel ; — 3° que ses pôles soient parfaitement dressés et portent bien à plat et très exactement sur l'armature ; — 4° que l'armature ait une épaisseur égale à celle du fer de l'électro-aimant.

« *Dans l'étude des meilleures dimensions à donner à un électro-aimant en vue de l'attraction à distance, il y a deux choses à considérer : la longueur du fer et sa section.*

« *J'ai d'ailleurs toujours trouvé désavantageux d'augmenter sa longueur au delà de ce qui est nécessaire au logement du fil dont il doit être roulé.* »

Ces résultats furent annoncés en mars 1839. Au mois de mai de la même année, Joule posa une loi d'attraction mutuelle de deux électro-aimants ainsi conçue : — « *La force attractive de deux électro-aimants l'un sur l'autre est directement proportionnelle au carré de la force électrique à laquelle le fer est soumis*; c'est-à-dire que, si l'on désigne par I le courant électrique, par L la longueur du fil, et par F la force d'attraction magnétique, on a $F = I^2 L^2$. » Il attribua à juste titre les écarts qu'il observa lui-même à la saturation magnétique du fer. En 1840, il étendit cette même loi à la force portante de l'électro-aimant en fer à cheval.

En août 1840, il publia dans les *Annals of Electricity* des articles sur les forces électromagnétiques, en s'attachant surtout à des électro-aimants spéciaux pour traction. L'un de ceux-ci avait la forme représentée par la Fig. 7. L'électro-aimant et son armature étaient tous deux percés de trous borgnes et munis de crochets permettant de les suspendre et d'y attacher des poids pour la mesure de la force qui déterminait l'arrachement de l'armature. Voici ce qu'écrit Joule relativement à ces expériences (1) : —

« J'arrive maintenant à la description des électro-aimants que je construisis en des dimensions très différentes de manière à mettre en évidence les particularités curieuses qui pouvaient se présenter. Un barreau cylindrique de fer forgé, de 8 pouces (20 cm) de long, était percé, suivant son axe et dans toute sa longueur, d'un trou d'un pouce (2,54 cm) de diamètre; ce barreau était raboté

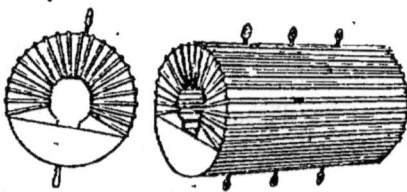

Fig. 7. — Electro-aimant de Joule.

parallèlement à son axe jusqu'au point où le trou central était assez découvert pour laisser un écartement d'un tiers de pouce (8,5 mm) entre les deux pôles ainsi constitués. Un autre barreau de fer, de 8 pouces (20 cm) de long également, était ensuite plané et serré au contact avec la précédente surface plane de l'autre barreau ; le tout était tourné en un cylindre de 8 pouces (20 cm) de long, sur 3 3/4 pouces (9,5 cm) de diamètre extérieur, avec trou intérieur d'un pouce de diamètre (2,54 cm). La plus grosse pièce était alors recouverte de calicot et roulée de quatre fils de cuivre guipés de soie, ayant chacun 23 pieds (7 m) de long, et de 1/11 de pouce (2,3 mm) de diamètre, quantité juste suffisante pour recouvrir totalement la surface extérieure et remplir l'intérieur du trou libre... — Cet électro-aimant est désigné sous le n° 1 ; les autres sont numérotés dans l'ordre de leur description successive.

(1) *Scientific Papers*, tome I, p. 30.

« Je fis le n° 2 avec une barre de fer rond de 1/2 pouce de diamètre (1,27 cm) sur 2,7 pouces (6,86 cm) de long, recourbé en forme presque circulaire, puis recouvert de 7 pieds (2 m) de fil de cuivre isolé, de 1/20 de pouce (1,27 mm) de diamètre. Les pôles étaient distants l'un de l'autre de 1/2 pouce (1,27 cm), et le fil remplissait complètement l'espace qui les séparait.

« Un troisième électro-aimant fut fait d'un barreau de fer de 0,7 pouce (1,8 cm) de long, 0,37 pouce (9,4 mm) de large, et 0,15 pouce (3,8 mm) d'épaisseur. Les angles en étaient abattus de manière à en rendre la section elliptique. Il était recourbé en demi-cercle et roulé de 19 pouces (48,25 cm) de fil de cuivre recouvert de soie, de 1/40 de pouce (0,63 mm) de diamètre.

« Pour étendre encore le champ des variétés expérimentales, je construisis ce qu'on pourrait appeler, vu son extrême petitesse, un *électro-aimant élémentaire*. C'est, je crois, le plus petit qui ait jamais été construit; il était formé d'une épingle de fil de fer de 1/4 de pouce (6,3 mm) de long, et de 1/25 de pouce (1 mm) de diamètre, recourbée en demi-cercle, et recouverte de trois spires de fil de cuivre *non isolé*, de 1/40 de pouce (0,6 mm) d'épaisseur. »

Ces électro-aimants furent l'objet d'expériences sous diverses intensités de courants ; leurs forces attractives étaient mesurées au moyen d'une disposition convenable de leviers. En voici les résultats brièvement résumés : — L'Électro-aimant n° 1, dont le fer pesait 6,8 kg, nécessitait un poids de 948 kg pour l'arrachement de l'armature. Le n° 2, dont le fer pesait 68,5 g, exigeait 22,2 kg pour l'arrachement de l'armature. Le n° 3, dont le fer pesait 0,423 g, portait une charge de 5,440 kg, ou environ 1286 fois son propre poids. Le n° 4, qui pesait 0,0324 g, porta dans un cas 91,8 g, ou 2834 fois son propre poids.

« Il fallait beaucoup de patience pour opérer avec un système aussi réduit que ce dernier; et j'aurais probablement obtenu finalement un chiffre plus élevé que le précédent, qui représente cependant, relativement à son poids, une force de beaucoup supérieure à aucun autre résultat antérieur, et est égal à onze fois celui fourni par le célèbre aimant en acier appartenant à sir Isaac Newton.

TABLEAU I

SPÉCIFICATION	SECTION DROITE MINIMA Se⟩⟩ en cm²	FORCE PORTANTE MAXIMA F en kg	FORCE PORTANTE SPÉCIFIQUE $\frac{F}{S}$
Joule. Electro-aimant { N° 1.	64,51	948,025	11,695
N° 2.	4,26	22,225	17,638
N° 3.	0,2813	5,443	19,349
N° 4.	0,0077	0,091	11,818
M. J.-C. Nesbit. — Longueur selon la courbure, 5 pieds (1,52 m) ; diamètre du noyau de fer, 2,75 pouces (7 cm) ; section transversale, 5,7 pouces carrés (36,75 cm²) ; section de l'armature, 4,5 pouces carrés (29 cm²) ; poids du fer, 50 lb. environ (22,7 kg).	29,03	647,740	22,312
Professeur Henry. — Longueur selon la courbure, 20 pouces (50,8 cm) ; section, 2 pouces carrés (12,9 cm²) ; angles arrondis ; poids 21 lb. (9,525 kg).	25,42	340,200	13,383
M. Sturgeon, électro-aimant original. — Longueur selon la courbure, environ 1 pied (30,5 cm) ; diamètre de la barre ronde, un demi-pouce (1,27 cm).	1,26	22,680	18,000

« On sait qu'un aimant d'acier doit avoir une longueur bien supérieure à sa largeur et à son épaisseur ; et M. Scoresby a reconnu que les éléments d'aimants droits en acier réunis en faisceau perdent beaucoup de leur force individuelle quand on les sépare et qu'on les étudie isolément. Tous ces phénomènes sont faciles à comprendre et ont pour cause la tendance de chaque partie du système à induire sur l'autre partie une aimantation de sens contraire à la sienne propre. Il n'y a cependant aucun motif d'étendre dans tous les cas le principe de l'acier à l'électro-aimant, attendu que dans celui-ci une grande et prépondérante puissance inductive intervient dans une action que le premier emprunte uniquement à ses propriétés, sans aucun secours extérieur. Toutes les expériences précédentes confirment ce fait, et le tableau précédent fait ressortir cette conséquence évidente et nécessaire que *la force maxima de l'électro-aimant est directement proportionnelle à sa moindre section transversale.* La seconde colonne du tableau donne la section minima, en centimètres carrés, du circuit magnétique entier. La force maxima en kilogrammes est indiquée dans la troisième; et celle-ci, ramenée au centimètre carré de section, fait l'objet de la quatrième sous la rubrique « force portante spécifique ».

« Les exemples ci-dessus suffisent, je pense, à démontrer l'exactitude de la règle que j'ai posée. Le n° 1 n'était probablement pas complètement saturé; autrement je ne doute pas que sa force portante spécifique se fût approchée de 20 kg par cm². Celle du n° 4 est faible, elle aussi, en raison de la difficulté de faire des essais précis sur un aussi petit échantillon. »

Ces expériences ont été suivies d'autres ayant pour objet de vérifier l'effet de la longueur du fer, que Joule regardait, au moins dans les cas où le degré d'aimantation est bien au-dessous du point de saturation, comme offrant à l'aimantation une résistance proportionnelle, conception dont la justesse est aujourd'hui, après cinquante ans, pleinement confirmée.

Au mois de novembre de la même année il fut publié d'autres expériences dans le même ordre d'idées (1). Joule construisit avec une feuille de tôle repliée sur un mandrin un tube de fer creux dont les bords rabotés en dessous s'appliquaient sur une armature complétant le cylindre et également dressée. Le cylindre creux ainsi formé et représenté par la Fig. 8 avait 60 cm de long, sur un diamètre extérieur

Fig. 8. — Electro-aimant cylindrique de Joule.

de 3,6 cm et un diamètre intérieur de 1,27 cm. Sa plus faible

(1) *Scientific Papers*, p. 40, et *Annals of Electricity*, tome V, p. 170.

section était de 66 cm². La bobine d'excitation était constituée par une simple baguette de cuivre, recouverte de ruban et recourbée en forme d'S. Elle fut ensuite remplacée par une bobine de 21 fils de cuivre, ayant chacun 1 mm de diamètre et 9,75 m de long, réunis en un faisceau par un ruban de coton. Cet électro-aimant, excité par une pile de seize éléments à fonte de fer, de Sturgeon, de 9,29 dm² chacun sur 3,8 cm d'écartement intérieur, et montés par séries de quatre, avait une force portante de 1258 kg.

Le travail de Joule était bien digne du maître auquel il devait ses premières leçons sur l'électromagnétisme. Il lui en témoigna sa reconnaissance non seulement en décrivant ses études dans les *Annales* de Sturgeon, mais en exposant deux de ses électro-aimants dans la *Galerie Victoria de Science pratique* dont Sturgeon était le directeur. D'autres, stimulés par l'exemple de Joule, proposèrent de nouvelles formes d'électro-aimants. Parmi eux il convient de citer M. Radford et M. Richard Roberts, tous deux de Manchester, et dont le dernier est bien connu comme ingénieur et inventeur. — L'électro-aimant de M. Radford consistait en un disque de fer plat, sur le champ duquel étaient creusées de profondes rainures en spirale destinées à recevoir les fils de cuivre isolés. L'armature était formée d'un disque plan en fer, de même dimension. Ce type est décrit dans le tome IV des *Annales* de Sturgeon. — La forme d'électro-aimant de M. Roberts était constituée par un bloc rectangulaire de fer, à gorges droites parallèles découpées dans sa face portante, comme l'indique la Fig. 9. Cet appareil est également décrit dans le tome VI des *Annales* de Sturgeon, p. 166.

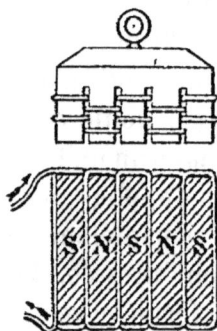

Fig. 9. — Électro-aimant de Roberts.

Il avait sur face 42,75 cm², et 6,2 cm d'épaisseur. Avec le fil d'excitation il pesait 15,875 kg; et son armature, de même surface et de 3,8 cm d'épaisseur, pesait 10,4 kg. Le poids porté par cet électro-aimant n'était pas inférieur à 1338 kg. Roberts inférait de là qu'un électro-aimant de même épaisseur, mais de 46,5 dm², porterait un poids de plus de 100 tonnes. Quelques-uns des appareils de Roberts sont encore conservés au Musée de Peel Park, à Manchester.

A la page 431 du même volume des *Annales*, Joule décrit encore une autre forme d'électro-aimant dont l'aspect ressemble à celui de la Fig. 10, mais qui, en réalité, était constitué par vingt-quatre morceaux de fer plat distincts boulonnés sur un anneau circulaire de laiton. L'armature était de construction analogue, mais sans enroulement de fil. Le fer de cet électro-aimant pesait 3,175 kg, et l'armature, 2 kg. Sous l'excitation de seize éléments fonte de fer, de Sturgeon, le poids porté était de 1230 kg.

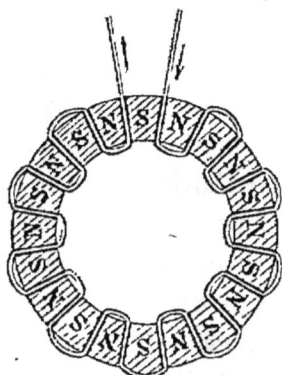

Fig. 10. — Electro-aimant en zigzag de Joule.

Dans un mémoire ultérieur sur les effets calorifiques magnéto-électriques (1), publié en 1843, Joule donnait encore une autre forme d'électro-aimant en fer à cheval, construit avec un morceau de tôle de chaudière. Il n'était pas destiné à fournir une grande force portante ; il devait servir comme inducteur de moteur. En 1852, un nouvel électro-aimant en fer à cheval, assez analogue au précédent, fut construit par Joule à titre d'expérience. Il arriva à cette conclusion (2) que, par suite de l'intervention de la saturation, il n'était pas probable qu'aucun courant électrique fût assez intense pour donner une traction magnétique supérieure à 14 kg par cm².

(1) *Scientific Papers*, tome I, p. 123 ; et *Phil. Mag.*, Série III, tome XXIII, p. 263, 1843.

(2) *Scientific Papers*, tome I, p. 362 ; et *Phil. Mag.*, Série IV, tome III, p. 32.

« C'est-à-dire que le poids, le plus fort susceptible d'être porté par un électro-aimant formé d'un barreau de fer de 1 pouce carré (6,45 cm²) de section, recourbé en demi-cercle, n'excéderait pas, d'après lui, 400 lb. (181,5 kg). »

On peut dire que les recherches de Joule marquèrent la fin de la première étape dans le développement de la question. La notion du circuit magnétique qui avait ainsi guidé les travaux de cet illustre savant n'attira pas à cette époque l'attention des professeurs de physique théorique ; et les praticiens, ingénieurs télégraphistes, se contentaient pour la plupart de travailler à l'aide de méthodes empiriques. Entre le praticien et le théoricien il y avait, du moins sur ce point, un abîme. Le théoricien, raisonnant comme si le magnétisme était une distribution superficielle de polarité, et comme si les lois des électro-aimants étaient semblables à celles qui régissent les aimants permanents, posait des règles qui ne s'appliquaient pas aux cas de la pratique et qui retardaient plus qu'elles ne favorisaient le progrès. Le praticien, ne trouvant aucun secours dans la théorie, la laissait de côté comme erronée et inutile. Peu de travailleurs, il est vrai, se livraient à des observations précises et donnaient sous forme de règles les résultats de leurs investigations. Parmi ces derniers, on peut citer Ritchie, Robinson, Müller, Dub, Vom Kolke, et du Moncel ; mais leurs travaux étaient peu connus en dehors des journaux scientifiques dans lesquels ils décrivaient leurs expériences.

Recherches sur la loi de l'Electro-Aimant.

Des formules reliant ensemble les dimensions d'un électro-aimant, l'intensité du courant d'excitation, le nombre des spires de sa bobine, et la quantité de magnétisme résultante furent proposées par divers physiciens. Lenz et Jacobi posèrent comme règle que la quantité de magnétisme développée dans un électro-aimant donné était proportionnelle au courant et au nombre des spires d'excitation, règle évidemment incor-

recte en ce qu'elle ne fait pas entrer en ligne de compte la tendance des noyaux de fer vers la saturation magnétique. Des
formules faisant intervenir ce facteur ont été données par
Müller, Von Waltenhofen, Lamont, Weber, et Frœlich ; mais
elles sont pour la plupart empiriques et seulement approximatives. L'Auteur les a résumées ailleurs (1). La loi de l'électro-aimant ne pouvait en effet être formulée d'une façon précise en dehors du principe du circuit magnétique comme base.
Des analogies entre le flux électrique dans un circuit électriquement conducteur et le flux de force magnétique à travers
des circuits doués de conductibilité magnétique sont cependant
fréquemment entrevues, ainsi que le fait remarquer la pré-
face de cet ouvrage, dans les travaux scientifiques. Les œuvres
de Rowland, Bosanquet, et autres, ici résumées firent la voie
vers une saine méthode pour le traitement des calculs relatifs
aux circuits magnétiques. En 1885 et 1886 M. G. Kapp déve-
loppa le calcul des inducteurs de dynamos à ce point de vue,
et donna des formules. En 1886, les Docteurs J. et E. Hopkinson communiquèrent à la Société Royale de Londres (2)
une étude très complète et très élégante du problème du circuit magnétique ; leur principal objectif était la prédétermi-
nation de la caractéristique d'aimantation de la machine
dynamo, en partant des lois ordinaires du magnétisme et des
propriétés connues d'un échantillon donné de fer. Ils étudiè-
rent aussi expérimentalement les dérivations latérales de flux
de force sur un circuit magnétique. Depuis cette époque le
calcul des quantités qui interviennent dans les circuits magnétiques des dynamos est entré dans la pratique de chaque jour.
Dans des Conférences faites en février 1890 et qui forment la
base de cet ouvrage, l'Auteur tenta d'étendre ce principe
aux multiples phénomènes que présentent les électro-aimants

(1) S. P. Thompson, *Les Machines dynamo-électriques*, traduction
E. Boistel, chez Baudry et Cⁱᵒ, 1894.

(2) *Phil. Trans.*, 1886, 1ᵒ partie, p. 331.

de toutes formes. On trouvera au Chapitre IV la méthode de calcul des circuits magnétiques.

Une notice historique sur l'électro-aimant ne serait pas complète sans une digression, si courte qu'elle soit, relative à certains électro-aimants remarquables par leurs dimensions inusitées.

Électro-aimant de Faraday. — Cet électro-aimant, conservé à l'Institut Royal de Londres, et à l'aide duquel l'illustre physicien et le Professeur Tyndall firent un si grand nombre de leurs recherches, est représenté par la Fig. 11. Voici comment le décrit Faraday (1) :

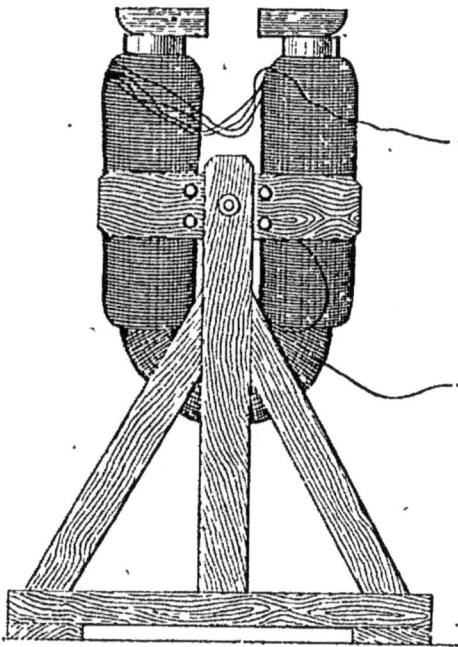

Fig. 11. — Électro-aimant de Faraday, à l'Institut Royal de Londres.

« Un autre électro-aimant construit par moi a la forme d'un fer à cheval. Le barreau de fer a 46 pouces de long (1,17 m) et 3,75 pouces (9,5 cm) de diamètre ; il est recourbé de manière à présenter entre les extrémités qui constituent ses pôles un écartement de 6 pouces (15,25 cm); 522 pieds (159 m) de fil de cuivre de 0,17 pouce (4,3 mm) de diamètre recouvert de ruban sont enroulés sur les deux parties droites du barreau qu'ils enveloppent de deux bobines ayant chacune 16 pouces (30,6 cm) de long, et formées de trois couches de fil; les pôles sont, comme

_____

(1) *Experimental Researches*, tome III, p. 29.

on l'a vu, distants de 6 pouces (15,25 cm) ; sur leurs extrémités bien dressées sont ajustés deux petits barreaux, mobiles, en fer doux, de 7 pouces (18 cm) de long sur 2 1/2 (6,35 cm) de large et 1 pouce (2,54 cm) d'épaisseur, que l'on peut fixer à l'aide de vis et maintenir à un écartement quelconque inférieur à 6 pouces (15,25 cm). »

Électro-aimant de Plücker. — Construit en 1847 (1), il était également en fer à cheval, mais de plus grandes dimensions. Son noyau avait 132 cm de long sur 10,2 cm de diamètre, et pesait 84 kg. L'écartement des pôles était de 28,4 cm. Le fil de cuivre, de 14,93 mm² de section, pesait 35 kg et était enroulé en trois couches.

Électro-aimant de Bancalari. — Cet appareil avec lequel il découvrit, en 1847, les propriétés magnétiques de la flamme, est encore conservé dans le Cabinet de physique de l'Université de Gênes. Il ressemble à celui de Plücker mais n'est pas tout à fait aussi grand.

Électro-aimant de Becquerel. — En 1848, M. Edm. Becquerel construisit un électro-aimant, dont les noyaux verticaux, de 11 cm de diamètre, avaient une longueur totale de 1 m. Chaque bobine était formée de 910 m de fil de cuivre de 2 mm de diamètre, enroulé en deux bobines distinctes, et du poids d'environ 25 kg.

Électro-aimant de Feilitzch et Holtz. — Construit en 1880 (2), il diffère complètement de tous les précédents en ce que son noyau est divisé. Il a la forme d'un fer à cheval, avec une longueur totale de noyau de 285 cm environ et une section circulaire de 19,5 cm de diamètre. La plus courte distance entre ses pôles est de 40,5 cm, et sa hauteur entre le point le plus élevé de sa courbure et le plan passant par la

---

(1) *Pogg. Ann.,* LXXII, p. 315, 1847 ; et LXXIII, p. 549, 1848.
(2) *Mittheil. a. d. naturw. Verein v. Neu Pommern u. Rügen (Communication à la réunion des physiciens de Neu-Pomern et Rügen),* novembre 1880, t. IV.

surface dressée de ses pôles est de 125 cm. Le noyau lui-même est constitué par vingt-huit bandes de tôle de 7 mm d'épaisseur, de largeurs différentes, recourbées chacune séparément à la forge, isolées à la gomme laque et assemblées sans aucun collier métallique. Le noyau entier pèse 628 kg. Ce noyau, provisoirement assemblé, a été noyé, les pôles en l'air, dans un bain de ciment remplissant une forte boîte de chêne montée sur roues, les branches faisant saillie sur une longueur de 96 cm. Les bobines sont multiples et formées de quinze couches de cuivre en bandes isolées et de dix couches de fil de 2 mm de diamètre, recouvertes de coton ou de laine et bien vernies. Les dispositions sont prises de manière à permettre le couplage des circuits d'excitation de différentes manières.

Électro-aimant de S. P. Thompson. — En 1883, M. Akes-

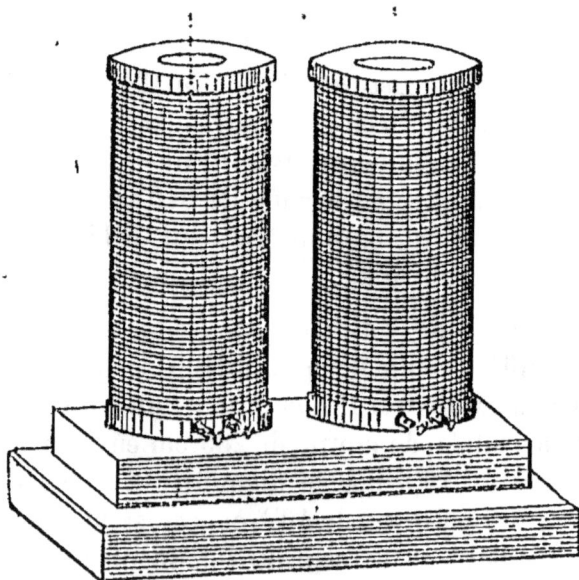

Fig. 12. — Electro-aimant de S. P. Thompson.

ter, de Glasgow, construisit pour l'Auteur de cet ouvrage un grand électro-aimant (Fig. 12). Son noyau comporte deux cylindres du fer d'Ecosse le plus doux, soigneusement recuit, de 7,5 cm de diamètre chacun, et de 55,8 cm de haut, épaulés et emboîtés dans une culasse transversale massive, également en fer forgé. Les bobines sont roulées sur des carcasses mobiles en laiton, fendues longitudinalement de manière à prévenir le développement de courants parasites, et pèsent à peu près 34 kg l'une. Elles sont formées chacune de 1820 spires environ de fil de cuivre de 2,67 mm de diamètre, recouvert d'une forte isolation de caoutchouc et de tresse de chanvre goudronné. C'est avec cet électro-aimant que l'Auteur découvrit l'augmentation de résistance électrique des métaux dans un champ magnétique intense, fait signalé indépendamment, vers la même époque, par M. Righi.

Ces électro-aimants ont été cependant largement dépassés dans ces dernières années par ceux employés comme inducteurs dans les machines dynamos. Ces inducteurs, dans les plus grandes machines Edison-Hopkinson, construites par MM. Mather et Platt, de Manchester, ne pèsent pas moins de 17,2 tonnes, et ont une section transversale de 33,35 dm² de fer. Suivant les conclusions de Joule sur la traction magnétique maximum possible de 14 kg par cm², ces électro-aimants seraient capables de porter une charge de 46,7 tonnes.

Électro-aimants gigantesques. — Deux curieuses expériences faites aux Etats-Unis méritent ici une mention spéciale. En 1887, le Major W. R. King, de la Marine des Etats-Unis, construisit un énorme électro-aimant formé de deux pièces d'artillerie de 38 cm placées côte à côte et magnétiquement reliées ensemble par une pile de rails de fer formant culasse. Chacune des pièces, de 4,5 m environ de long pesait 25,4 tonnes. La section transversale totale des rails formant culasse était de 3,87 dm² et eût été encore avantageusement augmentée. Chacun des canons portait trois bobines, de 61 cm de long à peu près, qui avaient des diamètres intérieurs et extérieurs de 66 et 101,6 cm respectivement. Le fil dont ils étaient roulés était un câble dont l'âme était formée de vingt fils de cuivre de 0,9 mm de diamètre, tordu avec six conducteurs plus faibles et recouvert de caoutchouc et d'un ruban isolant, qui en portaient le diamètre à 1 cm. Sa longueur était de 13000 m, avec une résistance totale de 19,2 ohms. Comme armature on avait employé un faisceau de quinze plaques de tôle ayant chacune 1,25 cm d'épaisseur, 28 cm de largeur, et 2,135 m de longueur. Le courant d'excitation était fourni par une dynamo alimentant habituellement vingt lampes à arc. La Fig. 13 donne un plan réduit des deux pièces d'artillerie, avec un diagramme de la coupe de l'une d'elles, qui indique la posi-

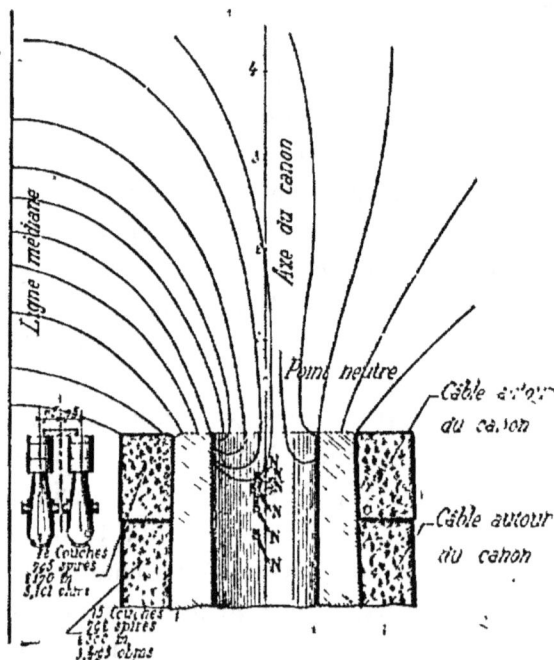

Fig. 13. — Diagramme des lignes de force magnétiques à la bouche d'un canon.

tion des bobines, ainsi que les trajectoires des lignes de force. On se livra à diverses expériences avec ce gigantesque élec-

tro-aimant (1). Un effort de 5 tonnes exercé sur le milieu de
l'armature ne put arriver à l'arracher; et des essais faits à
l'aide de leviers montrèrent qu'un effort de 10 tonnes environ
aurait été nécessaire à cet effet. Quatre feuilles de tôle de
4,60 m de long, pesant chacune 145 kg, furent suspendues,
se tenant l'une l'autre en chaîne magnétique, à la bouche de
l'un des canons. Une broche ou un brin de fil de fer tenu à la
main subissait l'action magnétique jusqu'à une distance de
1,50 à 1,80 m de distance des pôles, ce qui permit de tracer
sur une feuille de papier les lignes de force données par la
Fig. 13. On observa qu'un petit morceau de fer tenu dans
l'axe du forage, juste à l'entrée de la bouche du canon, était
violemment repoussé vers l'extérieur; mais que, tenu suivant
le même axe, à une certaine distance, il était énergiquement
attiré. Le point neutre pour lequel il n'y avait ni attraction ni
répulsion fut trouvé à 19 cm environ en avant du plan des
bouches. Ce fait est l'illustration de ce principe important,
relaté dans une autre partie de ce livre, qu'une petite masse
de fer tend toujours à se mouvoir d'un point où le champ magnétique est faible vers un point où il est plus intense. Par suite
du forage de l'âme, le champ magnétique est plus faible à
l'intérieur de la bouche qu'à 19 cm en avant. En ce point
neutre le champ est sensiblement uniforme, les lignes de
force convergeant jusque-là pour diverger au delà. De petits
projectiles en fer de 75 mm de long sur 2,5 mm de diamètre,
placés sur une planchette de bois lisse dans l'axe du canon,
furent projetés à 60 cm environ de la pièce, puis tout d'un
coup ramenés sur elle en s'attachant au bord extérieur de la
bouche et se collant par leurs bases comme les piquants d'un
porc-épic.

En 1887 on constitua un électro-aimant encore plus puissant en enroulant un léger câble électrique autour du va-

(1) Voir *Electrical World*, XI, p. 27, 21 janvier 1888.

3

peur *Atlanta* de la Marine américaine ; le fer entier du navire se trouvait ainsi aimanté par le courant issu de deux machines Gramme. Le lieutenant Bradley A. Fiske (1), qui présida à cette installation, espérait ainsi arriver à établir un mode de transmission magnétique de signaux entre navires en mer.

(1) Voir *Electrical World*, 24 septembre 1887, et *Electrician*, tome XIX, p. 461, 1887.

CHAPITRE II

GÉNÉRALITÉS RELATIVES AUX ÉLECTRO-AIMANTS ET A L'ÉLECTRO-MAGNÉTISME. FORMES TYPIQUES D'ÉLECTRO-AIMANTS. MATÉRIAUX DE CONSTRUCTION.

APPLICATIONS GÉNÉRALES

Au point de vue mécanique, un électro-aimant peut être défini comme un appareil destiné à produire une action mécanique à distance d'un opérateur qui le gouverne, le lien de communication entre l'opérateur et le point éloigné où se trouve l'électro-aimant étant le fil électrique.

On peut cependant distinguer dans ses applications deux catégories principales. Dans certains cas on ne cherche à obtenir de lui qu'une *force portante* ou une adhérence temporaire. Il se colle à une armature dont il ne peut être détaché, tant que dure le passage du courant d'excitation, à moins qu'on n'exerce sur lui un effort opposé et supérieur à son action. La force ainsi exercée par un électro-aimant sur une armature de fer avec laquelle il est en contact immédiat est toujours notablement plus élevée que celle avec laquelle il peut agir *à distance* sur une armature, et les deux cas doivent être nettement distingués. La *traction* sur une armature au contact et l'*attraction* d'une armature à distance sont

deux fonctions ou actions différentes, si différentes qu'il
n'est pas exagéré de dire qu'un électro-aimant destiné à
l'une d'elles est impropre à l'autre. La question d'a-
daptation des électro-aimants à l'une ou à l'autre de
ces applications occupera une grande place dans cet ouvrage.

L'action exercée par un électro-aimant sur une armature située dans son voisinage peut affecter différentes
formes. Si cette armature est en fer doux, sensiblement
parallèle aux surfaces polaires, il y a simplement attraction, déterminant uniquement un mouvement de translation pour lequel il importe peu que l'un quelconque des
deux pôles soit Nord ou Sud. Si l'armature est oblique
par rapport à la ligne des pôles, elle sera sollicitée à tourner sur elle-même pour se mettre dans la position d'attraction; mais, là encore, si cette armature est en fer
doux, l'action sera indépendante de la polarité de l'électro-aimant, c'est-à-dire du sens de son courant d'excitation. Si, par contre, l'armature est par elle-même un
aimant permanent en acier, le sens dans lequel elle tendra à tourner et la grandeur, ainsi que le signe, de la
force agissant sur elle dépendront de la polarité de l'électro-aimant, autrement dit du sens de circulation du
courant d'excitation. De là une différence entre l'action
d'un appareil *non polarisé* et celle d'un autre *polarisé*,
cette dernière expression s'appliquant aux types dont
l'un des éléments, l'armature, est doué d'une aimantation initiale déterminée. Une armature non polarisée est
dans tous les cas indifférente au sens du courant.

Une autre catégorie d'applications des électro-aimants
consiste dans la production de rapides vibrations. On les
emploie dans le mécanisme des trembleuses électriques,

dans les interrupteurs automatiques de bobines d'induction, dans les diapasons électriquement actionnés dans un but chronographique, et dans les instruments de télégraphie harmonique. Chaque cas spécial exige une construction appropriée d'électro-aimants. Leur adaptation spéciale au fonctionnement sur des courants alternatifs de grande fréquence est encore un sujet des plus intéressants. Finalement, certaines applications de l'électro-aimant, notamment à la construction de quelques types de lampes à arc, exigent qu'il exerce un effort égal ou sensiblement tel dans des limites données de mouvement. Ce cas nécessite une construction d'un genre à part.

Tous ces points seront examinés en temps utile ; mais quelques-uns des principes élémentaires de l'électro-magnétisme doivent tout d'abord fixer l'attention.

PRINCIPES MAGNÉTIQUES

Polarité.

Il est connu de tous que la polarité d'un électro-aimant dépend du sens du courant dans les fils qui l'enveloppent. Différents procédés mnémoniques ont été imaginés pour rappeler la relation entre le flux électrique et la polarité magnétique. Parmi eux, l'un des plus pratiques est celui qui consiste à se souvenir que, si l'on regarde le pôle Nord d'un électro-aimant, le courant circulera autour de ce pôle en sens inverse de la marche des aiguilles d'une montre. Ceci implique, pour les bobines d'un électro-aimant à deux branches parallèles, la connexion faite de

telle sorte que les courants y circulent de la manière indiquée par la Fig. 14. La Fig. 15 donne l'illustration d'une
autre règle formulée par Maxwell et qui s'énonce ainsi :
le sens de circulation
du courant (dextror-

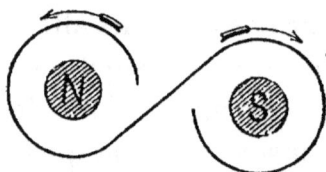

Fig. 14. — Circulation du
courant autour d'un élec-
tro-aimant bipolaire.

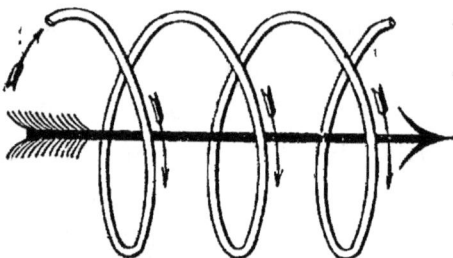

Fig 15.— Diagramme indiquant la relation
entre le sens d'un courant magnétisant et
celui de la force magnétique résultante.

sum ou sinistrorsum) et la direction positive de la force
magnétique résultante ont entre eux la même relation
que la rotation et la marche longitudinale d'une vis
dextrorsum ou d'un tire-bouchon. La circulation dextrorsum d'un courant correspond à une force magnétique
tendant à produire une polarité Nord à l'extrémité du
noyau vers laquelle il marche. La rotation dextrorsum
d'une vis ordinaire détermine sa marche en avant.

Pôles et surfaces polaires.

Le magnétisme, soit qu'il réside d'une façon permanente dans un fragment de pierre d'aimant ou d'acier
trempé, soit qu'il ait été temporairement produit dans
un barreau de fer doux à l'aide de la circulation extérieure de courants électriques dans une bobine enveloppante, est un phénomène intérieur au morceau d'aimant,
d'acier ou de fer, bien qu'il puisse également se manifester extérieurement. Les aimants naturels et aciers aiman-

tés ordinaires, ainsi que les électro-aimants qui ne forment pas des circuits magnétiques fermés, donnent lieu à certaines manifestations extérieures dont la plupart sont bien connues. Les petits fragments de fer ou d'acier sont attirés par certaines régions de ces aimants et s'attachent à leur surface. Les boussoles placées dans le voisinage de ces mêmes points sont déviées sous leur influence. Ces parties de la surface d'un aimant naturel, d'un aimant d'acier ou d'un électro-aimant auxquelles adhère en houppes la limaille de fer et qui agissent sur les boussoles sont désignées dans le langage courant sous le nom de *surfaces polaires* ou simplement de *pôles* de l'aimant. A l'origine le magnétisme ou l'aimantation était regardé comme un phénomène superficiel, résidant (comme un fluide ou un ensemble de fluides invisible) sur ces parties polaires de la surface. Il est cependant possible d'obtenir un aimant, hautement magnétisé, complètement dépourvu de pôles. Ainsi, on peut aimanter un anneau d'acier de telle façon (voir la Fig. 74) que son magnétisme soit purement interne, les lignes de force étant toutes confinées circulairement à l'intérieur du métal sans jamais apparaître à la surface. On l'obtient en roulant tout autour de l'anneau une bobine magnétisante de fil de cuivre isolé dans laquelle on fait passer un courant électrique. Un anneau de ce genre ainsi aimanté est naturellement impuissant à attirer la limaille de fer ou à déranger une boussole. Cette aimantation interne se révèle de deux manières : d'une part, le fait de l'aimantation augmente légèrement les dimensions de l'anneau, et, de l'autre, si on le coupe ou si on le brise, ses propriétés magnétiques apparaissent désormais aux surfaces de sectionnement. Le pôle ou la région polaire d'un aimant est simplement la partie de la surface d'où émergent dans l'air les *lignes magnétiques* internes. Ces parties présentent seules des propriétés analogues à celles auxquelles étaient primitivement attribuées les vertus de fluides magnétiques. Il est donc exact, dans un certain sens, que les phénomènes extérieurs des pôles sont accidentels. Ce sont cependant eux qui les premiers ont attiré l'attention sur le magnétisme et fait l'objet des recherches du début. C'est dans leur étude qu'ont pris naissance les expressions servant à décrire les phénomènes magnétiques. L'unité même de magnétisme, adoptée pour exprimer les intensités relatives des aimants, est basée sur la répulsion constatée entre deux pôles séparés par un intervalle d'air ; et l'intensité de force magnétique a pour base, à son tour, l'unité de magnétisme polaire. Il est trop tard aujourd'hui pour chercher à modifier ces définitions universellement adoptées. Elles sont longuement développées dans tous les ouvrages sur le magnétisme ; nous nous bornerons ici à les reproduire sommairement à titre de référence.

Unités magnétiques

Les unités internationales actuellement adoptées par tous les électriciens sont basées sur le système *absolu* de poids et mesures connu sous le nom de « Système C.G.S.». Dans ce système, au développement duquel est consacré l'Appendice B, le *centimètre* est pris comme unité de longueur, le *gramme-masse* comme unité de masse, et la *seconde* comme unité de temps. Toutes les autres unités physiques sont *dérivées* de ces trois unités *fondamentales*. Ainsi, dans ce système, la *dyne* ou

unité de force est la force qui, agissant sur la masse
d'un gramme pendant une seconde, lui communique une
vitesse d'un centimètre par seconde, ou qui, agissant sur
la masse d'un gramme, lui communique une accélération
d'un centimètre par seconde par seconde. L'action de la
terre sur la masse d'un gramme est égale à Paris, et
dans tous les points de latitude sensiblement identique,
à 981 dynes; c'est le *poids* d'un gramme. Cette unité
abstraite de force sert de base à l'unité magnétique.

L'*unité de quantité de magnétisme*, ou *unité de pôle
magnétique*, est le pôle qui repousse un pôle semblable,
placé à un centimètre de distance (dans l'air), avec une
force égale à une dyne. La distribution du magnétisme
apparent sur une surface polaire s'exprime ordinairement en fonction du nombre d'unités de pôle magnétique
(définies comme ci-dessus) par centimètre carré; on la
désigne quelquefois sous le nom de *densité superficielle
d'aimantation*. On constate que cette densité superficielle,
même sous l'action des forces magnétisantes les plus
considérables, ne peut dépasser une certaine limite.
Ewing a trouvé que le fer le plus pur, momentanément
soumis à la force magnétisante la plus haute, ne présente pas plus de 1700 unités de magnétisme par centimètre carré. L'acier trempé ne retient pas communément, d'une façon permanente, une aimantation supérieure à 500 unités par centimètre carré de surface
polaire. Cette manière d'exprimer les faits en unités superficielles est aujourd'hui abandonnée. Dans la conception moderne, on considère les *lignes de force* ou *flux de
force* qui suivent le circuit magnétique comme émergeant
du métal à l'une des faces polaires pour y rentrer par l'autre
face. D'après le mode conventionnel d'envisager la question

3.

et qui consiste à tracer une ligne de force par centimètre carré pour représenter une force d'une dyne agissant sur une unité de pôle, il suffit de tracer ou de supposer tracées autant de lignes de force par centimètre carré qu'il existe de dynes de force par unité de pôle. En fait, le nombre de dynes exercées sur une unité de pôle placée entre deux surfaces de polarités opposées, l'une contre l'autre, est numériquement égal à 4π (c.-à-d. 12,56) fois le nombre d'unités superficielles de magnétisme par centimètre carré sur l'une ou sur l'autre des deux surfaces. De là cette curieuse règle que, pour chaque unité de magnétisme à la surface, il faut supposer 4π lignes de force en émergeant. Si, par exemple, une surface contient 100 unités de magnétisme, il faut s'imaginer qu'elle émet 1256 lignes de force, ou un flux de force de 1256 unités C. G. S. ou *webers*.

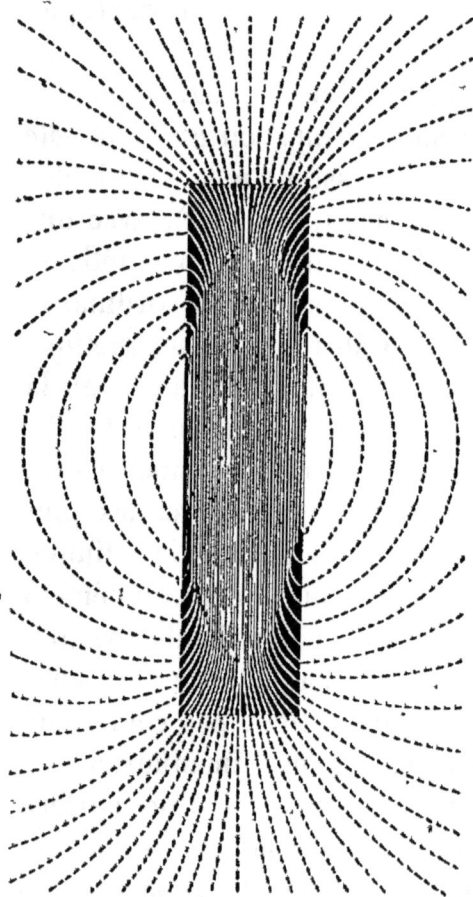

Fig. 16. — Lignes de force d'un barreau aimanté.

Dans le cas d'un barreau aimanté, nous concevons ces lignes comme suivant le métal dans le sens de sa longueur (en un véritable *flux*), en émergeant par une de ses extrémités (le pôle Nord), puis se recourbant sur elles-mêmes pour y rentrer par l'autre extrémité (le pôle Sud). La fig. 16 représente ces lignes intérieurement et extérieurement au barreau. Chacun sait que, si l'on plonge un barreau de ce genre dans de la limaille de fer, on y voit de petites houppes de limaille s'y coller, plus particulièrement, mais non exclusivement, aux extrémités, et que, en le tenant au-dessous d'une feuille de papier ou de bristol sur laquelle on projette cette limaille, on obtient des courbes semblables à celles du dessin. Ces courbes révèlent la distribution des lignes de force dans l'espace ambiant. Le magnétisme qui passe intérieurement dans le barreau se perd d'abord un peu latéralement et finalement tout le reste s'échappe en une forte houppe à l'extrémité. Ces lignes de force s'incurvent vers l'autre extrémité pour rentrer dans le barreau, et la région où le métal possède la plus haute aimantation intérieure est celle de sa section médiane, où extérieurement il ne s'attache aucune parcelle de limaille. Le magnétisme apparaît donc maintenant comme venant de l'intérieur et non de l'extérieur. Ce magnétisme se propage en lignes aboutissant à la surface dans le voisinage des extrémités du barreau et la limaille s'attache là où émerge ce magnétisme. Elle ne se colle pas à la région médiane du barreau, où le métal est en réalité le plus profondément pénétré de magnétisme; il existe un plus grand nombre de lignes de force par centimètre carré de section transversale dans cette région médiane où aucune d'elles n'apparaît à la surface.

L'espace extérieur à l'aimant où ces lignes de force passent d'un pôle à l'autre s'appelle le *champ magnéti-*

que de l'aimant. Il est évidemment plus intense, ou en d'autres termes les lignes de force qui le constituent sont plus denses, dans le voisinage des pôles qu'à une certaine distance de ceux-ci. Dans ce champ les lignes de force affectent ou sont censées affecter une forme telle que, en un point quelconque, leur direction pour cette région du champ donne la direction de la force magnétique résultante en ce point. Ainsi, la densité des lignes de force indique la grandeur de la force. Un simple pôle d'aimant libre de se mouvoir et placé en un point quelconque du champ tendrait à se mouvoir suivant ces lignes de force, un pôle Nord dans un sens, un pôle Sud dans l'autre. Une petite aiguille aimantée, montée sur pivot et amenée en un point quelconque dans le champ, tourne immédiatement sur elle-même et se place suivant la ligne de force passant par ce point. Une aiguille de ce genre, amenée sur une ligne magnétique

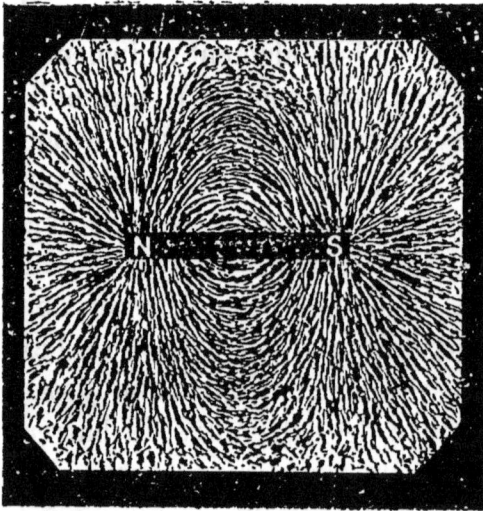

Fig. 17. — Fantôme magnétique d'un barreau aimanté.

courbe, et libre non seulement de tourner sur elle-même mais encore de se déplacer, subira une action latérale tendant toujours à l'entraîner vers l'intérieur de la courbe. De petites aiguilles non aimantées, de la limaille de fer, situées dans le champ magnétique, s'aimantent

sous l'influence de l'aimant et tournent sur elles-mêmes
pour se placer suivant la direction des lignes de force.
Ainsi s'explique l'expérience usuelle par laquelle on
saupoudre de la limaille de fer sur une feuille de papier
ou de verre au-dessus d'un aimant. Le fantôme ainsi
obtenu (Fig. 17) est intéressant pour l'étude du mode
de distribution des lignes de force dans le champ
ambiant.

Aujourd'hui l'étude des électro-aimants éclairée par le
principe moderne du *circuit magnétique* conduit à regarder cet état de choses comme un phénomène interne et
non plus simplement superficiel. On considère le fer et
l'acier comme bons conducteurs des lignes de force ; on
a à calculer la section transversale de fer nécessaire pour
qu'il puisse laisser passer un *flux de force* déterminé quelconque, et ensuite la force magnétomotrice qu'il faut
appliquer pour forcer un flux donné dans le circuit. Ces
questions exigent quelques symboles et définitions.

Pour exprimer l'intensité de la force magnétique en un
point d'un champ magnétique, on a coutume, comme
nous l'avons vu précédemment, de la rapporter au
nombre de lignes de force par centimètre carré ou au
flux de force considéré comme traversant l'air au point
en question; l'intensité de la force dans le champ (ou
intensité de champ, suivant l'expression courante) se
désigne par la lettre $\mathcal{3C}$. L'expression de *flux de force* ou
flux magnétique est fréquemment employée pour désigner
le nombre total des lignes de force qui suivent le circuit,
et on le représente par le symbole Φ. Le quotient du flux
de force par la section d'une substance quelconque qu'il
pénètre, porte le nom d'*induction magnétique*, ou simplement *induction* (ou encore *perméation, aimantation*

interne), et on le représente par le symbole $\mathfrak{B}$. Comme le fer, l'acier et les autres corps magnétiques sont plus perméables que l'air aux lignes de force ; il en résulte que l'application de la même force magnétomotrice qui produirait un flux d'induction $\Phi = \mathfrak{H}\, S$ dans l'air en un point de l'espace en produira un plus grand si l'espace en question est occupé par du fer au lieu d'air. Autrement dit, la même force magnétomotrice qui aurait produit un flux $\mathfrak{H}\, S$ dans l'air en produira un égal à $\mathfrak{B}\, S$ dans le fer, $\mathfrak{B}$ étant plus élevé que $\mathfrak{H}$ selon la *perméabilité* ou conductibilité magnétique de l'échantillon. Cette question sera plus développée au Chapitre III sur les propriétés du fer.

PRINCIPES ÉLÉMENTAIRES D'ÉLECTROMAGNÉTISME.

Il est utile d'énoncer ici quelques propositions concernant la relation entre les courants électriques et les forces magnétiques.

I. — *Force magnétomotrice* $\mathfrak{F}$, ou Force magnétisante *totale* d'un courant électrique circulant dans une bobine. — On observe que, si un courant électrique parcourt un fil de cuivre enroulé en plusieurs spires autour d'un noyau magnétique et circule ainsi autour d'un circuit magnétique intérieur, la force magnétomotrice de cette circulation électrique est proportionnelle à l'intensité du courant, en même temps qu'au nombre des spires constituant la bobine. Toutes choses égales d'ailleurs, la force magnétisante totale dépend uniquement de ces deux quantités ; elle est absolument indépendante de la section ou de la nature du fil, aussi bien que de sa forme, et est la même, que les spires se touchent ou soient écartées les unes des autres. Si l'on désigne par N_s le nombre de *spires* de la bobine, et par I l'intensité du courant en ampères auquel elles livrent passage, N_s multiplié par I sera le nombre d'*ampères-tours* de circulation du courant. On prouve expérimentalement que vingt ampères circulant dans cinq spires développent exactement la même force magnétisante totale qu'un seul ampère parcourant cent spires, ou encore que cent ampères faisant une seule fois le tour du noyau. Dans chacun de ces cas la circulation du courant est de cent ampères-tours. En conséquence, pour calculer la valeur de la force magnétomotrice en unités absolues C.G.S., il faudra multiplier les ampères-tours par $\frac{4}{10} \pi$, c.-à-d. par 1,256. En d'autres termes, on a :

$$\mathscr{F} = 1,256 . N_s I.$$

On verra à l'Appendice B qu'on peut éviter l'emploi de ce facteur numérique en introduisant dans les calculs les ampères-tours eux-mêmes aux lieu et place de la force magnétomotrice.

Certains auteurs désignent la force magnétomotrice sous le nom d'« intégrale des forces magnétiques ».

2. — *Intensité de la force* ou *du champ magnétique* $\mathscr{H}$ *en un point quelconque dans une longue bobine magnétisante.* — L'expression précédente de la force magnétisante totale d'une bobine ne fournit aucune indication sur la variation de la force magnétique en ses divers points. Si, sur la Fig. 18, on trace une courbe fermée (marquée en pointillé) passant à travers toutes les spires, et qu'on demande : « Quelle est l'intensité de la force magnétique aux divers points de cette courbe ? »

on devra répondre que l'intensité de cette force ou du champ varie considérablement d'un point à un autre et qu'elle atteint son maximum au milieu de la partie de cette courbe qui se trouve à l'intérieur des spires. Si une bobine uniformément enroulée avait une très grande longueur (soit au moins cent fois son propre diamètre), l'intensité de la force magnétique serait très sensiblement uniforme sur toute la longueur de son axe, jusque dans le voisinage des extrémités de la bobine où elle diminue rapidement. On trouve l'expression de la valeur de $\mathcal{H}$ en un point quelconque le long de l'axe (sauf dans le voisinage des extrémités) d'une longue bobine de ce genre en considérant la force magnétomotrice comme uniformément distribuée suivant sa longueur; ou, symboliquement, en désignant par L la longueur de la bobine, en centimètres, et par $\mathcal{H}$ la force magnétique ou force magnétisante d'induction, expressions équivalentes à intensité de champ magnétique inducteur (alors que la notation H est réservée à un champ magnétique en général),

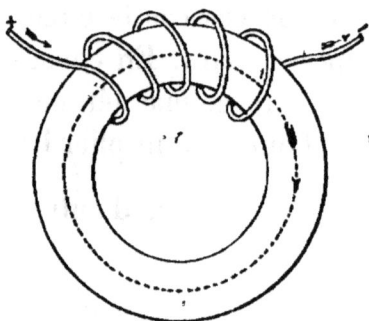

Fig. 18. — Bobine magnétisante roulée autour d'un circuit magnétique.

$$\mathcal{H} = \frac{4\pi}{10}\,\frac{N_sI}{L} = 1,256 \text{ fois les ampères-tours par centimètre de longueur.}$$

Dans le cas où un fil est enroulé en une hélice annulaire sur un noyau de fer, de manière à constituer une bobine sans fin, $\mathcal{H}$ est uniforme en tous les points de la courbe fermée tracée à l'intérieur de la bobine, et on en calcule la valeur comme ci-dessus, en prenant pour L la longueur moyenne du corps de l'anneau. Il va de soi que, quand $\mathcal{H}$ est uniforme, $\mathcal{H} \times L$ donne la force magnétisante totale ou force magnétomotrice ($\mathcal{F} = \mathcal{H}L$).

3. — *Intensité de la force* ou *du champ magnétique au centre d'un simple anneau.* — Au centre d'un simple anneau ou d'une spire circulaire de fil portant un courant de I ampères et dont le rayon est r centimètres, l'intensité de la force ou du champ magnétique se calcule à l'aide de la formule

$$\mathcal{H} = \frac{2 \pi I}{10\, r} = 0{,}6284 \times \frac{\text{ampères}}{\text{rayon}}.$$

Tel est le cas d'un cadre circulaire de galvanomètre de tangentes, dont les indications sont à multiplier par N_s s'il y a N_s spires sur le cadre.

4. — *Force exercée sur un conducteur* (portant un courant) *dans un champ magnétique.* — Supposons un champ magnétique créé par un aimant permanent (Fig. 19), et un fil conducteur, portant un courant électrique, amené dans ce champ magnétique ; on observe que ce fil est soumis à un effort mécanique dont la direction est normale à sa propre longueur et aux lignes magnétiques du champ. Dans la figure, la direction du flux de force magnétique est horizontale et va de droite à gauche entre les branches de l'aimant ; la

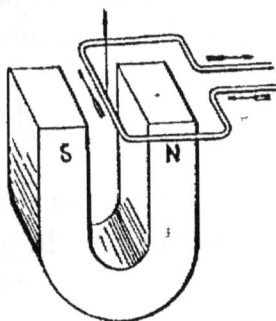

Fig. 19. — Action d'un champ magnétique sur un fil portant un courant.

direction du courant est horizontale et son sens est d'avant en arrière ; et l'effort mécanique résultant sollicite le conducteur verticalement de bas en haut, comme l'indique la flèche. Le renversement du courant se traduirait naturellement par un effort agissant de haut en bas.

On peut calculer la grandeur de cette force de la manière suivante : — Supposons le champ d'une intensité uniforme $\mathcal{H}$, et soit L la longueur (en centimètres) d'un conducteur placé normalement à la direction du champ. Si I est (en ampères) l'intensité du courant, l'effort ou la force (en dynes) qui agit sur lui aura pour expression

$$F = \frac{\mathcal{H}LI}{10} \text{ dynes,}$$

et, en grammes-poids,

$$F = \frac{\mathcal{H}LI}{10 \times 981} \text{ grammes-poids.}$$

5. — *Travail effectué par un conducteur* (portant un courant) *en mouvement à travers un champ magnétique.* — Si le conducteur se meut sur une longueur l (en centimètres) du champ magnétique, le travail effectué aura pour expression (en ergs) :

$$W = \frac{l\mathcal{H}LI}{10},$$

I étant exprimé en ampères et L en centimètres. Mais $l\,L$ est la surface S du champ découpé par le conducteur dans son mouvement, et cette surface multipliée par l'intensité du champ ($\mathcal{H}$) donne le flux de force magnétique à travers la surface S ($\Phi = \mathcal{H}S$); il en résulte que

$$W = \frac{\Phi I}{10}.$$

Autre démonstration. — On peut arriver à la même conclusion par une autre voie tout à fait indépendante de la précédente : — Par définition du potentiel électrique, le travail effectué par le mouvement de Q unités de quantité d'électricité sous une différence de potentiel $V_1 — V_2$ est

$$W = Q\,(V_1 — V_2).$$

Mais le fait de découper dans un champ magnétique un flux Φ dans un temps égal à t secondes donne lieu au développement d'une force électromotrice égale à $\dfrac{\Phi}{t}$ qui constitue la différence de potentiel $V_1 — V_2$ et peut lui être substituée.

De plus, si le courant I est exprimé en ampères, la quantité Q d'électricité transportée en t secondes dans le circuit sera égale, en valeur absolue C. G. S., à $\dfrac{It}{10}$.

En remplaçant, dans l'expression précédente, Q par cette dernière valeur et $V_1 — V_2$ par sa valeur ci-dessus, on arrive immédiatement au même résultat que précédemment :

$$W = \frac{\Phi I}{10}.$$

6. — *Rotation d'un conducteur* (portant un courant) *autour d'un pôle magnétique*. — Si une portion de circuit électrique est disposée, à l'aide de connexions mobiles, de manière à pouvoir glisser autour d'un pôle magnétique, il en résultera une rotation, dont le moment ou le couple mécanique (le *torque* des Anglais) se calculera de la manière suivante :

La Fig. 20 représente un barreau aimanté maintenu verticalement et entouré en son milieu d'une cuvette circulaire à mercure. Dans cette cuvette plonge un fil

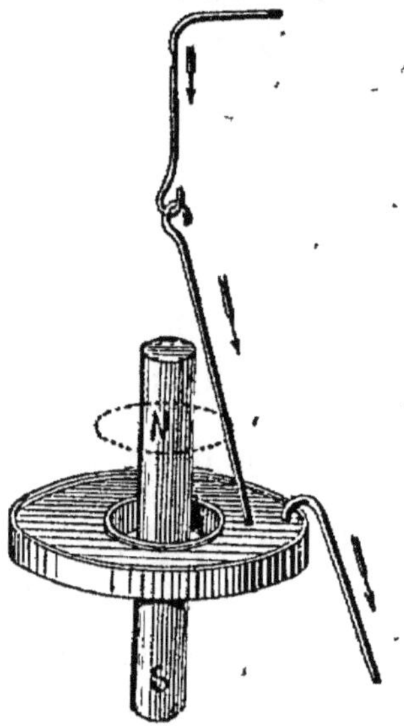

Fig. 20. — Rotation d'un conducteur, portant un courant, autour d'un pôle magnétique.

suspendu par une attache flexible ou un œillet articulé, et portant un courant de I ampères. Si l'on désigne par m l'intensité de pôle de l'aimant, le flux de force total qui émerge de ce pôle sera $4\pi m$; et si la cuvette annulaire embrasse assez étroitement l'aimant, la totalité de ce flux sera, pratiquement, coupé par le conducteur dans son mouvement. Par suite, on aura, d'après ce qui précède, pour expression du travail effectué dans un tour :

$$W = \frac{4\pi mI}{10} = 1,256\ mI.$$

Divisant alors par l'angle 2π, on obtiendra pour le couple mécanique W :

$$W = \frac{2mI}{10} = 0,2\ mI.$$

Il s'ensuit que le pôle tendra à tourner autour du conducteur en sens inverse, sous l'action d'un couple égal.

7. — *Tendance de tout circuit électrique à modifier sa configuration de manière à rendre maximum le flux magnétique qui le pénètre.* — Cette loi, donnée par Maxwell sous une forme différente, est extrêmement utile pour la détermination du sens dans lequel des conducteurs

faisant partie de circuits électriques tendent à se mouvoir quand ils sont situés dans une position quelconque dans un champ magnétique. On peut, par exemple, dans le cas de la Fig. 19, p. 53, faire le raisonnement suivant : — Les flèches indiquent le courant dans le circuit, vu en coupe, comme circulant dextrorsum. Cette circulation de courant produirait, suivant la règle de la page 42, un flux magnétique de haut en bas à travers le circuit. Mais, en raison de la présence d'un pôle Nord au-dessous, il y a déjà dans le circuit un flux magnétique en sens inverse, soit de bas en haut. Le circuit tendra en conséquence à se mouvoir de manière à diminuer ce flux contraire, ce qui virtuellement augmentera son propre flux. On en trouve un exemple dans la pile flottante à bobine de De la Rive, attirée par un pôle et repoussée par un pôle contraire.

8. — *Deux circuits électriques* (ou conducteurs portant des courants) *sont sollicités par des forces mutuelles à modifier leurs configurations de manière à ce que leur flux magnétique mutuel devienne maximum.* — C'est une généralisation des règles souvent données relativement aux attractions et aux répulsions de courants parallèles et de courants angulaires. Un courant n'en attire ou n'en repousse un autre qu'en vertu des champs magnétiques ou galvaniques qu'ils créent respectivement dans l'espace ambiant. Quand deux courants sont parallèles et de même sens, ils produisent chacun un champ galvanique autour d'eux, et chacun d'eux tend à se mouvoir latéralement transversalement au champ de l'autre. Dans le cas de deux bobines parallèles, comme celles d'un galvanomètre de tangentes, d'égal diamètre, placées l'une à

côté de l'autre, la force qui les sollicite mutuellement
varie en raison inverse de la distance axiale qui les sépare et en raison directe du produit de leurs ampères-
tours respectifs.

FORMES TYPIQUES D'ÉLECTRO-AIMANTS

Nous considérerons maintenant la classification des
électro-aimants d'après leurs formes, sans avoir toutefois
la prétention d'en donner une complète. Il existe un très
singulier livre écrit par M. Nicklès, dans lequel il range
dans trente-sept classes différentes tous les genres ima-
ginables d'électro-aimants, bidromiques, tridromiques,
monocnémiques, multidromiques, etc., etc.; mais cette
classification est à la fois dépourvue de sens et impossible
à manier. Il suffit, pour le sujet qui nous occupe, d'en
faire ressortir simplement quatre ou cinq catégories, et
d'étudier séparément ceux qui ne rentrent pas exactement
dans l'une quelconque d'entre elles.

1. — *Electro-aimant droit.* — Il consiste en un simple noyau droit (massif, tu-
bulaire, ou lamellé), enve-
loppé d'une bobine. La
Fig. 3 (p. 4) en représente
le type primitif de Sturgeon.
La Fig. 21 en montre un à
noyau cylindrique.

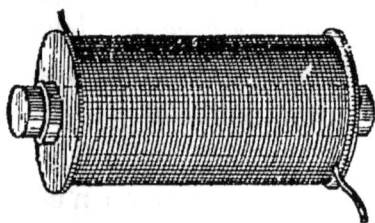

Fig. 21. — Electro-aimant droit.

2. — *Electro-aimant en fer à cheval.* — Cette catégorie comprend deux sous-types. L'électro-aimant original
de Sturgeon (Fig. 1, p. 3) ressemblait réellement par
sa forme à un fer à cheval, constitué par un même barreau de fer forgé rond, de 1,27 cm environ de diamètre sur
près de 30 cm de long, recourbé en arc. Plus récemment

on a donné la préférence à un autre sous-type consistant, comme on le voit sur la Fig. 22, en deux *noyaux* de fer distincts, habituellement découpés dans une barre ronde, vissés ou rivés sur une troisième pièce en fer forgé, la *culasse*. La forme spéciale de fer à cheval de Joule est donnée par la Fig. 7, p. 24.

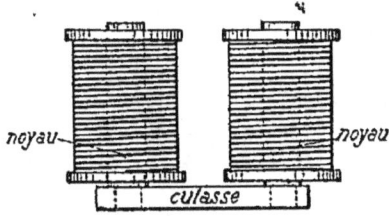

Fig. 22. — Electro-aimant bipolaire.

3. — *Electro-aimant boiteux*. — La forme précédente est modifiée dans certains cas en ce qu'une seule des branches est garnie d'une bobine, l'autre restant nue. Cette forme, connue en France sous le nom d'électro-aimant *boiteux*, est appelée par les Anglais *Club-foot* (pied-bot) *Electromagnet*, et par les Allemands *kinkender Magnet* (1). Il sera ci-après parlé plus longuement de ce type, Fig. 23. La Fig. 24 peut

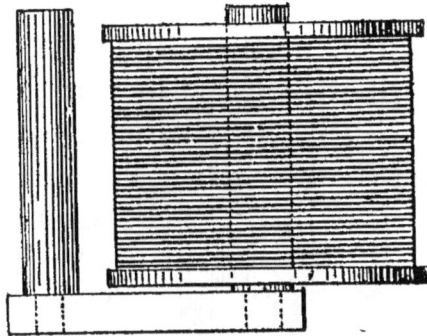

Fig. 23. — Électro-aimant boiteux.

(1) L'Auteur a traduit en anglais le mot aimant « boiteux » par « clubfoot » (pied-bot). Il dit alors que les Allemands le désignent sous le nom d'aimant « kinkender » (boiteux, en effet). Ceci n'est pas exact; on dit au contraire en allemand « einschenkeliger » Electromagnet (électro-aimant « à une seule branche »). Aimant « boiteux » n'est nullement synonyme d'aimant « à une seule branche »: l'expression aimant « boiteux » indique qu'une seule des branches est revêtue de fil. Un ruban « boiteux » est, par exemple, un ruban qui ne porte d'impression ou de dessin que sur un seul côté. [Grawinkel].

en être regardée comme une variété; c'est un électro-aimant en fer à cheval à bobine unique sur la culasse, les deux branches restant libres.

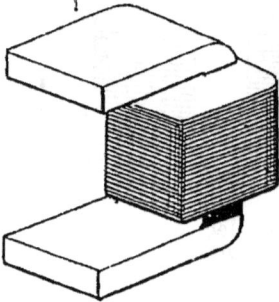

Fig. 24. — Électro-aimant en fer à cheval à une seule bobine sur la culasse.

4. — *Electro-aimant cuirassé*. — Cette forme diffère du simple électro-aimant droit en ce qu'elle comporte une cuirasse de fer ou sorte de boîte cylindrique extérieure à la bobine et fixée à l'une des extrémités du noyau. Un électro-aimant de ce genre présente, comme on le voit sur la Fig. 25, un pôle central à un bout, entouré d'un pôle annulaire extérieur de polarité différente. L'armature convenable pour les électro-aimants de ce genre est un disque circulaire ou couvercle de fer.

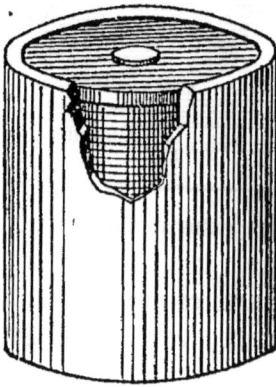

Fig. 25. — Électro-aimant cuirassé.

Il est curieux de voir combien le revêtement tubulaire des électro-aimants a été souvent réinventé. Il remonte aux environs de 1850 et a été revendiqué à l'actif de divers inventeurs, Romerschausen, Guillemin et Fabre (1). Il est décrit dans le *Magnetism* de Davis, publié à Boston en 1855. Près de seize ans après, M. Faulkner, de Manchester, le ramena au jour sous le nom d'électro-aimant *Allandae*. En 1876 les électro-aimants à

_____

(1) Suivant Nicklès (Voir Comptes-rendus, XIV, 1857, p. 253), il aurait été inventé par Fabre, alors qu'il travaillait quelques années auparavant dans le laboratoire de Nicklès, à Paris.

revêtement donnèrent lieu à une discussion à la Société
des Ingénieurs télégraphistes de Londres; et la même année, le professeur Graham Bell en employa une forme
identique dans le récepteur téléphonique qu'il produisit
à l'Exposition centenaire. Il existe différentes variétés
d'électro-aimant dans lesquelles le circuit de retour du
fer revient extérieurement à la bobine, soit d'un côté, soit
de l'autre, ou encore des deux côtés à la fois, quelquefois sous forme de deux ou plusieurs culasses renversées
parallèles. Nous proposons d'appeler tous les électro-
aimants de ce genre « électro-aimants cuirassés » ou « blin-
dés », suivant la dénomination adoptée pour les dynamos
qui en sont pourvues. Il en est un, employé par M. Crom-
well Varley, dans lequel un électro-aimant droit est
monté entre deux chapeaux de fer qui en recouvrent les
extrémités et ramènent virtuellement les pôles dans le
voisinage immédiat l'un de l'autre, le bord circulaire de
l'un des chapeaux constituant le pôle Nord, et celui de
l'autre, le pôle Sud, ces
deux bords se touchant
presque. Cette disposition
présente naturellement
une grande tendance aux
dérivations d'un bord à
l'autre sur tout le péri-
mètre.

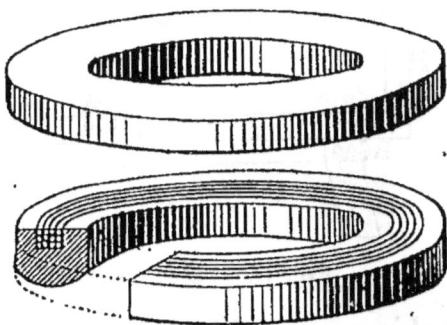

Fig. 26. — Électro-aimant cuirassé
annulaire.

La Fig. 26 reproduit
une variété récente du
type cuirassé, qui a le
mérite d'une grande simplicité de construction et d'une
force portante considérable.

Electro-aimant de Ruhmkorff. — Cette forme, em-

ployée à des expériences sur le diamagnétisme et la rotation magnétique de la lumière, a été imaginée en
1846 (1). Verdet donne la description suivante de celui
qui lui servit (Fig. 27) dans ses recherches sur la rotation
magnéto-optique. Les noyaux de l'appareil sont deux cylindres de fer doux AB, A'B', ayant chacun 20 cm de
long sur 7,5 cm de diamètre, et percés suivant leur axe
de manière à permettre le passage d'un rayon lumineux.
Ils sont fixés par des équerres de fer doux PP' à un socle
également en fer doux RS, qui, avec les deux équerres,
constitue la culasse. Pour les expériences optiques on
réalise un champ magnétique sensiblement uniforme en
vissant sur les noyaux les pièces polaires cylindriques
FF', de 14 cm de diamètre chacune sur 5 cm de largeur.

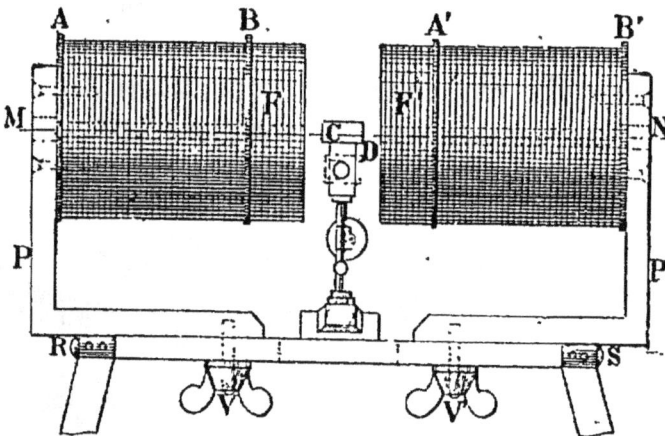

Fig. 27. — Électro-aimant de Ruhmkorff.

Les bobines sont faites de 250 m environ, chacune, de
fil de cuivre de 2,5 mm de diamètre. Dans d'autres études, Verdet employait un électro-aimant en fer à cheval

(1) Ruhmkorff. Voir *Comptes-rendus*, XXIII, 417 et 538, 1846; et
Ann. de Chim. et de Phys. (3), XVIII, 318, 1846.

vertical, ressemblant à celui de la Fig. 22, p. 59, garni de pièces polaires perforées, comme l'avait précédemment fait Faraday.

5. — *Bobine et Noyau plongeur.* — Un noyau de fer libre est attiré à l'intérieur d'une bobine creuse ou d'un solénoïde de fil de cuivre, quand ce dernier est parcouru par un courant électrique. Cette forme spéciale sera plus longuement étudiée au Chapitre VIII. Nous nous contenterons pour l'instant d'en signaler la propriété suivante : tandis que les électro-aimants ordinaires à noyaux fixes exercent une puissante action sur les armatures placées dans leur voisinage, cette action étant généralement, comme distance, extrêmement limitée, ici, par contre, l'effort de la bobine sur le plongeur est ordinairement faible, mais se manifeste dans des limites étendues.

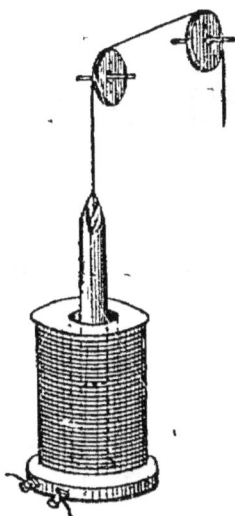

Fig. 28. — Bobine et plongeur.

6. — *Bobine et Noyau plongeur à butée.* — On a imaginé tout un groupe de formes intermédiaires entre celle de la bobine à noyau plongeur et les formes ordinaires à noyaux fixes. Si l'on dispose une bobine avec un court noyau fixe pénétrant dans son âme jusqu'à une certaine distance et un second noyau mobile susceptible d'être aspiré dans la bobine et finalement attiré à proximité du noyau fixe, on obtiendra une action intermédiaire entre le faible effort étendu de la bobine et du plongeur et le puissant effort limité de l'électro-aimant ordinaire (Fig.

29). Ces formes sont parfois également cuirassées, avec revêtement extérieur en fer pour améliorer le circuit magnétique.

7. — Electro-aimants à pôles conséquents. — Les

électro-aimants dont les enroulements ou les connexions sont tels que les courants y circulent en sens inverses sur différentes parties du noyau présentent cette particularité qu'ils ont des pôles « conséquents ». Cette expression s'applique aux pôles qui se produisent entre deux pôles de noms contraires. Si, par exemple, un barreau d'acier est aimanté de manière à présenter un pôle Nord à chacune de ses extrémités et un pôle Sud en son milieu, le pôle du milieu s'appelle pôle conséquent, et est regardé comme magnétiquement équivalent à deux pôles Sud mis bout à bout. Les électro-aimants à pôles conséquents ne sont pas fréquents, sauf dans certains types de dynamos ou de moteurs électriques, où on les rencontre tantôt sous formes spéciales d'inducteurs, tantôt sous forme d'induit. On en trouve un exemple dans le cas de l'anneau Gramme bien connu. Supposons un noyau annulaire en fer (Fig. 30) entièrement recouvert d'une bobine de fil de cuivre (dextrorsum dans la figure) fermée sur elle-même. Si l'on fait pénétrer un courant d'un côté de la bobine et qu'on le recueille de l'autre, deux passages s'offriront à cette circulation, qui sera dextrorsum dans une partie de l'anneau (ici la moitié) et sinistrorsum dans

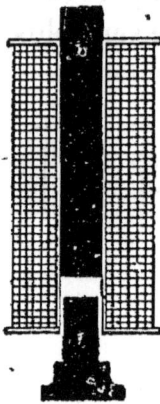

Fig. 29. — Bobine et plongeur à buttée. (Electro-aimant de Bonelli.)

l'autre partie. Il en résultera que chacune de ses moitiés
agira comme un aimant ayant (dans le cas actuel) un pôle
Sud là où pénètre le courant, et un pôle Nord là où il
quitte la bobine. On aura ainsi
deux pôles conséquents, un double pôle Nord en haut, et un
double pôle Sud en bas. La position de ces pôles est absolument variable; ils se porteront
en un point quelconque de la
circonférence de l'anneau suivant le déplacement qu'on donnera aux points de connexion
entre la bobine circulaire et le
circuit extérieur. C'est là, de
beaucoup, le trait le plus important de cette forme particulière
d'électro-aimant.

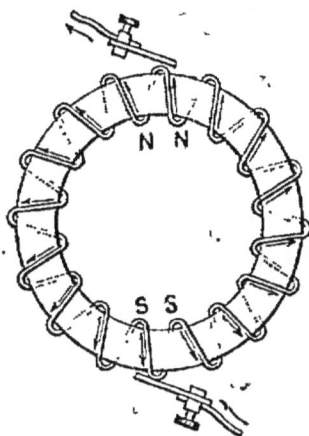

Fig. 30. — Électro-aimant
annulaire à pôles consé-
quents.

8. — *Électro-aimants circulaires.* — On donne ce nom
à une catégorie spéciale d'électro-aimants, originairement
imaginés par Wilhelm Weber, à noyaux cylindriques ou
en forme de poulies, et à bobines enroulées dans des gorges pratiquées à la périphérie (comme dans la Fig. 163).
Si une simple poulie de fer est roulée d'une bobine magnétisante en fil de cuivre isolé et excitée par un courant,
l'un de ses bords tout entier sera une surface polaire Nord
et l'autre une surface polaire Sud. Un électro-aimant de
ce genre s'attachera au fer en un point quelconque de sa
périphérie. La Fig. 31 représente un double aimant circulaire dont la table médiane offre par exemple un pôle Nord
conséquent, et les deux tables extrêmes des pôles Sud.

4.

On a proposé (1) d'employer des électro-aimants de ce genre comme mode d'entraînement pour remplacer les roues dentées, l'adhérence superficielle voulue étant obtenue magnétiquement. Dans une autre variété, due à Nicklès et désignée sous le nom d'électro-aimants *paracirculaires*, la bobine, au lieu d'être enroulée sur la poulie même, lui est extérieure et en enveloppe seulement le segment appelé à faire contact magnétique.

9. — *Formes mixtes.* — Il en existe une innombrable variété dont un grand nombre est mentionné surtout dans la dernière partie de cet ouvrage. Nous n'en donnerons ici que deux spécimens. La Fig. 32 montre un faisceau d'électro-aimants droits, roulés chacun d'une bobine de fil de cuivre distincte, et à polarités alternées. Cette disposition avait pour objet de constituer

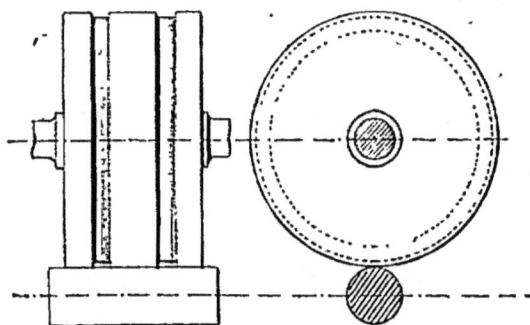

Fig. 31. — Électro-aimant circulaire.

un puissant électro-aimant à grande adhérence sur une table de fer. En réalité on aurait obtenu plus de puissance si, pour le même poids de fer et de cuivre, on eût adopté une disposition différente et réalisé un circuit magnétique plus simple. Il eût été préférable, par exemple, de concentrer tout le cuivre en une seule bobine autour des huit noyaux qui forment les deux couches du

(1) Voir les travaux de M. de Bovet, *Bulletin de la Société internationale des Électriciens,* nᵒˢ 93 et 94, décembre 1892 et janvier 1893.

milieu, en laissant nues les couches supérieure et inférieure de noyaux et les utilisant (à la façon des électro-
aimants cuirassés) au retour du flux magnétique.

La Fig. 33 représente
un électro-aimant spiral,
dans lequel le noyau de
fer, très développé, est
roulé en spirale autour
d'un conducteur de cuivre
droit ; c'est le renversement de la disposition habituelle. Cette modification
n'offre pas le moindre
avantage. Au contraire,
elle présente ce grave in-

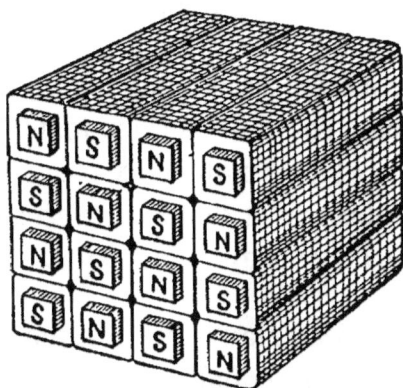

Fig. 32. — Faisceau d'électro-aimants.

convénient que, par suite de la très grande perméabilité
magnétique relative de l'air, le magnétisme créé dans
l'une quelconque
des spires du fer
se dérive et se
ferme en court-
circuit sur lui-
même dans une

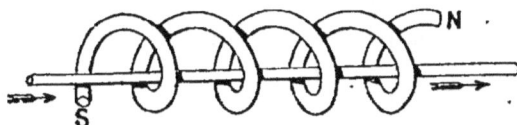

Fig. 33. — Electro-aimant spiral.

très forte proportion, au lieu de poursuivre son chemin à
travers le fer pour émerger au pôle ; elle exige en outre
un courant d'énorme intensité pour l'excitation, les nombreuses circonvolutions ordinaires du circuit électrique
étant remplacées par un conducteur droit unique.

Indépendamment des formes ci-dessus décrites, il en
existe un grand nombre d'autres, dont quelques-unes
multipolaires, uniquement employées dans les inducteurs
des dynamos et des moteurs électriques. Pour plus amples

renseignements à cet égard nous renvoyons le lecteur aux chapitres correspondants des traités de machines dynamo-électriques (1), ainsi qu'au Chapitre XII ci-après.

MATÉRIAUX DE CONSTRUCTION

Trois classes de matériaux entrent dans la construction des électro-aimants : des matériaux magnétiques pour les noyaux ; des matériaux électriquement conducteurs pour les bobines ; et des substances isolantes pour prévenir la perte du courant électrique.

I. — **Matériaux magnétiques pour Noyaux.** — Bien que le nickel, le cobalt et la pierre d'aimant (oxyde magnétique de fer) appartiennent aussi à la catégorie des matériaux magnétiques, le fer et l'acier sont les seuls à considérer. Les propriétés magnétiques de ces deux corps ont une telle importance que le Chapitre III tout entier est consacré à leur étude. Quant à leurs propriétés mécaniques, elles sont assez connues pour ne pas nécessiter ici de mention spéciale.

II. — **Matériaux électriquement conducteurs pour Bobines.** — Un seul de ces corps mérite ici considération, c'est le cuivre qui est le métal universellement employé. On a essayé d'autres métaux à la place des fils de cuivre, et notamment le fer, le maillechort et l'argent. — Le fer a été proposé avec l'idée que, étant également un corps magnétique, il agirait en vertu de ses deux propriétés, con-

(1) *Traité théorique et pratique des Machines dynamo-électriques* de l'Auteur, traduit par E. Boistel, 2e édition française, chez Baudry et Cie, 1894.

ductibilité électrique et en même temps perméabilité aux lignes de force. Cette application est, cependant, à rejeter : d'abord parce que les fils de fer ont une résistance électrique bien supérieure à celle des fils de cuivre de même section, s'échauffent plus et sont ainsi une cause de perte d'énergie ; en second lieu, parce que les fils de fer, enroulés transversalement avec interposition de matière isolante entre eux, sont dans de mauvaises conditions pour absorber les lignes de force longitudinales. — On a proposé l'argent comme étant électriquement meilleur conducteur; mais, dans ces dernières années, de nouveaux procédés (notamment électro-métallurgiques) d'affinage du cuivre ont permis d'en obtenir une qualité rivale de l'argent et qui même dans certains cas le surpasse au point de vue de la conductibilité électrique. — Les cuivres « de haute conductibilité » sont aujourd'hui article commercial courant, et pour la construction des électro-aimants on n'en tolérerait pas dont la conductibilité fût inférieure à 98 0/0 de celle du cuivre pur. — Le maillechort ne saurait entrer dans la construction des bobines d'électro-aimants en raison de sa faible conductibilité qui n'est guère égale qu'à 8 0/0 de celle du cuivre pur. Son seul avantage est la constance de sa faible conductibilité à toutes les températures.

Des règles relatives à l'enroulement des bobines de fil de cuivre, et de nature à guider le constructeur au point de vue des sections et quantités requises, seront données en temps utile au Chapitre VI. Entre temps on peut faire observer que le constructeur n'est pas limité à l'emploi exclusif de fils ronds, bien que ces derniers soient communément appliqués au bobinage de tous les petits électro-aimants. Pour les grandes bobines dont le circuit est appelé à porter des intensités d'un grand nombre d'ampères, on a be-

soin de conducteurs à forte section. Les fils ronds de
grande section deviennent inapplicables dans ces circonstances pour deux raisons : — il est difficile de les plier
et ils laissent dans leur enroulement des espaces intersti-
ciels considérables qui prennent une place inutile. Il est
préférable d'employer dans ce cas des torons formés de
sept fils plus faibles tordus ensemble et recouverts d'un
guipage isolant convenable, ou mieux encore des conducteurs de section rectangulaire, soit étirés sous cette
forme, soit formés de rubans étroits de cuivre réunis en
faisceau sous un revêtement isolant en ruban. Tous les
fabricants de fils de cuivre pour électricité fournissent
couramment aujourd'hui soit des fils toronnés, soit des
conducteurs composés de bandes assemblées, de toutes
les sections voulues, cet article étant devenu de commande
quotidienne pour la construction des dynamos et autres
appareils électriques.

III. — **Substances isolantes contre la perte du courant
électrique.** — Les substances isolantes sont indispensa-
bles pour empêcher le courant électrique de se perdre
d'une partie de la bobine à une autre, aussi bien que
pour prévenir toute perte du courant de la bobine à son
noyau. La bobine a également besoin d'être solidement
assujettie au point de vue mécanique ; à cet effet on la
roule habituellement sur une forme ou une carcasse. Si
cette carcasse est en bois, en ébonite, ou autre substance
non-métallique, elle sert elle-même d'isolateur en diminuant les chances de pertes de l'enroulement au noyau.
Mais si elle est métallique, il faut avoir grand soin de
parer à ce passage du courant électrique d'un des éléments de l'électro-aimant à l'autre. Théoriquement, un

seul point de contact entre l'enroulement et le noyau ou la carcasse importe peu, attendu que le courant ne passera pas, même par la voie qui lui est ainsi laissée, du fil au métal avoisinant, à moins qu'il ne trouve également un autre passage pour revenir au circuit. Mais le seul fait de l'existence d'une voie de ce genre augmente la possibilité d'un court-circuit par un autre défaut se faisant jour en un autre point quelconque. Le parfait isolement de la bobine est en conséquence aussi désirable que possible en lui-même.

La tendance à l'établissement d'une perte ou d'un court-circuit entre deux conducteurs quelconques dépend de la différence de leurs tensions électriques. Plus cette différence sera élevée, plus la matière isolante qui les sépare sera exposée à se rompre et à amener une dérivation. Il y a généralement une très faible différence de potentiel entre une spire de fil et celle qui en est immédiatement voisine dans une même couche ; mais il peut en exister une grande entre le fil d'une couche et celui situé au-dessus ou au-dessous dans la couche voisine. Aussi un bon isolement est-il plus important de couche à couche que de fil à fil dans la même couche. Pour les mêmes raisons il est encore plus essentiel de bien isoler la carcasse de l'enroulement, parce que le fil de toutes les couches vient porter sur les joues de cette carcasse. Un exemple numérique fera mieux comprendre cette nécessité. Supposons un électro-aimant appelé à être interposé entre deux conducteurs électriques principaux auxquels le courant est fourni par une dynamo sous la tension de 100 volts, c'est-à-dire qu'il existe une différence de potentiel ou de pression de 100 volts entre les deux conducteurs. Admettons que l'électro-aimant soit garni d'une bobine formée de vingt couches de fil comportant chacune cinquante spires. Les couches successives sont supposées enroulées de la manière ordinaire, l'enroulement commençant par un bout pour aller jusqu'à l'autre, puis revenant sur lui-même, de sorte que la seconde couche finisse juste au-dessus du point où commence la première. Si donc il y a 100 volts de différence de pression appliqués sur la bobine pour faire passer le courant à travers ses spires, on aura entre un point du commencement d'une couche et un point de la fin de la couche suivante (placée au-dessus) juste un dixième de la bobine entière, et, par suite, un dixième de la pression totale, soit 10 volts. Mais entre ces deux points de l'enroulement il y aura 100 spires de fil ; par conséquent la différence de pression de fil à fil ne sera que de 0,1 volt.

Or, comme la pression entre l'une des extrémités de la bobine et l'autre est de 100 volts, et que les deux bouts de la bobine aboutissent tout près de la carcasse, la tendance à une dérivation par le métal de la joue sera beaucoup plus grande que celle pouvant exister de couche à couche.

On peut admettre approximativement que la pression électrique sur la matière isolante, ou la tendance à la production d'une étincelle qui la percerait, est proportionnelle au carré de la tension électrique. Il en résulte que, dans le cas actuel, la matière isolante entre la bobine et sa carcasse a à supporter une tension cent fois égale à celle qui existe de couche à couche, et un million de fois égale à celle qui existe de fil à fil.

Isolement du Fil. — Pour les grands électro-aimants employés dans des circuits ordinaires avec des tensions ne dépassant pas 500 volts, il suffit, comme isolement du fil, d'un double guipage de coton, bien imbibé ensuite de vernis à la gomme-laque et finalement séché par un séjour de quelques heures à l'étuve. Pour les petits électro-aimants tels que ceux employés en télégraphie et en téléphonie, ainsi que dans les meilleurs appareils de sonneries, le fil recouvert de soie est préférable ; les bobines sont en outre bien séchées et immergées dans un bain de paraffine fondue.

Les revêtements en gutta-percha, en caoutchouc, en chanvre bitumé ou en ruban passé à l'ozokérite ne sont pas à recommander pour les fils destinés aux bobines d'électro-aimants. Les fils toronnés de grande section et les conducteurs rectangulaires formés de bandes assemblées doivent être guipés d'un fort ruban de coton, puis passés au vernis à la gomme-laque après enroulement sur les bobines ou les électro-aimants.

Isolement des Couches. — L'isolement de couche à couche, et particulièrement entre la première spire d'une couche et la dernière de la suivante, doit être bien assuré. Pour les petits électro-aimants il n'est pas besoin de précautions spéciales en dehors du soin de l'enroulement ; mais, quand il s'agit de gros électro-aimants, roulés d'un grand nombre de spires de fil fin pour circuits à haute tension, il est bon d'interposer entre les couches une épaisseur de papier Willesden fin ou de mince fibre vulcanisée, ou encore d'étoffe de coton ou de cavenas enduit de vernis à la gomme-laque.

Isolement du Noyau et de la Bobine. — Dans les cas où le fil doit être directement enroulé sur les noyaux sans carcasse intermédiaire, le noyau doit être lui-même bien isolé par une couche de bonne et solide peinture non conductrice, telle que du vernis Japon, de la laque d'Aspinall, ou recouvert de canevas verni, d'un tube bien ajusté en fibre vulcanisée, ou de plusieurs épaisseurs de papier verni de bonne qualité et imperméable. Les carcasses métalliques demandent une protection analogue. Les faces de leurs joues exigent encore plus de soin à cet égard.

Dans le cas où le fil est directement appliqué sur le noyau, on emploie souvent des joues métalliques ou des épanouissements des noyaux pour maintenir l'enroulement aux extrémités. Ces joues, qu'elles fassent ou non corps avec le noyau, doivent être, pour tous les grands électro-aimants, séparées du fil par interposition d'une feuille de fibre vulcanisée, de dermatine, ou de papier Willesden, ou, à défaut de ces matériaux, de toile cirée ou de gros papier verni ou laqué. Ces précautions permettent seules d'éviter les contacts. Le bout du fil venant de la couche la plus profonde de la bobine à l'extérieur est souvent une cause d'accident. Ce bout sortant se rompt fréquemment de la façon la plus fâcheuse en nécessitant un nouveau bobinage, ou, sans se rompre, il se relâche et risque d'endommager les couches isolantes qui le séparent d'autres parties de l'enroulement ou de la bobine. Il est bon, dans certains cas, avant de rouler la bobine, de la munir, comme bout de sortie, d'un gros fil spécial, ou d'un morceau de câble toronné, ou encore d'une bande de cuivre; ce bout artificiel doit toujours être isolé d'une façon particulièrement soignée.

Isolement incombustible. — Dans certains cas peu fréquents il est nécessaire d'assurer une isolation qui ne se détruise pas, même si la bobine venait à rougir. L'amiante, tout en étant par elle-même un faible et volumineux isolant, est alors la seule matière convenable pour le guipage des fils ; des feuilles de carton d'amiante et de mica peuvent être indifféremment employées pour l'isolement des couches entre elles.

On peut encore faire usage d'un enduit combiné avec de l'amiante. Un fil de cuivre nu avec interposition d'une carde un peu épaisse d'amiante filée peut servir à l'enroulement ; un tissu d'amiante isole ensuite les couches successives. On peut insérer des rondelles de porcelaine et des mèches d'amiante pour conduire extérieurement les fils de sortie.

Isolement pour hautes tensions. — Quand on a à construire des électro-aimants destinés à fonctionner sur des circuits de tension particulièrement élevée, dépassant 1000 volts, il est absolument indispensable d'assurer le plus parfait isolement, d'une part entre les couches, et d'autre part entre les spires et la carcasse. Le papier verni, le canevas et la fibre vulcanisée ne résistent pas. De minces lames de mica solidement fixées et des feuilles de bonne ébonite sont à peu près les seules matières présentant quelque sécurité.

Certains constructeurs, au lieu de rouler le fil par couches, le bobinent entre des cloisons d'ébonite espacées le long d'un tube de même matière qui enveloppe le noyau. Ce mode de construction est celui généralement employé dans la confection des bobines d'induction. Le papier passé à l'ozokérite, en plusieurs épaisseurs successives comprimées à chaud (comme pour les conducteurs Ferranti), paraît être la seule autre matière méritant considération à ce point de vue. Quand on emploie du papier, il faut avoir soin de le sécher à l'étuve, à une température supérieure à celle de vaporisation de l'eau, pendant plusieurs jours, avant de l'imprégner d'huile ou de vernis.

CHAPITRE III

PROPRIÉTÉS DU FER

La connaissance des propriétés magnétiques du fer est absolument fondamentale au point de vue de la théorie et de l'étude de construction des électro-aimants. Nous n'avons en conséquence aucune excuse à faire pour le développement donné à cette partie de notre sujet. Tous les traités modernes de magnétisme donnent et définissent les termes usuels, dont nous avons d'ailleurs expliqué quelques-uns au Chapitre II.

Ainsi que nous l'avons vu, le magnétisme, qui était primitivement considéré comme une propriété inhérente aux surfaces extrêmes des aimants, est aujourd'hui reconnu comme un phénomène d'origine interne; et le meilleur mode de l'envisager est de considérer les substances magnétiques, le fer et ses dérivés, comme bons conducteurs du flux de force, en d'autres termes, comme possédant une *perméabilité* magnétique. La notion précise attachée aujourd'hui à cette expression est celle d'un coefficient numérique. Supposons une force magnétomotrice, — due, par exemple, à la circulation d'un courant électrique dans une bobine —, agissant dans un espace occupé par l'air seul; il en résultera une certaine intensité de champ magnétique dans cet espace. En fait, l'intensité de champ magnétique, symbolisée par la lettre $\mathfrak{H}$, est définie comme le rapport du flux Φ à une section S donnée du champ dans l'air; son unité C.G.S. ou *gauss* est celle qui produit dans un cm² d'air un flux de force égal à une unité C.G.S. ou *weber*. Mais, par suite de la capacité magnétique supérieure du fer, si l'espace soumis à cette force magnétique était constitué par du fer au lieu d'air, elle y déterminerait un flux plus considérable. Ce nombre plus élevé pour le fer exprime son degré d'induction ; il est symbolisé (1) par la lettre $\mathfrak{B}$ ou B. Le rapport de $\mathfrak{B}$ à $\mathfrak{H}$ exprime la *perméabilité* ou conductibilité magnétique de la substance, pour laquelle on emploie habituellement comme symbole la lettre grecque μ $\left(\mu = \dfrac{\mathfrak{B}}{\mathfrak{H}}\right)$. On peut dire ainsi que $\mathfrak{B}$ est égal à μ fois $\mathfrak{H}$. Par exemple, un échantillon donné de fer, placé dans un champ magnétique de 50 gauss, c'est-à-dire capable de développer dans l'air, par centimètre carré, un flux de force de 50 unités C.G.S. ou webers, a été reconnu comme perméable à un flux d'induction $\mathfrak{B}$ de 16 062 unités C.G.S. ou gauss. En

(1) Nous donnons ci-dessous les diverses expressions sous lesquelles figurent ces trois quantités dans les différents auteurs :

$\mathfrak{B}$ Aimantation intérieure.
Induction.
Induction magnétique.
Induction spécifique.
Intensité d'induction.
Nombre de lignes de force par cm² dans la substance.
Perméation.

$\mathfrak{H}$ Force magnétisante en un point.
Force magnétique en un point.
Intensité de champ magnétique.
Intensité de la force magnétique.
Nombre de lignes de force qui existeraient dans l'air par cm².

μ Perméabilité magnétique.
Perméabilité.
Conductibilité pour les lignes de force.
Pouvoir magnétique multiplicateur de la substance.

divisant le dernier chiffre par le premier, on a la valeur de la perméabilité de cet échantillon à ce degré d'aimantation, soit 321 ; c'est-à-dire que la perméabilité de ce fer est égale à 321 fois celle de l'air. La perméabilité des substances non magnétiques, telles que la soie, le coton, et autres isolants, ainsi que celle du laiton, du cuivre, et de tous les métaux non magnétiques, est admise comme égale à 1, c'est-à-dire qu'elle est pratiquement égale à celle de l'air.

Cette manière d'exprimer les faits se complique cependant de la tendance, dans tous les échantillons de fer, vers une *saturation* magnétique. Quel que soit le fer expérimenté, la capacité magnétique de la matière va en diminuant au fur et à mesure qu'on pousse plus loin l'aimantation effective. En d'autres termes, quand un morceau de fer a été aimanté jusqu'à un certain degré, il devient, à partir de ce point, moins accessible à une aimantation supérieure, et, bien qu'on ne puisse jamais réaliser une saturation absolue, il existe une limite pratique au delà de laquelle on ne peut utilement pousser l'aimantation. Joule a été un des premiers à établir cette tendance vers une saturation magnétique. Des recherches récentes ont fixé numériquement cette décroissance de perméabilité au fur et à mesure qu'on pousse plus loin l'aimantation. La limite pratique de l'induction $\mathfrak{B}$ dans du fer forgé de bonne qualité est d'environ 20 000 unités C. G. S. ou gauss, et de 12 000 unités à peu près dans la fonte.

Dans une étude d'électro-aimant, avant de pouvoir calculer les dimensions d'un barreau de fer destiné à la construction d'un noyau pour une application déterminée, il est indispensable de connaître les propriétés magnétiques de cet échantillon de fer. Il est clair, en effet, que, si la

perméabilité magnétique en est inférieure, il en faudra
une plus grande quantité pour produire tel effet magnétique qui pourrait être réalisé avec un barreau de moindre section mais de perméabilité plus élevée. Autrement
dit, l'échantillon de moindre perméabilité exigera plus de
cuivre dans la bobine enveloppante ; car, pour amener
son aimantation au point voulu, il faudra le soumettre à
des forces magnétisantes plus élevées qu'il n'eût été
nécessaire si l'on avait eu affaire à un échantillon de perméabilité supérieure.

Une excellente manière d'étudier les phénomènes magnétiques relatifs à un échantillon spécial quelconque de
fer consiste à construire la courbe d'induction, c'est-à-dire
la courbe pour laquelle, les abscisses représentant le champ
magnétique $\mathcal{H}$, les valeurs correspondantes de l'induction
résultante $\mathcal{B}$ sont por-
tées en ordonnées. La
fig. 34, qui est une
modification de celle
fournie par les recher-
ches du professeur
Ewing (1), donne cinq
courbes relatives à du
fer doux recuit, du fer
écroui, de l'acier re-
cuit, de l'acier étiré
dur et de l'acier trem-

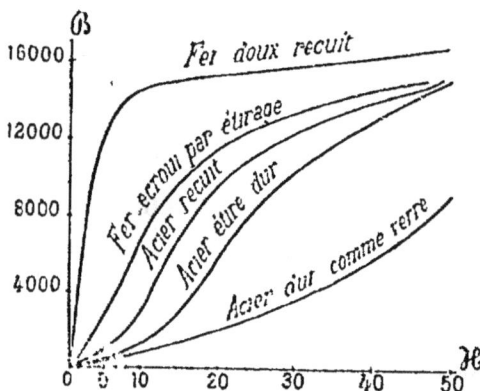

Fig. 34. — Courbes d'induction dans
divers échantillons de fer.

pé. On remarquera que toutes ces courbes ont la même
allure générale. A de faibles valeurs de $\mathcal{H}$ correspondent
de petites valeurs de $\mathcal{B}$, et $\mathcal{B}$ croît en même temps que

(1) Phil. Trans. 1885.

$\mathfrak{H}$. En outre, la courbe s'élève très rapidement, du moins pour tous les échantillons de fer doux; elle s'infléchit ensuite et devient presque horizontale. Quand l'induction est dans la plage inférieure au coude de la courbe, on dit que le fer est loin de son point de saturation. Mais, quand l'aimantation induite a été poussée au delà du coude de la courbe, le fer est dit dans un état voisin de la saturation, parce que, à ce point d'aimantation, il faut augmenter beaucoup la force magnétisante pour obtenir le moindre accroissement de magnétisme. On remarquera que, pour le fer doux forgé, le point voisin de la saturation correspond à une valeur de $\mathfrak{B}$ égale à 16 000 unités C. G. S. environ, ou à une valeur de $\mathfrak{H}$ s'élevant à 50 à peu près. Comme on le verra plus loin, il n'est pas économique de pousser $\mathfrak{B}$ au delà de cette limite; en d'autres termes, l'emploi de champs magnétiques supérieurs à $\mathfrak{H} = 50$ n'est pas compensé par un gain suffisant.

MESURE DE LA PERMÉABILITÉ

Il existe quatre genres de méthodes expérimentales pour la mesure de la perméabilité, savoir :

I. — Les Méthodes magnétométriques,
II. — Les Méthodes de balance,
III. — Les Méthodes d'induction,
IV. — Les Méthodes d'arrachement.

I. Méthodes magnétométriques. — Elles sont dues à Müller et consistent à entourer d'une bobine magnétisante le barreau de fer soumis à l'essai et à observer la déviation que produit l'aimantation de ce fer sur un magnétomètre.

B.

II. **Méthodes de balance.** — Ces méthodes sont une variété des précédentes; on se sert d'un aimant compensateur pour équilibrer l'action du fer aimanté sur l'aiguille du magnétomètre. Cette méthode employée par Von Feilitzsch a reçu une application mieux définie dans l'emploi de la balance magnétique du professeur Hughes. Les élèves du collège technique de Finsbury en ont fait usage dans un grand nombre d'observations relevées pour l'Auteur sur divers échantillons de fer et d'acier. Aucune de ces méthodes n'est toutefois comparable comme précision à celles qui suivent.

III. **Méthodes d'induction.** —Ces méthodes comportent plusieurs variétés; mais elles sont toutes basées sur le développement d'un courant d'induction passager dans une bobine d'exploration qui enveloppe l'échantillon de fer expérimenté; le courant intégral est proportionnel au flux de force qui pénètre le circuit de la bobine d'exploration ou qui s'en échappe. Ces différents modes d'opérer méritent chacun une mention particulière.

(A). *Méthode de l'anneau.* — Dans cette méthode due à Kirchhoff, le fer soumis à l'essai est façonné en un anneau roulé d'une bobine primaire, ou excitatrice; le système est complété par une bobine secondaire, ou d'exploration. Des déterminations à l'aide de ce procédé ont été faites par Stoletow, Rowland, Bosanquet, et Ewing, ainsi que par Hopkinson. La Fig. 35 représente la disposition adoptée par Rowland; B est la pile qui fournit le courant; S le commutateur-inverseur qui permet d'envoyer ou de renverser le courant dans la bobine d'excitation roulée sur l'anneau de fer; R une résistance variable;

A un ampèremètre; et B G le galvanomètre balistique, dont la première élongation mesure le courant intégral induit. R C est un inducteur de terre, ou bobine de renversement, destiné à calibrer les lectures au galvanomètre; au-dessus, une bobine et un aimant sont disposés de manière à maintenir les déviations de l'aiguille dans les limites des observations. La bobine d'excitation et celle d'exploration sont toutes deux roulées sur l'anneau; la première se distingue par un trait plus gros. On procède habituellement en commençant avec un faible

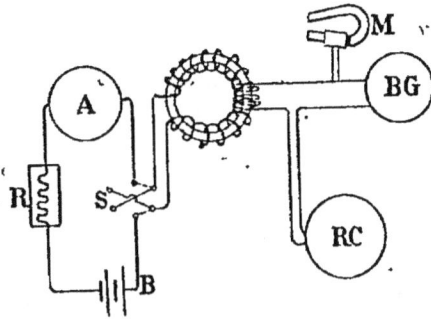

Fig. 35. — Méthode de l'anneau pour la mesure de la perméabilité (disposition de Rowland).

courant d'excitation qu'on renverse brusquement et qu'on ramène ensuite de nouveau à son sens initial. Le courant est ensuite augmenté, renversé et réinversé, et ainsi de suite jusqu'à ce qu'on ait atteint les points les plus élevés possibles. On calcule les valeurs du champ $\mathcal{H}$ d'après les valeurs observées du courant, au moyen de la règle suivante : — Soient I l'intensité du courant donnée par l'ampèremètre, N_s le nombre des spires de la bobine d'excitation, et l la longueur de celle-ci en centimètres (c'est-à-dire la circonférence moyenne de l'anneau); $\mathcal{H}$ est alors donné (voir p. 52) par la formule

$$\mathcal{H} = \frac{4\pi}{10}\frac{N_s I}{l} = 1{,}256\,\frac{N_s I}{l}.$$

Bosanquet, en appliquant cette méthode à un certain

nombre d'anneaux de fer, est arrivé à des résultats importants. Sur la Fig. 36 sont relevées les valeurs de $\mathfrak{H}$ et de $\mathfrak{B}$ pour sept anneaux. L'un de ceux-ci (courbe J) était en acier fondu et a donné lieu à deux observations, d'abord à l'état doux, puis à l'état trempé. Un autre (courbe I) était du meilleur fer de Lowmoor. Les cinq autres étaient faits en fer « crown » (à la couronne), de différentes dimensions. Ils étaient distingués par les lettres E,F,G,H,K. Les valeurs de $\mathfrak{B}$ à différents degrés d'aimantation sont consignées dans le tableau II ci-dessous.

TABLEAU II

VALEURS DE $\mathfrak{B}$ DANS CINQ ANNEAUX DE FER « CROWN »

DÉSIGNATION	G.	E.	F.	H.	K.
DIAMÈTRE MOYEN :	21,5	10,035	22,1	10,735	22,725
Épaisseur de la barre (en cm).	2,535	1,298	1,292	0,7137	0,7544
$\mathfrak{H}$ Force magnétisante :					
0,2	126	73	62	82	85
0,5	377	270	224	208	214
1	1 449	1 293	840	675	885
2	4 564	3 952	3 533	2 777	2 417
5	9 900	9 147	8 293	8 479	8 884
10	13 023	13 357	12 540	11 376	11 388
20	14 911	14 653	14 710	14 066	13 273
50	16 217	15 701	16 062	15 174	13 890
100	17 148	16 677	17 900	16 134	14 837

Voici un moyen d'illustrer la méthode d'induction pour la mesure de la perméabilité. Prenons un anneau

de fer ayant une section transversale d'un centimètre
carré presque exactement. Roulons-le d'abord d'une bobine d'excitation alimentée par le courant de deux accumulateurs, puis d'une bobine d'exploration de 100 spires,
en circuit (comme dans la disposition de Rowland) avec
un galvanomètre balistique qui reflète un pinceau lumineux sur un écran à distance convenable. Le circuit du
galvanomètre comprend aussi un inducteur de terre.
Dans l'espèce, cet inducteur de terre ou bobine de renversement est de telles dimensions et roulé d'un nombre
de spires tel que son renversement correspond à l'intersection d'un flux de force de 840 000 unités C.G.S. On
règle la résistance du circuit du galvanomètre de telle
sorte que sa première élongation, quand on renverse

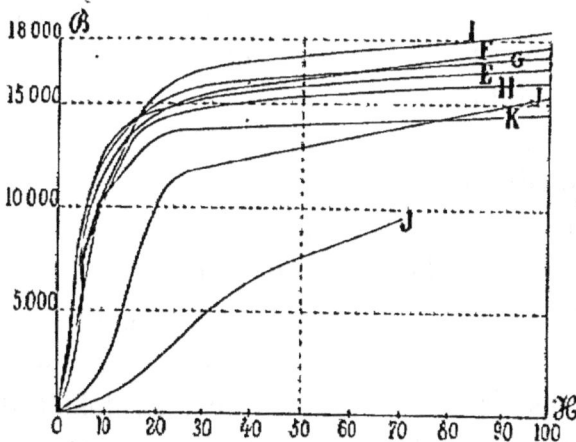

Fig. 36. — Propriétés magnétiques d'anneaux de fer et d'acier.
(Courbes de Bosanquet.)

brusquement la bobine, atteigne 8,4 divisions de l'échelle.
Dès lors, la bobine d'exploration étant formée de 100 spires, il en résulte que, dans l'épreuve suivante avec l'anneau, si on en obtient un courant induit, chaque division

de l'échelle sur laquelle oscille le pinceau lumineux correspondra à un flux de force de 1000 unités C.G.S. dans le fer. Appliquons le courant d'excitation. Le champ d'oscillation est à peu près de 11 divisions. Si l'on rompt le circuit, l'élongation est encore de 11 divisions à peu près dans l'autre sens. On en conclut que la force magnétisante en jeu porte l'aimantation du fer à 11 000 unités C.G.S., ou que, sa section transversale étant d'un centimètre carré environ, $\mathfrak{B} = 11\,000$. Quelle est maintenant la valeur de cette force magnétisante? La bobine d'excitation comporte 180 spires, et le courant d'excitation donné par l'ampèremètre est juste de 1 ampère. L'excitation totale est en conséquence de 180 « ampères-tours » exactement. Il suffit, d'après la règle donnée ci-dessus, de multiplier ce chiffre par 1,256 et de diviser par la longueur circonférentielle moyenne de la bobine qui est d'environ 32 cm, ce qui donne $\mathfrak{H} = 7$. Ainsi, pour $\mathfrak{B} = 11\,000$ et $\mathfrak{H} = 7$, la perméabilité, qui est le rapport de ces deux valeurs, est de 1570 environ. Si grossière et expéditive que soit cette épreuve, elle illustre l'application de la méthode ici considérée.

Les expériences de Bosanquet ont résolu la question controversée de savoir si les couches extérieures d'un noyau de fer protégeaient les couches intérieures contre l'influence des forces magnétisantes. Si tel était le cas, des anneaux minces devaient fournir pour $\mathfrak{B}$ des valeurs plus élevées que des anneaux plus épais. Il n'en est rien; le plus gros anneau, G, présente toujours la plus forte aimantation.

(B). *Méthode du barreau.* — Cette méthode consiste à employer, au lieu d'un anneau, un long barreau de fer.

Il est recouvert de bout en bout par la bobine d'excitation; mais la bobine d'exploration est formée d'un petit nombre de tours de fil placés juste au-dessus de la partie médiane du barreau. Rowland, Bosanquet, et Ewing ont tous eu recours à cette méthode. Ewing en particulier a employé des barreaux dont la longueur était supérieure à cent fois leur diamètre, de manière à rendre négligeables les erreurs pouvant provenir des actions de leurs extrémités.

(C). *Méthode du barreau divisé.* — Cette méthode, due au docteur Hopkinson (1) et représentée par la Fig. 37, comporte l'emploi d'un bloc de fer forgé recuit, ayant environ 46 cm de long, sur 16,5 de large et 5 d'épaisseur, dans le milieu duquel est découpé un espace rectangulaire destiné à recevoir les bobines magnétisantes.

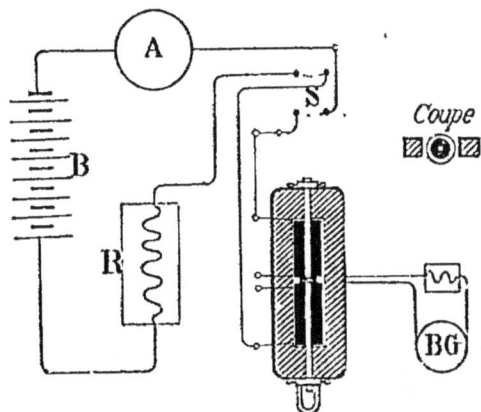

Fig. 37. — Méthode du barreau divisé pour la mesure de la perméabilité (Hopkinson).

Les échantillons de fer soumis à l'épreuve sont deux baguettes de 12,65 mm de diamètre, tournées avec soin et glissant dans des trous forés aux extrémités du bloc de fer. Ces deux baguettes se rencontrent au milieu du bloc, leurs bouts bien dressés de manière à assurer un parfait contact entre elles. L'une d'elles est solidement

(1) *Phil. Trans.*, 456, 1885.

maintenue; l'autre est munie d'une poignée qui permet de la tirer. Les deux grandes bobines magnétisantes ne se touchent pas; un espace est réservé entre elles. Dans cet intervalle on introduit la petite bobine d'exploration roulée sur une carcasse d'ivoire et dans l'œil de laquelle passe l'extrémité de la baguette mobile. La bobine d'exploration est reliée au galvanomètre balistique B G et fixée à un ressort de caoutchouc (qu'on ne voit pas sur la figure), sous l'action duquel elle sort complètement du champ magnétique lorsque la baguette est brusquement tirée en arrière. Cette bobine est formée de 350 tours de fil fin; les deux bobines magnétisantes comportent 2 008 tours effectifs. Le courant d'excitation, fourni par une pile B de huit éléments Grove, était réglé au moyen d'une résistance liquide variable R et d'une résistance en dérivation. Un commutateur-inverseur et un ampère-mètre A étaient insérés dans le circuit magnétisant. L'appareil ainsi disposé permettait de soumettre à des forces magnétisantes quelconques, petites ou grandes, les baguettes d'échantillon expérimentées, et l'on pouvait observer à un instant quelconque leur condition magnétique en rompant le circuit et retirant en même temps la baguette mobile. On pouvait en conséquence procéder à l'observation individuelle d'une série d'aimantations croissantes (ou décroissantes) sans aucun renversement intermédiaire du courant entier.

Les résultats obtenus par Hopkinson sont consignés p. 92 à 98.

Pour faciliter les observations sur de nouveaux échantillons de fer, M. J. Swinburne a récemment (1) imaginé

_____

(1) Voir *The Electrician*, XXV, 618, 10 octobre 1890.

une méthode d'expérimentation qui dispense de l'emploi d'un galvanomètre balistique. — Le lecteur pourra, pour plus amples détails, se reporter au travail original.

IV. Méthodes d'arrachement. — Le quatrième groupe de méthodes de mesure de la perméabilité est basé sur la loi de la traction magnétique ou force portante. Il comporte plusieurs manières de procéder.

(D). Méthode de l'anneau divisé. — M. Shelford Bidwell a bien voulu prêter à l'Auteur l'appareil à l'aide duquel il a appliqué cette méthode. Il se compose d'un anneau formé d'une baguette de fer au bois très doux, de 6,4 mm d'épaisseur, ayant lui-même un diamètre extérieur de 8 cm et scié en deux demi-anneaux ; chacune de ces moitiés est soigneusement recouverte d'une bobine d'excitation en fil de cuivre isolé, formée de 1 929 spires en tout. Ces deux moitiés s'adaptent exactement l'une sur l'autre, bouts à bouts, et dans cette position constituent un anneau pratiquement continu. Quand on lance un courant d'excitation dans les bobines, les deux demi-anneaux s'aimantent et s'attirent mutuellement ; on mesure alors la force nécessaire pour les séparer par arrachement. Conformément à la loi de la force portante ou de traction dont nous nous occuperons dans un chapitre suivant, cette force portante (pour une surface de contact donnée) est proportionnelle au carré du flux de force qui passe de l'une des surfaces de contact à l'autre à travers le joint de contact. On peut en conséquence se servir de la force portante pour déterminer $\mathfrak{B}$, et, en calculant $\mathfrak{H}$ comme précédemment, on pourra déterminer la perméabilité. Le tableau IV, p. 99, donne le résumé des résultats obtenus par M. Bidwell.

(E). Méthode de la baguette divisée. — Dans cette méthode, également employée par M. Bidwell, une baguette de fer soutenue à ses deux extrémités est divisée en son milieu et placée à l'intérieur d'une bobine magnétisante verticale qui l'entoure. L'appareil est suspendu par un crochet à un point d'attache situé au-dessus de lui; le crochet inférieur est fixé à un plateau de balance. On lance dans la bobine magnétisante des courants d'intensité progressivement croissante provenant d'une pile, et l'on note le poids maximum qui peut être, dans chaque cas, mis dans le plateau de la balance sans séparer les extrémités des baguettes.

(F). Méthode du Perméamètre. — Cette méthode a été imaginée par l'Auteur même de cet ouvrage dans le but d'éprouver des échantillons de fer. Ce qui la distingue, c'est qu'elle constitue une méthode d'atelier et non une méthode de laboratoire. Elle ne nécessite pas de galvanomètre balistique, et le fer soumis à l'épreuve n'a pas besoin d'être forgé en anneau, ni recouvert d'une bobine. Son application n'exige qu'un instrument très simple que l'Auteur a appelé *perméamètre.* Extérieurement cet instrument rappelle comme apparence générale l'appareil du docteur Hopkinson, et consiste, ainsi que l'indique la Fig. 38, en un morceau rectangulaire de fer doux forgé, évidé intérieurement de manière à recevoir une bobine

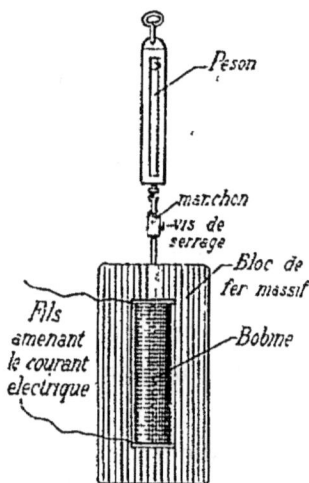

Fig 38. — Perméamètre
(S. P. Thompson).

magnétisante, suivant l'axe de laquelle passe un tube de laiton. Le bloc a 30 cm de long, sur 16,5 cm de large et 7,5 cm d'épaisseur. A l'une de ses extrémités il est foré pour recevoir l'échantillon de fer à éprouver. Ce dernier consiste simplement en une mince baguette de 30 cm de long environ, dont une des extrémités doit être soigneusement dressée. Quand on la place à l'intérieur de la bobine magnétisante et qu'on lance le courant d'excitation, la baguette vient s'appliquer fortement par son extrémité inférieure contre la surface du bloc de fer; et la force nécessaire pour l'en détacher (ou plutôt la racine carrée de cette force) donne la mesure de la pénétration des lignes de force dans sa surface terminale.

Dans le premier perméamètre construit par l'Auteur, la bobine magnétisante avait 13,64 cm de long et contenait 371 spires de fil. Un courant d'excitation de 1 ampère développait en conséquence une force magnétisante $\mathfrak{H} = 34$. Le fil était assez gros pour porter 30 ampères, de sorte qu'il était facile d'obtenir une force magnétisante égale à 1 000 unités. Dans une de ses expériences le courant envoyé était de 25 ampères; les deux baguettes, respectivement en « fer au bois » et en « fer de première qualité », avaient 40 mm carrés de section. L'Auteur se servait d'un peson, soigneusement gradué et muni d'un arrêt automatique fixant son index au point de lecture le plus élevé. La force portante pour le fer « au bois » a été trouvée égale à 5,670 kg, tandis que le fer de « première qualité » n'a donné que 3,400 kg; de sorte que $\mathfrak{B}$ était de 19 000 unités C.G.S. environ dans le fer au bois, et, $\mathfrak{H}$ étant égal à 850 unités, μ était à peu près de 22,3.

L'étude de la loi de la force portante qui sert à calculer $\mathfrak{B}$ tiendra une large place dans le chapitre suivant. Il suffit d'en transcrire ici l'expression pour son application au perméamètre.

La formule générale qui donne $\mathfrak{B}$ quand le noyau est ainsi arraché par un poids de F kg, la surface de contact étant de S centimètres carrés, est :

$$\mathfrak{B} = 4965 \sqrt{\frac{F}{S}}, \text{ qui devient ici } \mathfrak{B} = 350 \sqrt{\frac{F}{S}} + \mathfrak{K}.$$

On est en effet amené à introduire $\mathfrak{K}$ dans la formule parce que dans cet appareil la bobine reste fixe, le noyau seul étant mobile. Il en résulte que l'arrachement ne s'effectue que sur $\mathfrak{B} - \mathfrak{K}$ unités.

(G). *Méthode de la balance de traction.* — M. H. G. Du Bois (1) a récemment décrit une méthode dans laquelle l'échantillon de fer est placé à l'intérieur d'une bobine entre deux joues en fer, faisant ainsi partie d'un circuit magnétique dont une autre partie est constituée par un fléau de fer; on mesure l'attraction de ce dernier pour en déduire ensuite le flux par le calcul.

COURBES MAGNÉTIQUES.

Résultats d'expériences sur divers échantillons de fer.

Hopkinson a essayé trente-cinq échantillons de fers divers de composition chimique connue (2), parmi lesquels les deux plus importants au point de vue qui nous occupe sont des spécimens de fer forgé recuit et de fonte grise, tels que les emploient MM. Mather et Platt dans la

(1) *The Electrician*, XXVII, 635, 9 octobre 1891.
(2) Voir Hospitalier, *Formulaire de l'Electricien*, 1894, pp. 138-139; et Tainturier, *Manuel d'électricité industrielle*, pp. 42-43.

construction de leurs machines dynamos. Hopkinson a
réuni en courbes les résultats qu'il a obtenus, ce qui permet de construire, à titre de référence, des tables numériques d'une exactitude suffisante pour des calculs ultérieurs.

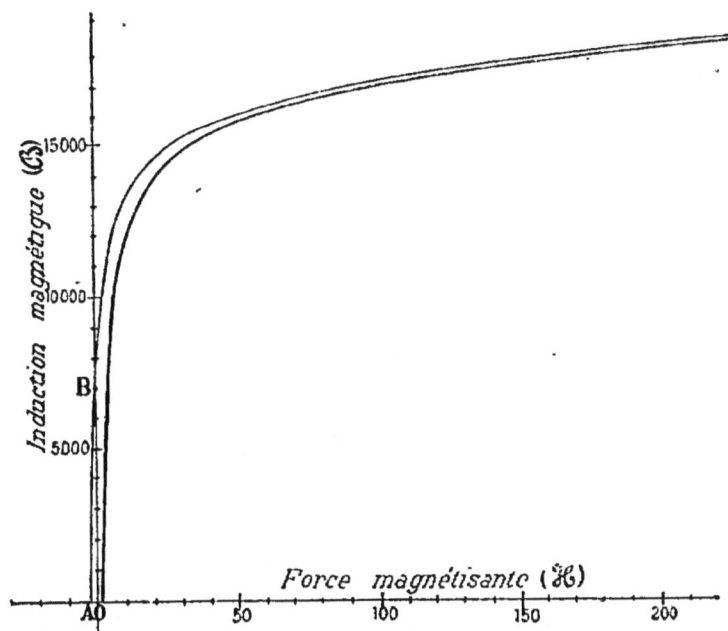

Fig. 39. — Courbes magnétiques d'Hopkinson (Fer.)

La Fig. 39 donne des courbes d'induction pour du *fer
forgé recuit*, obtenues à l'aide de la seconde méthode
expérimentale du docteur Hopkinson (1). La ligne forte
indique la relation entre les valeurs de la force magnéti-
sante $\mathcal{H}$ et de l'induction spécifique $\mathcal{B}$ pour une augmentation progressive de la force magnétisante de zéro à
220 unités environ; et la ligne faible représente la même
relation correspondant à la diminution de cette force ma-

(1) Hopkinson, dans les *Phil. Trans.*, pt. II, 455, 1885.

gnétisante successivement réduite jusqu'à zéro, puis à son renversement, de manière à écarter toute induction magnétique résiduelle. Dans la Fig. 40 on voit les courbes correspondantes pour un échantillon de *fonte grise* telle que l'emploient MM. Mather et Platt pour les bâtis de leurs machines.

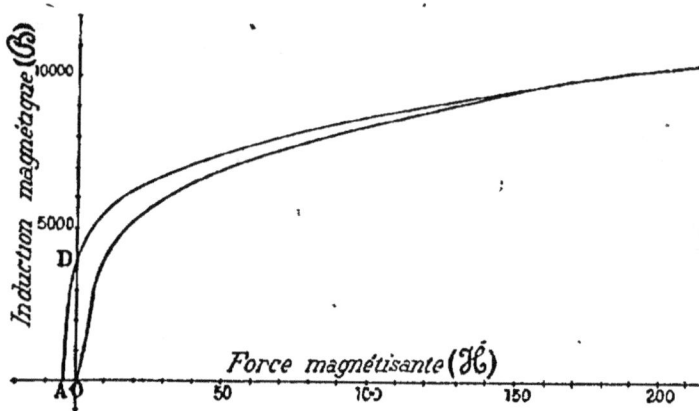

Fig. 40. — Courbes magnétiques d'Hopkinson (Fonte).

Chaque échantillon de fer présentera, à l'essai, la même série de phénomènes susceptible d'être réunie en une courbe qui caractérise la relation en question; mais les courbes afférentes à la fonte et à l'acier se maintiennent toujours au-dessous de celles qu'on trouve pour le fer forgé. On remarquera d'ailleurs que, lorsqu'on soumet un nouveau morceau de fer ou d'acier à une force magnétisante graduellement croissante, la partie inférieure de la courbe présente dans le voisinage de l'origine une légère concavité (voir Fig. 40), qui indique que, pour une certaine plage, sous l'action de faibles forces magnétisantes, la perméabilité est plus grande qu'au point initial. La concavité est plus prononcée dans le cas du fer écroui, de la fonte et de l'acier que dans celui du fer doux. Mais ces courbes diffèrent dans leurs détails même pour différents spécimens de la même sorte de fer. Dans l'étude des projets de dynamos, il convient de s'appuyer comme référence sur une série de courbes analogues à celles des figures 39 et 40 résultant d'essais soigneusement faits sur des échantillons de fer identique à celui qui doit être employé dans la construction.

On remarquera que les courbes d'Hopkinson sont doubles : l'une correspond aux inductions ou aimantations croissantes, et l'autre, un peu supérieure à la première, aux inductions ou aimantations décroissantes. Ce point a peu d'importance dans une étude d'électro-aimants ; mais le fer, et particulièrement ses variétés dures, la fonte et l'acier, après avoir été soumis à une force magnétisante élevée, puis à une force magnétisante moindre, conservent, comme le montre l'expérience, un degré d'aimantation plus élevé que si on les avait soumis simplement à la force magnétisante la plus basse. Par exemple, en se reportant à la Fig. 36 ou à la Fig. 41 qui résume les deux précédentes, on voit que le fer forgé, soumis à une force magnétisante graduellement croissante de zéro à $\mathcal{H} = 30$ présente une induction de $\mathcal{B} = 14\,250$ unités C.G.S. ; mais après que $\mathcal{H}$ a été porté jusqu'au delà de 150, puis réduit de nouveau à 30, $\mathcal{B}$ ne retombe plus à 14 250, mais seulement à 14 700. Tout échantillon de fer, dans lequel cette propriété se manifeste à un degré élevé ou pour lequel la courbe des aimantations descendantes diffère notablement de la courbe des aimantations ascendantes, est susceptible, dans son emploi à la construction d'une dynamo, de faire produire à celle-ci, après qu'elle a été fortement aimantée, une différence de potentiel plus élevée qu'antérieurement. Ce phénomène est plus sensible pour la fonte que pour le fer forgé, et beaucoup plus encore pour l'acier dur que pour les deux variétés précédentes. Dans les induits des dynamos, il ne faut employer que du fer aussi doux que possible. Pour les inducteurs, la plupart des constructeurs préfèrent le fer forgé ; mais quelquesuns emploient de la fonte douce bien recuite. Il existe très peu de cas où il vaille la peine de faire des calculs séparés pour les courbes d'aimantation ascen-

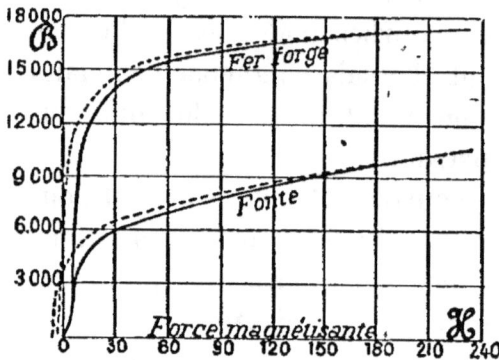

Fig. 41. — Courbes d'aimantation du fer.

TABLEAU III. — PROPRIÉTÉS MAGNÉTIQUES EN UNITÉS C. G. S.

FER FORGÉ RECUIT			FONTE GRISE		
$\mathfrak{B}$	μ	$\mathfrak{H}$	$\mathfrak{B}$	μ	$\mathfrak{H}$
5000	3000	1, 66	4000	800	5
9000	2250	4	5000	500	10
10000	2000	5	6000	279	21, 5
11000	1692	6, 5	7000	133	42
12000	1412	8, 5	8000	100	80
13000	1083	12	9000	71	127
14000	823	17	10000	53	188
15000	526	28, 5	11000	37	292
16000	320	50			
17000	161	105			
18000	90	200			
19000	54	350			
20000	30	666			

dante et descendante, attendu que l'aimantation varie constamment soit en plus, soit en moins. En conséquence,
pour les données numériques destinées aux calculs, nous
prendrons la moyenne des deux courbes. Ces valeurs
moyennes sont groupées dans le tableau III ci-dessus
(p. 96).

Les valeurs moyennes extraites du tableau III sont
réunies sous forme de courbes à une échelle un peu plus

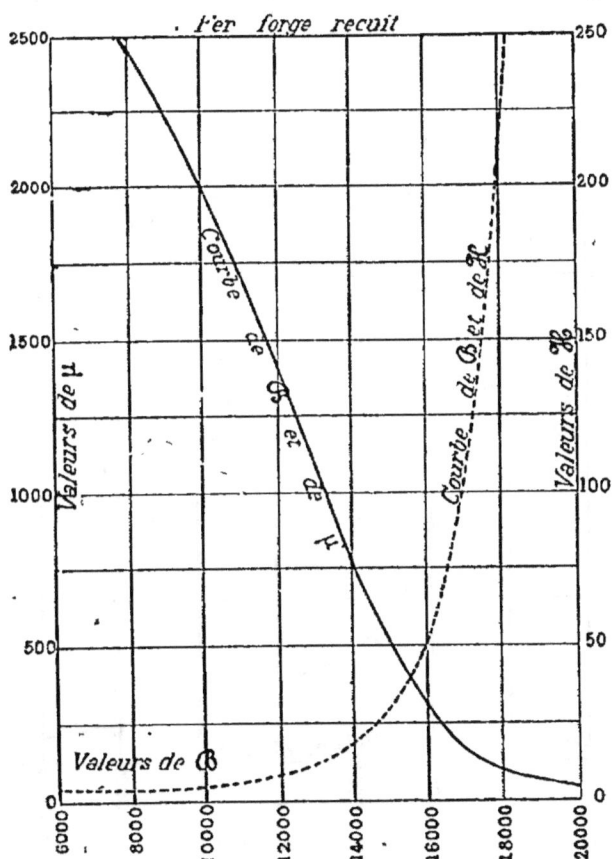

Fig. 42. — Courbes magnétiques d'Hopkinson (Fer).

grande dans les figures 42 et 43; celles de $\mathfrak{B}$ sont portées en abscisses, et celles de $\mathfrak{H}$ en ordonnées; l'échelle

6

en est placée à droite. Ces mêmes figures donnent également ment pour $\mathfrak{B}$ et μ des courbes très utiles dans les calculs ; les échelles de μ sont placées à gauche.

Si l'on veut savoir, par exemple, quelle est la perméabilité pour du fer de cette sorte quand on pousse $\mathfrak{B}$ jusqu'à 12 000, c'est-à-dire pour un flux de 12 000 unités C, G.S. par cm², en se reportant à la courbe construite

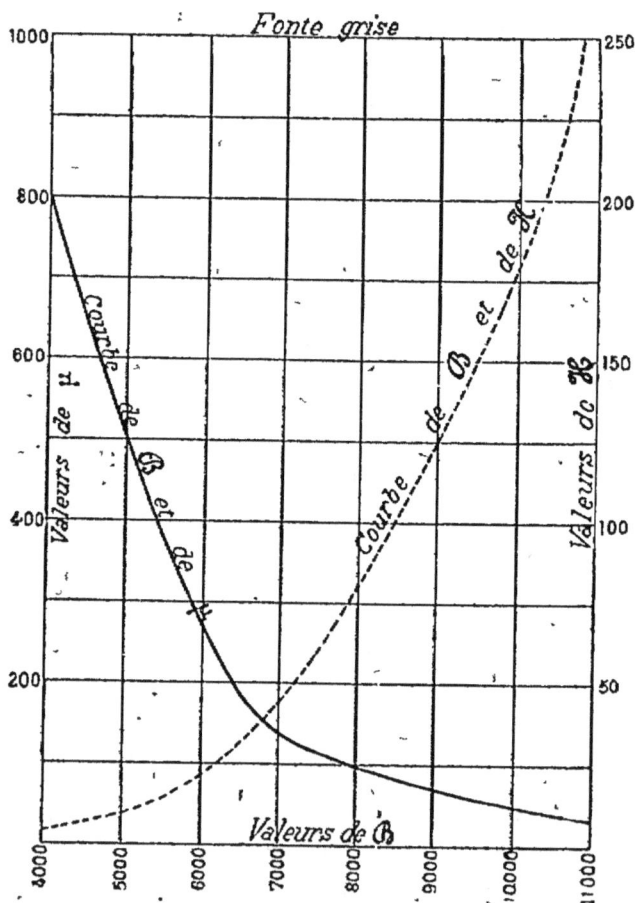

Fig. 43. — Courbes magnétiques d'Hopkinson (Fonte).

sur $\mathfrak{B}$ et sur μ, on trouvera qu'à ce degré d'aimantation μ aura une valeur de 1 400 environ.

Bosanquet a trouvé pour cinq échantillons de fer

« crown » les données réunies dans le tableau II, p. 84.

Il a rencontré un anneau de fer de Lowmoor dépassant tous les échantillons de fer « crown » : pour $\mathfrak{H} = 50$, il a trouvé $\mathfrak{B}$ supérieur à 17 000 ; et, pour $\mathfrak{H} = 100$, $\mathfrak{B} = 18\,300$ unités C.G.S.

Bidwell, qui a poussé plus loin l'aimantation, en employant la méthode d'arrachement, a obtenu les résultats suivants :

TABLEAU IV. — PROPRIÉTÉS MAGNÉTIQUES
EN UNITÉS C. G. S.

FER DOUX AU BOIS		
$\mathfrak{B}$	μ	$\mathfrak{H}$
7 390	1899,1	3,9
11 550	1121,4	10,3
15 460	386,4	40
17 330	150,7	115
18 470	88,8	208
19 330	45,3	427
19 820	33,9	585

Comme exemple de l'emploi des tableaux ci-dessus, on peut prendre le suivant : — Quelle doit être la force magnétisante pour produire dans du fer forgé une induction de 17 000 unités C.G.S., ou 17 000 unités de flux magnétique par cm²? — En se reportant au tableau III ou à la Fig. 41, on verra qu'il faut un champ magnétique de 105 unités, et qu'à ce degré d'aimantation la perméabilité du fer n'est que de 161.

Une autre manière très utile d'étudier comparativement les résultats obtenus par l'expérience consiste à

construire des courbes analogues à celles de la figure 44
p. 101, dans lesquelles les valeurs de la perméabilité sont
portées en ordonnées par rapport aux valeurs de $\mathfrak{B}$ portées en abscisses, comme dans les figures 42 et 43. Deux
de ces courbes se rapportent aux résultats trouvés par
Hopkinson pour la fonte et le fer forgé respectivement et
consignés au tableau III. La troisième reproduit les données de Bidwell (Tableau IV). On remarquera que, dans
le cas de l'échantillon de fer doux recuit éprouvé par Hop-
kinson, entre les points $\mathfrak{B} = 7\,000$ et $\mathfrak{B} = 16\,000$, les valeurs moyennes de μ correspondent presque à une ligne
droite et pourraient se calculer approximativement à l'aide
de l'équation.

$$\mu = \frac{1700 - \mathfrak{B}}{3,5}.$$

Limites de l'induction et de la perméabilité.

En considérant les résultats obtenus, on constatera que
les courbes d'aimantation présentent toutes la même allure générale ; elles tendent vers un maximum pratique
qui diffère cependant suivant les échantillons. Joule émettait l'opinion qu'*aucune intensité de courant ne pouvait
donner une force portante égale à 14,216 kilogrammes par
centimètre carré*, le maximum atteint par lui n'étant que
de 12,474 kg par cm carré. Rowland estimait que la limite
était d'environ 13,381 kg par cm carré pour une bonne
qualité ordinaire de fer, même avec une puissance d'excitation infiniment grande. Ce chiffre correspondrait *grosso
modo* à une valeur-limite pour $\mathfrak{B}$ de 17 500 unités C.G.S.
Cette valeur a cependant été souvent dépassée. Bidwell a
obtenu 19 820, ou peut-être même un peu plus, la valeur de
$\mathcal{H}$ ayant été dans ses calculs inutilement déduite. Hopkinson

donne 18 250 pour du fer forgé, et 19 840 pour de l'acier doux de Whitworth. Kapp indique 16 740 pour le fer forgé, 20 460 pour la tôle de fer au bois, et 23 250 pour le fer au bois en fil. Bosanquet a trouvé que la valeur la plus élevée, dans la région médiane d'un long barreau, s'élevait pour un échantillon jusqu'à 21 428, pour un autre à 29 388, et pour un troisième à 27 688. Ewing en opérant

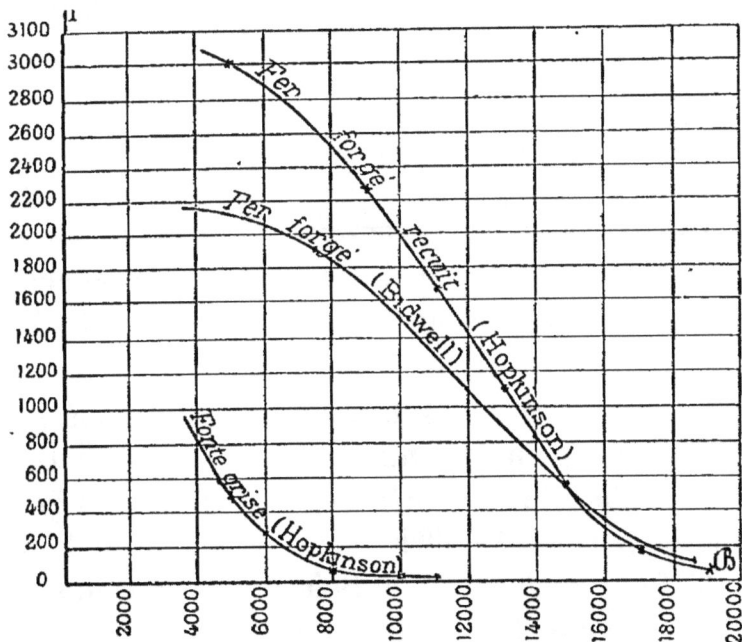

Fig. 44. — Courbes de perméabilité.

avec une force magnétique extraordinaire par la méthode de « l'isthme (1) » a poussé la valeur de $\mathfrak{B}$ dans du fer de Lowmoor jusqu'à 31 560 (μ tombant à 3), et ensuite à 45 350 unités. Ce dernier chiffre correspond à un effort d'arrachement dépassant 70 kg par cm carré.

(1) *Voir Electrician*, XXV, 307, 1890.

6.

Le tableau suivant donne quelques chiffres d'Ewing
relatifs aux éléments magnétiques du fer de Suède dans
des champs très intenses.

TABLEAU V. — FER DE SUÈDE. (UNITÉS C. G. S.)

$\mathfrak{H}$	$\mathfrak{B}$	μ
1 490	22 660	15,20
3 600	24 650	6,85
6 070	27 130	4,47
8 600	30 270	3,52
18 310	38 960	2,13
19 450	40 820	2,10
19 880	41 140	2,07

La fonte de fer descend bien au-dessous de ces chiffres.
Hopkinson, en employant une force magnétisante de 240
unités C.G.S., a trouvé, comme valeurs de $\mathfrak{B}$, 10 783
pour la fonte grise, 12 408 pour la fonte malléable, et
10 546 unités pour la fonte truitée. Ewing, avec une
force magnétisante à peu près cinquante fois aussi grande,
est arrivé à porter à 31 760 la valeur de $\mathfrak{B}$ dans de la fonte.
Pour la fonte malléable Du Bois donne $\mathfrak{B}$ comme égal
à 10 810 dans un champ de 60 unités. Le métal « mitis »,
qui est une sorte de fer forgé fondu, puisque c'est un fer
forgé rendu fusible par l'addition d'une faible quantité
d'aluminium, est, d'après les expériences de l'Auteur,
plus magnétique que la fonte, et peu inférieur, à cet égard,
au fer forgé. Il doit constituer une excellente matière pour
les noyaux d'électro-aimants dans un grand nombre de
cas où l'on cherche le bon marché.

On a, dans un temps, attribué à $\mathfrak{B}$ une valeur-limite
aux environs de 20 000, par exemple, pour le fer forgé.

Les chiffres obtenus par Ewing à l'aide d'énormes forces magnétisantes détruisent cette hypothèse ; mais, d'autre part, ils montrent que $\mathscr{B} - \mathscr{H}$ tend vers une limite. En d'autres termes, l'élément de $\mathscr{B}$ directement dû à la présence du fer tend vers une limite réelle de saturation. Ce maximum paraît être de 21 360 environ pour le fer forgé, et de 15 580 unités pour la fonte.

Pour plus amples données magnétiques, le lecteur pourra se reporter aux travaux d'Hopkinson, Bosanquet, et Ewing, et particulièrement aux articles d'Ewing sur le Magnétisme, dans *The Electrician* de 1890-91.

INFLUENCE DES ACTIONS EXTERNES SUR L'INDUCTION.

Effet des Espaces d'air ou *Entrefers dans un circuit magnétique.* — Tous les résultats qui précèdent se réfèrent exclusivement à ce qui se passe dans le fer même : les courbes d'induction se rapportent uniquement aux substances magnétiques. Elles indiquent en fonction de $\mathscr{H}$ l'induction $\mathscr{B}$ (unités C.G.S.) à travers un simple centimètre cube de substance. Si l'on a affaire à un morceau réel de fer de plus d'un centimètre carré de section et de plus d'un centimètre de longueur, il suffit pour représenter les faits (en ce qui concerne l'aimantation purement intérieure du fer) de modifier l'échelle des courbes. Supposons, par exemple, qu'il s'agisse d'un anneau de fer formé avec un fragment de barre carrée de fer forgé recuit (du même échantillon que celui employé par Hopkinson), cette barre ayant 2 cm de côté et une longueur (moyenne) de 80 cm ; on n'a qu'à prendre comme coordonnées (au lieu de $\mathscr{B}$ et de $\mathscr{H}$), le flux total Φ dans la section du fer, et $\mathscr{H}l$, l'intégrale de la force magnétisante ou force magnétomotrice pour la longueur du circuit de fer.

En partant de la courbe construite sur $\mathfrak{B}$ et $\mathfrak{H}$ dans la figure 42, on aura à modifier les échelles de la manière suivante : — La section étant de 4 cm carrés, Φ pour un degré quelconque d'aimantation sera égal à quatre fois la valeur de $\mathfrak{B}$ correspondant au même degré d'aimantation. Par suite, sur l'échelle horizontale, le point $\mathfrak{B} = 16\,000$ deviendra alors $\Phi = 64\,000$. Et, comme la longueur l de la barre est de 80 cm, le même point, qui représente actuellement $\mathfrak{H} = 50$ sur l'échelle verticale (à droite) et donne la valeur correspondante de la force magnétisante, devra être marqué $\mathfrak{H}l = 4\,000$. Par le fait de ces changements d'échelles, la courbe servira alors à représenter l'allure magnétique de l'anneau entier ; elle indiquera la force magnétisante intégrale qu'il faut développer (à l'aide d'un courant dans une bobine) pour amener le flux de force total Φ à un point voulu quelconque. $\mathfrak{H}l$ étant connu, on calculera aisément le nombre d'ampères-tours nécessaire, puisque (suivant ce qui a été dit p. 52) le nombre d'ampères-tours multiplié par 1,256 est égal à l'intégrale de la force magnétisante ou force magnéto-motrice exprimée en unités C.G.S.

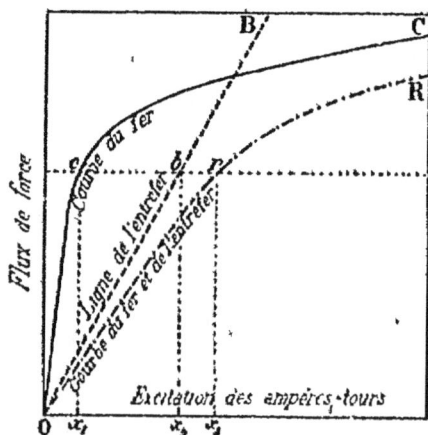

Fig. 45. — Flux d'induction (en fonction de l'excitation) dans un circuit magnétique avec entrefer.

Mais, s'il existe dans le circuit magnétique ce qu'on

appelle un *entrefer*, c'est-à-dire un intervalle d'air ou un espace occupé par une matière non magnétique, et si l'on admet que toutes ces substances possèdent une perméabilité égale à celle de l'air (c'est-à-dire = 1), il est évident que, pour forcer le même flux de force à travers une couche semblable, de perméabilité inférieure, il faudra augmenter la force magnétomotrice.

Ce fait est mis en évidence par la Figure 45, dans laquelle la courbe O c C représente la relation entre le flux d'induction dans un barreau de fer et la force magnétomotrice en ampères-tours $\left(\dfrac{\mathcal{H} l}{1,256}\right)$ nécessaire pour faire pénétrer dans le fer ce flux de force. Par exemple, pour atteindre la hauteur c, l'excitation doit avoir la valeur représentée par la longueur Ox_1. Sur le même diagramme, la ligne O b B représente la relation entre le flux de force à travers l'intervalle d'air et le nombre d'ampères-tours nécessaire pour y faire pénétrer ce flux. Si cet entrefer avait 1 centimètre carré de section et 1 centimètre de longueur, 0,795 ampère-tour de courant produirait un champ $\mathcal{H} = \mathcal{B} = 1$. Dans le cas actuel, l'intervalle est supposé avoir une section supérieure à 1 centimètre carré et une longueur moindre que 1 centimètre, la courbe prenant une pente telle que la longueur Ox_2 représente les ampères-tours nécessaires pour porter le flux magnétique jusqu'à b, qui est sur l'échelle à la même hauteur que c. Il est en conséquence facile de réunir les deux éléments, car l'excitation totale nécessaire pour faire passer ce flux de force à travers l'air et le fer (abstraction faite des dérivations) sera la somme des deux excitations considérées séparément. Le point x_3 est choisi de telle sorte que Ox_3 est égal à la somme de Ox_1 et de Ox_2, ou que la distance du point *r* à l'axe vertical est égale à la somme des distances respectives de *c* et de *b*. En opérant de même pour un grand nombre de points correspondants, on pourra construire la courbe résultante O *r* R à l'aide des deux courbes séparées. On constatera alors, en général, que la présence d'un espace non-magnétique dans un circuit magnétique a pour effet de faire incliner la courbe magnétique, *l'inclinaison initiale étant déterminée par l'entrefer*.

Nous engageons le lecteur à étudier comparativement un certain nombre d'expériences intéressantes faites par M. Leduc (1), de Paris, qui commet cependant une erreur en ce qui concerne les noyaux tubulaires.

Effet de la Longueur dans les noyaux droits. — Des remarques qui précèdent il résulte évidemment que, si un court noyau de fer doux est introduit dans une bobine magnétisante, comme le flux magnétique qui le parcourt ne peut se fermer qu'à travers l'air, il faudra recourir à une force magnétomotrice extérieure beaucoup plus grande que si l'on avait affaire à un long barreau ou à un anneau, pour porter son aimantation à la même intensité. La Fig. 46, empruntée aux recherches du professeur Ewing (2), se rapporte à un fil de fer doux recuit, dont la longueur, primitivement égale à 200 fois son propre diamètre, était successivement réduite à la moitié, puis au quart de cette valeur. Les courbes en traits pleins se réfèrent à des observations faites avec des forces magnétomotrices croissantes; celles en pointillé, à des obser-

(1) *La Lumière électrique*, XXVIII, 520, 1888.
(2) *The Electrician*, XXIV, 691, 18 avril 1890.

vations faites avec des forces décroissant jusqu'à zéro. Les trois droites inclinées OA, OB, OC, représentent la partie de la force magnétomotrice nécessaire pour faire passer le flux de force à travers l'air. Prenons, par exemple, le cas du fil de longueur égale à 50 fois son diamètre : pour porter $\mathfrak{B}$ à 9 000 unités C.G.S., il fallait employer une force magnétisante $\mathfrak{H} = 14$; mais, sur cette force,

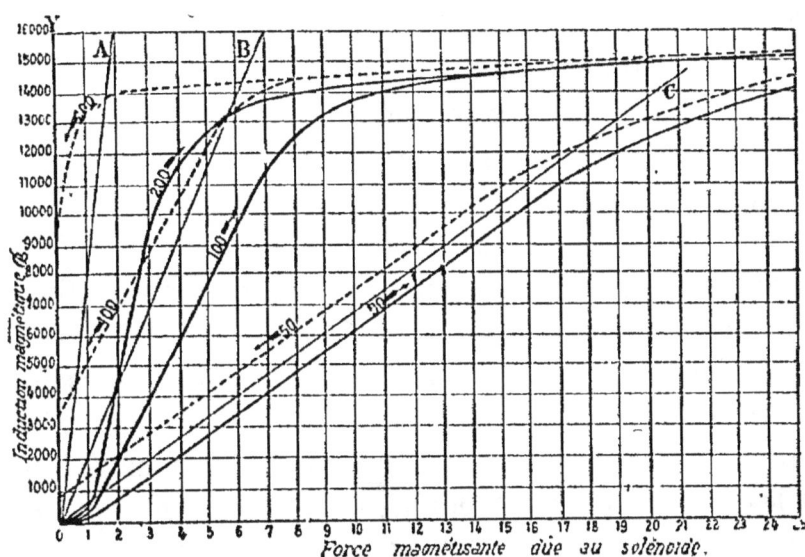

Fig. 46. — Aimantation de baguettes de fer doux de diverses longueurs.

13/14 étaient réellement employés à fermer le flux sur lui-même à travers l'air, comme le montre le point d'intersection de la droite OC avec l'horizontale correspondant à $\mathfrak{B} = 9 000$, point pour lequel $\mathfrak{H} = 13$; de sorte qu'en réalité $\mathfrak{H} = 1$ était suffisant pour faire $\mathfrak{B} = 9 000$ dans ce fil.

Effet des Joints. — Étant maintenant en situation de calculer la force magnétomotrice additionnelle nécessaire

pour faire traverser un entrefer d'air à un flux magnétique, on est à même de discuter une question négligée
jusqu'ici, savoir l'effet de la *réluctance* des joints dans le
fer d'un circuit magnétique. Les électro-aimants en fer
à cheval ne sont pas toujours, en effet, constitués par un
même barreau de fer recourbé. Ils sont souvent formés,
comme dans la Fig. 22, p. 59, de deux noyaux droits,
épaulés et vissés ou rivés sur une culasse.

L'expérience seule permet de déterminer dans quelle
mesure un plan de section transversale dans le fer s'oppose au passage du flux magnétique. Des armatures en
contact avec les noyaux ne sont jamais en contact parfait ;
autrement, elles adhéreraient sans l'intervention d'aucune
force magnétique ; elles ne sont qu'en contact imparfait,
et le joint présente une résistance magnétique ou réluctance considérable. Cette question a été traitée en 1887
par le professeur J. J. Thomson et M. Newall, dans les
« Cambrige Philosophical Society's *Proceedings* », et
récemment, plus complètement, par le professeur Ewing
dont les recherches sont publiées dans le *Philosophical
Magazine* de septembre 1888. Ewing ne s'est pas borné
à étudier les résultats fournis par le sectionnement et
l'opposition de deux surfaces bien planes ; il a encore
employé différentes forces magnétisantes et appliqué aussi
sur le joint des pressions extérieures variables. Sans
faire intervenir pour l'instant la question de pression
extérieure, il nous suffira de résumer dans le Tableau VI
les résultats auxquels est arrivé Ewing en coupant son
barreau de fer forgé, par des sections droites planes,
d'abord en deux, puis en quatre, et enfin en huit morceaux. La perméabilité apparente du barreau diminuait,
comme on le voit, à chaque sectionnement.

TABLEAU VI. — EFFET DES JOINTS DANS UN BARREAU
DE FER FORGÉ (NON COMPRIMÉ)

$\mathcal{H}$	$\mathcal{B}$ BARREAU				ÉPAISSEUR moyenne de l'intervalle d'air équivalent par section	ÉPAISSEUR de fer de réluctance équivalente par section
	d'une seule pièce	coupé			Centimètres	Centimètres
		en deux	en quatre	en huit		
7,5	8 500	6 900	4 800	2 600	0,0036	4,00
15	13 100	11 550	8 900	5 550	0,0030	2,53
30	15 350	14 550	12 910	9 800	0,0020	1,10
50	16 100	15 950	15 000	13 300	0,0013	0,43
70	17 100	16 810	16 120	15 200	0,0009	0,22

Supposons qu'on travaille avec une induction poussée
jusqu'à 16 000 unités C.G.S. environ (soit à peu près
une force portante de 150 kg par cm carré) exigeant
une force magnétisante $\mathcal{H} = 50$ environ; dès lors, en se
reportant au Tableau VI, on verra que chaque joint transversal du fer présentera une réluctance égale à celle
qu'offrirait un entrefer de 0,00127 cm d'épaisseur, ou
encore qu'il augmentera la réluctance autant que le ferait
l'addition d'une couche supplémentaire de fer de 0,423 cm
d'épaisseur. Pour de petites forces magnétisantes, l'effet
d'un sectionnement transversal du fer avec une bonne
surface de contact est à peu près le même que si l'on avait
introduit une couche d'air de 0,00423 cm d'épaisseur ou
que si l'on avait ajouté au circuit de fer 2,54 cm environ
de longueur supplémentaire. Mais, pour de grandes forces
magnétisantes, cette augmentation de réluctance disparaît,

7

probablement en raison de l'attraction des deux surfaces à travers la section. Cette action dans le circuit magnétique, avec des forces magnétisantes élevées, allant jusqu'à 15 000 ou 20 000 unités C.G.S., détermine par elle-même une pression de 9,140 à 17,577 kg par cm carré, ce qui réduit considérablement ces réluctances; elles tombent par le fait à un vingtième environ de leur valeur initiale. En appliquant particulièrement des pressions s'élevant jusqu'à 226 kg par cm carré et qui, par elles-mêmes, auraient ordinairement diminué la capacité d'induction d'un barreau de fer continu, Ewing a trouvé que cette infériorité du fer lui-même dans ces conditions était sensiblement compensée par la meilleure conductibilité de la surface sectionnée. L'ancienne surface, sectionnée et comprimée de cette façon, se ferme, bien entendu, magnétiquement, mais n'agit pas comme s'il n'y avait eu aucun sectionnement; on perd juste autant que l'on gagne, parce que le fer devient moins apte à s'aimanter.

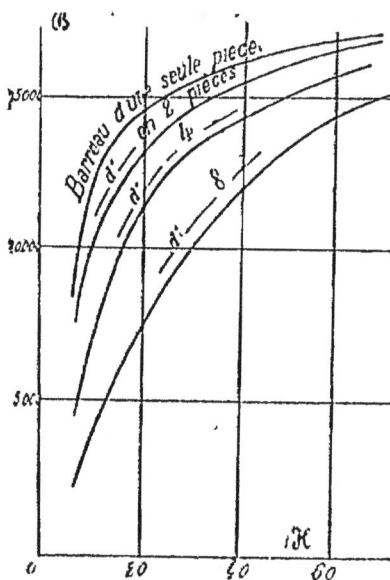

Fig. 47. — Courbes d'Ewing relatives à l'effet des joints.

Les résultats ci-dessus obtenus par Ewing sont d'ailleurs représentés par les courbes magnétiques qui font l'objet de la Fig. 47. Quand les faces d'une section étaient soigneusement dressées suivant des plans parfaits, l'inconvénient du sectionnement était considérablement réduit et disparaissait presque complètement sous l'action d'une forte pression extérieure.

L'influence de la compression était importante. Quand on appliquait au barreau de fer une compression de 226 kg. par cm carré, le joint présentait, sous l'action de forces magnétiques croissantes, une réluctance qui allait en diminuant au fur et à mesure qu'on augmentait cette force magnétique. Le tableau suivant donne pour diverses valeurs de $\mathcal{H}$ celles de $\mathcal{B}$ dans le barreau d'abord en une seule pièce, puis sectionné, en même temps que l'épaisseur moyenne de l'entrefer équivalent.

TABLEAU VII. — EFFET DE LA COMPRESSION
DES JOINTS

$\mathcal{H}$	$\mathcal{B}$ $\}$ sous une compression de 226 kg par centimètre carré.		ÉPAISSEUR MOYENNE de l'intervalle d'air équivalent.
	BARREAU en une seule pièce.	BARREAU coupé en huit.	
			Millimètres
7,5	7 500	3 600	0,020
10	10 000	4 900	0,019
20	13 900	8 300	0,018
30	15 200	10 700	0,017
50	16 500	13 750	0,011
70	17 200	15 700	0,007

Quand on essayait des charges variables, l'augmentation de charge, dans un champ magnétique faible, avait pour effet pratique de resserrer les joints bien dressés, comme l'indique le tableau suivant. —

TABLEAU VIII. — EFFET DE CHARGES VARIABLES
SUR LES JOINTS

CHARGE kg par cm²	$\mathfrak{B}$ (pour $\mathfrak{H} = 5$)		ÉPAISSEUR de l'intervalle d'air équivalent.
	Avant sectionnement.	Après sectionnement et dressage.	
			Millimètres
0	5 600	4 700	0,022.
56,5	5 400	4 670	0,020
131	4 700	4 200	0,017
169,5	4 050	3 800	0,010
226	3 650	3 650	0,000

Effet des Actions mécaniques. — Le changement d'état
moléculaire d'un morceau de fer par actions mécaniques
modifie ses propriétés magnétiques. Si l'on exerce une
traction longitudinale sur du fer soumis à l'aimantation,
on trouve tout d'abord que sa perméabilité augmente,
tandis qu'une action latérale tendant à le comprimer
diminue sa perméabilité. C'est ce qu'indiquent clairement
les chiffres donnés dans la seconde colonne du tableau
précédent. On y voit en effet qu'une compression de
226 kg par cm carré faisait tomber la valeur de $\mathfrak{B}$ dans
un barreau de fer forgé de 5 600 à 3 650 unités, ou diminuait la perméabilité de 1 120 à 730. L'état moléculaire
influe également sur la douceur du fer. Un bout de fil de
fer recuit, écroui ensuite par étirage, se comporte plutôt
comme de l'acier, ainsi que l'indiquent les courbes
d'Ewing, Fig. 34, p. 80. Les efforts de torsion affectent
aussi les qualités magnétiques. On peut, à cet égard,
consulter les travaux d'Ewing sur le magnétisme.

Non moins important est le fait que toutes les actions

telles que le martelage, l'enroulement, la torsion, et autres analogues, altèrent les qualités magnétiques du fer doux recuit. Des pièces de fer forgé recuit, vierges de tout contact d'outil, à la condition de ne pas constituer de circuits magnétiques réellement fermés, présentent à peine des traces d'aimantation résiduelle, même après l'application de forces magnétiques ; mais le contact de la lime les déflore immédiatement. Sturgeon a mis en relief l'importance capitale de ce fait. Dans la spécification relative aux appareils du British Post Office il est imposé comme condition aux constructeurs que les noyaux ne seront pas limés après avoir été recuits. Le martellement continuel d'une armature d'électro-aimant venant frapper sur les pôles peut, à la longue, produire un durcissement analogue du métal.

Effet des Vibrations. — En ce qui concerne le magnétisme, les vibrations ont pour effet de diminuer toutes les actions résiduelles et de faire que l'échantillon qui y est soumis acquiert plus rapidement l'état moyen correspondant à la force magnétique qui agit sur lui. Si l'on étudie ce qui se passe pour un échantillon de fer doux soumis à des vibrations rapides, on reconnaît que les courbes d'induction montante et descendante y relatives présentent à peine quelques différences. Un léger coup donné sur un fil de fer doux détruit immédiatement en lui tout magnétisme résiduel.

Effet de la Chaleur. — Quand on chauffe du fer, ses propriétés magnétiques subissent des changements singuliers. L'élévation de la température produit des effets divers suivant le degré d'aimantation, et ces effets diffèrent entre eux selon les substances. — Dans le fer doux, pour des champs magnétiques de faible intensité, l'élévation de la température a pour effet de produire une augmentation de perméabilité, qui va en croissant jusqu'à ce que l'échantillon arrive au rouge vif, vers 760° C. Elle atteint alors l'énorme valeur de 10 000. Au-dessus de ce point elle tombe brusquement, et, quand il arrive à la température de 780° environ, le fer cesse d'être un corps magnétique; sa perméabilité à cette température et pour les températures plus élevées ne diffère pas sensiblement de celle de l'air ou du vide. Mais, si l'échantillon est placé dans un champ magnétique très intense, l'élévation de la température se traduit par une diminution de perméabilité, faible d'abord, puis plus rapide jusqu'à ce que cette température atteigne 780° C. A partir de là tout magnétisme disparaît comme précédemment. — En ce qui concerne l'acier, l'effet diffère d'une façon très curieuse. Pour les aciers durs, comme pour les aciers doux, l'élévation de la température, dans un champ magnétique très faible, d'environ $\mathcal{H} = 0,2$, a pour résultat d'augmenter la perméabilité jusqu'à ce que le corps soit échauffé à un point voisin de 760° C, au-dessus duquel cette perméabilité tombe brusquement à l'unité. Dans un champ $\mathcal{H} = 2$ à peu près, l'aimantation du métal est plus grande aux températures plus basses, et l'abaissement final se produit à une température de beaucoup inférieure à 700°. Dans un champ intense $\mathcal{H} = 40$, la perméabilité décroît d'une façon continue au fur et à mesure que la température s'élève. Pour de hautes températures, tous les effets résiduels sont également plus faibles.

La Fig. 48 montre comment la température modifie la

courbe magnétique du fer doux dans un champ $\mathfrak{IC} = 4$:
en même temps que la température s'élève, la perméabilité augmente progressivement, depuis 2 500 environ

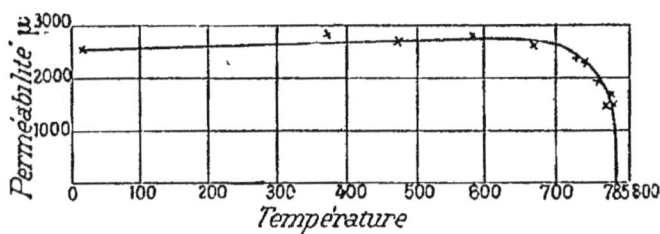

Fig. 48. — Effet de la chaleur sur la perméabilité du fer-doux.
$\mathfrak{IC} = 4$ unités (C. G. S.)

jusqu'à près de 3 000 correspondant à une température
de 630°; après quoi elle tombe à l'unité pour une

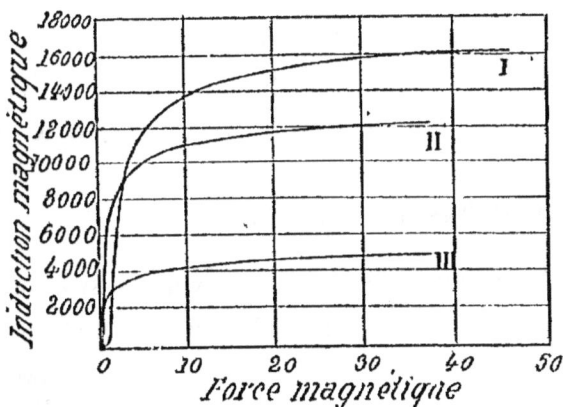

Fig. 49. — Aimantation de l'acier doux à différentes températures.

température de 785° C.

Dans la Fig. 49, on voit le résultat de l'élévation de
la température sur la courbe magnétique de l'acier. Les
trois courbes représentées correspondent respectivement
aux températures de 12°, 620° et 715° C. La Fig. 50, qui,

cómme la précédente, est empruntée aux recherches d'Hopkinson, montre comment, dans l'acier dur, sous une faible force magnétisante, l'aimantation croît avec la température, jusqu'à un certain point où elle tombe tout d'un coup, ce point correspondant à la température cri-

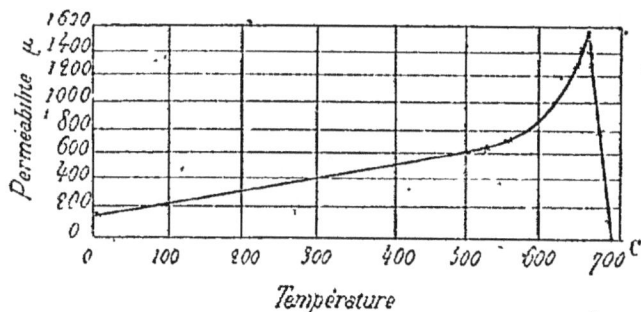

Fig. 50. — Relation entre la perméabilité (dans un champ faible, $\mathcal{H} = 1, 5$) et la température, pour l'acier dur.

tique à laquelle l'aimantation disparaît complètement.

Voir comme dernière étude sur ce point les récents travaux de M. P. Curie, *Comptes-rendus*, 9 avril 1894.

MAGNÉTISME RÉSIDUEL OU RÉMANENT

Il est parfaitement connu que diverses substances magnétiques — la pierre d'aimant, l'acier, particulièrement l'acier dur, et les sortes de fer dures — conservent du magnétisme *résiduel* ou *rémanent* quand elles ont été soumises à des forces magnétiques. On sait également que des circuits fermés de fer doux, — même du plus doux possible —, présentent une quantité considérable de magnétisme résiduel tant qu'ils ne sont pas rompus. On en trouve une très simple démonstration dans un électro-aimant quelconque dont le noyau et l'armature bien ajustés constituent un circuit magnétique compacte. Si on l'excite en y lançant un courant, et qu'on ouvre ensuite doucement le circuit d'excitation, l'armature ne l'abandonne généralement pas et exige même parfois l'application d'un effort considérable pour se détacher; mais, une fois détachée, elle ne peut plus adhérer aux noyaux, le magnétisme résiduel n'étant pas permanent. De même un aimant d'acier en fer à cheval, puissamment aimanté quand il est muni de son armature, peut se « sursaturer », c'est-à-dire prendre un degré d'aimantation supérieur à celui qu'il peut conserver d'une manière permanente, une portion de cette aimantation résiduelle disparaissant la première fois qu'on éloigne l'armature. Tous ces phénomènes résiduels font partie d'un vaste ensemble d'effets magnétiques.

Au point de vue des causes que nous examinons ici, des forces magnétiques, si elles sont suffisamment puissantes, produisent sur les molécules d'un corps magnétique des effets qui subsistent après que la cause a cessé, et ont pour résultat que, si les causes changent d'une façon continue, les effets changent également d'une façon continue, mais subissent un retard *de phase*, l'effet retardant sur la cause. Ce phénomène ne doit pas être confondu avec un prétendu retard de temps dans l'action du magnétisme, retard auquel on a attribué bien des conséquences d'une tout autre origine. Les considérations ici présentées s'appliquent à des retards de phase plutôt que de temps, sans qu'il y ait à s'inquiéter de la façon plus ou moins rapide dont sont conduites les opérations elles-mêmes.

En se reportant à la Fig. 41, p. 96 on voit que, si l'on augmente progressivement la force magnétisante $\mathcal{K}$ depuis

zéro jusqu'à une valeur élevée, et qu'on la ramène ensuite graduellement à zéro, l'induction intérieure résultante ℬ croît d'abord jusqu'à un maximum, pour décroître
ensuite, mais sans revenir à zéro. La courbe descendante
depuis le maximum ne coïncide pas avec la courbe ascendante. En réalité, quand la force magnétisante avait
complètement cessé d'agir, il restait (dans cet échantillon) un magnétisme résiduel de 7 300 unités environ. On
a proposé de donner le nom de *rémanence* au nombre
d'unités C.G.S. restant ainsi comme valeur résiduelle de
ℬ. Pour faire disparaître cette *rémanence*, il est nécessaire d'appliquer une force magnétisante négative. Supposons qu'on ait fait usage d'une force magnétisante
suffisante, la courbe descendra et coupera l'axe horizontal en un point à gauche de l'origine; et, avec des forces
magnétisantes négatives plus élevées, l'échantillon considéré commencera à être aimanté par un flux d'induction qui le pénétrera en sens contraire. La valeur particulière de la force magnétisante négative nécessaire pour
ramener à zéro le magnétisme permanent a reçu d'Hopkinson le nom de *force coercitive*. Dans l'échantillon de
fer forgé en question, la force coercitive (en unités C.G.S.)
est de 2 environ. La force ainsi nécessaire pour dépouiller
un échantillon quelconque de son magnétisme rémanent
peut servir de mesure à la tendance que possède le fer
de la qualité considérée à retenir une aimantation permanente. Les fers et aciers durs présentent toujours une
force coercitive plus grande que les fers doux. Ainsi,
celle du fer doux forgé étant 2, celle de l'acier dur peut
s'élever jusqu'à 50. On trouvera au Chapitre XVI, sur les
aimants permanents, des données plus complètes relativement aux aciers durs.

HYSTÉRÉSIS

Le professeur Ewing, qui a particulièrement étudié les effets résiduels présentés par diverses qualités de fer et d'acier, a donné le nom d'*hystérésis* à cette tendance des effets à retarder, en phase, sur les causes qui les produisent. La manière la plus convenable d'étudier l'hystérésis consiste à soumettre l'échantillon examiné à un cycle complet (ou à un certain nombre de cycles successifs) de forces magnétisantes. On peut, par exemple, faire partir la force magnétisante de zéro et la faire croître jusqu'à une valeur élevée (soit jusqu'à $\mathcal{H} = 200$), puis la faire décroître jusqu'à zéro, la renverser ensuite pour la porter à une haute valeur négative, et enfin la faire de nouveau passer par zéro. Un cycle de ce genre est représenté par la Figure 51, empruntée aux recherches d'Ewing et qui se rapporte à une série d'expériences faites sur un fragment de corde à piano en acier recuit. La courbe commence au milieu du diagramme, et, au fur

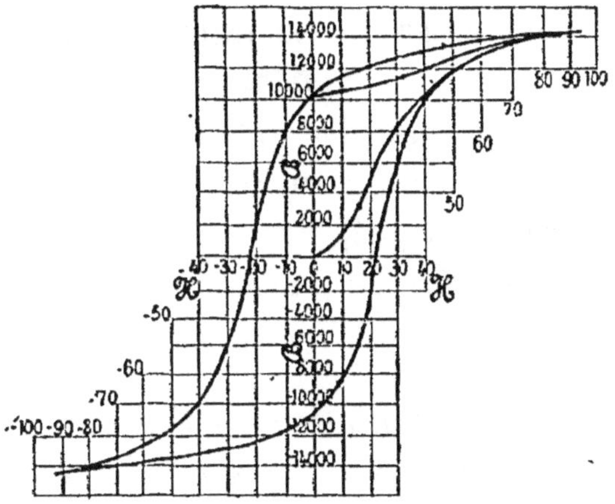

Fig. 51. — Cycle d'opérations magnétiques sur un fil d'acier recuit (Hystérésis).

et à mesure que $\mathcal{H}$ augmente positivement, elle s'élève en présentant d'abord une convexité vers la droite, puis elle se redresse pour s'infléchir ensuite, et, quand $\mathcal{H} = 90$, $\mathcal{B}$ s'est élevé un peu au-dessus de 14 000. Quand on ramène ensuite $\mathcal{H}$ à zéro, la courbe revient en arrière sur elle-même, mais ne s'abaisse pas aussi vite qu'elle s'est élevée tout d'abord. En effet, quand $\mathcal{H}$ est réduit à 20, $\mathcal{B}$ n'est retombé qu'à 12 000, et quand $\mathcal{H} = 0$ la rémanence est d'environ 10 500. Si, à partir de ce point, on avait de nouveau fait croître $\mathcal{H}$ jusqu'à 90, $\mathcal{B}$ serait remonté jusqu'à 14 000, comme l'indique le trait fin. Si, cependant, la force magnétisante est renversée, la courbe descend sur la gauche et coupe l'axe horizontal à — 24, qui est dès lors la force coercitive. En augmentant la force magnétisante renversée jusqu'à $\mathcal{H} = - 90$, l'aimantation inverse croît jusqu'à la valeur $\mathcal{B} = -$ 14 000, ou un peu plus. Ensuite, quand ces forces magnétisantes inverses sont ramenées à zéro, la courbe revient vers la droite, en coupant l'axe vertical en $\mathcal{B} = - 10 500$ (rémanence négative); et, si l'on renverse de nouveau la force magnétisante, on trouve que, pour $\mathcal{H} = + 24$, l'aimantation repasse encore une fois par la valeur zéro. A partir de ce point, l'augmentation de $\mathcal{H}$ fait remonter très rapidement l'aimantation, qui, sans suivre exactement son premier tracé, arrive cependant à la même hauteur que précédemment, quand $\mathcal{H}$ a atteint le maximum de 90 unités C. G. S.

Cycles d'aimantation. — Ces cycles d'aimantation, tels que nous venons de les décrire comportent toujours, quand on les rapporte à un spécimen quelconque de fer ou d'acier, des courbes qui embrassent, comme dans la Figure 57 une surface fermée. Warburg (1) et Ewing (2) ont

(1) *Wied. Ann.*, XIII, 141, 1884.
(2) *Proc. Roy. Soc.*, XXXI, 22, 1881 : XXXIV, 39, 1884 et XXXV, 1, 1885 ; et *Phil. Trans.*, pt. II, 523, 1885.

montré que ce fait a une signification spéciale ; la surface fermée est en effet une mesure du travail dépensé
pour faire parcourir au fer un cycle complet d'aimantations. Comme la surface circonscrite sur la carte à diagramme d'une machine à vapeur donne une mesure de
la chaleur transformée en travail *utile* dans le cycle d'opérations effectué par la machine, de même, dans le cycle
magnétique, la surface enveloppée par la courbe est une
mesure du travail transformé en chaleur *inutile* (1).

Pour étudier plus à fond la signification d'une surface
sur un diagramme dans lequel les deux quantités coordonnées sont la force magnétisante et l'aimantation ou
l'induction, nous nous arrêterons un instant sur le principe du diagramme indicateur d'une machine à vapeur.
Dans un diagramme de cette nature, la pression (cause)
est portée en ordonnées, et le volume résultant du mouvement du piston (effet), en abscisses. Si, pour une pression moyenne p, le changement élémentaire de volume
est dV, le travail élémentaire ainsi accompli dans un
temps infiniment petit est égal au produit de ces deux
facteurs, ou, symboliquement, $dW = p \, dV$. Il en résulte
que la surface entière embrassée par la courbe, qui n'est
autre que la somme de toute la série de ces produits,

---

(1) On peut donner la démonstration mathématique de ce fait.— Dans
un champ magnétique d'intensité $\mathcal{H}$ il faut $\mathcal{H}$ unités de travail pour
faire mouvoir une unité de magnétisme sur une longueur de 1 centi-
mètre contre les forces magnétisantes. Par suite, comme un flux de
4 π unités correspond à chaque unité de magnétisme, le travail effectué dans un cycle complet sur un seul centimètre cube du fer sera
égal à $\frac{1}{4 \pi} \int \mathcal{H} \, d\mathcal{B}$. Si $\mathcal{H}$ et $\mathcal{B}$ sont exprimés en unités C. G. S., le
travail sera donné en ergs par centimètre cube. En multipliant ce
nombre par le nombre de cycles par seconde et le divisant par 10^7, on
obtiendra en watts la puissance dissipée.

représente la somme de tous les travaux élémentaires effectués dans le cycle, ou, symboliquement,

$$W = \int p\, dV.$$

De même, on a, dans le cycle magnétique, à considérer deux variables, la force magnétisante $\mathcal{H}$ (cause), et l'induction $\mathcal{B}$ (effet). Si, pour une valeur moyenne $\mathcal{H}$ de la force magnétisante, l'induction augmente d'une quantité infiniment petite $d\mathcal{B}$, le travail élémentaire effectué est proportionnel au produit de ces deux quantités ; et, pour le cycle entier, la surface enveloppée (qui est la somme des surfaces élémentaires correspondant à ces produits) est proportionnelle à la totalité du travail ainsi effectué ; autrement dit, on a en langage mathématique

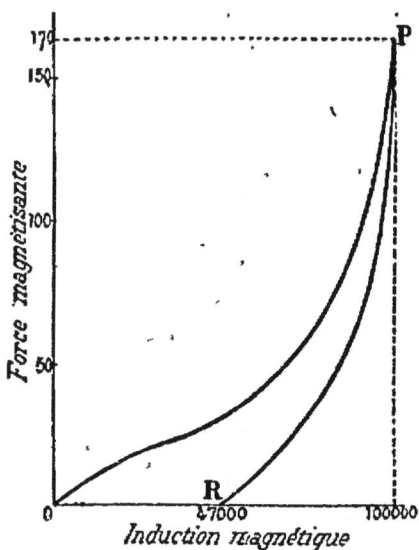

Fig. 52. — Travail dépensé dans l'augmentation de l'aimantation et récupéré dans sa diminution.

$$W = \int \mathcal{H}\, d\mathcal{B}.$$

Dans la Fig. 52, qui se réfère à l'échantillon de fer forgé recuit étudié par Hopkinson (Fig. 41 et 42), les valeurs de $\mathcal{H}$ sont portées en ordonnées, et celles de $\mathcal{B}$ en abscisses, ces positions respectives étant choisies pour correspondre aux coordonnées p et V du diagramme-indicateur de machine à vapeur. La courbe partant de 0 représente la série d'observations faites avec des forces magnétisantes graduellement croissantes jusqu'à environ $\mathcal{H} = 26$, point pour lequel l'induction résultante dans le fer est d'environ 15 500 unités C. G. S. La seconde courbe correspond à la décroissance des forces magnétisantes jusqu'à zéro, où il subsiste une aimantation résiduelle qui atteint encore 7 285 unités C. G. S.

En appliquant à ces courbes le principe du diagramme indicateur, on verra que la surface située au-dessous de la première courbe, entre celle-ci et l'axe des x, limitée d'ailleurs à droite par l'ordonnée du point p, représente le produit intégral de la force magnétisante par l'induction, et est en conséquence proportionnelle au travail effectué (par centimètre cube de fer) pour réaliser l'état de choses magnétique correspondant à la position du point p sur le diagramme. De même, la surface au-dessous de la courbe descendante représente le travail récupéré dans la désaimantation de l'échantillon étudié quand il est ramené à l'état représenté par la position du point R, pour laquelle la force magnétisante a cessé d'agir. La petite surface

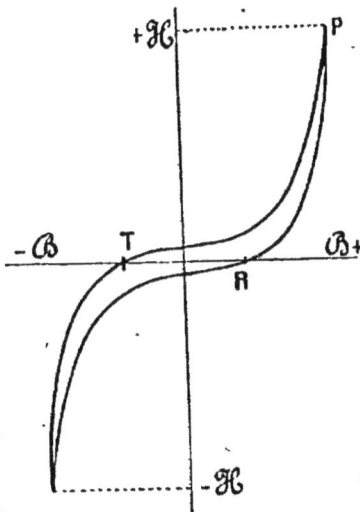

Fig. 53. — Cycle magnétique. — Fer forgé recuit.

comprise entre les deux courbes représente le travail non récupéré dans l'opération et à la dépense duquel correspond uniquement le magnétisme rémanent. Si l'on avait fait agir les forces magnétisantes sur un cycle complet d'alternativités, de $+ \mathcal{H}$ — à $\mathcal{H}$, pour revenir ensuite à $+ \mathcal{H}$, l'induction résultante aurait accompli un cycle correspondant aboutissant à une étroite surface fermée, complétée comme l'indique le diagramme de la Fig. 53. Cette figure se rapporte à l'échantillon de fer forgé ci-dessus et peut être utilement comparée à celle donnée pour l'acier doux (Fig. 51), dans laquelle cependant les coordonnées sont inversées.

A titre de comparaison, la Figure 54 reproduit, côte à côte, deux courbes, l'une pour le fer forgé, l'autre pour l'acier. Dans tous les cas, la surface fermée représente le travail consommé ou dissipé dans le passage du fer par les divers états correspondants à ces forces magnétisantes alternatives. Pour du fer très doux, qui présente des courbes ascendante et descendante très voisines l'une de l'autre, la surface enveloppée est petite ; et, en fait, il y est dissipé très peu d'énergie dans un cycle d'opérations magnétiques. D'autre part, pour du fer commun, et particulièrement de l'acier, il existe un grand écart entre les deux courbes et il y a une dépense considérable d'énergie. L'hystérésis peut être regardée comme une sorte de friction magnétique interne ou moléculaire, par suite de laquelle des aimantations alternatives déterminent l'échauffement du fer. De là l'importance de bien comprendre ce curieux effet, en vue de la construction des électro-aimants destinés à être employés avec des courants

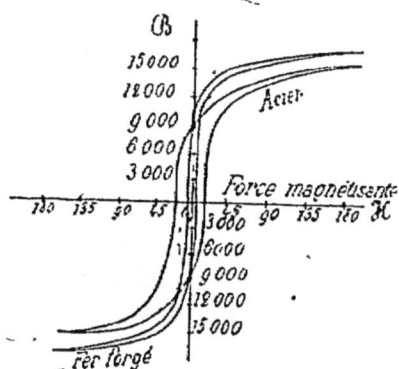

Fig. 54. — Hystérésis dans le fer forgé et l'acier.

alternatifs de grande fréquence. Les chiffres du Tableau IX ci-dessous indiquent le nombre de watts (1 watt $=\dfrac{1}{736}$ de cheval vapeur) par cm³ consommés par hystérésis dans de la tôle de fer doux forgé soumise à une succession de cycles rapides d'aimantation.

TABLEAU IX. — PUISSANCE DISSIPÉE PAR HYSTÉRÉSIS

$\mathfrak{B}$	WATTS DISSIPÉS PAR CENTIMÈTRE CUBE	
	à 10 cycles par seconde	à 100 cycles par seconde
4 000	0,0011	0,011
5 000	0,0020	0,020
6 000	0,0026	0,026
7 000	0,0032	0,032
8 000	0,0039	0,039
10 000	0,0055	0,035
12 000	0,0072	0,072
14 000	0,0092	0,092
16 000	0,0114	0,114
17 000	0,0139	0,139
18 000	0,0172	0,172

On remarquera que la perte de puissance augmente d'une manière disproportionnée au fur et à mesure qu'on pousse plus loin l'aimantation ; ainsi, cette perte, pour $\mathfrak{B} = 18\,000$, est égale à six fois sa valeur pour $\mathfrak{B} = 6000$. Dans le cas du fer ordinaire ou de l'acier cette perte en échauffement serait beaucoup plus élevée.

Hopkinson a consigné cette remarque que la surface $\int \mathfrak{H}\, d\mathfrak{B}$ est sensiblement égale à celle d'un rectangle dont la hauteur représenterait le double de la rémanence, et la largeur le double de la force coercitive.

Ewing donne, pour l'énergie dissipée par hystérésis dans un cycle magnétique d'aimantation puissante, les valeurs suivantes relevées sur divers échantillons de fer et d'acier : —

TABLEAU X. — DISSIPATION D'ÉNERGIE PAR HYSTÉRÉSIS

ÉCHANTILLONS SOUMIS A L'ÉPREUVE	Ergs par cm³ perdus dans un cycle complet d'aimantation
Fer recuit très doux	9 300
Fer recuit moins doux	16 300
Fil de fer étiré dur.	60 000
Fil d'acier recuit	70 500
Fil d'acier trempé très dur	76 000
Corde d'acier à piano (état ordinaire) . . .	116 000
— (recuite).	94 000
— (trempée très dure) . .	117 000

Ces chiffres sont inférieurs à ceux fournis par certains échantillons étudiés par Hopkinson qui a trouvé, pour l'acier au tungstène trempé à l'huile (sorte préférée dans la construction des aimants permanents, en raison de sa force coercitive élevée), une perte allant jusqu'à 216 864 ergs par centimètre cube et par cycle.

Ewing a montré que les vibrations tendent à détruire les effets résiduels. Le Dr Finzi [1] a trouvé également que des noyaux de fer soumis à un courant électrique alternatif ne présentaient pas d'hystérésis, les courbes d'aimantation ascendante et descendante coïncidant entre elles. On conçoit en effet qu'une très rapide fréquence doive donner lieu à une moindre perte de travail par cycle

[1] *The Electrician*, XXVI, 72, 3 avril 1891.

que n'en absorberait le même cycle lentement effectué.

Quand un noyau d'induit tourne dans un champ magnétique intense, l'aimantation du fer parcourt continuellement un cycle, mais d'une manière absolument différente de ce qui se passe quand la force magnétisante est périodiquement renversée, comme dans le noyau d'un transformateur. Mordey (1) a trouvé que les pertes par hystérésis sont un peu plus faibles dans le premier cas que dans le second.

Cycle d'actions résultant des chocs subis par un électro-aimant. — Passant des propriétés des matériaux à celles d'un appareil électromagnétique défini, on peut encore retracer par des diagrammes le cycle des relations entre la force magnétisante et le magnétisme. La Fig. 55 se réfère à un certain élec-

tro-aimant déterminé, en fer à cheval. La courbe OQ représente la courbe ascendante pour l'électro-aimant, dont l'armature était à environ 1 mm de distance. Dans ces conditions, par suite de la réluctance des entrefers aux actions magnétiques, une force ma-

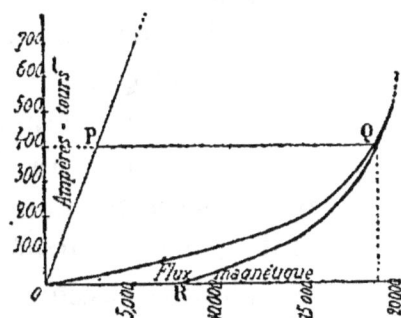

Fig. 55. — Cycle d'actions sur un électro-aimant.

gnétomotrice donnée (ampères-tours de circulation du courant) produira moins d'action que si le circuit magnétique était entièrement fermé. La seconde courbe QR est la courbe descendante pour le même électro-aimant quand l'armature est en contact avec le noyau, fermant

(1) Voir également Ewing, dans *The Electrician*, XXVII, 602, 1891.

ainsi le circuit magnétique. Supposons maintenant un électro-aimant destiné à attirer son armature. On peut considérer les opérations successives entrant en jeu dans la
production d'un choc complet, exactement comme l'ingénieur discute le cycle d'opérations pour la course du piston dans le cylindre. Le point O étant l'origine, avec l'armature écartée du noyau, on lance le courant d'excitation,
et l'aimantation est portée au point correspondant à la
force magnétisante P. Supposons maintenant qu'on laisse
l'armature libre de se mouvoir vers le noyau. L'induction augmente en raison de la condition meilleure du
circuit magnétique. Pendant le mouvement de l'armature il s'effectue un travail mécanique, et, comme la
force magnétomotrice est constamment maintenue à la
même valeur, la ligne PQ représente (mécaniquement)
cette opération. Si alors on coupe le courant magnétisant,
l'aimantation suit de Q en R la courbe descendante de
droite. Pendant cette opération une certaine quantité
d'énergie est récupérée magnétiquement. Si on laisse ensuite l'armature s'écarter pour revenir à sa position initiale, le fait d'ouvrir les entrefers dans le circuit magnétique fera disparaître presque entièrement (si le fer est
bien doux) le magnétisme rémanent, et l'énergie à laquelle
il correspond, sera dissipée sous forme de chaleur. La
surface OPQRO représente la quantité totale d'énergie
magnétiquement appliquée au système. Une partie OQ
RO en est dissipée par hystérésis; l'autre partie OPQ
O en est utilisée à effectuer le travail mécanique. En
réalité ces quatre opérations ne se scindent pas dans un
choc, l'armature commence en effet à se mouvoir avant
que le magnétisme ait atteint le point P, et elle commence
à s'écarter avant que le magnétisme résiduel ait complè-

tement disparu. Le cycle réel n'est pas formé de deux lignes droites et de deux courbes magnétiques ; la carte du diagramme-indicateur relevé sur une machine à vapeur montre un peu mieux que celui-ci les deux lignes iso-thermales et les deux lignes adiabatiques du cas idéal connu sous le nom de cycle de Carnot.

En fait, le mouvement même de l'armature développe dans le fil de cuivre une force électromotrice induite qui tend à diminuer le courant magnétisant pendant le temps que dure ce mouvement. Le rendement du système, en tant que machine, dépend de la grandeur de ces forces con-tre-électromotrices et de la mesure dans laquelle elles s'opposent au courant de travail. Ce diagramme ne re-présente pas cependant les pertes électriques ; il ne s'ap-plique qu'aux quantités magnétiques en jeu. Si nous disposions de plus d'espace, nous pourrions nous étendre sur la manière dont l'énergie est transférée électrique-ment au système magnétique, et montrer comment l'ap-proche de l'armature, en augmentant l'induction par le fait qu'elle complète le circuit magnétique, développe des forces contre-électromotrices, l'énergie électrique utilisée étant proportionnelle au produit intégral du courant par la force contre-électromotrice ainsi engendrée. Mais c'est un champ trop vaste pour trouver place dans ce chapitre ; il embrasse toute la théorie du rendement des moteurs électriques donnée dans les traités sur les machines dy-namo-électriques (1) ou sur la transmission électrique de l'énergie (2).

(1) *Traité des Machines dynamo-électriques,* par S. P. Thompson, tra-duction E. Boistel, chez Baudry et Cie, Paris.

(2) *Ibid.* et *Transmission électrique de l'Energie,* par G. Kapp, tra-duction E. Boistel, chez G. Carré, Paris.

On peut faire observer également que ce diagramme
ne fait pas ressortir la valeur mécanique de la force à
une période quelconque du choc. Pendant la partie du
choc correspondant à P Q dans laquelle l'armature s'approche du noyau, il y a un effort sans cesse augmentant.
D'autre part, pendant le retrait de l'armature, le magnétisme passe de R à O, et le travail s'effectue sur l'armature et non plus sur lui. Ici également il y a cependant
une analogie avec le diagramme du cycle de Carnot. Ce
diagramme ne fait pas ressortir les quantités thermiques en
jeu dans les différentes parties du cycle. La chaleur est
absorbée suivant une des isothermiques et libérée suivant
l'autre, mais ni la longueur ni la position de ces isothermiques ne mettent en relief les quantités ainsi fournies à la
machine ou abandonnées par elle. Les valeurs thermiques
ne résultent pas du diagramme du travail mécanique de
Carnot, pas plus que celles du travail mécanique ne sont
fournies par notre diagramme du travail magnétique.

En aucun cas un électro-aimant ne peut effectuer un
travail quelconque, si ce n'est par la modification que
peut apporter dans l'aimantation du circuit magnétique
un changement de configuration du système, la tendance de
ce changement de configuration étant toujours de rendre
le flux magnétique maximum.

AIMANTATION PROGRESSIVE

Ewing a découvert un autre genre d'effet subséquent
auquel il a donné le nom d' « *hystérésis visqueuse* ». Il a
ainsi désigné l'accroissement progressif d'aimantation
qui se produit quand on applique à un barreau de fer
une force magnétisante d'une régularité absolue. Cet

accroissement graduel peut durer une demi-heure et même davantage, et atteindre plusieurs centièmes de l'aimantation totale. Il y a là un véritable, mais lent, retard magnétique qu'il faut bien se garder de confondre soit avec le retard de phase précédemment étudié sous le nom d'hystérésis, soit avec le retard apparent dû à l'action de la self-induction sur le courant magnétisant, soit enfin avec le retard apparent que l'on peut observer dans les noyaux de fer massifs et qui est dû à des courants parasites se développant dans la masse même du fer.

Désaimantation du fer

Pour enlever à un échantillon de fer toutes traces de magnétisme rémanent, il faut le soumettre à une série de forces magnétisantes alternatives d'amplitude décroissante. La raison en est que, pour faire disparaître la rémanence laissée après l'action d'une force magnétisante donnée, il suffit d'appliquer une force magnétisante inverse moindre que celle primitivement appliquée. Un des modes de réaliser cette opération sur un échantillon de fer consiste à le mettre à l'intérieur d'une bobine tubulaire dans laquelle on fait passer un courant alternatif d'intensité suffisante, et à retirer ensuite doucement le barreau de fer de la bobine.

On peut désaimanter de cette façon les montres qui se sont trouvées aimantées par le voisinage accidentel trop immédiat d'un puissant électro-aimant. Une méthode plus simple, mais qui ne réussit pas toujours aussi bien, consiste à attacher la montre à une corde et à la faire tourner, en tordant la corde rapidement, dans le voisinage du pôle d'un puissant électro-aimant, puis à l'éloi-

gner à une certaine distance pendant qu'elle tourne
ainsi.

Désaimantation spontanée par l'action des pôles.
Propriétés des petits barreaux de fer.

On dit parfois que les pôles d'un aimant tendent à produire une force auto-démagnétisante. Il est certain que
les anneaux et autres circuits magnétiques fermés présentent une beaucoup plus grande quantité de magnétisme rémanent persistant que les barreaux de fer qui ne
sont pas fermés sur eux-mêmes (voir p. 128 et chap. VII).
Les considérations suivantes éclairent mieux ce point. D'a-
bord la force coercitive pour le magnétisme est une propriété exclusive aux corps solides ; jamais rien d'analogue
n'a été observé soit dans un liquide, soit dans un gaz qui a
été pénétré par des lignes de force, non plus que dans aucun
des métaux habituellement classés comme non-magnétiques. En second lieu, la création d'un flux magnétique
dans un circuit magnétique, air ou fer, exige une dépense
d'énergie ; et, tant que le flux persiste, il représente un
emmagasinement d'énergie potentielle, exactement comme
un ressort tendu (1). Enfin, l'énergie potentielle tend tou-

(1) L'analogie est même plus complète qu'on ne peut le croire à
première vue. Si le ressort est parfaitement élastique, toute l'énergie
dépensée pour le bander est restituée quand on le laisse se détendre.
Mais si son élasticité est imparfaite et si, abandonné à lui-même, il ne
revient pas exactement à sa forme primitive, présentant au contraire
une certaine tension résiduelle, il en résulte naturellement qu'une partie seulement de l'énergie dépensée est restituée. Une autre en est
perdue sous forme de chaleur correspondant à la production de l'effet
partiel rémanent. Il se passe là quelque chose de tout à fait analogue
à la perte d'énergie par hystérésis dans l'aimantation d'un morceau de
fer.

jours à tomber à un minimum. Il en résulte que, quand un
système magnétisé est abandonné à lui-même et que les
forces magnétisantes qui ont agi sur lui ont cessé d'intervenir, tout le magnétisme a une tendance immédiate à
disparaître, à moins qu'il n'existe entre les différentes
parties du système une action mutuelle tendant elle-
même à les maintenir dans l'état où elles ont été laissées.
Les liquides et les gaz ne présentent aucune action mutuelle de ce genre; ils se démagnétisent immédiatement.
Dans les métaux magnétiques, tels que le fer, on rencontre cette action mutuelle entre leurs éléments, et, par suite,
quand le flux magnétique réside entièrement à l'intérieur
du fer (comme dans le cas d'anneaux ou électro-aimants
avec leurs armatures en contact immédiat), il y a une
très grande rémanence sous-jacente. Si l'on ouvre le circuit métallique, le flux magnétique est alors obligé de
traverser une couche d'air, qui non seulement est relativement très imperméable, mais tend par elle-même à se
démagnétiser. La même force résiduelle (sous-jacente)
qui, en agissant sur le fer seul, était suffisante à maintenir un flux considérable dans le circuit de fer, est impuissante à maintenir ce flux à travers l'espace d'air, et immédiatement le flux diminue dans cette partie du circuit
magnétique, exactement comme pour le flux entre les parties polaires d'un aimant permanent quand on arrache
son armature (voir chapitre VII). Mais dans un anneau de fer doux, chaque partie agit comme armature
par rapport au reste, et, si en un point l'action de l'armature est ainsi détruite, le magnétisme des autres parties
disparaît immédiatement. Par suite un intervalle d'air
dans un circuit magnétique tend à annuler le magnétisme.

8

Dans l'ancienne manière d'envisager les faits on disait que le magnétisme sur la surface des pôles tendait à se chasser elle-même latéralement pour se porter de cette surface vers le point neutre de l'aimant.

Si le lecteur veut bien maintenant retourner à la Fig. 46, p. 107, qui indique comment se comportent des noyaux de fer cylindriques longs et courts, il sera mieux à même de comprendre pourquoi, pour les noyaux courts, les courbes d'induction ascendante et descendante sont beaucoup plus voisines l'une de l'autre que pour les noyaux longs. Il verra mieux également pour quelle raison les petits cylindres et les petites sphères de fer ne présentent presque pas d'aimantation résiduelle, n'ont pas en quelque sorte de mémoire magnétique. Sans entrer dans des considérations théoriques approfondies sur les propriétés des ellipsoïdes (1), et en réfléchissant simplement à ce que de petites pièces de ce genre, éloignées de toute force extérieure magnétisante et entourées d'air, forment de très petites portions d'un circuit magnétique entier, il doit être évident qu'il y a là une raison suffisante pour que pratiquement elles se désaimantent seules.

Ce point a une portée pratique, car il est de la plus haute importance, dans l'emploi des électro-aimants, que leurs armatures n'y adhèrent pas quand le circuit de travail est rompu. Différents moyens ont été proposés pour détruire l'aimantation sous-jacente qui se manifeste quand le circuit est tout à fait fermé. Hecquet (2) interpose une feuille mince de cuivre ou de papier entre les noyaux cylindriques et la culasse. Cette couche de matière non-ma-

---

(1) Voir Ewing, dans *The Electrician*, XXIV, 340, pour une exposition mathématique très claire des propriétés des ellipsoïdes.
(2) *Les Mondes*, XXXVIII, 733, 1875.

gnétique, interposée dans le circuit magnétique, augmente
légèrement sa réluctance et diminue un peu l'aimantation.
Trotter a jugé nécessaire de recourir au même moyen
pour les inducteurs de certaines machines dynamos.

Un autre procédé plus usuel consiste à interposer entre l'armature et les pôles de l'électro-aimant une rondelle
de substance non-magnétique qui les tient à petite distance respective. Dans certains cas on fixe dans la
surface polaire une pointe ou un bouton de laiton, dépassant légèrement son niveau. Dans d'autres, on interpose
ou on colle à la surface de l'armature ou des pôles une
petite bande de papier ou de carte.

THÉORIE D'EWING SUR L'AIMANTATION INDUITE

Le professeur Ewing a proposé récemment une théorie
du magnétisme induit rendant compte des faits observés
dans les circuits magnétiques. Acceptant l'idée générale
émise par Poisson et par Weber qu'un aimant doit être regardé comme un assemblage d'aimants élémentaires, tous
magnétisés antérieurement, et d'après laquelle le fait de
l'aimantation consiste simplement dans une orientation
commune, il a montré qu'il n'est pas nécessaire, comme
l'ont supposé Maxwell et autres, de recourir à l'existence de forces internes de frottements s'opposant aux
mouvements des aimants moléculaires. Il n'est pas davantage nécessaire de supposer que, dans l'état de non-
aimantation, les molécules se groupent elles-mêmes en
anneaux fermés ou en chaînes, comme l'a suggéré Hughes.

Ewing a, par le fait, démontré que l'ensemble des faits
s'explique par l'hypothèse que les aimants moléculaires
élémentaires sont soumis à des forces magnétiques mu-

tuelles. Il a illustré cette démonstration en construisant
un aimant-type formé d'un grand nombre de petites aiguilles magnétiques, montées sur pivots, qui, placées à
des distances déterminées les unes des autres, prennent,
en l'absence de toute force magnétique extérieure, des
positions telles qu'elles résulteraient simplement d'une
mutuelle neutralisation de toute action extérieure, les
positions des aiguilles individuelles de la masse étant
indifférentes et non pas dirigées en bloc dans une direction plutôt que dans une autre. Sur un tel assemblage
d'aiguilles aimantées une force magnétique extérieurement appliquée produit, si elle est faible, un petit effet
strictement proportionnel ; et, quand elle cesse de s'exercer, elle laisse les aiguilles exactement dans les positions
qu'elles avaient antérieurement. Ce résultat correspond
au fait que de *petites* forces magnétisantes ne produisent
aucune aimantation rémanente dans une substance quelconque de forme quelconque. Lorsqu'on augmente la
force magnétisante extérieure, il se présente cependant
un point où, pour des groupes individuels d'aiguilles,
le moindre accroissement détermine une rupture subite
d'équilibre, et une ou plusieurs aiguilles tournent brusquement sur elles-mêmes pour prendre une nouvelle position. Cette instabilité et l'augmentation subite du nombre
des aiguilles s'orientant dans la même direction correspondent à l'instabilité et à l'accroissement soudain de
perméabilité que présente particulièrement le fer doux
et qui se manifeste par une élévation brusque de la
courbe ascendante d'aimantation quand la force magnétisante atteint une certaine valeur. Quand les aiguilles
ont ainsi pris de nouvelles positions d'équilibre, si la
force magnétisante extérieure vient à disparaître, les ai-

guilles ne reviennent plus à leurs positions primitives ; elles conservent une orientation résiduelle et peuvent, en fait, agir en bloc comme un aimant.

Ici encore cet état de choses correspond au magnétisme rémanent que l'on observe toujours après l'application d'une force magnétisante suffisamment intense. Comme le magnétisme rémanent, il peut être presque complètement et instantanément détruit par des chocs mécaniques. Ainsi donc, sous l'action d'une très grande force magnétisante extérieure, l'ensemble des aiguilles sera dévié et s'orientera dans une direction sensiblement identique, les propres actions mutuelles de ces aiguilles étant relativement faibles et impuissantes à les en écarter beaucoup ; une force encore plus grande pourra cependant avoir une très légère action directrice additionnelle. Tous ces phénomènes concordent si étroitement avec la manière dont se comportent les corps magnétiques qu'ils donnent à cette théorie une très grande apparence de vraisemblance. La perte d'énergie par hystérésis est représentée dans l'expérience par l'énergie dépensée en échauffement des aiguilles par friction contre l'air ambiant quand elles se mettent brusquement à tourner sur elles-mêmes pour prendre de nouvelles positions et qu'elles oscillent jusqu'à ce qu'elles soient ramenées au repos par des actions non réversibles, telles que les frottements et les courants parasites. En ce qui concerne les autres analogies frappantes que présente cette disposition expérimentale quant aux effets mécaniques, calorifiques, et autres, le lecteur pourra se reporter au Mémoire original du professeur Ewing (1).

(1) *Proc. Roy. Soc.*, 19 Juin 1890 ; et *The Electrician*, XXV, 544, 541 et 560.

8.

CHAPITRE IV

PRINCIPE DU CIRCUIT MAGNÉTIQUE.
LOI DE LA FORCE PORTANTE.
ÉTUDE DE CONSTRUCTION DES ÉLECTRO-AIMANTS
AU POINT DE VUE DE LA FORCE PORTANTE MAXIMA

Dans ce chapitre nous discuterons la *loi du circuit magnétique* appliquée à l'électro-aimant et nous nous occuperons en particulier de quelques résultats d'expériences successivement obtenus par diverses autorités en ce qui concerne la relation entre la construction des différents éléments constitutifs d'un électro-aimant et l'influence de cette construction sur ses qualités. Il ne s'agit pas seulement des dimensions, de la section, de la longueur, et de la substance des noyaux de fer et des armatures ; nous aurons surtout à considérer l'influence de la forme du noyau et de l'armature sur la manière dont se comporte l'électro-aimant vis-à-vis de son armature, soit au contact, soit à distance. Mais, avant d'aborder cette partie plus difficile du sujet, nous nous attacherons spécialement et exclusivement à la loi qui régit la force avec laquelle agit l'électro-aimant sur son armature quand ils sont en contact immédiat : en d'autres termes, à la *loi de la force portante.*

PRINCIPE DU CIRCUIT MAGNÉTIQUE

Le début de cet ouvrage contient un résumé historique de la découverte de ce principe. On y a vu comment cette idée s'était fait jour progressivement, presque par force, à la suite de l'étude des faits. La loi du circuit magnétique a été pour la première fois formulée en 1873, par le professeur Rowland, de Baltimore. Il fit observer que, étant donné un cas simple quelconque, si l'on trouvait (comme pour le circuit électrique), une expression de la force magnétomotrice tendant à forcer le magnétisme à travers le circuit, en la divisant par la résistance à l'aimantation calculée de même pour toute la longueur du circuit, le quotient de ces deux quantités donnait la valeur totale de la circulation ou du flux magnétique. Autrement dit, on pouvait calculer la quantité de magnétisme qui passe ainsi dans le circuit magnétique exactement de la même manière qu'on calcule l'intensité du courant électrique d'après la loi d'Ohm. Rowland a d'ailleurs été beaucoup plus loin en appliquant ce calcul même aux expériences faites par Joule plus de trente ans auparavant, en déduisant de ces expériences le degré d'aimantation auquel ce savant avait porté le fer de ses électro-aimants, et en inférant de là l'intensité du courant qu'il avait mis en œuvre.

Mais cette loi demande à revêtir une expression qui permette son emploi dans les calculs ultérieurs. Pour la formuler en langage courant, sans recourir à l'algèbre, il faut d'abord se rendre compte du nombre de tours que fait le fil sur la bobine d'un électro-aimant, et de l'intensité du courant qui y circule, de la *force magnétomotrice* totale en un mot — ou force totale qui tend à

faire passer le magnétisme dans toute la longueur du
barreau de fer —, car elle est en réalité proportionnelle
à l'intensité du courant et au nombre de fois que celui-ci
circule autour du fer. Il faut ensuite déterminer la résistance offerte par le circuit magnétique au passage des
lignes de force. Cette expression est celle de Joule lui-
même, adoptée après coup par Rowland; et par abréviation nous l'appellerons simplement la *résistance magnétique*, ou, comme l'a suggéré M. Oliver Heaviside,
pour éviter toute confusion entre la résistance au magnétisme dans le circuit magnétique avec la résistance à la
circulation du courant dans un circuit électrique, la *réluctance*, terme aujourd'hui généralement admis. Ces deux
quantités étant ainsi trouvées, le quotient de la première par la seconde donne un nombre qui représente
la totalité des lignes de force qui passent dans le circuit,
ou, suivant le terme adopté sur le Continent et qui tend
à se généraliser, le *flux magnétique*, ce flux étant, au
point de vue magnétique, l'analogue du flux ou courant
électrique dans la loi qui régit ce dernier. La loi du
circuit magnétique peut en conséquence se formuler
ainsi :

$$\text{Flux magnétique} = \frac{\text{Force magnétomotrice}}{\text{Réluctance}}.$$

Il est cependant plus commode d'introduire l'algèbre
et les symboles courants dans cette expression ; aussi
devons-nous maintenant expliquer ceux dont nous nous
servirons et dont on se sert depuis longtemps. Nous emploierons pour le nombre de spires dans un enroulement
la notation N ; pour l'intensité du courant, en ampères,
la lettre usuelle I ; pour la longueur (en cm) d'un barreau

ou d'un noyau, l; pour la surface (en cm²) d'une section droite transversale, S ; pour la perméabilité du fer étudiée au chapitre précédent, la lettre grecque μ; et pour le flux magnétique total, ou nombre de lignes de force, la lettre Φ. Les quantités ci-dessus et la loi qui les régit ont dès lors pour expressions :

$$\text{Force magnétomotrice } \mathcal{F} = \frac{4\pi N_s I}{10}.$$

$$\text{Réluctance } \mathcal{R} = \Sigma \frac{l}{\mu S}.$$

$$\text{Flux magnétique } \Phi = \frac{\dfrac{4\pi N_s I}{10}}{\Sigma \dfrac{l}{\mu S}}.$$

En prenant le nombre de spires et le multipliant par l'intensité, en ampères, du courant qui y circule, de manière à avoir la totalité de la circulation du courant électrique exprimée en ampères-tours, puis en multipliant ce produit par 4 π et le divisant par 10, de manière à réduire le tout en unités C.G.S. (c.-à-d. en multipliant le premier produit par 1,256, comme on l'a vu p. 52), on obtient la force magnétomotrice en unités C.G.S.

Pour la réluctance, on la calcule exactement comme la résistance d'un conducteur au courant électrique, ou comme la résistance d'un conducteur thermique à la propagation de la chaleur : elle est proportionnelle à la longueur et inversement proportionnelle à la section droite, ainsi qu'à la conductibilité, ou, dans le cas présent, à la perméabilité magnétique. Si le circuit est simple, il suffit de porter sa longueur en numérateur, et le produit de sa section droite et de sa perméabilité en dénominateur, pour avoir la valeur de sa réluctance. Mais s'il n'en est pas ainsi, si l'on n'a pas affaire à un simple anneau de fer d'égale section sur toute sa circonférence, il faut considérer le circuit par fractions, comme dans le cas d'un circuit électrique, prendre séparément la réluctance de chaque fraction, et additionner le tout. Comme on peut avoir à additionner ainsi un certain nombre de termes analogues, nous avons fait précéder l'expression de la réluctance magnétique du signe Σ qui indique une sommation. De ce que le fait peut s'exprimer aussi simplement, il ne s'ensuit pas cependant que le calcul présente à beaucoup près la même simplicité.

En ce qui concerne les lignes de force nous n'avons pas la possibilité d'opérer comme pour les courants électriques, c'est-à-dire d'isoler le flux. Un courant électrique peut être maintenu circonscrit (à la condition qu'il ne soit pas soumis à une tension trop élevée, telle que 10 000 volts, et parfois même beaucoup plus) dans un conducteur de cuivre à l'aide d'une couche convenable et suffisamment forte — et nous employons le mot « fort » aussi bien dans le sens mécanique que dans le sens électrique — de matière isolante de résistance appropriée. Il existe des substances dont la conductibilité électrique, comparée à celle du cuivre, peut être regardée comme des millions de millions de fois moindre, qui, autrement dit, sont pratiquement des isolants parfaits. Il n'en est nullement de même pour le magnétisme. La matière la plus parfaitement isolante que nous connaissions pour le magnétisme n'est certainement pas 10 000 fois moins perméable que le corps le plus hautement magnétisable connu, c'est-à-dire que le fer dans sa meilleure condition ; et, lorsqu'il s'agit d'électro-aimants dont les parties courbes en fer

sont enveloppées de cuivre, d'air ou d'une autre matière
électriquement isolante, on se trouve en présence de substances dont la perméabilité, au lieu d'être infiniment
petite, comparativement à celle du fer, est encore très
considérable.

Nous avons surtout à envisager le fer quand il a été
bien aimanté. Or, sa perméabilité, relativement à celle de
l'air, est alors *grosso modo* de 100 à 1 000, c'est-à-dire
que la perméabilité de l'air par rapport à celle du fer n'en
est pas inférieure au centième ou au millième. Il en résulte qu'il est parfaitement possible d'avoir une importante dérivation de lignes magnétiques du fer dans l'air,
ce qui vient compliquer les calculs et empêche une estimation exacte de la véritable réluctance d'une partie quelconque du circuit. Supposons cependant que nous soyons
parvenus à vaincre ces difficultés et que nous ayons calculé
la réluctance ; en divisant alors la force magnétomotrice
par cette réluctance, nous aurons la valeur du flux total.

On a donc ici dans sa forme élémentaire la loi du
circuit magnétique exactement posée comme est établie
la loi d'Ohm pour les circuits électriques. Mais en général on a besoin de cette loi magnétique pour certaines applications dans lesquelles le problème ne consiste pas à calculer d'après ces deux quantités ce que doit
être le flux total. Dans la plupart des cas on cherche une
règle pour le calcul inverse. On désire savoir comment
construire un électro-aimant capable de donner un flux
déterminé. On prend comme point de départ le flux dont
on a besoin, et l'on cherche la réluctance à donner et
la force magnétomotrice à appliquer. C'est le problème
tout à fait analogue à celui que rencontrent les électriciens. Ils n'ont pas en effet à appliquer toujours la loi

d'Ohm sous la forme qui lui est habituellement donnée, c'est-à-dire à calculer l'intensité d'après la force électro-motrice et la résistance ; ils ont souvent besoin de savoir quelle est la force électromotrice qui fera passer un courant déterminé à travers une résistance connue. C'est ce que nous ferons. Notre principal objectif sera ici de chercher combien d'ampères-tours d'excitation sont nécessaires pour faire passer la quantité voulue de magnétisme à travers une réluctance donnée. Nous poserons en conséquence notre loi un peu différemment, ce que nous voulons calculer, étant le nombre d'ampères-tours nécessaires. Ce résultat une fois acquis, il est aisé de dire comment doit être choisi le fil de cuivre, quelles doivent en être la section et la longueur, quel poids il faut en mettre.

Revenant à la règle algébrique ci-dessus, il faut en transformer l'expression de manière à dégager les ampères-tours et à avoir dans le second membre de l'équation tout ce qui leur est étranger. On écrira en conséquence ainsi la formule précédente :

$$N_I = \frac{\Phi . \Sigma \dfrac{l}{\mu S}}{1,256} .$$

On aura donc le nombre d'ampères-tours cherché en prenant le flux de force qu'on veut obtenir à travers le circuit, en le multipliant par la somme des réluctances en circuit, et divisant le tout par 1,256. Ce nombre 1,256 est la constante qui intervient quand la longueur l est exprimée en centimètres, la section en centimètres carrés, et la perméabilité en unités C.G.S. — Elle est différente si l'on se sert des unités anglaises ou autres.

Nous ne nous étendrons pas davantage ici sur la loi
du circuit magnétique sauf à y revenir ultérieurement.
A la faveur de cette loi, les différents points à étudier
s'enchaînent et s'expliquent l'un après l'autre sans rien
laisser subsister — si on l'applique judicieusement —
d'anormal ou de paradoxal en ce qui concerne les électro-aimants. Certains phénomènes peuvent en effet sem-
bler paradoxaux dans la forme, mais ils apparaissent tous
comme parfaitement rationnels quand, en s'appuyant sur
un principe de ce genre, on peut dire quelle aimantation
on obtiendra dans des conditions données, ou à quelle
force magnétomotrice il faut soumettre un barreau de fer
pour en obtenir une quantité donnée d'aimantation. Ce
mot « aimantation » est employé ici dans son sens populaire, et non pas dans son sens mathématique étroit de
« quotient du moment magnétique par le volume du barreau » ; il s'applique à la simple expression de ce fait que
le fer ou l'air, ou un corps quelconque, a été soumis à
l'opération qui consiste à le faire pénétrer par un flux de
force induit.

LOI DE LA FORCE PORTANTE

Appliquons donc la loi du circuit magnétique d'abord
à la traction, c'est-à-dire à la *force portante* des électro-
aimants. Cette loi a été admise par hypothèse dans le chapitre précédent et a servi de base à une méthode de
mesure de la perméabilité. Elle a été une fois pour toutes
établie par Maxwell, dans son grand traité, et a pour
expression, suivant notre notation moderne :

$$F \text{ (dynes)} = \frac{S \mathcal{B}^2}{8 \pi},$$

9

dans laquelle S est la section en centimètres carrés ; ou

$$F \text{ (grammes)} = \frac{S\mathfrak{B}^2}{8\pi \times 981},$$

c'est-à-dire que la pression $\frac{F}{S}$ en grammes-poids par centimètre carré est égale au carré de l'induction magnétique $\mathfrak{B}$ (quotient du flux de force par la section en centimètres carrés) divisé par 8 π et par 981.

Le tableau suivant donne les valeurs de la force por-

TABLEAU XI. — INDUCTION ET FORCE PORTANTE SPÉCIFIQUE
OU DE PRESSION.

$\mathfrak{B}$ en unités C. G. S.	PRESSION OU FORCE PORTANTE EN		
	DYNES par cm²	GRAMMES par cm²	KILOGRAMMES par cm²
1 000	39 790	40,56	0,0456
2 000	159 200	162,3	0,1623
3 000	358 100	365,1	0,3651
4 000	636 600	648,9	0,6489
5 000	994 700	1 011	1,014
6 000	1 432 000	1 460	1,460
7 000	1 950 000	1 987	1,987
8 000	2 547 000	2 596	2,596
9 000	3 223 000	3 286	3,286
10 000	3 979 000	4 056	4,056
11 000	4 815 000	4 907	4,907
12 000	5 730 000	5 841	5,841
13 000	6 725 000	6 855	6,855
14 000	7 800 000	7 550	7,550
15 000	8 953 000	9 124	9,124
16 000	10 170 000	10 390	10,39
17 000	11 500 000	11 720	11,72
18 000	12 890 000	13 140	13,14
19 000	14 360 000	14 630	14,63
20 000	15 920 000	16 230	16,23

tante ou pression exprimée en dynes, grammes et kilogrammes par centimètre carré, correspondant à un grand nombre de valeurs de $\mathcal{B}$ variant, par mille, de 1000 à 20 000 unités C.G.S.

Cette expression simple de la loi de la force portante suppose que la distribution des lignes de force est uniforme sur toute la surface considérée. Ce n'est malheureusement pas toujours le cas. Quand cette distribution n'est pas uniforme, la valeur moyenne des carrés devient supérieure au carré de la valeur moyenne, et par suite l'effort exercé par l'électro-aimant à sa face terminale peut, dans certaines conditions, devenir plus grande qu'on ne pourrait s'y attendre d'après le calcul — plus grande que la moyenne de $\mathcal{B}$ ne le ferait supposer. Si cette distribution n'est pas uniforme sur toute la surface de contact, l'expression exacte de la force portante (en dynes) sera alors

$$F\ (\text{dynes}) = \frac{1}{8\,\pi} \int \mathcal{B}^2\ dS,$$

l'intégration étant faite pour toute la surface de contact.

Cette loi de la force portante a été vérifiée expérimentalement. Les recherches les plus approfondies ont été faites en 1886 (1) par M. R.-H.-M. Bosanquet, d'Oxford, dont l'appareil d'épreuves est représenté par la Fig. 56. Il prit deux noyaux de fer, à faces bien dressées, les enveloppa tous deux de bobines magnétisantes, fixa rigidement le noyau supérieur, et suspendit l'autre à un fléau, en l'équilibrant avec un contre-poids. A l'extrémité inférieure de ce dernier noyau il attacha un plateau de balance et mesura la force portante de l'un sur l'autre

---

(1) *Phil. Mag.*, Décembre 1886 ; voir également *The Electrician,* XVIII, 3 Décembre 1886.

avec un courant connu circulant dans un nombre de spires également connu. En même temps il disposait autour du joint une bobine d'exploration reliée, comme on l'a vu au Chapitre III, p. 85, à un galvanomètre balistique, de telle sorte que, au moment de l'arrachement des deux surfaces, ou à l'instant où l'on faisait cesser l'aimantation en rompant le courant magnétisant, l'élongation au galvanomètre lui permettait de déterminer exactement le flux de force qui pénétrait cette bobine d'exploration. De cette façon, la surface de contact étant connue, on peut calculer le flux d'induction, et par suite comparer $\mathfrak{B}^2$ à l'effort par centimètre carré obtenu directement d'après la charge du plateau de la balance. Bosanquet a reconnu que, même avec des surfaces ne donnant pas un contact absolument parfait, la corrélation était réellement très approchée, les variations n'excédant pas 1 ou 2 pour cent, sauf pour de petites forces magnétisantes, inférieures, par exemple, à 5 unités C.G.S.

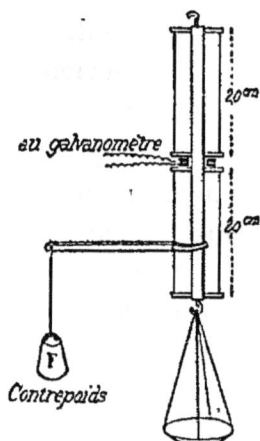

Fig. 56. — Bosanquet. — Vérification de la loi de la Force portante.

Quand on sait combien le fer se comporte irrégulièrement pour des forces magnétisantes aussi faibles, ce défaut de proportionnalité n'a rien d'étonnant. La corrélation était toutefois suffisamment exacte pour permettre de dire que l'expérience confirmait la loi, et que l'effort est bien proportionnel au carré de l'induction magnétique à travers la surface, intégré pour la surface entière.

ETUDE DE CONSTRUCTION DES ÉLECTRO-AIMANTS AU POINT
DE VUE DE LA FORCE PORTANTE.

Ainsi établie la connaissance de la loi de la force portante commence à jeter un peu de lumière sur l'étude préliminaire des électro-aimants. A vrai dire, sans approfondir mathématiquement la question, Joule en avait entrevu la solution quand, par une sorte d'intuition, il paraissait considérer que la vraie manière d'envisager un électro-aimant, destiné à exercer un effort de traction, consistait à se rendre compte du nombre de pouces carrés que présentait sa surface de contact. Il trouvait qu'il lui était possible d'aimanter du fer jusqu'à ce qu'il exerçât un effort superficiel de 175 lb. par pouce carré (12,3 kg par cm²), et émettait le doute qu'on pût obtenir une force portante spécifique de 200 lb. par pouce carré (14,06 kg par cm²).

Le tableau suivant donne le calcul refait des résultats obtenus par Joule (voir Tableau 1, p. 26) et les valeurs de $\mathfrak{B}$ correspondantes : —

TABLEAU XII. — RÉSULTATS DE JOULE
(CALCULS REFAITS)

SPÉCIFICATION Electro-aimants de		SECTION en cm²	CHARGE en kg	FORCE portante spécifique kg par cm²	$\mathfrak{B}$ en unités C. G. S.	RAPPORT de la charge au poids
Joule	n° 1	61,5	917	7,35	13600	139
	n° 2	1,26	22	8,75	14700	324
	n° 3	6,28	5,4	9,75	15110	1286
	n° 4	0,0077	0,09	5,70	11830	2384
Nesbit		29,1	617	11,20	16550	28
Henry		25,3	346	6,70	12820	36
Sturgeon		1,26	22,6	8,95	14850	114

Retournons maintenant au Tableau XI, et comparons la dernière colonne à la première. Celle-ci contient les différentes valeurs de $\mathfrak{B}$, c'est-à-dire les valeurs de l'induction obtenue dans le fer. Il n'est guère possible de condenser un flux de plus de 20 000 unités C.G.S. dans un centimètre carré du meilleur fer, et, comme on le voit en se reportant aux courbes d'induction, il n'est pas avantageux, dans l'étude préliminaire des électro-aimants, d'essayer, sauf dans des cas extraordinaires, d'y faire passer un flux supérieur à 16 000 unités C.G.S. La raison en est simple : si l'on fait varier la force magnétisante, de 0 à 50 unités C.G.S. par exemple, 50 unités appliquées à du bon fer forgé y développeront une induction de 16 000 unités C.G.S. seulement, et la perméabilité du métal tombera dans ces conditions à 320 environ. Si l'on cherche à pousser l'induction un peu plus loin, on trouve qu'il faut la payer cher. Pour forcer, en effet, 1 000 unités de plus par centimètre carré, ou pour faire passer l'induction de 16 000 à 17 000 unités, on est obligé d'augmenter énormément la force magnétisante ; et on est amené à la doubler encore pour obtenir 1 000 nouvelles unités de plus. Il serait évidemment plus avantageux de recourir à un barreau de fer de plus grosse section et de ne pas y pousser l'induction trop loin — adopter une section d'un quart plus élevée et y moins forcer l'induction. Il est donc coûteux de dépasser beaucoup 16 000 unités comme valeur de l'induction ou d'étudier un électro-aimant en vue de lui donner une force portante spécifique supérieure à 10,4 kg par cm².

Nous adopterons cette règle pratique et nous en ferons immédiatement une application à titre d'exemple. Supposons qu'on veuille étudier un électro-aimant en vue de

lui faire porter une charge de 1 tonne; en divisant
1 000 kg par 10,4, on aura le nombre cherché de centimètres carrés à donner au fer forgé, soit 96, ou, en
chiffre rond, 100 cm² = 1 dm². On a sans doute l'intention de faire fonctionner l'électro-aimant sous forme de
fer à cheval, ou sous une forme équivalente — avec un
circuit métallique de retour —; on devra donc calculer
la section de manière à ce que la surface entière de contact puisse porter la charge voulue à raison de 10,4 kg
par cm². Comme un électro-aimant en fer à cheval a deux
pôles, la section droite du barreau employé à sa construction devra avoir 50 cm². Si le fer est rond, il aura
environ 8 cm de diamètre; s'il est carré, il devra avoir
à peu près 7 cm de côté.

La section du fer est ainsi déterminée; il n'en est pas
de même de la longueur. En ce qui concerne celle-ci, et
à ne considérer que la loi du circuit magnétique, on devra
réduire le plus possible cette longueur. — Voyons quel
est le but à atteindre; l'étude préliminaire d'un électro-
aimant doit être, comme toute autre étude, guidée par
l'objectif final que l'on a en vue. Cet objectif est ici de
faire adhérer à l'électro-aimant un poids considérable ;
il n'est pas question de le faire agir sur une autre pièce
placée à distance, ni de lui faire attirer une armature
séparée de lui par une couche d'air épaisse; il s'agit d'en
obtenir une force portante au contact immédiat.

La question se pose ainsi : Quelle est la longueur de
barreau de fer à recourber? — Voici la réponse : On pren-
dra assez de longueur, et pas plus qu'il ne faut, pour
avoir la place d'y enrouler la quantité de fil capable de
porter le courant nécessaire au développement de la force
magnétisante voulue. Mais cette dernière n'est pas en-

core connue; il faut la calculer d'après la loi du circuit magnétique. En d'autres termes, il faut calculer le flux magnétique et la réluctance aussi exactement que possible, en déduire le nombre d'ampères-tours nécessaire, et en conclure la quantité de fil de cuivre à appliquer, ce qui conduira finalement à la longueur convenable du noyau de fer. La section droite étant donnée et la valeur de $\mathfrak{B}$ fixée d'avance, il est évident que le flux de force total qui doit pénétrer la section se trouve déterminé. Il va de soi que la longueur augmente la réluctance, et, par suite, que, plus on la développera, plus il faudra accroître le nombre d'ampères-tours de circulation du courant ; par contre, moins on adoptera de longueur, plus ce nombre d'ampères-tours d'excitation pourra être réduit.

On dessinera donc l'électro-aimant aussi ramassé que possible; on le concevra en arc trapu, exactement comme le fit Joule quand, dans son étude du même problème, il arriva, par une sorte d'instinct scientifique, à sa vraie solution. Il ne faut pas avoir plus de longueur de fer qu'il n'est nécessaire pour y loger le fil. On voit donc qu'il est absolument impossible de calculer cette longueur avant d'avoir une idée de l'enroulement ; aussi est-il indispensable de s'occuper préalablement du bobinage.

Prenons un cas simple idéal. Supposons que nous ayons un long barreau de fer droit, de longueur indéfinie, et que nous le roulions d'une bobine magnétisante, de bout en bout. Quelle épaisseur de bobine, combien d'ampères-tours d'excitation par centimètre de longueur ou quelle force magnétisante faudra-t-il adopter pour le porter à un degré donné d'aimantation ? — C'est une affaire de calcul très simple. On peut trouver exactement la réluctance d'un

centimètre de longueur du noyau. Si, par exemple, on veut
porter l'induction jusqu'à 16 000 unités C.G.S., la perméabilité sera de 320. On peut prendre telle section que l'on
voudra et considérer la longueur d'un centimètre ; on calculera ainsi la réluctance par centimètre de longueur du
conducteur et l'on pourra dire immédiatement quel serait
le nombre d'ampères-tours nécessaire par centimètre pour
donner l'induction cherchée de 16 000 unités C.G.S. Dès
lors, connaissant les propriétés du fil de cuivre et la quantité dont il s'échauffe sous le passage d'un courant ; connaissant également quelle est la quantité de chaleur qu'il
peut perdre par centimètre carré de surface, on calculera
très simplement l'épaisseur minima de cuivre admise par
les Compagnies d'assurances. Celles-ci ne permettent pas
l'emploi d'un fil trop fin, parce que, avec une trop faible
épaisseur de cuivre, il faut encore forcer l'intensité pour
avoir un nombre d'ampères-tours suffisant par centimètre
de longueur; et si l'on fait passer ce courant dans un
fil de cuivre de section insuffisante, celui-ci se surchauffe
et la police d'assurance est par là même résiliée.

On est en conséquence conduit, par des considérations
d'ordre pratique, à ne pas surchauffer le fil et à lui donner un certain diamètre pour la confection de la bobine.
L'Auteur a sommairement appliqué le calcul à certains
cas et il a trouvé que, pour les petits électro-aimants
auxquels on a ordinairement affaire, il n'est nécessaire
dans aucun cas pratique d'employer un bobinage de fil
de cuivre dont l'épaisseur totale dépasse environ 1,25 cm ;
et, en fait, si l'on atteint une aussi forte épaisseur, on n'a
pas besoin d'en revêtir la branche entière. En effet, si le
bobinage est fait en fil de cuivre, quelle qu'en soit la
grosseur, faible ou forte, de telle sorte que l'épaisseur

totale du cuivre extérieurement au fer atteigne 1,25 cm,
on peut, sans échauffement anormal, en employant du
bon fer forgé, compter sur 2,5 cm de bobine pour 50 cm
de longueur de noyau. Autrement dit, on n'a pas en
réalité besoin d'une épaisseur de cuivre supérieure à
0,6 mm extérieurement au fer pour porter au degré fixé
de saturation la longue barre indéfinie que nous avons
supposée, sans surchauffer la surface extérieure au point
d'outrepasser la tolérance d'assurance. En résumé, si
l'on donne à l'enroulement une épaisseur de 1,25 cm,
un centimètre de longueur de bobine ainsi constituée sur
le fer déterminera sur 20 cm de longueur de ce fer une
induction dont la valeur atteindra 16 000 unités C.G.S.

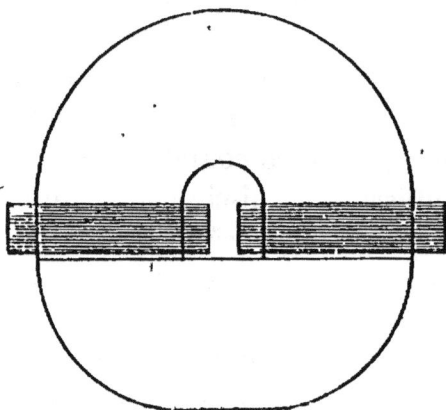

Fig. 57. — Electro-aimant compacte.

Si donc on a un barreau
recourbé en fer à cheval
de manière à bien porter
sur une armature parfai-
tement ajustée, d'égale
section et de même qua-
lité, on n'aura pas effectivement besoin de plus
d'un centimètre de bo-
bine, mesuré sur la cour-
bure interne, pour 20 cm
de longueur de noyau.

Un électro-aimant extrêmement ramassé, comme celui
esquissé dans la Fig. 57, conviendra, si l'on peut toutefois obtenir un fer suffisamment homogène dans toute sa
masse. Si, au lieu de masser le fil dans le voisinage des
parties polaires, on pouvait rouler entièrement toute la
partie courbe, bien que la couche de fil eût plus d'un
centimètre et demi d'épaisseur à l'intérieur de l'arc, elle

serait beaucoup moins épaisse extérieurement. Un électro-aimant ainsi construit, muni d'une armature ajustée
avec un soin parfait sur les surfaces polaires, et excité
par une pile montée de manière à envoyer dans la bobine
excitatrice le courant d'intensité voulue, exercerait un
effort égal à une tonne avec un noyau de 8 cm de diamètre. Pour notre part, nous préférerions dans ce cas ne
pas employer du fer rond; un échantillon de section carrée ou rectangulaire conviendrait mieux; mais le fer
rond exige moins de cuivre dans la bobine, la forme circulaire étant celle qui, à égalité de section, a le moindre
périmètre.

Ce mode de calcul demande cependant de notables modifications dès qu'on aborde un autre cas quelconque.
Un circuit magnétique compacte et court, à grande section droite, est certainement le type le mieux approprié
au développement de la force portante maxima. On obtient pour la moindre force magnétisante l'aimantation
et la force portante cherchées avec la section la plus
grande et la longueur la plus faible possibles.

On remarquera qu'il n'a été donné aucune démonstration des règles pratiques dont il a été fait usage; elle
viendra ultérieurement. Il n'a été, non plus, rien dit du
diamètre ou de la section du fil; il est en effet sans influence, les ampères-tours de force magnétomotrice pouvant être à volonté réalisés d'une façon quelconque. Supposons qu'on veuille obtenir une force magnétomotrice
de 100 ampères-tours, et qu'on s'arrête à l'emploi d'un
fil fin ne pouvant supporter une intensité supérieure à
un demi-ampère, il suffira d'enrouler 200 spires de ce
fil. Si, au contraire, on disposait d'un gros fil capable
de porter dix ampères, on se contenterait de 10 tours de

ce fil. Le même poids de cuivre, porté à un égal degré de température par le courant correspondant, donnera lieu au développement de la même force magnétomotrice quand il sera appliqué sur le même noyau. Nous étudierons cependant plus loin les règles relatives au bobinage du cuivre.

Poids et force portante des électro-aimants.

Si maintenant on jette les yeux sur les ouvrages qui ont traité du magnétisme au point de vue de la force portante des électro-aimants, on verra que, depuis l'époque de Bernouilli, la loi de la force portante a sollicité l'attention des expérimentateurs, qui ont successivement cherché à l'exprimer en fonction du poids des aimants, en se servant communément d'aimants permanents, et non d'électro-aimants, depuis leur découverte. D. Bernouilli a donné (1) une règle analogue à la suivante, généralement connue sous le nom de règle d'Hacker :

$$F = a \sqrt[\frac{3}{2}]{F'},$$

dans laquelle F' est le poids de l'aimant, F la charge maxima qu'il peut porter, et a une constante dépendant des unités de poids choisies, de la qualité de l'acier et de la perfection de son aimantation. Si les poids sont exprimés en kilogrammes, on trouve que a, pour les meilleurs aciers, varie de 18 à 24 dans les aimants en fer à cheval. Cette expression revient à dire que la force portante d'un

(1) Acta Helvetica, III, 233, 1758.

aimant — il ne s'agissait naturellement que des aimants d'acier, les électro-aimants n'existant pas du temps de Bernouilli — est égale à une certaine constante multipliée par la racine 3/2 du poids de l'aimant lui-même. Cette règle n'est exacte que si l'on a affaire à un certain nombre d'aimants tous de même forme géométrique, tous en fer à cheval, par exemple, de la même configuration générale, construits avec la même sorte d'acier, et aimantés semblablement. Pendant plusieurs années, nous avons beaucoup médité sur la règle d'Hacker, nous demandant comment sur terre la racine 3/2 du poids pouvait intervenir dans l'effort magnétique ; et, après nous être creusé le cerveau pendant longtemps, nous avons fini par y trouver effectivement une *signification* très simple.

Voici à quoi nous sommes arrivé [1]. Si l'on a affaire à un corps donné, de l'acier dur par exemple, le poids étant proportionnel au volume, la racine cubique du volume est homogène à une longueur, et le carré du cube constitue une grandeur proportionnelle au carré de la longueur, c'est-à-dire homogène à une surface. Quelle surface ? — Naturellement la surface polaire.

Cette règle complexe ainsi analysée revient simplement à l'expression mathématique du fait que l'effort, pour une substance donnée, aimantée d'une certaine façon, est proportionnel à la surface des faces polaires, loi que Joule paraît avoir trouvée naturellement dans sa forme simple, et qui a revêtu la forme extraordinairement académique ci-dessus par la comparaison de poids d'aimants avec les charges qu'ils peuvent porter.

On trouve dans un grand nombre d'ouvrages ce prin-

(1) *Philosophical Magazine*, Juillet 1888.

cipe qu'un bon aimant doit porter vingt fois son propre poids. Il n'a jamais été formulé de loi plus trompeuse. Il est parfaitement vrai qu'un bon aimant d'acier en fer à cheval pesant 1 kilogramme doit être capable d'exercer un effort de 20 kilogrammes sur une armature de forme appropriée. Mais il ne s'ensuit pas qu'un aimant pesant 2 kg aura une force portante de 40 kg. Il n'en est pas ainsi parce que les pôles d'un aimant pesant 2 kg et de même forme ne sont pas deux fois aussi volumineux. Des pôles de surface double appellent, il ne faut pas l'oublier, l'intervention de la racine 3/2. Si l'on prend un aimant de poids huit fois égal à celui d'un autre, ses dimensions linéaires seront doubles, et ses surfaces quadruples ; et, avec quatre fois la même surface de contact dans un aimant de même forme, semblablement aimanté, on aura quatre fois le même effort. Un aimant huit fois aussi lourd n'exercera donc qu'un effort quadruple. L'effort, toutes choses égales d'ailleurs, suit la loi des surfaces de contact et non pas celle du poids ; aussi est-il ridicule de donner une règle rapportant à son poids la force portante d'un aimant.

On cite également comme très extraordinaire l'aimant (une pierre d'aimant) que sir Isaac Newton portait dans un chaton de bague et qui supportait 234 fois son propre poids. Le professeur G. Forbes décrit, dans ses *Lectures on Electricity*, un petit aimant cuirassé, pesant 85 g, qui était capable de porter 600 fois son propre poids. Nous avons eu, en ce qui nous concerne, un électro-aimant qui portait 2500 fois son propre poids ; mais il était extrèmement petit, et ne pesait pas, avec sa bobine de cuivre, plus de 0,097 g. Quand on en arrive à des appareils aussi microscopiques, la surface est naturellement

grande relativement au poids ; plus on descend dans
cet ordre d'idées, plus la disproportion augmente. Il
résulte de tout ce qui précède que l'ancienne loi de la
force portante était, sous cette forme, pratiquement sans
valeur et incapable de servir de guide en quoi que ce fût,
tandis que celle posée par Maxwell et démontrée d'ailleurs par la loi du circuit magnétique s'applique comme
règle des plus utiles.

Calcul de l'excitation.

Quittant cette digression, revenons à la loi du circuit
magnétique de manière à calculer l'excitation nécessaire
à la production du magnétisme. Nous avons donné, au
Chapitre III, à propos de la perméabilité, la règle suivante pour le calcul de l'induction magnétique $\mathfrak{B}$: —
L'effort étant exprimé en kg, et la surface de la section
droite en cm², si l'on divise l'un par l'autre, et qu'on
prenne la racine carrée du quotient que l'on multiplie
par 4965, on obtiendra $\mathfrak{B}$. On peut ainsi prendre pour
point de départ l'effort par cm² pour arriver à $\mathfrak{B}$, ou $\mathfrak{B}$
pour arriver à l'effort par cm². D'autre part la loi du
circuit magnétique permet aussi de déduire $\mathfrak{B}$ de l'excitation en ampères-tours, dont l'expression est donnée, p. 144,
par l'équation suivante : —

$$N_s I = \frac{\Phi . \Sigma \frac{l}{\mu S}}{1,256},$$

et le flux total Φ à travers le circuit magnétique, est égal
à $\mathfrak{B}$ multiplié par S, ou

$$\Phi = \mathfrak{B} S.$$

On peut déduire de là une simple expression directe,

à la condition d'admettre que la qualité du fer est la
même que, précédemment, qu'il n'y a pas de dérivations
magnétiques, et que la section droite est la même sur
toute la longueur du circuit, dans l'armature aussi bien
que dans le noyau de l'électro-aimant, de telle sorte que
l est simplement la trajectoire moyenne totale des lignes
de force sur toute l'étendue du circuit magnétique fermé.
On peut alors écrire

$$N_s I = \frac{\mathscr{B}\, l}{1,256.\mu},$$

d'où

$$\mathscr{B} = \frac{1,256.\; \mu\, N_s I}{l}.$$

Mais, d'après la loi de la force portante posée précédemment (p. 92),

$$\mathscr{B} = 4965 \sqrt{\frac{F}{S}}.$$

En égalant ces deux valeurs de $\mathscr{B}$ et résolvant l'équation, on trouve pour l'excitation cherchée en ampères-
tours : —

$$N_s I = 3950 \frac{l}{\mu} \sqrt{\frac{F}{S}}.$$

Cette expression traduite en langage courant conduit
à la règle suivante permettant de calculer l'excitation
nécessaire pour faire développer à un électro-aimant un
effort donné sur son armature, dans le cas d'un circuit
magnétique fermé sans dérivations du flux de force: —
On prend la racine carrée de la pression en kilogrammes
par centimètre carré; on la multiplie par la longueur

totale moyenne (en centimètres) du circuit de fer ; on divise par la perméabilité (qui doit être calculée d'après la pression en kg par centimètre carré à l'aide des Tableaux III et XI) ; et finalement on multiplie par 3950 : le nombre ainsi obtenu donnera celui des ampères-tours.

On arrive ainsi immédiatement de l'effort par centimètre carré au nombre d'ampères-tours nécessaire pour produire cet effort avec un aimant de longueur donnée et de qualité déterminée.

Comme exemple, prenons un noyau d'électro-aimant de fer rond forgé et recuit, de 1,25 cm de diamètre sur 20 cm de long, recourbé en fer à cheval, et comme armature un autre bout du même fer, de 10 cm de long, recourbé de manière à venir se raccorder avec le précédent. Supposons que nous voulions aimanter le fer jusqu'à lui donner une force portante de 7,875 kg par cm carré. En se reportant au Tableau XI, p. 146, on voit que $\mathfrak{B}$ sera à peu près de 14 000 unités C.G.S., et le Tableau III indique que dans ce cas μ sera environ de 823. Calculer sur ces données la force portante de l'électro-aimant en kilogrammes, et en ampères-tours qui la réalisera.

Réponse. — Charge (sur les deux pôles) = 19,32 kg.
Excitation nécessaire = 403 a.-t.

Nota. — Dans ce calcul on admet que le contact avec l'armature est parfait. Il n'en est jamais ainsi : le joint augmente la réluctance du circuit magnétique et il y a toujours quelque dérivation. On a vu au Chapitre III, p. 112, comment on tient compte de ces effets ; le Chapitre VI indiquera la marge qu'il faut se réserver dans les calculs pour leur intervention.

Effet de la réduction de la surface polaire.

Ici se place un cas qui a été un des paradoxes du passé. En dépit de Joule et des lois de la force portante qui établit que l'effort est proportionnel à la surface, on rencontre cette anomalie, relevée pour la première fois par Moll (1), que, si l'on prend un barreau aimanté à pôles bien dressés et qu'on mesure l'effort exercé par ces pôles sur une armature parfaitement droite également, puis qu'on détruise de parti pris l'excellence de la surface de contact en en abattant les bords et lui donnant une forme doucement arrondie, ce pôle convexe, qui ne touche l'armature que par une portion de sa surface au lieu de s'y appliquer par sa surface entière, exercera un effort plus grand qu'avec sa surface terminale parfaitement dressée. Il a été de même prouvé par divers expérimentateurs, et particulièrement par Nicklès, que, si l'on veut augmenter l'effort d'un aimant sur les armatures, on doit en réduire la surface polaire.

Les anciens aimants d'acier étaient souvent et intentionnellement construits avec des surfaces de contact rondes. Les exemples n'en manquent pas. Supposons qu'on prenne un noyau rond droit, ou une seule branche de fer à cheval, ce qui revient au même, et qu'on lui donne pour armature un barreau de fer de même diamètre à face terminale bien dressée ; puis qu'on l'applique de bout sur le pôle de l'électro-aimant en mesurant l'effort développé pour une excitation d'un nombre d'ampères-tours déterminé. Cette mesure prise, enlevons l'armature et limons un peu l'extrémité de l'é-

---

(1) *Edin. Journ. Sci.*, III, 240, 1830 ; et *Pogg. Ann.*, XXIV, 632, 1833.

lectro, de manière à en abattre les bords, ou prenons un
barreau de fer de diamètre un peu moindre, de telle
sorte qu'il exerce son effort sur une moindre surface;
nous obtiendrons un effort plus grand. Comment expliquer ce fait extraordinaire? Car c'est un fait, comme il
est facile de le prouver. La Fig. 58 représente un petit
électro-aimant qu'on peut renverser, les pôles en l'air. Il
est très soigneusement fait, les surfaces polaires bien
dressées, et à l'essai on a trouvé les deux pôles très sensiblement égaux, le pôle A étant cepen-
dant un peu plus fort que l'autre. On a
en conséquence légèrement arrondi l'autre
pôle, B. Le barreau de fer C a été, de
son côté, légèrement arrondi à l'une de
ses extrémités, l'autre bout restant dressé.
Si on lance le courant dans l'électro-
aimant et qu'à l'aide d'un peson on mesure l'effort exercé par chacun des deux
pôles, voici ce que l'on constate : quand
on applique l'extrémité plane de C sur
le pôle dressé A, où l'on a un excellent contact, on trouve un effort d'environ 1,134 kg,
par exemple ; si au contraire on renverse le
barreau C, l'action de son extrémité arron-

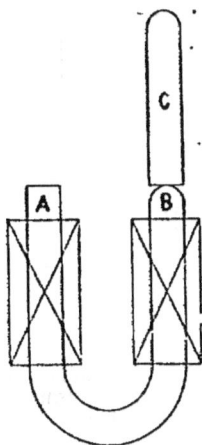

Fig. 58.— Expérience
sur l'arrondisse-
ment des faces po-
laires.

die sur le pôle dressé A donne lieu à un effort de 1,36 kg.
L'application de l'extrémité plate de C sur le pôle B
arrondi permet de constater également un effort développé de 1,36 kg, peut-être un peu plus. Si maintenant
on applique l'une sur l'autre des deux surfaces arrondies,
on obtient presque exactement le même effort que précédemment avec les deux surfaces planes. Nous avons
répété à cet égard de nombreuses expériences ; d'autres

en ont fait également, telles que la suivante : — On suspend un électro-aimant en fer à cheval, dont l'un des pôles est légèrement arrondi et l'autre absolument plan. Il porte comme armature un barreau de section également carrée sur lequel glisse un crochet auquel on peut suspendre des poids (Fig. 59). Quel est le côté de l'armature qui sera le premier arraché ?

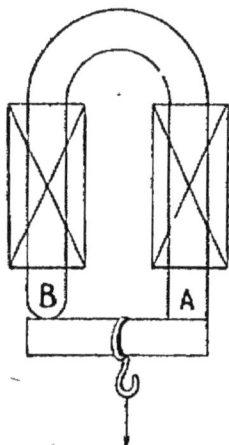

Fig. 59. — Expérience sur l'arrachement de l'armature.

En raisonnant uniquement d'après la loi des surfaces en contact, on doit penser que l'arrachement du côté du pôle plat sera plus difficile, puisqu'il présente une plus grande surface d'adhérence. En fait c'est l'autre pôle qui exerce le plus grand effort. Pourquoi ?

— On a affaire ici à un circuit magnétique. Il comporte pour sa longueur une certaine réluctance totale, et le flux entier engendré dans le circuit dépend de deux éléments, la force magnétomotrice et la réluctance de tout le circuit.

Sauf une légère dérivation, il passe par B le même flux que par A ; mais ici, grâce à ce qu'il existe en B, au milieu du pôle, un meilleur contact que sur les bords, les lignes de force se trouvent resserrées dans un espace plus étroit, et, par suite, en ce point spécial particulier, l'induction $\mathfrak{B}$ est plus élevée ; et, comme il faut l'élever au carré, ce nombre devient encore proportionnellement plus grand que l'autre. En comparant le carré de la plus faible induction à celui de la plus grande, on trouve que le carré de la plus petite induction sur la plus grande surface devient inférieur au carré de la plus grande induction intégrée pour toute la surface plus petite. C'est la loi des carrés qui intervient.

Il ne faut pas conclure de là qu'il y aurait avantage à arrondir les deux pôles. En arrondissant un pôle on affaiblit le circuit magnétique en ce point et comme résultat l'autre pôle présente moins d'adhérence.

Comme exemple, prenons le cas d'un pôle d'aimant formé par l'extrémité d'un barreau de fer rond de 30 mm de diamètre. Le pôle plan aura une section de 7,07 cm². Supposons que la force magnétomotrice soit telle que $\mathcal{B} = 14\,000$ unités C.G.S.; alors, d'après le Tableau XI, l'effort total exercé sera de 53,38 kg, et le flux total réel à travers la surface de contact sera $\Phi = 98\,980$ unités C.G.S. Supposons maintenant qu'on diminue le pôle en en adoucissant les angles de manière à réduire la surface effective de contact à 5,8 cm². Si tout ce flux était concentré dans cette nouvelle surface, on aurait une induction de 17 065 unités C.G.S. En se reportant au Tableau XI, on voit qu'elle correspond à un effort spécifique de 11,72 kg par cm², qui, multiplié par la surface réduite 5,80 cm², donne un effort total de 67,976 kg, supérieur à l'effort primitif.

On peut encore faire une autre expérience. Avec le même électro-aimant que celui de la Fig. 59, présentant un pôle plan et un pôle arrondi, et une armature, également recourbée, à un pôle plat et un pôle arrondi; si l'on oppose les pôles de même configuration avec la charge au milieu, les pôles plats s'arracheront les premiers; mais, si on les oppose plat contre rond et rond contre plat, on les trouvera sensiblement d'égale puissance; il sera difficile de dire de quel côté il y a le plus d'adhérence. En somme cependant, le pôle arrondi de l'armature adhère moins sur le pôle plan de l'aimant que le côté plan de l'armature sur le pôle arrondi de l'aimant.

Contraste entre les pôles plans et les pôles coniques

On est maintenant à même de comprendre la portée de certaines recherches faites il y a quarante ans environ par le Dr Julius Dub, et qui, comme un grand nombre d'autres précieux renseignements, gisent enfouies dans les anciens volumes des *Annales* de Poggendorff (1). Il en est également fait mention dans l'ouvrage, aujourd'hui vieilli, du Dr Dub, intitulé « Electromagnetismus ».

La première expérience de Dub à laquelle nous faisons ici allusion est relative à la différence dans la manière dont se comportent les électro-aimants à pôles plans et ceux à pôles coniques. Il constitua avec le même barreau de fer doux, de 2,5 cm de diamètre, deux noyaux cylindriques de 15 cm de long chacun. On pouvait à volonté les glisser l'un ou l'autre à l'intérieur d'une bobine magnétisante. L'extrémité de l'un avait été laissée plane, celle de l'autre avait été taillée en pointe, ou plutôt en cône tronqué présentant une surface terminale de 1,25 cm seulement de diamètre. Sa surface de contact se trouvait ainsi réduite au quart de celle de l'autre pôle. Comme armature, il employa un autre morceau du même barreau de fer doux, de 30 cm de long. Il mesura soigneusement la force d'attraction de l'électro-aimant sur l'armature à différentes distances, et obtint les résultats suivants (convertis en mesures actuelles) : —

(1) Voir *Ann. de Pogg.* LXXIV, 465 ; LXXX, 497 ; XC, 248 ; CV, 49.

DISTANCE EN mm.	EFFORT EN g EXERCÉ PAR LE	
	pôle plan	pôle conique
0	1496,88	2358,72
0,1397	498,96	816,48
0,2794	408,24	340,20
0,4191	322,05	226,80
0,5588	272,16	191,51
1,1176	172 36	90,72
2,2352	86,18	10,82

Ces résultats sont traduits en courbes dans la Fig. 60. On voit que, au contact et à de très petites distances, le pôle réduit exerçait le plus grand effort. A 0,25 mm de distance environ, il y avait sensiblement égalité ; mais pour toutes distances supérieures, l'avantage était en faveur du pôle plan. Pour les faibles distances, la concentration du flux donnait, en conformité de la loi de la force portante, l'avantage au pôle conique; mais, à des distances supérieures, cet avantage était plus que compensé par le fait que, pour des entrefers plus importants, l'emploi du pôle à plus grande

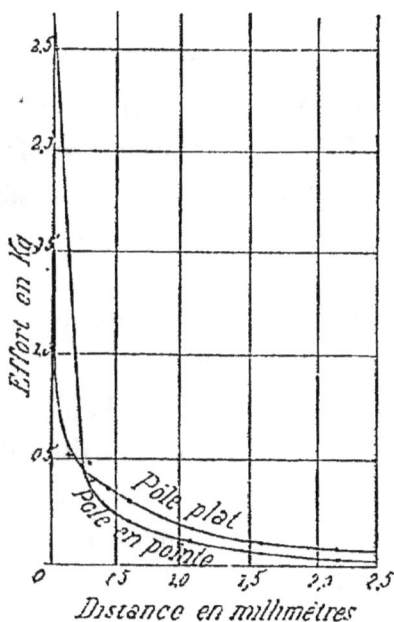

Fig. 60. — Contraste entre les pôles plans et les pôles coniques.

surface diminuait la réluctance de l'entrefer et déterminait un flux magnétique plus considérable dans l'extrémité de l'armature.

Exploration de la Distribution superficielle du magnétisme.

La loi de la force portante peut encore être appliquée à l'étude de ce qu'on appelle la distribution superficielle du magnétisme libre. Examinons ce qu'on entend par là. La Fig. 16, p. 46 donne un schéma dans lequel on voit comment les lignes de force passent à l'intérieur d'un barreau aimanté et viennent émerger à sa surface. Partout où les lignes de force émergent ainsi, la limaille de fer adhère au barreau. Autrefois on expliquait ce phénomène d'émergence en disant qu'en ces points de la surface il existait du magnétisme libre, dont la distribution sur la surface exigeait une étude approfondie, d'une solution mathématique difficile et d'expérimentation minutieuse. Cette distribution des lignes de force en leurs points d'émergence à la surface peut être explorée à l'aide de la méthode d'arrachement. On arrive ainsi à une sorte de mesure de la densité superficielle du magnétisme libre. Malgré notre peu de sympathie pour ces anciennes expressions qui rappellent toujours les vieux errements consistant à regarder le magnétisme comme un fluide, ou plutôt l'ensemble de deux fluides existant l'un à l'une des extrémités de l'aimant, et l'autre à l'extrémité opposée, exactement comme la couleur rouge ou bleue par laquelle on en désigne les pôles, nous nous en servons parce qu'elles sont déjà plus ou moins familières au lecteur.

Un des modes d'exploration expérimentale de la soi-disant distribution du magnétisme libre doit être mentionné ici parce qu'il est fréquemment employé dans les expériences de ce genre. Il consiste à mesurer, en différents points de la surface, la force nécessaire à l'arrachement d'une *armature d'épreuve* constituée par une petite sphère, un ellipsoïde, ou un barreau de fer. Cette méthode, originairement due à Plücker (1), et employée par lui, puis plus récemment par Vom Kolke (2), par Tyndall (3), Lamont (4), et Jamin (5), est connue en France sous le nom de *« méthode du clou »*, en raison de ce qu'un clou permet de l'appliquer. Plücker lui-même fit usage de petits sphéroïdes aplatis, de 14 mm de long sur 8 mm de diamètre, formés de différentes sortes de fer et d'acier, et qu'il suspendait par un fil au fléau d'une balance. Vom Kolke se servit comme explorateur d'un morceau de fil de fer doux pesant 1,7 g, de 2,6 cm de long sur 0,45 cm d'épaisseur, taillé en pointe à l'extrémité. Dans une autre série d'expériences, il employa un petit globe en fer poli de très faible diamètre.

Tyndall se servit de trois sphères de fer doux poli, de 2,4 cm, 1,2 cm et 0,75 cm de diamètre. Il arriva à cette conclusion que l'effort nécessaire à l'arrachement était simplement proportionnel à l'intensité d'aimantation. Lamont employa une petite baguette de fer arrondie à ses extrémités. Jamin prenait comme étalon une baguette de fer de 15 cm de long et de 1 cm de diamètre; mais, pour plus de commodité, il se servait de petits fils de fer terminés par de petites boules de fer. Il

(1) *Ann. de Poggendorff*, LXXXVI, 1852, p. 11.

(2) *Ann. de Pogg.*, LXXXI, 1850, p. 321 ; et *Ann. de Wiedemann*, III, 1878, p. 437.

(3) *Ann. de Pogg.*, LXXXIII, 1851, p. 1 : et *Phil. Mag.*, avril 1851. Voir également le *"Diamagnetism"* de Tyndall, p. 321.

(4) *Abhandl. d. Münchener Akad.*, VI, p 479, et Lamont, *Magnetismus*, p. 325.

(5) *Journal de Physique*, V, 1876, p. 11, et VII, 1878, p. 38.

soutint que l'effort d'arrachement était proportionnel au carré du magnétisme superficiel au point considéré. Cette méthode est discutée par Lamont (1) ainsi que par Chrystal (2). Ce dernier fait remarquer qu'il n'est guère facile de voir, au milieu de la complexité des effets dépendant du contact, de l'induction, etc., quelle est la quantité que l'on mesure. Il ajoute que les corps de configuration allongée sont préférables, attendu que, avec des corps de haute perméabilité magnétique et de forme presque sphérique, les différences de forme ont bien plus d'influence sur les résultats de l'expérience que la susceptibilité de la matière elle-même.

Le petit appareil représenté par la Fig. 61 a été dis-

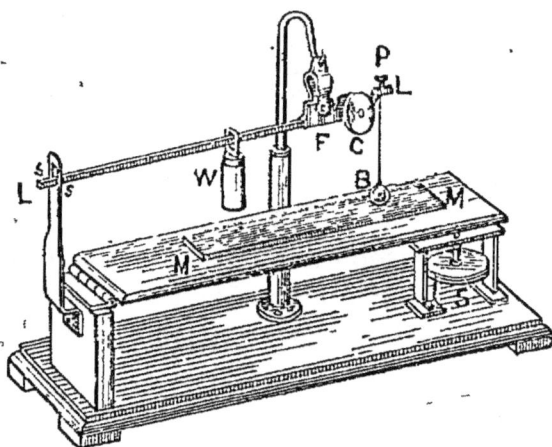

Fig. 61. — Appareil d'Ayrton pour la mesure de la distribution superficielle du magnétisme permanent.

posé par notre prédécesseur et ami le professeur Ayrton pour l'instruction de ses élèves au Collège de Finsbury (3). On y voit un barreau d'acier aimanté M M, divisé en cen-

(1) *Op. cit.*, p. 325-8.
(2) *Encycl. Britannica*, art. "Magnetism", p. 242.
(3) Voir Ayrton, *Practical Electricity*, Fig. 5 A, p. 24.

timètres de bout en bout ; au-dessus de lui est monté un petit fléau de romaine formé d'un poids W glissant le long d'un bras L L. A l'extrémité de ce fléau est suspendue une petite boule de fer B. Si l'on met cette boule en contact avec le barreau aimanté, en un point quelconque voisin de son extrémité, et qu'on équilibre l'effort exercé sur elle en faisant glisser le contre-poids le long du fléau, on obtient la valeur de l'effort nécessaire à l'arrachement de cette pièce de fer. D'après la règle de Maxwell, cet effort sera proportionnel au carré du flux passant du barreau dans la boule. Si l'on avance l'aimant d'un centimètre, vers la droite, la boule tombera un peu plus loin de son extrémité ; en l'équilibrant, on trouvera que son arrachement exige un peu moins de force. En continuant ainsi pour différents points sur la longueur, de l'extrémité vers le milieu, on verra que la plus grande force nécessaire à l'arrachement correspond à la carre extrême, qu'elle va ensuite en diminuant jusqu'à ce que, au milieu, la boule n'adhère plus du tout, uniquement parce qu'en ce point il n'y a pas de dérivation magnétique. Cette méthode n'est pas parfaite ; ses indications dépendent évidemment des propriétés magnétiques de la petite boule et de son état de saturation plus ou moins grande. De plus, la présence même de la boule trouble l'état magnétique qu'il s'agit précisément de mesurer. La dérivation dans l'air est un phénomène ; celle dans l'air, modifiée par le voisinage de la petite boule de fer qui tend à dériver le flux en elle-même, en est un autre. Mais, si imparfaite que soit cette expérience, elle n'en est pas moins très instructive.

Un meilleur mode d'expérimentation consiste à employer, comme l'a imaginé Rowland, une très petite bobine

de fil de cuivre isolé reliée à un galvanomètre balistique
sensible. Cette bobine, appelée *plan d'épreuve magnétique*, se place à la surface de l'aimant d'où elle est ensuite
brusquement enlevée. L'élongation au galvanomètre
donne l'intensité du flux normal au point éprouvé.

Effet des Masses et expansions polaires.

Ici se place une expérience paradoxale. — Prenons un
électro-aimant droit et relions-le aux fils qui amènent le
courant d'excitation. En face de l'une des extrémités du
noyau de fer et à une distance de 45 cm environ, est
disposée une boussole sur l'aiguille de laquelle est collée
une barbe de plume servant d'index visible, de telle sorte
que, quand on applique le courant, l'électro-aimant agit
sur l'aiguille et la barbe de plume permet de suivre son
mouvement. — Il s'agit ici d'une action à distance. La force
magnétomotrice est surtout dépensée non pas à induire
le magnétisme suivant un circuit de fer, mais à faire traverser l'air au flux qui, pénétrant l'une des extrémités du
noyau de fer, traverse l'aiguille de la boussole et revient
sur lui-même invisiblement pour rentrer par l'autre bout
du noyau. Le flux augmenterait s'il était possible de faciliter d'une façon quelconque le passage des lignes de
force à travers l'air. Comment arriver à ce résultat ? —
En plaçant à l'autre extrémité du noyau un appendice qui
aide à la rentrée des lignes de force dans leur lieu d'origine. Un barreau de fer plat, par exemple, appliqué à l'arrière du noyau, doit faciliter le retour du flux. C'est en
effet ce que l'on constate par la plus grande déviation de
la barbe de plume. Si au contraire on enlève le barreau
de fer, la déviation diminue. De même, dans les expé-

riences sur la force portante, on peut montrer qu'en ajou-
tant une masse de fer à l'extrémité opposée d'un électro-
aimant droit, on augmente considérablement l'effet
produit par l'extrémité soumise à l'expérience. Si, au contraire, on applique le même morceau de fer comme pièce
polaire sur le bout éprouvé, l'effort qu'il exerce est notablement atténué.

Disposons sur une table un électro-aimant droit, fixe,
et un petit morceau de fer attaché au ressort d'une
balance qui permet de mesurer l'effort nécessaire à son
arrachement. Supposons qu'avec le courant employé cet
effort soit de 1,134 kg. Si l'on applique sur le bout considéré du noyau un bloc de fer forgé, celui-ci adhère
énergiquement ; mais l'action qu'il exerce lui-même sur
le petit morceau de fer est faible. Il suffit de moins de
0,225 kg pour arracher ce dernier. Si alors on enlève le
bloc de fer de cette extrémité pour le porter à l'autre
bout, on trouve que la force nécessaire pour arracher le
petit morceau de fer de la face d'avant est maintenant de
1,6 kg, au lieu de 1,134 kg. Le pôle d'avant exerce donc un
effort plus grand quand une masse de fer est fixée au
pôle d'arrière. Pourquoi ? — Le noyau de fer tout entier,
y compris son extrémité antérieure, s'aimante plus fortement parce que les lignes de force trouvent une meilleure
voie pour émerger à l'autre bout et se raccorder à celles
d'avant. Bref, on a diminué la réluctance de la partie-air
du circuit magnétique, et le flux dans l'ensemble de ce
circuit s'est par là même accru. Il en était bien de même
quand la masse de fer était placée à l'avant du noyau ;
mais les lignes de force rayonnaient alors par sa périphérie pour revenir en arrière, et peu d'entre elles res-
taient en avant pour agir sur le petit morceau de fer.

10.

La loi qui régit le circuit magnétique explique ainsi ce phénomène en apparence anormal. Cet ordre de faits était depuis longtemps connu de ceux qui se sont occupés de l'étude des électro-aimants.

L'ouvrage de Sturgeon relate cette remarque que les électro-aimants droits sont plus énergiques quand ils sont armés d'une masse de fer à l'extrémité opposée à celle que l'on fait agir ; Sturgeon ignorait cependant l'explication que nous en connaissons aujourd'hui. L'idée de fixer une masse de fer à l'une des extrémités d'un électro-aimant pour augmenter l'action magnétique de l'autre a été brevetée par Siemens en 1862.

Les expériences suivantes se réfèrent à l'emploi d'extensions ou pièces polaires fixées au noyau. Elles sont dues au docteur Dub et sont si curieuses, si inattendues, tant qu'on n'en a pas l'explication, qu'elles demandent une attention toute particulière. Si un ingénieur avait à établir un joint solide entre deux pièces métalliques et s'il craignait de ne pas y arriver en les reliant simplement l'une à l'autre, son premier sentiment et le plus naturel serait d'augmenter leurs surfaces de contact, de manière à donner en quelque sorte plus de pied à l'une contre l'autre. C'est exactement ce que ferait aussi un ingénieur, connaissant mal les véritables principes du magnétisme, pour donner à un électro-aimant plus d'adhérence avec son armature. Il développerait les surfaces terminales de l'un ou même des deux ; il ajouterait des pièces polaires pour donner à l'armature un meilleur point d'appui. Il est impossible, ainsi qu'on le verra, de rien faire de plus désastreux.

Dub employait pour ces expériences un électro-aimant

droit à noyau de fer doux cylindrique, de 2,54 cm de diamètre et de 30,5 cm de long, et, comme armature, un morceau du même fer, de 15 cm de long. Toutes les surfaces terminales étaient soigneusement dressées. Six barreaux de fer doux de diverses dimensions furent ensuite préparés pour servir de pièces polaires. Ces pièces pouvaient se visser à volonté à l'extrémité du noyau d'électro ou à celle de l'armature. Pour les distinguer, nous les désignerons par les lettres A, B, C, etc. En voici les dimensions transformées, celles indiquées par l'auteur étant exprimées en pouces bavarois : —

PIÈCES	DIAMÈTRE en cm.	LONGUEUR en cm.
A	5,08	2,54
B	4,45	3,18
C	3,50	2,54
D	5,08	1,27
E	3,81	2,54
F	2,54	5,08

Parmi les résultats obtenus à l'aide de ces pièces, nous en choisirons huit, correspondant respectivement aux huit formes représentées par la Fig. 62. Dub mesurait l'effort d'arrachement nécessaire pour les séparer, ainsi que leur action mutuelle à une certaine distance. On remarquera que, dans chaque cas, le fait de l'application d'une pièce polaire à l'extrémité de l'électro-aimant se traduisait par une diminution tant de l'action au contact que de l'attraction à distance ; il n'avait d'autre effet que de provoquer des dérivations et une dispersion des lignes de force.

La plus mauvaise condition fut celle de la présence de

pièces polaires tant sur l'électro-aimant que sur l'armature. Dans les trois derniers cas, il y eut augmentation

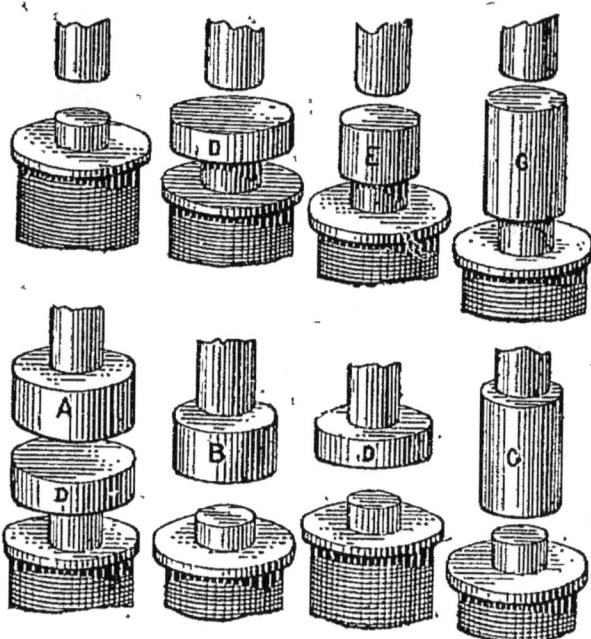

Fig. 62. — Expériences de Dub sur l'action des pièces polaires.

d'action ; mais ici la pièce polaire élargie était fixée à l'armature, de sorte qu'elle contribuait à renverser latérale-

EXPÉRIENCE	ÉLECTRO-AIMANT	ARMATURE	TRACTION OU FORCE PORTANTE	ATTRACTION à DISTANCE
I.	sans pièce polaire	sans pièce polaire	48	22
II.	pièce polaire D	sans pièce polaire	30	10
III.	— E	sans pièce polaire	32	11,5
IV.	— C	sans pièce polaire	35	13,5
V.	— D	pièce polaire A	20	7,5
VI.	sans pièce polaire	— B	50	25
VII.	sans pièce polaire	— C	43	25
VIII.	sans pièce polaire	— D	50	48

ment vers le bas de l'électro-aimant les lignes de force qui venaient la pénétrer, réduisant ainsi la réluctance de leur trajectoire de retour à travers l'air, et augmentant par suite le flux total ; elle ne faisait pas inutilement diverger celles que lui envoyait la partie supérieure du noyau.

Les résultats suivants également dus à Dub se rapportent à l'effet produit par l'addition de ces pièces polaires à un électro-aimant de 30 cm de long employé transversalement à faire dévier une boussole à distance (Fig. 63).

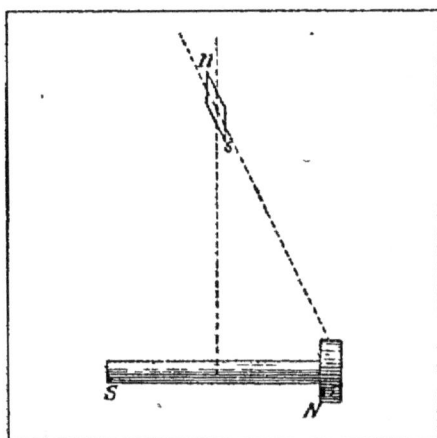

Fig. 63. — Expériences de Dub sur les déviations.

Pièce polaire employée.	Déviations en degrés.
aucune.	34,5
A	42
B	41,5
C	40,5
D	41
E	39
F	38

Dans une autre série d'expériences du même ordre un aimant permanent en acier, à pôles *n s*, était maintenu horizontalement par une suspension bifilaire, de manière à avoir une forte tendance à se placer dans une direction déterminée. Latéralement et à peu de distance était disposé le même électro-aimant droit que précédemment, auquel on pouvait appliquer les mêmes pièces polaires. Les résultats correspondant au montage des pièces polaires à l'extrémité de l'électro-aimant voisine de l'aimant n'étaient pas très concluants ; il y avait une légère augmentation de déviation. Mais, à défaut d'indications sur la distance entre l'aimant d'acier et l'électro-aimant, il est difficile de dégager les valeurs réelles à attribuer à toutes les actions en jeu. Voici les résultats donnés par le docteur Dub : —

Pièce polaire employée.	Déviations en degrés.
aucune.	8,5
A	9,2
B	9,5
C	10
D	8,8

Cependant quand les pièces polaires étaient fixées à

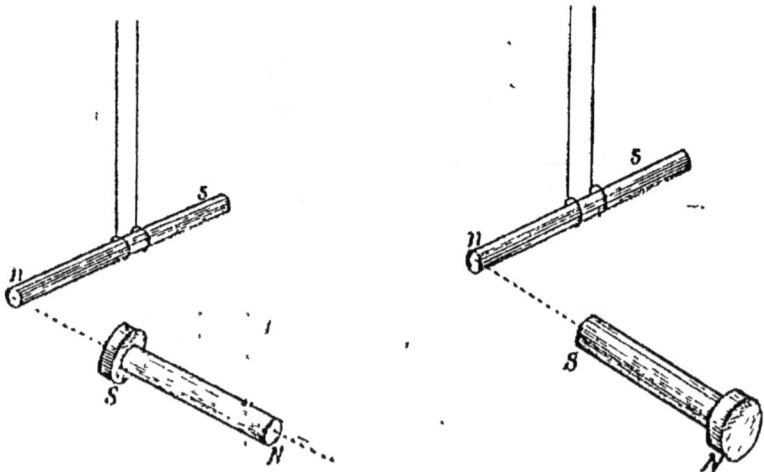

Fig. 64.

Fig. 65.

Déviation d'un aimant permanent à suspension bifilaire.

Pièce polaire au bout le plus voisin.

Pièce polaire au bout le plus éloigné.

l'extrémité la plus éloignée de l'électro-aimant où elles
avaient sans aucun doute pour effet de provoquer en
avant des dérivations par l'air sans modifier beaucoup
la distribution des lignes de force en regard du pôle,
l'action était plus marquée, comme le montrent les chiffres suivants : —

Pièce polaire employée.	Déviations en degrés.
aucune.	8,5
A	10,0
B	10,3
C	10,3
D	10,1

A propos des électro-aimants droits, il est intéressant
de rappeler certaines expériences faites en 1862 par le
comte du Moncel sur le résultat de l'addition d'une expansion polaire au noyau de fer. Il employait comme
noyau un petit tube de fer dont il pouvait fermer l'extrémité au moyen d'un bouchon également en fer, et autour duquel il montait une bague de fer s'appliquant exactement sur la partie polaire. Une disposition spéciale
de leviers lui permettait de mesurer l'attraction exercée
sur une armature distante du pôle de 1 mm dans toutes
ses expériences. En voici les résultats : —

SPÉCIFICATION	SANS BAGUE au pôle.	AVEC BAGUE au pôle.
Noyau tubulaire seul.	11	10
— — avec bouchon de fer. . .	17	14
Noyau garni d'une masse de fer à son extrémité éloignée	27	23
Noyau garni d'une masse de fer et d'un bouchon de fer à son extrémité éloignée.	38	33

Après avoir réuni toutes ces recherches, il était du plus haut intérêt de trouver qu'un fait de cette importance n'avait pas échappé à l'œil observateur du premier inventeur de l'électro-aimant. Dans les *Experimental Researches (Recherches expérimentales)* de Sturgeon, p. 113, on lit la note suivante qui paraît avoir été écrite vers 1832 : —

« Un électro-aimant de la forme ci-dessus, pesant trois onces (85 g) et garni d'une seule bobine de fil, porta 14 lb. (6,350 kg). Les pôles en furent ensuite modifiés de manière à présenter une plus grande surface, par suite de l'addition d'une pièce carrée de fer doux de bonne qualité à chaque extrémité du barreau cylindrique. Cette modification seule réduisit à 5 lb. (2,270 kg) environ la force portante de l'électro-aimant, bien que son noyau fût aussi bien recuit que possible. »

Effet du Blindage d'un électro-aimant.

On a vu qu'un électro-aimant droit, présenté soit de bout, soit latéralement, agissait sur une aiguille aimantée placée à distance et la faisait dévier. Dans ces expériences, le flux de force parcourant le noyau de fer n'a d'autre voie de retour que l'air ambiant. Les lignes de force passent d'une extrémité à l'autre (Fig. 16) en courbes largement épanouies qui donnent au champ une grande étendue. Mais qu'arrivera-t-il si on leur offre une voie de retour ? — Supposons par exemple qu'on enveloppe un électro-aimant d'un tube de fer de même longueur ; les lignes de force vont parcourir le noyau dans un certain sens et trouver un retour facile le long et à l'extérieur de la bobine. Cet électro-aimant ainsi habillé aura-t-il une force portante supérieure ou inférieure à ce qu'elle

était précédemment ? — On doit s'attendre à ce qu'il ait une
moindre action extérieure ; en effet si les lignes de force
trouvent dans le tube de fer un facile passage de retour,
pourquoi se resserreraient-elles en aussi grande quantité
à distance et à travers l'air, pour rejoindre leur point
d'origine ? Non ; elles prendront naturellement le chemin
le plus court pour passer de l'extrémité du noyau dans
le revêtement tubulaire en fer. Autrement dit, l'action
à distance doit être diminuée par l'application du tube
de fer à l'extérieur. Il est facile de soumettre cette action
à l'épreuve expérimentale en plaçant un électro-aimant
droit soit en bout, soit latéralement, dans le voisinage
d'une aiguille aimantée révélatrice. Supposons qu'on
observe la déviation de celle-ci quand le courant d'excitation est appliqué, d'abord sans revêtement extérieur,
puis avec une enveloppe de fer entourant extérieurement
l'électro-aimant. On verra que dans ce dernier cas l'application du courant ne détermine presque pas de déviation de l'aiguille révélatrice. Le revêtement de fer donne
à cet électro-aimant une beaucoup moindre action à distance. On a cependant proposé l'emploi d'électro-aimants
ainsi revêtus pour les appareils télégraphiques et les moteurs électriques, en se basant sur leur action plus puissante.

Les électro-aimants ainsi cuirassés ont à travers l'air
une moindre action à distance que les formes ordinaires ; mais il reste à savoir s'ils exercent un plus grand
effort au contact. Oui, sans aucun doute, attendu que
tout ce qui aide le magnétisme à revenir d'une extrémité
à l'autre augmente la qualité du circuit magnétique, et
par suite le flux magnétique total.

On peut en faire l'épreuve sur un appareil semblable

11

à l'un de ceux employés depuis quelques années au Collège technique de Finsbury. Il se compose d'un électro-aimant droit M placé debout sur un socle portant une potence en bois. Les montants de la potence supportent transversalement un arbre à manivelle qui porte lui-même une petite poulie autour de laquelle s'enroule une corde. A l'extrémité de celle-ci est suspendu un peson, dont le crochet inférieur porte un petit disque de fer horizontal destiné à agir comme armature. A l'aide de la manivelle on abaisse le disque vers le sommet de l'électro-aimant. On lance le courant ; le disque est attiré. En tournant la manivelle en sens inversé, on augmente l'effort exercé vers le haut jusqu'à ce que le disque s'arrache. Supposons que la balance indique 4 kg comme effort d'arrachement. Si l'on glisse alors par dessus l'électro-aimant, sans le fixer en aucune façon, un tube de fer J tout à fait indépendant, dont le bord supérieur se trouve exactement de niveau avec la surface polaire supérieure, et qu'on abaisse le disque, il vient se coller par son milieu au noyau central, et par ses bords au tube de fer. Quelle force faudra-t-il alors développer pour l'arracher ? — Le tube pèse environ 0,225 kg et il n'est nullement fixé par le bas ; cependant l'effort indiqué par le peson employé, qui marque jusqu'à 9 kg, est impuissant à arracher le disque. L'Auteur a vu dans un cas la force portante d'un électro-aimant droit atteindre jusqu'à seize fois sa valeur par suite de la simple addition d'une

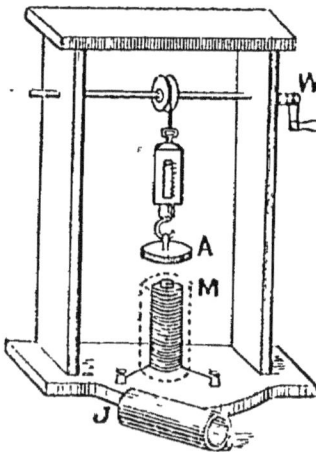

Fig. 66. — Electro-aimant et revêtement de fer.

bonne voie magnétique complétant le circuit. Mais cette
forme d'habillage n'offre aucun avantage, sauf au point
de vue de la force portante. Revêtir de fer un électro-
aimant qui possède déjà un circuit de retour en fer est
une absurdité. Aussi la proposition faite par un inventeur d'entourer de tubes de fer les bobines d'un électro-
aimant en fer à cheval n'a-t-elle aucune raison d'être.

Action d'un électro-aimant sur une] ᵉ de fer.

Voici un autre paradoxe apparent qui s'explique également par le principe du circuit magnétique. — Supposons qu'on prenne un tube de fer comme noyau intérieur
d'un électro-aimant et qu'on en découpe une petite longueur à une extrémité, une simple bague qui aura naturellement le même diamètre. Si l'on pose cette bague à
plat sur le noyau, elle s'y collera avec une certaine adhérence; mais elle s'arrachera facilement. Si au contraire
on la place sur champ, de telle sorte qu'elle ne touche
qu'en un point la circonférence du noyau, elle adhérera
beaucoup mieux, parce qu'elle est alors
dans une position telle qu'elle augmente
le flux magnétique. La concentration du
flux à travers une petite surface de contact augmente l'induction $\mathcal{B}$ en ce point,
et $\mathcal{B}^2$ intégré sur l'étendue de cette
surface moindre donne un effort total
supérieur à celui développé dans le cas

Fig. 67. — Expérience avec noyau tubulaire et anneau de fer.

précédent où les deux pièces étaient au contact bord à
bord.

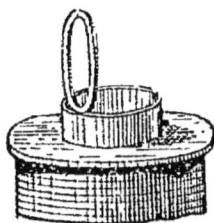

Action d'un électro-aimant sur un disque de fer.

L'expérience suivante est encore plus curieuse. — Prenons un électro-aimant cylindrique droit placé debout, dont le noyau présente à sa partie supérieure une surface polaire circulaire plane de 5 cm environ de diamètre. Qu'arrivera-t-il si l'on pose à plat et concentriquement sur cette surface polaire un disque rond en fer mince, un couvercle de boîte de fer blanc, par exemple, de diamètre un peu inférieur à celui de la surface polaire ? — On doit naturellement penser qu'il va y adhérer fortement. S'il en est ainsi, les lignes de force qui le pénètrent par sa face inférieure le traverseront et ressortiront nombreuses par sa face supérieure. Il est évident qu'elles ne peuvent pas toutes, ni même en grande quan-

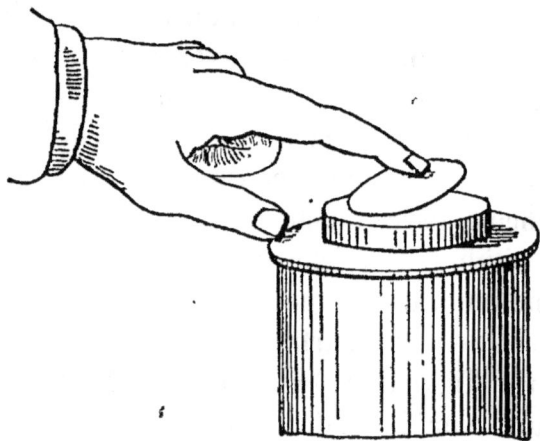

Fig. 68. — Expérience avec un disque de fer sur un pôle d'électro-aimant.

tité, émerger latéralement par le champ d'un disque aussi mince ; il ne contient pas assez de matière pour laisser passer un flux de cette importance. En fait, les lignes de force pénètrent le disque et émergent à sa partie supérieure, en constituant au-dessus de cette surface un champ magnétique presque aussi intense que celui qui est au-dessous. Si les deux pôles étaient exactement d'égale intensité, aucune action ne devrait s'exercer sur le disque. En réalité, dès qu'on applique le courant, on constate que le disque refuse absolument de poser sur la surface polaire. Si on le maintient avec le doigt, il se soulève, et une certaine pression est nécessaire pour lui conserver cette position. Si on relève le doigt, il est violemment chassé et va ailleurs, sous cette poussée, améliorer le circuit magnétique mieux qu'il ne le faisait à plat sur la surface polaire.

Distribution du magnétisme polaire.

Nous arrivons maintenant à quelques expériences, originairement dues à Vom Kolke, publiées il y a quarante ans dans les *Annales de Poggendorff*, et relatives à la distribution des lignes de force à leur émergence de la surface polaire d'un électro-aimant. — La première ici décrite concerne un électro-aimant droit à noyau cylindrique présentant une surface plane (Fig. 69). Comment seront distribuées les lignes de force à l'extrémité? —La Fig. 16, p. 46, indique grossièrement comment elles se dérivent à travers l'air quand elles ne trouvent pas une voie magnétique de retour. Les dérivations se produisent principalement aux extrémités, bien qu'on en constate aussi latéralement. L'épreuve quant à la distribution terminale se fait au moyen d'une petite balle de fer que l'on promène en différents points entre le centre et le bord de la surface; un peson sert à mesurer l'effort nécessaire pour l'arracher. L'action sur les bords est beaucoup plus énergique qu'au centre; elle est au moins quatre ou cinq fois aussi considérable et va en croissant régulièrement du centre vers la périphérie.

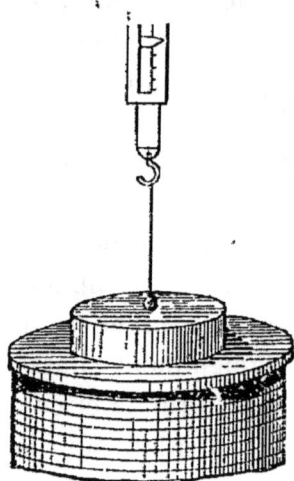

Fig. 69. — Exploration de la distribution polaire à l'aide d'une petite balle de fer.

Les lignes de force, en cherchant à compléter leur propre circuit, se pressent beaucoup plus nombreuses là où elles restent le plus longtemps dans le fer. Elles se dérivent plus énergiquement sur les bords et aux angles d'une surface polaire. Le flux est moins intense au centre de la surface terminale; autrement, elles auraient à franchir un plus grand circuit dans l'air pour revenir rentrer dans le noyau. Le fer est par conséquent plus saturé vers la périphérie qu'au milieu, et il en résulte que, pour une très faible force magnétisante, il y a une grande disproportion entre les efforts exercés au milieu et à la périphérie. Avec une force magnétisante très grande on ne constate pas la même disproportion parce que, si la périphérie est déjà très voisine du point de saturation, on ne peut, en l'augmentant, accroître beaucoup l'aimantation dans cette région, tandis qu'on peut faire passer un flux encore plus intense à travers le centre. Comme conséquence, si l'on réunit en courbes les résultats d'expériences successives sur l'effort développé en différents points, ces courbes se trouvent, pour de grandes forces magnétisantes, beaucoup plus voisines de droites que celles obtenues avec de faibles forces magnétisantes.

Nous donnons ci-dessous les résultats obtenus par Vom Kolke avec un pôle cylindrique unique de 12 cm de diamètre, éprouvé par lui de demi en demi-centimètre du centre à la circonférence. L'effort d'arrachement, pour une petite balle de fer de 3 mm de diamètre, était près de six fois aussi grand à la circonférence qu'au centre.

Distance radiale à partir du centre (en cm) . .	0	0,5	1	1,5	2	2,5	3
Effort exercé sur une petite sphère au contact.	8,75	8,75	8,88	9,16	9,10	10,19	10,83
Distance radiale à partir du centre (en cm). .	3,5	1	1,5	5	5,5	6	
Effort exercé sur une petite sphère au contact.	11,34	12,38	13,52	17,30	25,00	52,20	

Dans cette expérience le courant était fourni par un seul élément Grove; mais, avec une pile plus puissante, malgré une augmentation individuelle respective des efforts au centre et à la périphérie, le rapport de ces efforts était moindre.

NOMBRE D'ÉLÉMENTS GROVE employés.	EFFORT à la PÉRIPHÉRIE	EFFORT au CENTRE	RAPPORT DES EFFORTS à la périphérie et au centre.
1	52,20	8,75	5,96
2	81,85	19,80	4,20
3	126,50	27,70	4,60
4	227,50	52,25	4,35

Dans une autre de ses expériences, Vom Kolke (1), en employant le grand électro-aimant en fer à cheval de Plücker (p. 33), fit une série d'observations sur sa surface polaire de 10,2 cm de diamètre, tant dans une direction.*c d* à angles droits avec la ligne joignant les centres des deux faces, que suivant un diamètre *a b* dans le prolongement de cette ligne. Il se servait d'un petit fil de fer taillé en pointe, de 2,6 cm de long, comme pièce d'arrachement. Pour les mesures prises suivant *c d* (Fig. 70), la distance radiale était divisée en huit parties égales. Il effectua

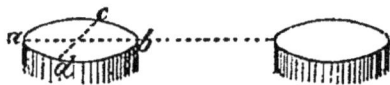

Fig. 70. — Pôles d'électro-aimant explorés par Vom Kolke.

ainsi six séries de mesures sous quatre excitations différentes de l'électro-aimant : —

I. Les deux bobines étant excitées de manière à unir leurs actions magnétisantes;

II. Les deux bobines excitées de manière à se faire mutuellement opposition;

III. Une seule bobine excitée, celle de la branche considérée;

IV. Une seule bobine excitée, celle de l'autre branche.

Il trouva dans ces quatre cas les forces suivantes nécessaires pour effectuer l'arrachement de la petite tige d'exploration : —

(1) *Ann. de Pogg.*, LXXXI, 321, 1850.

DISTANCE AU CENTRE	I.	II.	III.	IV.
8	54,2	30,8	45,2	22,5
7	45,5	27,0	40,0	18,5
6	40,4	22,9	34,0	16,6
5	38,0	21,5	32,0	15,4
4	37,0	19,0	30,0	13,8
3	35,5	17,9	29,2	13,2
2	35,0	17,4	28,1	12,6
1	35,0	17,0	28,1	12,5
0	35,0	16,6	28,0	12,5

Le grand écartement qui séparait les noyaux, 28,4 cm, peut être pris en considération en ce qui concerne les chiffres élevés obtenus dans le cas II; les bobines étant excitées de manière à se faire opposition mutuelle, il devait se former un pôle conséquent sur la culasse reliant les noyaux, de sorte que le flux total émergeant de l'une ou l'autre surface se dérivait extérieurement pour revenir vers cette région, au lieu de se dériver sur toute la longueur du périmètre, de pôle à pôle.

Dans les explorations ultérieures faites suivant le diamètre *a b*, l'effort maximum fut toujours constaté au point *b*, sur le bord interne de la face polaire.

Il est facile d'observer ces variétés de distribution en plaçant tout simplement une petite balle de fer poli sur l'extrémité d'un électro-aimant. La manière dont se comportent ces petites balles est très curieuse. Une petite pièce de fer sphérique n'a aucune tendance à se mouvoir dans le champ magnétique le plus intense, si ce champ est uniforme. Tout ce qu'elle peut faire est de se mouvoir d'un point où le champ est faible vers un

autre où il est puissant. Si l'on met cette petite balle
en un point quelconque vers le milieu de la surface
polaire, elle roule immédiatement vers le bord, comme
dans la Fig. 71, et ne peut rester au milieu. Si l'on prend
maintenant un plus grand électro-aimant à deux pôles
(comme celui de la Fig. 12),
qu'arrivera-t-il ? — Évidemment la plus courte trajectoire
pour les lignes de force, à travers l'air, est l'espace qui sépare
le bord interne de l'une des
faces polaires du bord interne
de l'autre. La densité du flux
est maxima dans la région où
ces lignes font le pont de l'une
à l'autre en décrivant le plus
petit arc possible, et il est moins dense suivant toute
autre trajectoire formant un arc plus développé.

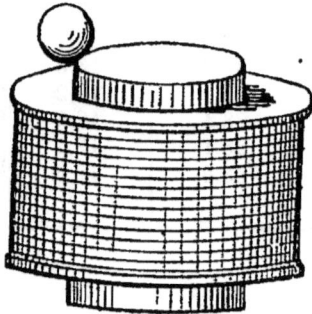

Fig. 71. — Petite balle de fer
attirée à la périphérie d'une
face polaire.

En conséquence, le flux ayant plus de tendance à passer du bord interne de l'un des pôles au bord interne de
l'autre et moins de tendance à passer d'un bord externe
à l'autre, le plus grand effort doit s'exercer sur les bords
internes des pôles. On observe en effet que la petite balle
de fer, mise en un point quelconque des surfaces polaires,
roule immédiatement jusqu'à ce qu'elle vienne surplom-
ber l'un des bords internes.

CHAPITRE V

EXTENSION DE LA LOI DU CIRCUIT MAGNÉTIQUE AUX CAS D'ATTRACTION D'UNE ARMATURE A DISTANCE. CALCUL DES DÉRIVATIONS MAGNÉTIQUES.

Nous passons maintenant à l'étude de l'attraction exercée à distance par un aimant, question aussi délicate que complexe. Quelle est la loi régissant l'action d'un aimant — ou d'un électro-aimant — sur un point situé à une certaine distance? —

LOI DE L'INVERSE DES CARRÉS

Nous avons à engager ici une grande lutte contre la manière dont est communément envisagé ce phénomène. La réponse usuelle, facile à faire, est qu'il est entièrement subordonné à la loi de l'inverse des carrés. Dans tous les examens académiques on attend invariablement cette loi de l'inverse des carrés. Mais quelle est-elle cette loi? — Nous l'avions mieux comprise avant de l'avoir condamnée. C'est un principe qui se résume en ceci : — l'action de l'aimant (ou du pôle, comme on dit quelquefois) sur un point situé à une certaine distance varie en raison inverse du carré de la distance qui le sépare de ce point. S'il s'exerce une certaine action à 1 cm de distance et qu'on double cette distance, quatre étant

le carré de deux, inversement l'action exercée par le
pôle sera le quart de la précédente; à double distance,
l'action est donc quatre fois moindre; à triple distance,
elle sera neuf fois moindre, et ainsi de suite. Veut-on
vérifier le fait avec un électro-aimant, on ne réussira
pas, qu'on prenne tel aimant qu'on voudra; et, à moins
de tomber juste sur le cas particulier auquel elle s'applique, on trouvera que cette prétendue loi est universellement fausse. L'expérience ne la confirme pas.

Coulomb, qu'on admet avoir établi la loi de l'inverse
des carrés à l'aide de sa balance de torsion, opérait avec
de longues aiguilles, fines, d'un acier spécialement dur,
soigneusement aimantées, de sorte que les seules dérivations magnétiques possibles ne devaient guère exister
qu'aux extrémités mêmes, sous forme de houppes terminales. Ses pôles étaient pratiquement réduits à des points.

Quand le magnétisme superficiel est confiné sur les
seules surfaces terminales, les lignes de force se dérivent
en s'épanouissant comme des rayons autour d'un centre.
Mais la loi de l'inverse des carrés n'est jamais exacte
sauf quand il s'agit de points; c'est une loi de *points*.

Tout récemment on s'est livré à une longue discussion sur la question de savoir si le son — ou plutôt son
intensité — varie comme le carré de la distance, et aucun de ceux qui ont pris part à la discussion dans un
sens ou dans l'autre ne semble savoir ce que c'est que
la loi de l'inverse des carrés. Nous avons vu également
un savant jouissant en optique d'une grande autorité pré-
tendre que l'intensité de la couleur d'un géranium écar-
late varie en raison inverse du carré de la distance à
laquelle on la voit.

En fait, la loi de l'inverse des carrés, loi mathématique parfaitement exacte, est vraie non seulement pour l'électricité, mais aussi pour la lumière, le son, et maint autre phénomène, à la condition d'être appliquée au cas unique qui comporte une loi d'inverse des carrés. C'est une loi exprimant la manière dont se produit une action à distance quand le corps d'où émane l'action est assez petit relativement à la distance en question pour pouvoir être considéré comme un point. La musique d'un orchestre à 3 m de distance ne produit pas une sensation quadruple de ce qu'elle est à 6 m, parce que l'étendue d'un orchestre ne peut pas être regardée comme un simple point comparativement à ces distances. Mais si l'on pouvait concevoir un objet rendant un son et assez petit par rapport à la distance à laquelle il se trouve pour se réduire à un point, la loi de l'inverse des carrés s'y appliquerait parfaitement, non pas au point de vue de l'intensité de la perception, mais au point vue de l'intensité dans la direction de la sensation.

Quand l'action magnétique émane d'une région assez petite pour pouvoir être regardée comme un point comparativement à la distance, la loi de l'inverse des carrés est alors nécessairement et mathématiquement vraie. Si l'on pouvait obtenir un électro-aimant ou un aimant présentant des pôles assez réduits relativement à sa longueur pour qu'on pût considérer sa face terminale comme la seule région laissant les lignes de force se dériver dans l'air ; si les faces terminales étaient elles-mêmes assez petites pour être relativement de simples points ; si on pouvait en outre les regarder comme assez éloignées de tout corps susceptible de subir leur action pour que cette distance fût considérable comparativement à leur dimension, alors, mais alors seulement, la loi de l'inverse des carrés serait vraie. C'est donc une loi qui régit l'action de points.

Mais en face de quoi se trouve-t-on avec des électro-aimants? — On a affaire à des barreaux de fer qui ne sont pas infiniment longs par rapport à leur section transversale, et dont les surfaces terminales, rondes ou carrées, présentent généralement une certaine étendue en contact avec l'armature; ces extrémités ne sont pas d'ailleurs assez éloignées pour qu'on puisse considérer la face polaire comme un point relativement à sa distance de l'objet sur lequel elle doit agir. Tous les électro-aimants présentent en outre dans la réalité des dérivations latérales; les lignes de force n'émergent pas toutes du fer par la face terminale. La loi de l'inverse des carrés n'est donc pas applicable ici.

Qu'entend-on d'abord par un pôle? Il faut bien le définir avant de penser à appliquer une loi quelconque d'inverse des carrés. Quand il se produit des dérivations sur une région d'une certaine étendue, comme dans la Fig. 16, chaque élément de cette région est polaire; le mot « polaire » indique simplement un endroit quelconque de la surface de l'aimant auquel adhère la limaille de fer; et, si celle-ci adhère sur une étendue considérable vers le milieu de l'aimant, toute cette région doit être considérée comme polaire, bien que cette propriété soit plus fortement accentuée en certains points qu'en d'autres. Il se présente certains cas pour lesquels on peut dire que la distribution polaire est telle que les dérivations magnétiques par la surface agissent comme s'il existait un centre de gravité magnétique, non pas à l'extrémité, mais un peu plus près du milieu; ces cas sont cependant assez rares. Lorsque Gauss eut à faire ses mesures magnétiques pour la détermination du magnétisme terrestre, il lui fut absolument impossible de trouver un centre de gravité fixe quelconque à la distribution du magnétisme observé dans les régions septentrionales du globe; la terre ne présentait réellement à ce point de vue aucun pôle magnétique défini. Il en est de même de nos aimants. Il existe une région polaire, mais non pas un pôle, et, si l'on ne trouve pas au magnétisme superficiel de centre de gravité qu'on puisse appeler pôle et dont on puisse mesurer la distance à un autre point quelconque, que devient la loi de l'inverse des carrés? — Voici le seul appareil (Fig. 72) auquel nous ayons jamais vu s'appliquer la loi de l'inverse des carrés. Il

comporte un aimant d'acier *ns*, mince et long, d'un mètre environ, très soigneusement aimanté, de manière à ne pas présenter de dérivations jusque dans le voisinage immédiat de ses extrémités. Il en résulte que, pratiquement, on peut le considérer comme un aimant ayant

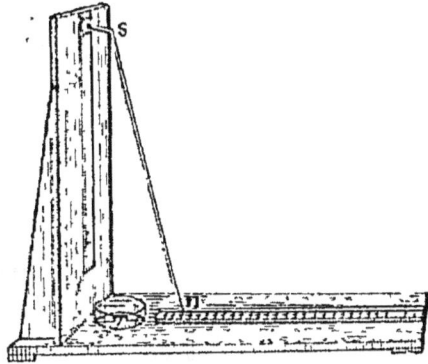

Fig. 72. — Appareil démontrant la loi de l'inverse des carrés.

des pôles réduits à des points à 2,5 cm à peu près de ses extrémités. Il est tenu dans un plan vertical, le pôle Sud en haut, le pôle Nord en bas, glissant dans une rainure pratiquée dans le socle et munie d'une échelle divisée, et est orienté Est-Ouest. L'emploi de ce long aimant a pour objet de tenir le pôle Sud suffisamment éloigné pour qu'il n'apporte aucune perturbation dans l'action du pôle Nord qui, étant très réduit, peut être lui-même considéré comme un point. Observons l'action de ce point sur une petite aiguille aimantée suspendue au-dessus d'une carte et placée sous verre, ce qui constitue un petit magnétomètre. Le tout étant convenablement disposé dans une chambre où n'existe aucun autre aimant, et monté de telle sorte que l'aiguille aimantée soit dirigée vers le Nord, quelle sera l'action du pôle Nord du long aimant placé à une certaine distance vers l'Est? — Il repoussera l'extrémité Nord de cette aiguille et attirera son pôle Sud, produisant ainsi une certaine déviation dont on peut prendre la lecture. Approchons maintenant ou éloignons le pôle Nord (regardé comme un point), et étudions l'effet produit. Supposons qu'on diminue de moitié la distance du pôle à l'aiguille; son action déviatrice à demi-distance sera quatre fois aussi considérable; à distance double, elle ne sera plus que d'un quart. Pourquoi? — D'abord parce que nous avons pris un cas dans lequel la distance qui sépare les deux centres d'action est très grande comparativement à la dimension du pôle; en second lieu parce que le pôle est pratiquement concentré en un point; troisièmement parce qu'un seul pôle agit sur l'aiguille; enfin parce que cet aimant est en acier dur et que son aimantation, ne dépendant en rien du corps sur lequel il agit, est absolument constante. Les dispositions ont été soigneusement prises pour que l'autre pôle fût dans l'axe de rotation de l'aiguille, de telle sorte que son action sur elle n'eût pas de composante horizontale. L'appareil est monté de manière que, quelle que soit la position de ce pôle Nord, le pôle Sud, qui glisse simplement verticalement de haut en bas le long d'un guide, soit perpendiculaire au plan d'oscillation de l'aiguille et n'exerce par suite sur elle aucune action pour la faire tourner dans un sens ou dans l'autre. Cet appareil permet de vérifier approximativement la loi de l'inverse des carrés. Mais il n'en est de même d'aucun électro-aimant employé dans une application quelconque. On ne construit pas d'électro-aimants longs et fins, à pôles réduits à des points très éloignés de la pièce sur laquelle ils doivent agir. On se sert au contraire d'électro-aimants à grandes surfaces terminales très voisines de leur armature.

Voici un autre cas où la loi n'est pas celle de l'inverse des carrés. Supposons qu'on prenne un barreau aimanté assez court, et qu'on l'approche transversalement d'une petite aiguille aimantée (Fig. 73). Naturellement, dès qu'on arrivera dans le voisinage de l'aiguille, elle se mettra à tourner. A-t-on jamais vérifié si l'action est inversement proportionnelle au carré de la distance qui sépare le milieu de l'aiguille du milieu de l'aimant? Les déviations varieront-elles en raison inverse des carrés des distances? — On reconnaît qu'il n'en est rien. Si l'on place le barreau transversalement à l'aiguille, comme l'indique la figure, les déviations varieront en raison inverse, non pas du carré, mais du cube de la distance.

Fig. 73. — Déviation d'une aiguille sous l'action d'un barreau aimanté placé transversalement.

Dans le cas d'un électro-aimant agissant à distance sur son armature, il est absolument impossible de poser une loi plus trompeuse. L'action de l'électro-aimant sur son armature n'est proportionnelle ni à la distance, ni à son

carré, ni à son cube, ni à sa quatrième puissance, ni à sa
racine carrée, ni à sa puissance 3/2, non plus qu'à aucune autre puissance quelconque de la distance, soit directement, soit inversement; on reconnaît en fait que la
variation de distance modifie en même temps d'autres
éléments. Si les pôles avaient toujours la même intensité,
s'ils ne réagissaient pas l'un sur l'autre, s'ils n'étaient
pas affectés par la distance en jeu, on pourrait poser
quelque loi de ce genre. Si l'on pouvait toujours dire,
comme on le faisait dans l'ancien langage, « à ce pôle »,
ou « en ce point », on a à considérer tant d' « unités de
magnétisme », et à cet autre endroit on en a tant, et ces
unités vont agir les unes sur les autres, on pourrait alors,
si on le voulait, calculer l'effort exercé d'après la loi de
l'inverse des carrés. Mais l'état de choses réel ne correspond à rien d'analogue, attendu que les pôles ne sont
pas des points, et qu'en outre le magnétisme qu'ils présentent n'est pas une quantité fixe. Dès qu'on approche
du pôle de l'électro-aimant son armature de fer, il y a
réaction mutuelle ; le pôle laisse passer un flux plus
grand que précédemment, parce qu'il trouve un passage
plus facile à travers le fer qu'à travers l'air.

Effet des Entrefers. — Examinons d'un peu plus près
ce qui se passe quand une couche d'air est introduite dans
le circuit magnétique d'un électro-aimant (quand il y a un
entrefer, comme on dit aujourd'hui). La Fig. 74 représente
un circuit magnétique fermé, un anneau de fer, non sectionné comme celui employé dans les expériences de la
page 85. La seule réluctance offerte au passage des lignes de force est celle du fer, réluctance très faible,
comme on sait. Comparons la Fig. 74 avec la Fig. 75,

qui représente un anneau sectionné, avec entrefers entre les sections. L'air est un milieu moins perméable aux lignes de force que le fer; en d'autres termes il offre une plus grande réluctance. La perméabilité du fer varie, comme on l'a vu, tant avec sa qualité qu'avec son degré de saturation magnétique. En se reportant au Tableau III, on voit que, si le fer a été aimanté jusqu'à présenter une induction égale à 16 000 unités C.G.S., sa perméabilité,

à ce point de saturation, est environ de 320. Le fer à ce point de saturation conduit le flux magnétique 320 fois mieux que l'air; ou encore l'air présente 320 fois autant de réluctance que le fer à cet état de saturation. Ainsi donc la réluctance à l'aimantation est dans les entrefers 320 fois ce qu'elle serait si ces espaces étaient

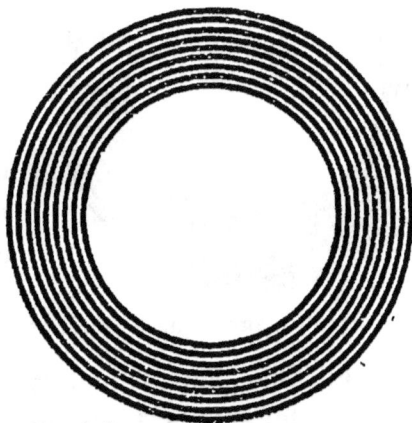

Fig. 74. — Circuit magnétique fermé.

occupés par du fer. Par suite, pour la même bobine magnétisante et la même batterie employées, l'introduction d'entrefers dans le circuit magnétique aura pour premier effet de diminuer le flux magnétique à travers le circuit. Mais ce premier effet en détermine un second. Il y a un flux moindre à travers le fer lui-même. En conséquence, si l'induction était précédemment de 16 000 unités C.G.S., elle sera moindre maintenant; elle ne sera plus que de 12 000, par exemple. Or un coup d'œil jeté sur le Tableau III montre que, pour $\mathfrak{B} = 12\,000$ unités, la perméabilité du fer n'est plus 320, mais 1400 ou à peu près, c'est-à-dire que, à ce point, quand l'aimantation du fer n'a pas été poussée plus loin, la réluctance de l'air est égale à 1400 fois celle du fer, de sorte qu'il y a étranglement relatif encore plus fort du circuit magnétique par suite de la réluctance ainsi offerte par les entrefers.

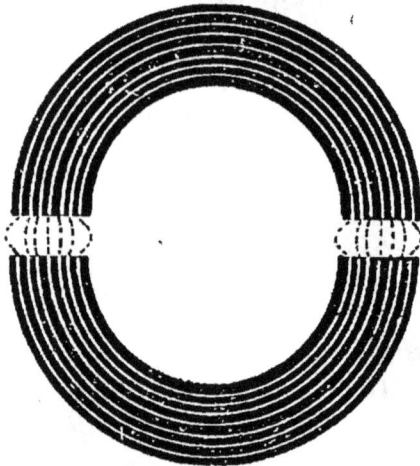

Appliquons ce qui précède au cas d'un électro-aimant réel. Le diagramme de la Fig. 76 représente un électro-aimant en fer à cheval avec une armature, de même section, au contact. Le tout est la reproduction exacte comme dimensions de l'électro-aimant effectivement employé dans

Fig. 75. — Circuit magnétique à entrefers.

l'expérience. On peut calculer, d'après la section, la longueur du fer et la table de perméabilité, le nombre d'ampères-tours d'excitation nécessaires pour produire un effort donné quelconque. Mais considérons maintenant le même électro-aimant avec un petit entrefer entre son armature et ses faces polaires (Fig. 77). La même excitation ne donnera plus autant de magnétisme que précédemment, par suite de l'intervention des entrefers ; le fait même de cette introduction de réluctance supplémentaire a réduit le flux magnétique.

Essayons, si l'on veut, d'interpréter le phénomène d'après l'ancienne méthode et avec la vieille notion des pôles. L'électro-aimant a deux pôles, et ceux-ci en induisent d'autres dans l'armature qui leur fait face ; il en

résulte une attraction. Si l'on double la distance des
pôles à l'armature, la force magnétique (en supposant
toujours les pôles réduits à de simples points) ne
sera plus qu'un quart de ce
qu'elle était précédemment, par
suite de la réduction, à un
quart, de l'intensité du pôle
induit dans l'armature. Mais
le pôle de l'électro-aimant est
lui-même affaibli. De combien ?
— La loi de l'inverse des carrés ne donne pas la moindre
indication en ce qui concerne
ce fait de première importance. S'il est impossible de
dire de combien le pôle primaire a été affaibli, il en est
de même de l'affaiblissement
du pôle induit, car celui-ci dé-

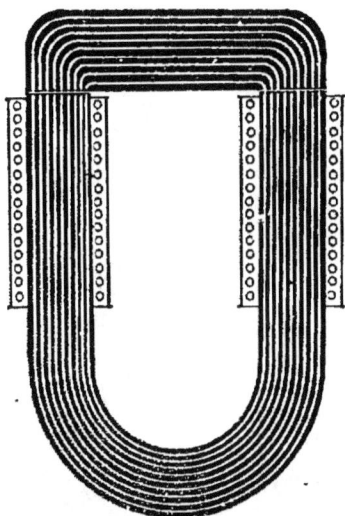

Fig. 76. — Electro-aimant avec
armature au contact.

pend du premier. La loi de l'inverse des carrés ne fournit donc aucune indication dans un cas comme celui-ci.

Dérivation du flux.— Un troisième effet intervient d'ailleurs. Non seulement on diminue le magnétisme par l'introduction d'un entrefer, mais on a à tenir compte d'une
autre considération. Le flux de force, en passant par l'un
des entrefers pour gagner l'armature et revenir ensuite
par l'autre entrefer à la seconde face polaire, rencontre
une réluctance considérable ; la totalité des lignes de force
qui le constituent ne suit pas ce trajet ; un certain nombre
d'entre elles prend au plus court, bien que l'air seul leur offre
passage, et l'on a des dérivations de branche à branche. Ce

n'est pas à dire qu'on n'ait jamais de dérivations en
d'autres circonstances; même avec une armature en contact apparent il y a toujours une certaine dérivation latérale. Tout dépend de l'excellence du contact. Et, si l'on
élargit encore les entrefers, on aura encore plus de réluctance, moins de magnétisme et plus de dérivations. La
Fig. 78 indique grossière-
ment ce nouvel état de
choses.

L'armature sera soumise
à un effort beaucoup moindre, d'abord parce que l'accroissement de réluctance
étrangle le flux magnétique,
si bien qu'il est lui-même
moindre dans le circuit magnétique; et en second lieu
parce qu'un moindre flux
arrive jusqu'à l'armature, en
raison de l'augmentation des

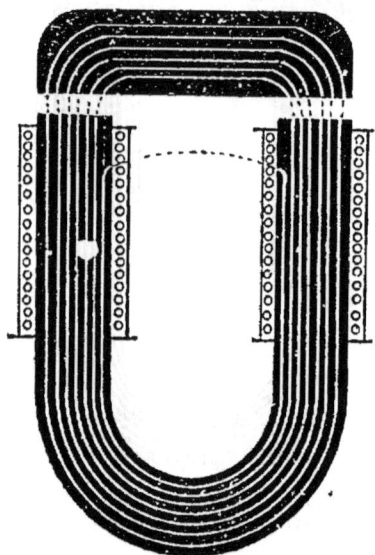

Fig. 77. — Électro-aimant avec
petits entrefers.

dérivations. Si l'on enlève complètement l'armature, le
seul flux qui passe dans le fer est celui qui s'écoule
d'une branche à l'autre par dérivation à travers l'air.
C'est ce qu'indique la Fig. 79.

Une dérivation de branche à branche est toujours une
déperdition de flux au point de vue de l'utilisation de
l'électro-aimant. Il en résulte que, pour étudier l'intervention de la distance entre l'armature et l'électro-aimant,
il y a à se préoccuper des dérivations, et le calcul de
celles-ci est loin d'être facile. Ce qui doit entrer en ligne
de compte est subordonné à tant de considérations qu'il

n'est pas aisé de discerner entre celles qu'il faut retenir comme bonnes et celles qu'on doit laisser de côté comme inutiles. Nous reviendrons sur les calculs auxquels elles donnent lieu — on les trouvera à l'Appendice B —; mais pour l'instant l'expérience paraît être le meilleur guide.

On peut, comme illustration de cette question de dérivation, se reporter à certaines expériences faites par Sturgeon. Sturgeon prit un long électro-aimant tubulaire fait d'un vieux canon de fusil, en fer, sur lequel était enroulée une bobine; il y introduisit une aiguille aimantée à 30 cm environ de l'extrémité et observa l'action produite sur elle; il constata une déviation de 23° à peu

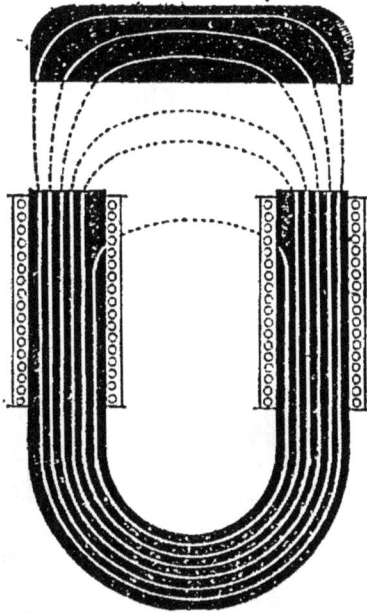

Fig. 78. — Électro-aimant avec armature à distance.

près. Il prit ensuite une baguette de fer d'égale longueur qu'il mit au bout, et trouva qu'en l'introduisant de manière à y faire pénétrer le bout seul, la déviation augmentait de 23° à 37°; mais, quand il poussait la baguette plus avant, l'aiguille revenait à 23°. Que se passait-il là? — Il avait inconsciemment facilité les dérivations par l'allongement extérieur du noyau de fer, et, quand il faisait pénétrer la baguette plus avant, cet excédent de dérivation ne pouvait plus se manifester et ne se manifestait pas en effet. La section transversale du fer se trouvait cependant augmentée; mais qu'en résultait-il? — La section droite n'a pratiquement aucune influence. On a à forcer le flux à travers 50 cm d'air qui offrent autant de réluctance que 300 ou 1000 fois autant de fer. A quoi bon doubler la section de ce fer ? C'est la réluctance de l'air qu'il faudrait réduire et on n'y arrive pas en garnissant le tube d'un noyau.

ETUDE EXPÉRIMENTALE DES DÉRIVATIONS.

Pour étudier plus à fond cette question de dérivations, et la relation entre celles-ci et l'effort exercé, l'Auteur a imaginé il y a quelques années une petite expérience qui a rapidement familiarisé avec elles ses élèves du Collège technique de Finsbury. Soit (Fig. 80) un électro-aimant en fer à cheval, à noyau en fer forgé doux et roulé d'un nombre connu de spires de fil. Il est muni d'une armature. On a également roulé trois petites bobines d'exploration

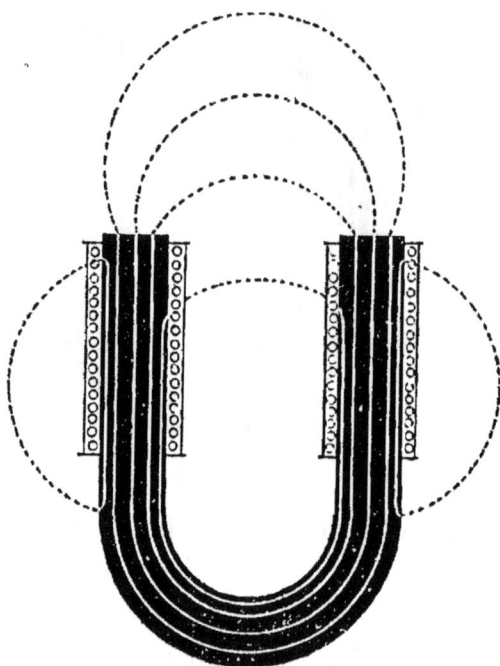

Fig. 79. — Electro-aimant sans armature.

formées chacune de cinq spires seulement ; l'une C est placée juste au bas de l'électro-aimant, sur la courbure ; une autre B autour d'un pôle, dans le voisinage immédiat de l'armature ; et une troisième A entoure le milieu de celle-ci. Elles ont pour objet, étant donnée la quantité de magnétisme créé dans le noyau par la force magnétisante de ces bobines, de déterminer quelle en est la fraction qui parvient à l'armature. Si cette armature se trouve à une grande distance, il y a naturellement des dérivations importantes. La bobine C enveloppant la courbure du bas est destinée à faire connaître le flux total dans le fer; la bobine B, aux pôles, celui qui ne s'est pas dérivé extérieurement avant le passage au joint; tandis que la bobine A, située au milieu de l'armature, enveloppe tout le flux passant réellement dans celle-ci et déterminant l'effort exercé sur elle. En mesurant, à l'aide d'un galvanomètre balistique et de ces trois bobines d'exploration, la quantité de magnétisme qui pé-

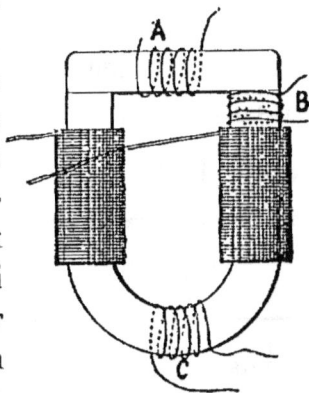

Fig. 80. — Expérience sur les dérivations d'un électro-aimant.

nètre l'armature à différentes distances, on sera à même de déterminer les dérivations et de comparer le résultat obtenu avec les calculs effectués et les attractions à différentes distances. La quantité de magnétisme qui passe dans l'armature ne suit pas la loi de l'inverse des carrés, l'expérience le prouve, mais des lois tout autres. Elle est régie par des lois qui ne sont susceptibles d'être exprimées que comme des cas particuliers de celle du circuit magnétique. L'élément le plus important des calculs est, sans aucun doute, dans la plupart des cas, la proportion de dérivations sur laquelle il faut compter. Les résultats d'expériences indiqués ci-dessous donneront une très juste idée de l'importance de ce facteur.

12

Le noyau de fer avait 13 mm de diamètre, et sa bobine comportait 178 spires. La première élongation du galvanomètre, quand on applique ou que l'on rompt brusquement le courant, donne la mesure du flux de force ainsi lancé dans la bobine, ou retiré de la bobine d'exploration, alors reliée au galvanomètre. Les courants employés variaient de 0,7 à 5,7 ampères. Il a été procédé à six séries d'expériences, avec l'armature placée à différentes distances. Nous en donnons ci-dessous les résultats numériques : —

I. Courant faible (0,7 ampère).

ARMATURE		A	B	C
au contact		12 506	13 870	14 190
distante de	1 mm. . . .	1 552	2 163	3 786
	2 mm. . . .	1 149	1 487	2 839
	5 mm. .	1 014	1 081	2 028
	10 mm. . . .	676	1 014	1 690
enlevée		»	675	1 352

II. Courant plus intense (1,7 ampère).

ARMATURE		A	B	C
au contact		18 210	19 590	20 283
distante de	1 mm. . . .	2 570	3 381	5 408
	2 mm. . . .	2 366	2 839	5 073
	5 mm. . . .	1 352	2 299	3 949
	10 mm. . . .	811	1 352	3 381
enlevée		»	1 308	3 014

III. Courant encore plus intense (3,7 ampères).

ARMATURE		A	B	C
au contact		20 910	22 280	22 960
distante de	1 mm. . . .	5 610	7 568	11 831
	2 mm. . . .	4 597	6 722	9 802
	5 mm. . . .	2 569	3 245	7 436
	10 mm. . . .	1 149	2 704	7 098
enlevée		» »	2 366	6 427

IV. Courant maximum (5,7 ampères).

ARMATURE		A	B	C
au contact		21 980	23 660	24 040
distante de	1 mm. . . .	8 110	10 810	17 220
	2 mm. . . .	5 611	8 464	15 886
	5 mm. . . .	4 056	5 273	12 627
	10 mm. . . .	2 029	4 057	10 142
enlevée		» »	3 581	9 795

Ces chiffres peuvent être regardés comme une sorte de
tableau numérique correspondant aux phénomènes grossièrement représentés par les Fig. 76 à 79, pp. 201 à 204.
Les chiffres eux-mêmes, en ce qui concerne les mesures
prises (1) au contact, (2) avec des entrefers de 1 mm,
sont réunis en courbes dans la Fig. 84 ; ces trois courbes
A, B et C correspondent aux mesures prises avec l'armature au contact, et les trois autres, A_1, B_1 et C_1, à

celles prises avec un entrefer de 1 mm. La ligne ponctuée
donne le tracé, d'après les chiffres, pour la bobine C,
avec différents courants, quand l'armature était enlevée.

Si l'on passe à l'examen des chiffres en eux-mêmes,
on voit que le flux le plus considérable forcé dans la
courbure du noyau de fer, à travers la bobine C, a été
de 24 040 unités (la section droite étant d'un peu plus
de 1 cm²) ; il correspond au contact de l'armature. L'armature étant enlevée, la même force magnétisante donnait lieu à un flux de 9795 unités C. G. S. seulement. De plus, sur ces 24 040 unités, 23 660 (ou 98
1/2 0/0) arrivaient aux surfaces polaires de contact ; et,
de ces dernières, 21 980 (ou 92 1/2 0/0 du nombre
total) pénétraient l'armature. Il y avait des dérivations,
même avec l'armature au contact, mais elles n'excé-
daient pas 7 1/2 0/0. Puis,
quand on éloignait l'armature de 1 mm seulement, la
présence des entrefers ame-
nait cette différence considérable que le flux total tombait immédiatement de 24 040
à 17 220 unités C. G. S. Sur
ce nombre, 10 810 (ou 61 0/0)
atteignaient les faces polaires, et 8 110 seulement (ou
47 0/0 du nombre total)
arrivaient à pénétrer l'armature. Les dérivations étaient

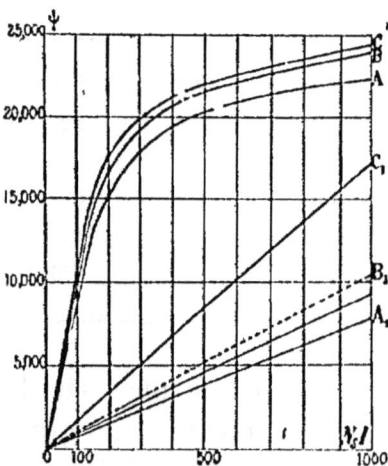

Fig. 81. — Courbes magnétiques résultant des chiffres des tableaux
précédents.

dans ce cas de 53 0/0. Avec un entrefer de 2 mm, elles
s'élevaient à 65 0/0 quand on appliquait le courant maximum. Elles atteignaient 68 0/0 avec un entrefer de 5 mm ;

et de 80 0/0 avec un entrefer de 10 mm. Il est encore à noter que, si un courant de 0,7 ampère suffisait à faire passer un flux de 12 506 unités C.G.S. à travers l'armature au contact, un courant huit fois aussi intense ne parvenait à en faire passer que 8 110 quand l'armature était seulement écartée d'un millimètre.

Une aussi énorme diminution dans le flux magnétique pénétrant l'armature, conséquence de l'accroissement de réluctance et de l'augmentation de dérivations déterminés par la présence des entrefers, montre toute l'importance de la réluctance offerte par l'air et combien il est essentiel d'avoir pour le calcul des réluctances et l'estimation des dérivations des règles pratiques pouvant servir de guides dans l'étude préliminaire d'électro-aimants destinés à un objet déterminé.

CALCUL DES DÉRIVATIONS.

Le calcul des réluctances de portions déterminées d'une matière donnée est maintenant relativement facile, et, grâce aux formules du professeur Forbes, qu'on trouvera à l'Appendice B, il est aujourd'hui possible dans certains cas d'arriver à une estimation des dérivations. Le dit Appendice fournira également quelques exemples d'applications de ces méthodes de calcul. Nous avons trouvé cependant que certaines règles du professeur Forbes, destinées à faciliter l'étude préliminaire des machines dynamos, ne convenaient pas très bien aux cas ordinaires des électro-aimants. Nous avons en conséquence cherché un mode de calcul plus facilement applicable. Pour déterminer la proportion probable des dérivations, il faut d'abord distinguer le flux qui passe ordinairement par l'armature (et qui contribue à l'effort

12.

exercé sur elle) et celui qui s'égare dans l'air ambiant et est perdu en ce qui concerne tout effort sur la dite armature.

Cette distinction une fois établie, on a alors besoin de connaître la conductance ou *perméance* relative, suivant la trajectoire du flux utile et la conductance correspondante à travers les innombrables voies offertes au flux perdu dans le champ ambiant. Or (comme l'admettra tout électricien familiarisé avec les problèmes relatifs aux circuits dérivés) les flux respectifs qui s'écoulent par les voies utiles et par celles qui leur sont ouvertes en pure perte sont directement proportionnels aux conductances (ou perméances) de ces voies, ou inversement proportionnels aux réluctances respectives qu'elles présentent. On fait généralement usage dans les calculs électromagnétiques d'un certain coefficient de marge pour les dérivations. Ce coefficient est symbolisé par la lettre v; de sorte que, étant donné le flux qui doit passer dans une armature, on doit le multiplier par v pour avoir celui qui devra pénétrer le noyau magnétique. Si l'on représente par μ_{ut} la perméance suivant les voies utiles, et par μ_p celle de toutes celles offertes au flux perdu dans le champ ambiant, le flux total sera au flux utile dans le rapport de $\mu_{ut} + \mu_p$ à μ_{ut}. D'où il suit que le coefficient de marge v pour dérivations sera égal à $\dfrac{\mu_{ut} + \mu_p}{\mu_{ut}}$. La seule difficulté réelle est le calcul de μ_{ut} et de μ_p.

μ_{ut} est généralement facile à calculer; c'est la réciproque de la somme de toutes les réluctances suivant la voie utile de pôle à pôle.

Dans le cas de l'électro-aimant employé pour les expé-

riences décrites en dernier lieu, les réluctances suivant
la voie utile sont au nombre de trois : celle du fer de
l'armature et celles des deux entrefers. On peut appliquer la formule suivante : —

$$\text{Réluctance} = \mathfrak{R} = \frac{l_1}{\mu_1 S_1} + \frac{2 l_2}{S_2}$$

qui sera exprimée en unités C.G.S. si les quantités qui y
interviennent sont elles-mêmes exprimées dans ce système. Les suffixes 1 et 2 s'appliquent d'ailleurs respectivement au fer et à l'air.

Mais il n'est pas aussi aisé de calculer la réluctance
(ou sa réciproque, la perméance) pour le flux perdu dans
le champ inutile, par suite de l'extraordinaire dissémination des lignes de force et de
leur incurvation de pôle à pôle.

La Fig. 82 donne une idée
très nette de la divergence et
de la dissémination du flux
perdu qui se dérive entre les
deux branches d'un électro-
aimant en fer à cheval à noyau
circulaire. Pour un noyau de
section carrée la dissémination
du flux est analogue, à cette
exception près qu'il est un peu
plus concentré par les angles
du noyau métallique. Les règles
de Forbes ne sont ici d'aucun

Fig. 82. — Courbes des lignes
de force, dans l'air, d'un pôle
à l'autre, pour un aimant à
noyau circulaire.

secours. Il faut recourir à une autre manière d'envisager
la question.

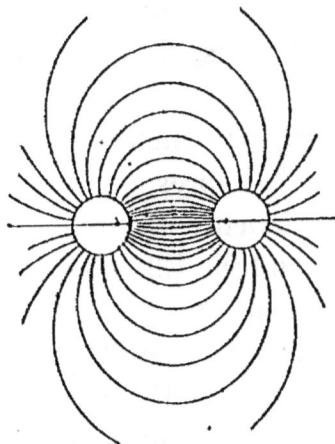

Les problèmes de flux, calorifique, électrique, ou magnétique, dans les trois dimensions de l'espace ne sont pas des plus faciles parmi les exercices géométriques. Quelques-uns d'entre eux ont cependant été résolus et leur solution est applicable au cas qui nous occupe. Considérons, par exemple, le problème électrique consistant à trouver la résistance que présente un liquide d'étendue indéfinie (soit une solution de sulfate de cuivre de densité donnée), quand elle agit comme conducteur de courants électriques passant entre deux cylindres de cuivre parallèles infiniment longs. La Fig. 82 peut être regardée comme la représentation d'une section transversale d'une disposition de ce genre, les courbes correspondant aux trajectoires du courant. Dans un cas aussi simple que celui-ci, il est possible de trouver une expression exacte de la résistance (ou de la conductance) d'une couche ayant une épaisseur d'une unité. Elle dépend des diamètres des cylindres, de leur écartement et de la conductance spécifique ou conductibilité du milieu. Elle n'est nullement proportionnelle à la distance qui les sépare, car elle est, en fait, presque indépendante de la distance si celle-ci est supérieure à plus de vingt fois le périmètre de l'un des cylindres. Elle n'est pas davantage, même approximativement, proportionnelle au périmètre des cylindres, sauf dans les cas où la plus courte distance entre eux est inférieure au dixième du périmètre de l'un d'eux. La résistance, par unité de longueur des cylindres, se calcule en réalité par la formule assez complexe suivante : —

$$R = \frac{1}{\pi\mu}\log_e h,$$

ou
$$h = \frac{2a}{b + 2a - \sqrt{b^2 + 4ab}};$$

le symbole u représentant le rayon de l'un des cylindres ; b, la plus courte distance qui les sépare ; μ, la perméance, ou, dans le cas de l'électricité, la conductance du milieu.

Mais nous avons eu la bonne fortune d'observer, et ce point simplifie beaucoup le calcul, que, si l'on concentre son attention sur une couche transversale du milieu, d'épaisseur donnée, la résistance entre les deux extrémités des cylindres dans cette couche dépend du rapport de la plus courte distance qui les sépare à leur périphérie, et est indépendante de la dimension absolue du système. Si l'on a deux cylindres de 2,5 cm de circonférence, placés à 2,5 cm l'un de l'autre, la résistance de la tranche (d'épaisseur donnée) du milieu dans lequel ils sont plongés sera la même que s'ils avaient 25 cm de circonférence et qu'ils fussent séparés par un intervalle de 25 cm. Comme grande simplification de la question, et grâce à notre ami et ancien préparateur, le docteur R. Mullineux Walmsley, qui s'est livré à ce laborieux calcul, nous sommes en mesure de donner, sous forme de tableau, ces réluctances dans les limites de proportionnalité qui paraît se présenter.

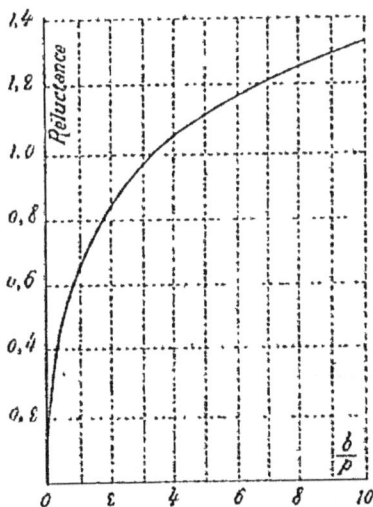

Fig. 83. — Diagramme des réluctances de dérivation.

Les chiffres des colonnes 1 et 2 du tableau ci-après sont, pour plus de commodité, transformés en courbe dans la Fig. 83. A titre d'exemple pour l'emploi de cette table, nous donnons le calcul suivant :

TABLEAU XIII. — RÉLUCTANCE DE L'AIR ENTRE DEUX BRANCHES PARALLÈLES DE FER ROND.

Rapport du moindre écartement au périmètre. $\dfrac{b}{p}$	Réluctance $= \dfrac{\text{Force magnétomotrice}}{\text{Flux magnétique total}}$ (Unité s C. G. S.) Tranche $= 1$ cm d'épaisseur.	
	Réluctance.	Perméance.
0,1	0,2461	4,063
0,2	0,3401	2,938
0,3	0,4084	2,449
0,4	0,4628	2,161
0,5	0,5084	1,967
0,6	0,5479	1,825
0,8	0,6140	1,629
1,0	0,6684	1,497
1,2	0,7144	1,400
1,4	0,7550	1,324
1,6	0,7903	1,265
1,8	0,8220	1,217
2,0	0,8311	1,202
4,0	1,0500	0,952
6,0	1,1710	0,854
8,0	1,2624	0,792
10,0	1,3250	0,755

NOTE. — Dans le Tableau ci-dessus l'unité de longueur des cylindres est le cm ; le flux magnétique est estimé pour une tranche d'étendue infinie et de 1 cm d'épaisseur. Les symboles employés sont $p =$ le périmètre d'un cylindre ; $b =$ la plus courte distance entre les cylindres. L'unité de réluctance est l'ohm-centimètre.

Exemple. — Trouver la réluctance et la perméance entre deux noyaux de fer parallèles de 2,5 cm de diamètre et de 23 cm de long, la plus courte distance entre eux étant de 6 cm. On a ici $b = 6$, $p = 7,854$; $\dfrac{b}{p} = 0,763$.

En se reportant au tableau, on voit (par interpolation) que la réluctance et la perméance par unité d'épaisseur de tranche sont respectivement de 0,600 et de 1,65. Pour 23 cm d'épaisseur, elles seront en conséquence de 0,026 et de 38,4 respectivement.

Quand la perméance transversale entre les deux branches peut ainsi se calculer, on évalue le flux à travers l'espace en multipliant la perméance ainsi trouvée par la valeur moyenne de la différence de potentiel magnétique entre les deux branches; et, si la culasse qui réunit les branches à leur extrémité inférieure est en bon fer massif, les noyaux parallèles présentant d'ailleurs une faible réluctance comparativement à celle offerte au flux utile ou perdu, il suffit de prendre pour cette valeur moyenne de la différence de potentiel magnétique la moitié des ampères-tours multipliée par 1,2566.

La méthode ici employée pour l'estimation de la réluctance au flux perdu n'est naturellement qu'une simple approximation, car elle part de cette hypothèse que les dérivations n'ont lieu qu'entre les plans des tranches considérées. En fait il y a toujours des dérivations en dehors de ces plans. La réluctance réelle est, par suite, toujours un peu moindre, et la perméance réelle un peu plus élevée que celles calculées d'après le Tableau VII.

Pour les électro-aimants employés dans les appareils télégraphiques ordinaires, le rapport de b à p diffère généralement peu de l'unité, de sorte que pour eux la perméance transversale de branche à branche par cm de longueur de noyau n'est pas très éloignée de 2, c'est-à-dire à peu près deux fois la perméance d'un centimètre cube d'air.

Application à des cas spéciaux.

Nous sommes maintenant en situation de comprendre la raison d'un curieux principe établi par le comte du Moncel et qui nous a longtemps embarrassé. Il affirme avoir trouvé, en opérant sur un écartement de 1 mm, que l'attraction d'un électro-aimant bipolaire pour son armature était moindre quand cette armature était présentée latéralement que lorsqu'elle était présentée de front aux extrémités polaires, et ce dans le rapport de 19 à 31. Il ne spécifie pas dans le passage en question la forme de l'armature ni celle des noyaux. Si l'on admet qu'il faisait allusion à un électro-aimant à noyaux ordinaires — fer rond à faces polaires planes, analogues probablement à ceux de la Fig. 22 —, il est alors évident que les entrefers, quand l'armature était présentée latéralement à l'électro-aimant, étaient réellement plus grands que quand elle lui était présentée comme d'ordinaire, par suite de la forme cylindrique du noyau. De sorte que, si pour une même distance mesurée la réluctance en circuit était plus grande, le flux et l'effort exercé devaient être moindres.

On doit également comprendre maintenant pourquoi une armature en fer de section rectangulaire, tout en adhérant plus fortement par ses bords quand elle est au contact, est, à distance, plus énergiquement attirée si on la présente par le plat. Les entrefers offrent (pour un même écartement minimum) une moindre réluctance quand elle est présentée à plat.

Un autre point obscur devient aussi explicable. Nous voulons parler de cette observation faite par Lenz, Barlow, et autres, que la plus grande quantité de magné-

tisme qu'ils aient pu transmettre à de longs barreaux de
fer pour une circulation donnée de courant électrique était
(sensiblement) proportionnelle, non pas à la section droite
du fer, mais à sa surface! En voici l'explication. Leur
circuit magnétique était mauvais, puisqu'il était formé
d'une barre de fer droite et d'un retour par l'air. Leur
force magnétomotrice était en réalité dépensée moins à
faire passer le flux magnétique dans le fer (aisément perméable) qu'à lui faire traverser l'air (beaucoup moins
perméable, comme on sait), et la réluctance de retour
par l'air est — quand l'intervalle qui sépare les deux
parties terminales opposées du barreau est considérable
par rapport à sa périphérie — très sensiblement proportionnelle à cette périphérie, c'est-à-dire à la surface extérieure.

On trouve encore une autre opinion relative à la même
catégorie de phénomènes dans cette loi formulée par le
professeur Müller, que, pour des barreaux de fer de
même longueur et excités par la même force magnétisante, la quantité de magnétisme est proportionnelle à
la racine carrée de leur périmètre. Dub, Hankel, Von Feilitzsch et autres se sont dépensés en grands efforts aussi ingénieux que scientifiques pour essayer d'arriver à vérifier
cette « loi ». Aucun de ces expérimentateurs ne paraît
avoir un seul instant soupçonné que la valeur du flux
magnétique dépendait en réalité non pas du fer mais de
la réluctance offerte par l'air comme voie de retour.

Von Feilitzsch releva les courbes ci-dessous (Fig. 84)
dont il conclut la démonstration de la loi de proportionnalité à la racine carrée de la périphérie. L'allure très
tendue de ces courbes indique qu'en aucun cas le fer n'a-
vait été amené à une aimantation assez puissante pour

13

qu'elles présentassent l'inflexion qui est le signe du voisinage de la saturation. C'était l'air, et non pas le fer, qui,
dans toutes ces expériences, constituait la plus grande
part de la résistance à l'aimantation.
Nous tirons, au contraire, de ces
mêmes courbes la conclusion que l'aimantation est proportionnelle non
pas à la racine carrée de la périphérie, mais bien à cette périphérie elle-
même ; les angles sous lesquels s'élèvent les différentes courbes correspondant aux différentes périphéries
prouvent bien en effet que la quantité
de magnétisme est très sensiblement
proportionnelle à la surface.

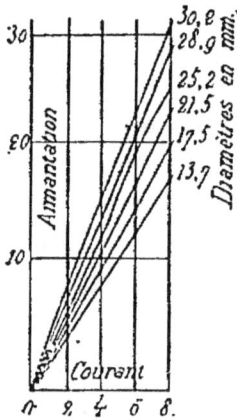

Fig. 84. — Courbes de
Von Feilitzsch relati-
ves au magnétisme
dans des barreaux de
différents diamètres.

Il est à noter ici qu'on n'a pas
affaire à un circuit magnétique fermé
dans lequel la section entre en ligne de compte, mais
bien à un barreau pour lequel le magnétisme ne peut
revenir d'une extrémité à l'autre qu'en se dérivant dans
tout l'air ambiant. Si donc la réluctance de la voie aérienne
entre une extrémité et l'autre est proportionnelle à la
surface, on devra obtenir des courbes tout à fait analogues aux précédentes ; et c'est précisément ce qui arrive.
Si l'on a un solide, de forme géométrique donnée,
librement suspendu dans l'espace, la perméance que
présente au flux magnétique dont il est pénétré l'espace qui l'entoure (ou plutôt le milieu qui remplit cet
espace) est pratiquement proportionnelle à sa surface.
Il en est de même pour des solides géométriques pris
isolément quand ils sont de petites dimensions par rapport
à la distance qui les sépare.

Les électriciens savent que la résistance du liquide entre deux petites sphères ou deux petits disques de cuivre immergés dans un vaste bain de sulfate de cuivre est pratiquement indépendante de la distance qui les sépare, pourvu qu'ils ne soient pas l'un par rapport à l'autre dans une sphère d'action inférieure à dix fois leurs diamètres. Dans le cas d'un long barreau, on peut considérer la distance entre ses deux extrémités comme suffisamment grande pour rendre cette loi approximativement exacte. Les barreaux de Von Feilitzsch n'étaient pas cependant assez longs pour que la valeur moyenne de la longueur de la trajectoire, d'une surface terminale à l'autre, suivant les lignes de force, fût infiniment grande comparativement à la périphérie ; de là l'écart de proportionnalité absolue avec la surface. Ses barreaux avaient 9,1 cm de long et leurs périphéries respectives étaient de 94,9 — 90,7 — 79,2 — 67,6 — 54,9 — et 42,9 mm.

Différences entre les Noyaux courts et les noyaux longs.

Les ingénieurs télégraphistes ont longtemps caressé l'idée qu'un électro-aimant à longues branches possédait en quelque sorte une plus grande puissance « d'émission » (force magnétomotrice) qu'un électro-aimant à branches courtes ; en d'autres termes qu'un électro-aimant du premier type pouvait, à égalité de section de noyaux, agir sur une armature à une plus grande distance de ses pôles qu'un autre du second type. Il n'est pas difficile d'en trouver la raison. Pour lancer ou entraîner un flux magnétique à travers un large entrefer, il faut une grande force magnétisante, par suite de la réluctance considérable et des nombreuses dérivations en jeu. Or une grande force magnétisante ne peut pas être obtenue avec des noyaux courts, par la simple raison que ces noyaux n'ont pas une longueur de fer suffisante pour permettre d'y loger le nombre de spires de fil nécessaire en pareil cas. La longueur des branches influe uniquement sur l'emplacement destiné au fil qui doit donner l'excitation voulue.

On sait aujourd'hui comment, dans l'étude d'un électro-aimant, la longueur du noyau de fer est réellement déterminée ; elle doit être telle qu'on puisse y loger le fil qui, sans échauffement, portera le nombre d'ampères-tours suffisant pour faire passer le flux voulu (dérivations comprises) à travers les réluctances en circuit utile. Nous y reviendrons après avoir déterminé dans le chapitre suivant la manière de calculer la quantité de fil nécessaire.

La manière dont se comportent des électro-aimants courts ou longs — nous parlons des formes en fer à cheval — intervient à un autre point de vue. Dès 1840 Ritchie trouva qu'il était plus difficile d'aimanter des aimants d'acier (en les frottant à cet effet avec des électro-aimants) quand ces électro-aimants étaient courts que lorsqu'ils étaient longs. Il comparait naturellement des aimants possédant la même force portante, c'est-à-dire ayant probablement la même section de fer et poussés au même degré d'aimantation. Cette différence entre les noyaux longs et courts doit naturellement trouver son explication dans le même principe que celui qui régit la force magnétomotrice plus grande des électro-aimants à longues branches. Pour forcer le magnétisme non seulement dans un fer recourbé, mais à travers ce qui est au delà, et qui a une moindre perméabilité pour le magnétisme, que ce

soit un entrefer ou un fer à cheval en acier dur destiné
à conserver une partie de son aimantation, on a besoin
d'une force magnétomotrice assez grande pour faire passer
le flux à travers ce milieu résistant, et, par suite, d'un
nombre de spires de fil correspondant, ce qui implique
une longueur de branche suffisante pour l'enrouler. Ritchie a trouvé aussi que la quantité de magnétisme rémanent dans le noyau du fer à cheval, si doux qu'il fût,
après l'interruption du courant, et immédiatement après
l'abandon de l'armature, était un peu plus considérable
avec des électro-aimants longs qu'avec des courts. C'est
en effet ce à quoi on devait s'attendre aujourd'hui, connaissant les propriétés du fer ; les longs barreaux, même
en fer très doux, retiennent un peu plus le magnétisme
— se souviennent en quelque sorte un peu mieux d'avoir
été aimantés — que les barreaux courts. Nous aurons
occasion de revenir ultérieurement et d'une façon spéciale
sur la manière dont se comportent les petites pièces de
fer douées de peu de mémoire magnétique.

Autres données expérimentales.

Nous avons plusieurs fois déjà fait allusion aux résultats d'expériences antérieurement obtenus, notamment en
Allemagne et en France, résultats enfouis dans les journaux scientifiques étrangers. Trop souvent malheureusement les travaux épars des physiciens allemands sont rendus inutiles ou inintelligibles par suite de l'omission de
certaines données expérimentales. Ils ne donnent par
exemple aucune mesure des courants employés, ou bien
ils se servent de galvanomètres non étalonnés ; d'autres
fois ils n'indiquent pas le nombre de spires des bobines

dont ils se sont servis ; enfin ils fournissent parfois leurs résultats enveloppés d'une terminologie tombée en désuétude. Ainsi ils s'appesantissent beaucoup sur les « moments magnétiques » de leurs aimants. Or le moment magnétique d'un électro-aimant est une donnée dont on n'a jamais besoin. En réalité le moment magnétique d'un aimant quelconque est un élément inutile d'information, sauf dans le cas de barreaux aimantés en acier dur employés à la détermination de la composante horizontale du magnétisme terrestre. Ce qu'on a besoin de connaître en ce qui concerne un électro-aimant, c'est le flux magnétique qui passe dans son circuit, et l'on trouve rarement dans les anciennes recherches le moyen de le déterminer. Quelques-unes de ces investigations sont cependant dignes d'attention et méritent d'être citées.

Noyaux creux et noyaux pleins.

Nous ne pouvons décrire ici que quelques expériences de Von Feilitzsch sur la question si agitée des noyaux tubulaires, question touchée par Sturgeon, Pfaff, Joule, Nicklès, et plus tard par du Moncel. Pour arriver à savoir si les parties internes du fer contribuent réellement à porter le magnétisme, Von Feilitzsch disposa une série de tubes de fer mince pouvant glisser à l'intérieur les uns des autres. Ils avaient tous 11 cm de long et leurs périphéries variaient de 6,12 à 9,7 cm. On pouvait les introduire à l'intérieur d'un solénoïde dans lequel on lançait des courants d'intensité variable; et leur action sur une aiguille aimantée était notée et équilibrée à l'aide d'un aimant compensateur en acier; la déviation qui lui était imprimée donnait la mesure des forces auxquelles elle était soumise et permettait de calculer les moments ma-

gnétiques correspondants. Comme les tubes étaient d'é-
gale longueur, l'aimantation était sensiblement proportionnelle au moment magnétique. Le tube le plus extérieur
était introduit le premier dans le solénoïde et donnait lieu
à une série d'observations; on y glissait ensuite celui
dont le diamètre extérieur s'en rapprochait le plus et l'on
faisait une nouvelle série d'observations; le tube de troisième grandeur était alors introduit, et ainsi de suite,
jusqu'à ce que les sept tubes fussent insérés les uns
dans les autres. Grâce à la présence
du tube extérieur dans toutes les expériences, la réluctance de retour par
voie aérienne était la même dans chaque cas. Les courbes de la Fig. 85
donnent les résultats obtenus.

La courbe inférieure est celle fournie par l'épreuve avec le premier tube
seul. Son tracé fortement incurvé et
devenant presque horizontal montre
que, sous une grande force magnétisante, le noyau était presque saturé.
La seconde courbe correspond à l'em-

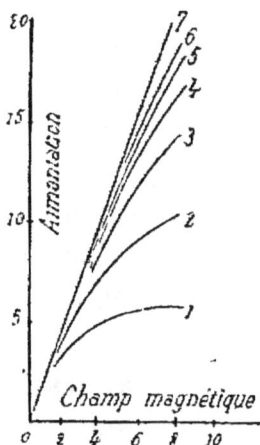

Fig. 85. — Courbes d'ai-
mantation de tubes
(Von Feilitzsch).

ploi du premier tube doublé intérieurement du second.
La section de fer étant plus grande, la saturation ne se
manifeste que pour une force magnétisante plus élevée. Chaque tube nouveau introduit augmente la capacité pour le flux de force, un commencement de saturation devenant à peine perceptible, même sous la force
magnétisante la plus haute, avec les sept tubes à la
fois. Toutes les courbes ont d'ailleurs la même inclinaison
initiale, ce qui prouve que, pour de petites forces magnétisantes, et même avec la plus faible quantité de fer,

celui-ci étant loin du point de saturation, la principale réluctance à l'aimantation était celle du trajet aérien, et qu'elle était en outre identique, que la section totale du fer employé fût grande ou petite.

Influence de la Forme géométrique de la section.

Au point de vue de la capacité conductrice du flux magnétique, une forme de section des noyaux en vaut une autre; une section carrée ou rectangulaire est aussi bonne qu'une section circulaire d'égale surface, tant qu'on a affaire à des circuits magnétiques fermés ou sensiblement tels; mais deux autres raisons doivent faire préférer les noyaux cylindriques. D'abord, les dérivations de flux, de noyau à noyau, sont, pour un écartement moyen égal, proportionnelles à la surface extérieure du noyau, et un noyau rond a une surface extérieure moindre, à égalité de section, qu'un noyau carré ou rectangulaire. Toutes les arêtes vives et les angles provoquent en outre des dérivations. En second lieu, la quantité de fil de cuivre nécessaire par spire est inférieure pour les noyaux ronds à celle qu'exigent les noyaux d'autre forme quelconque, le cercle étant, de toutes les figures géométriques d'égale surface, celle qui a le moindre périmètre.

Les expériences précédentes de Von Feilitzsch s'appliquent à un cas dans lequel le circuit magnétique n'est pas un circuit fermé, mais où, au contraire, le flux de force a à se frayer un chemin, par dérivations à la surface du noyau, à travers l'air, d'un pôle à l'autre; et en pareil cas, pour de faibles degrés de saturation, c'est la surface offerte à l'air, bien plus que la section droite intérieure, qui intervient.

Certaines expériences décrites précédemment dans le chapitre relatif aux propriétés du fer sont en parfaite concordance avec ces résultats. Les expériences ultérieures de Bosanquet sur des anneaux de diverses épaisseurs sont concluantes sur ce point. On peut en conséquence considérer la question comme réglée une fois pour toutes avec la remarque suivante. Dans tous les cas où le circuit magnétique est fermé ou sensiblement tel, le flux créé par une force magnétisante donnée est proportionnel à la surface de la section droite du fer du noyau et ne dépend nullement de la forme de cette surface; par contre, dans tous les cas où — comme pour les électro-aimants droits, les plongeurs droits, etc. — la perméance du circuit magnétique est surtout déterminée par la trajectoire de retour du flux à travers l'air, le flux magnétique engendré par une force magnétisante donnée est presque indépendant de la section droite du fer; il dépend principalement de la facilité avec laquelle les lignes de force émergent dans l'air, et est en conséquence à peu près proportionnel à la surface.

Influence de la Distance des pôles.

Un autre point a fait l'objet d'expériences de la part de du Moncel, ainsi que de Dub et de Nicklès, c'est l'influence de la distance entre les pôles. Dub considérait que cette distance d'écartement n'avait aucune action. Nicklès avait adopté une disposition spéciale lui permettant de donner aux deux noyaux, ou branches, placés debout, et de 9 cm de haut, un déplacement variable le long d'une traverse ou culasse de fer fixe. Son armature avait 30 cm de long. Avec de très faibles courants il

13.

obtint les meilleurs résultats pour une distance minima de 3 cm entre les pôles; avec un courant plus intense, il arriva à 12 cm; et avec le courant le plus intense dont il disposât, à 30 cm. Il est probable que les dérivations ont dû jouer un rôle dans ces observations. Du Moncel tenta diverses expériences pour élucider ce point. Le professeur Hughes s'en occupa également dans un travail important mais trop peu connu qui a paru dans les *Annales télégraphiques* de 1862, et que nous analysons ci-dessous.

Recherches du professeur Hughes. — Son objectif était de trouver la meilleure forme d'électro-aimant, la meilleure distance entre les pôles, et la meilleure forme d'armature pour le travail rapide exigé par son télégraphe imprimeur. — Un mot d'abord des électro-aimants de Hughes. La Fig. 86 en reproduit le type bien connu. Nous osons à peine prononcer ces mots « bien connu », parce que, si sur le Continent chacun sait ce qu'on entend par un électro-aimant de Hughes, presque personne en Angleterre n'en a idée. Les Anglais ne savent même pas que le professeur Hughes a imaginé une forme spéciale d'électro-aimant. En voici le caractère essentiel : — Un aimant permanent en acier, généralement formé de plusieurs lames superposées, avec pièces polaires en fer doux, et une paire de bobines enveloppant uniquement les pièces polaires. Comme nous aurons à parler ultérieurement des inventions de Hughes à propos de divers mécanismes, nous nous bornons à signaler ici son électro-aimant. Quand on a besoin d'un électro-aimant à fonctionnement rapide, on l'obtient, non pas en répartissant les bobines sur toute sa longueur, mais en les accumulant dans le voisinage des pôles, sinon sur les pôles mêmes, ce qui n'est pas nécessaire.

Hughes s'est livré à de nombreuses recherches sur la longueur et l'épaisseur convenables de ces pièces polaires. Il a trouvé avantage à ne pas employer de pièces polaires trop réduites, qui ne permettent pas au magnétisme issu de l'aimant permanent de passer au fer sans une réluctance considérable provenant d'une insuffisance de section; non plus que des pièces trop épaisses qui offrent alors trop de surface aux dérivations transversales de l'une à l'autre. Il s'est définitivement arrêté à une longueur particulière, égale à environ six fois leur diamètre, ou un peu plus.

Dans ses recherches ultérieures, Hughes employa un aimant de forme plus courte, non représenté ici, et plus analogue à celle appliquée dans les relais, avec une armature de 2 à 3 mm d'épaisseur, 1 cm de large, et 5 cm de long. Les pôles en étaient renversés à angles droits à

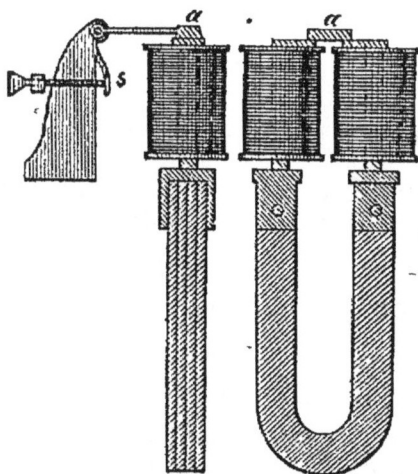

Fig. 86. — Electro-aimant de Hughes.

la partie supérieure et dirigés l'un vers l'autre. Hughes chercha s'il y avait avantage à rapprocher ces pôles, et si l'emploi d'une armature aussi longue (5 cm) était avantageuse. Il essaya toutes les dispositions possibles et résuma les résultats de ses observations dans des courbes, qu'on peut comparer et étudier. Son but était de reconnaître les conditions susceptibles de fournir le plus grand effort, non pas sous un courant constant, mais avec les courants nécessaires au fonctionnement de son télégraphe imprimeur; courants qui ne durent pas plus de un à vingt centièmes de seconde. En dernière analyse il trouva avantage à diminuer la longueur de l'armature, de telle sorte qu'elle dépassât peu les pôles. En fait il réalisa un circuit magnétique suffisant pour assurer toute la force d'attraction dont il avait besoin, sans augmenter les risques de dérivations autant qu'ils l'eussent été avec des armatures s'étendant à plus grande distance au delà des pôles. Il expérimenta également diverses formes d'armatures de sections droites très variées.

Position et forme des Armatures.

Dans les travaux de du Moncel relatifs aux électro-aimants (1), on trouve également une discussion sur les armatures et les meilleures formes à leur donner pour fonctionner dans différentes positions. Entre autres choses on y rencontre ce paradoxe, que, si l'on emploie un aimant en fer à cheval à pôles plans avec une barrette plate de fer doux comme armature, celle-ci adhère beaucoup plus fortement quand on l'applique de champ; et que, d'autre part, si l'on agit à petite distance, à travers l'air, l'attraction est beaucoup plus grande si l'armature est présentée à plat. Nous avons expliqué comment, $\mathfrak{B}^2$ intervenant, il y a avantage à rétrécir les surfaces de contact d'après la loi de la force portante. Mais pourquoi sera-t-il plus avantageux, pour une action à distance, de présenter aux pôles l'armature sur plat? — C'est tout sim-

(1) *La Lumière électrique,* tome II.

plement parce qu'on réduit ainsi la réluctance offerte par l'entrefer au flux magnétique.

Du Moncel a également expérimenté la différence entre des armatures rondes et des armatures plates, et il a trouvé que l'attraction exercée sur une armature cylindrique n'était guère que la moitié de celle exercée sur une armature prismatique de même surface placée à la même distance. Voyons, à la faveur de la loi du circuit magnétique, ce qui se passe ici. — Les pôles sont plans. On a à une certaine distance une armature ronde ; il existe une certaine distance entre la partie de sa surface la plus rapprochée et les surfaces polaires. Si l'on a à la même distance une armature plate présentant la même surface et ayant par suite la même tendance à dérivations, pourquoi obtiendra-t-on un plus grand effort dans ce dernier cas que dans le précédent ? — Tout le monde comprendra, au point où nous en sommes, que, si les deux armatures sont à la même distance des pôles, ce qui circonscrit leur mouvement dans les mêmes limites, il y a une plus grande réluctance dans le cas de l'armature ronde, bien qu'elle ait le même périmètre. En effet, si la portion de sa surface la plus voisine est à la distance indiquée, le reste de cette surface se trouve plus éloigné ; de sorte que le

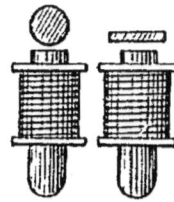

Fig. 87. — Expérience sur les formes d'armatures (du Moncel).

gain réalisé par la substitution d'une armature à surface plane est le résultat d'une réduction dans la réluctance offerte par l'entrefer.

Pièces polaires sur les électro-aimants en fer à cheval.

D'autres recherches de du Moncel (1) ont porté sur l'influence de projections ou sabots polaires — pièces polaires mobiles, si l'on veut — adaptées à un électro-aimant en fer à cheval. Le noyau de l'électro-aimant expérimenté était en fer rond de 4 cm de diamètre ; ses branches parallèles, de 10 cm de long, étaient écartées de 6 cm. Les sabots étaient constitués par deux pièces de fer plat, rainées à l'une de leurs extrémités, de manière à pouvoir glisser longitudinalement sur les pôles et se rapprocher l'une de l'autre. L'attraction exercée sur une armature plane à travers des entrefers de 2 mm d'épaisseur était mesurée à l'aide de contrepoids. Pour une excitation fournie par une pile déterminée, on trouva que l'attraction exercée par cet électro-aimant était maxima quand les sabots étaient à 15 mm environ l'un de l'autre, ou à peu près un quart de la distance interpolaire. Voici les chiffres consignés :

Distance entre les sabots en mm.	Attraction en g.
2	900
10	1012
15	1025
25	965
40	890
60	550

Avec une pile plus forte (probablement un courant plus intense), l'électro-aimant donnait, sans sabots, une attraction de 885 g. mais, avec les sabots écartés de 15 mm, 1195 g. Quand on ne faisait agir qu'un seul pôle, l'attraction qui, sans sabot, était de 88 g, *tombait* à 39 g par suite de l'addition d'un sabot !

(1) *La Lumière électrique*, tome IV, p 129

CHAPITRE VI

RÈGLES POUR L'ENROULEMENT DU FIL DES BOBINES

BOBINAGE DU CUIVRE.

Nous arrivons à la question du bobinage du fil de cuivre sur l'électro-aimant. Comment déterminer à priori la quantité de fil nécessaire et le diamètre convenable du fil à employer?

Nous avons déjà effectué la première partie d'une détermination de ce genre en établissant les formules qui permettent de trouver le nombre d'ampères-tours d'excitation nécessaires dans un cas quelconque. Il nous reste à montrer comment, sur cette base, on calculera l'espace occupé par les spires et la quantité de fil qu'elles exigeront. Il faut tout d'abord bien se mettre dans l'esprit qu'un courant de 10 ampères (c'est-à-dire de l'intensité voulue pour un fort foyer à arc) parcourant une seule spire de fil autour du fer, produit, au point de vue magnétique, exactement le même effet qu'un courant de 1 ampère passant dans 10 spires, ou qu'un autre courant d'un centième d'ampère circulant dans 1000 spires. En télégraphie les courants ordinairement employés sur les lignes sont assez faibles; leur intensité est généralement de 5 à 20 milli-ampères; par suite, dans ces applications,

le fil nécessaire aux bobines peut être très fin, mais il doit
être enroulé en spires très nombreuses. Etant fin et enroulé
un grand nombre de fois, il sera naturellement long et offrira une résistance considérable. Ce n'est pas un avantage ; mais il n'en résulte pas nécessairement une dépense d'énergie plus grande que si l'on employait un fil
plus gros comportant moins de spires, avec un courant corrélativement plus intense. Prenons un cas très
simple. Supposons une bobine déjà garnie d'un certain
nombre de spires de fil, 100 par exemple, de diamètre
suffisant pour porter 1 ampère sans échauffement anormal. Elle offrira une certaine résistance, absorbera une
certaine quantité de l'énergie du courant et produira une
certaine force magnétisante. Supposons maintenant
qu'on veuille refaire cette bobine avec du fil de diamètre
moitié moindre ; qu'en résultera-t-il ? Si le fil a un diamètre moitié moindre, sa section sera le quart de celle du
précédent, et la bobine pourra porter quatre fois autant
de spires (en supposant que l'enveloppe isolante occupe la
même fraction du volume disponible). Le courant que
pourra supporter ce fil sera le quart du précédent. La
nouvelle bobine aura seize fois autant de résistance que
l'ancienne, puisque son fil sera quatre fois aussi long
avec une section quatre fois moindre. Mais la dépense
d'énergie sera la même, puisqu'elle est proportionnelle à
la résistance et au carré de l'intensité, et que $16 \times \dfrac{1}{16} = 1$.
En conséquence la chaleur développée sera identique. Il
en sera de même de la force magnétisante ; car, si
le courant n'est plus alors que d'un quart d'ampère, par
contre il parcourt 400 spires, et le nombre d'ampères-
tours reste toujours de 100. Le même raisonnement s'ap-

plique naturellement à toute autre donnée numérique
possible. Peu importe donc, au moins en ce qui concerne
la manière dont se comporte magnétiquement un électro-aimant, qu'il soit roulé de gros fil ou de fil fin, pourvu que la section du fil corresponde au courant qu'il
doit porter, de sorte que son échauffement absorbe le
même nombre de watts. Pour un solénoïde roulé sur
une bobine de volume donné, la force magnétisante
est la même pour la même perte sous forme de chaleur.
Mais la perte calorifique croît relativement plus vite que
la force magnétisante si l'on augmente l'intensité dans
une bobine donnée ; l'échauffement est en effet proportionnel au carré de l'intensité, tandis que la force magnétisante est simplement proportionnelle à cette intensité. C'est donc en réalité l'échauffement du fil qui
détermine le bobinage.

Étant donné que le courant doit avoir une certaine
intensité, il faut admettre une certaine marge de volume
pour permettre d'atteindre sans échauffement anormal
le nombre voulu d'ampères-tours. Un courant de 1 ampère est un point de départ convenable dans le calcul de
la bobine. Cette base admise, le même volume reste
bon pour tout autre diamètre de fil approprié à tout
autre courant. Les expressions d'électro-aimant « à long
bobinage » et « à court bobinage » s'appliquent aux
électro-aimants respectivement roulés de nombreuses spires de fil fin et de spires peu nombreuses de gros fil. Elles
sont préférables à celles de « haute résistance » et de « faible résistance », quelquefois employées pour désigner les
deux sortes d'enroulement, parce que, comme nous l'avons
vu, la résistance d'une bobine n'a rien à faire par
elle-même avec sa force magnétisante. Étant donné le

volume occupé par le cuivre, pour une densité quelconque de courant (310 ampères par exemple par cm² de section droite du cuivre), la force magnétisante de la bobine sera la même pour toutes les dimensions de fils. La conductibilité du cuivre lui-même est importante, car, meilleure elle sera, moins il y aura de perte par échauffement par centimètre cube de bobinage. On doit en conséquence préférer en toute circonstances du cuivre de haute conductibilité.

Mais la chaleur ainsi engendrée par le courant électrique élève la température de la bobine (et du noyau), qui émet alors de la chaleur par sa surface. On peut admettre comme approximation suffisante que 1 cm² de surface, échauffé de 1° C au-dessus de l'air ambiant, émet constamment de la chaleur au taux de $\frac{1}{800}$ de watt. Autrement dit, s'il y a assez de surface pour permettre une émission constante de chaleur au taux de 1 watt (1) par centimètre carré de surface, la température de cette surface s'élèvera d'environ 8° C au-dessus de la température de l'air ambiant. Ce chiffre est déterminé par le pouvoir rayonnant moyen des substances telles que le coton, la soie, le vernis, et autres matières dont sont ordinairement revêtues les surfaces des spires.

Dans les spécifications de machines dynamos, on im-

___

(1) Le watt est l'unité pratique de puissance ; il est égal à 10 millions d'ergs par seconde, ou à $\frac{1}{736}$ de cheval-vapeur. Un courant de 1 ampère, en passant dans une résistance de 1 ohm, dépense 1 watt à l'échauffer. Un watt équivaut à 0,24 calorie (g-d) par seconde, c'est-à-dire que la chaleur développée en t secondes, par suite d'une dépense d'énergie au taux de 1 watt ou d'une puissance égale à 1 watt, suffirait à échauffer t grammes d'eau de 0°,24 C.

pose habituellement comme condition que les bobines ne s'échaufferont pas au delà d'un certain nombre de degrés au-dessus de la température du milieu. Pour les électro-aimants, on peut poser comme règle de sécurité qu'aucune bobine ne s'échauffera jamais de plus de 55° C au-dessus de la température ambiante. Dans bien des cas cependant on peut en toute sécurité dépasser cette limite.

On calculera approximativement la résistance du fil de cuivre isolé, enroulé sur une bobine, à l'aide de la règle suivante : — Si d est le diamètre du fil nu en millimètres, et D le diamètre du fil recouvert, également en mm, la résistance par centimètre cube de bobine aura pour valeur : —

$$\text{Résistance par cm}^3 \text{ (en ohms)} = \frac{1}{41 \times D^2 d^2}.$$

On est en conséquence en mesure de construire sur ces bases une table de diamètres de fils et d'intensités permettant de calculer rapidement le degré d'échauffement d'une bobine donnée parcourue par un courant d'intensité déterminée, ou, inversement, le volume nécessaire à une bobine pour qu'elle puisse permettre la circulation voulue de courant sans s'échauffer au delà d'une limite fixée.

Nous donnons ci-après, pp. 236 et 237, une table de ce genre, employée depuis quelque temps au Collège technique de Finsbury. Originairement calculée sous notre direction par M. Eustace Thomas, elle a été depuis révisée en conformité des observations de M. Esson (Voir également l'Appendice C).

Un grand nombre d'applications, telles que la télégraphie et les sonneries électriques, exigent des fils de dia-

TABLEAU XIV. — FILS ET COURANTS

| SPÉCIFICATION DU FIL | | | | | DENSITÉ DE COURANT ADMISSIBLE, ÉCHAUFFEMENT PROBABLE ET ÉPAISSEUR POSSIBLE DU FIL | | | | | | | | | | | |
| NU | | | GUIPÉ | | 155 AMPÈRES PAR cm² | | | 310 AMPÈRES PAR cm² | | | 465 AMPÈRES PAR cm² | | | 620 AMPÈRES PAR cm² | | |
NATURE	Diamètre en mm	Section en mm³	Nombre de spire par cm courant	Nombre de spire par cm²	Intensité (ampères) A	Température (degrés C) C	Épaisseur (cm) E	Intensité (ampères) A	Température (degrés C) C	Épaisseur (cm) E	Intensité (ampères) A	Température (degrés C) C	Épaisseur (cm) E	Intensité (ampères) A	Température (degrés C) C	Épaisseur (cm) E
Fil unique	0,744	0,3970	9,37	96,7	0,616	1.27	11,43	4,232	5,41	2,87	1,85	11,4	1,27	2,46	20,3	0,71
—	0,914	0,6561	7,87	68,2	1,018	1,77	9,90	2,036	7,07	2,34	3,05	15,9	1,10	5,07	28,3	0,64
—	1,016	0,8044	7,28	58,4	1,26	1,98	9,14	2,52	7,89	2,24	3,78	17,8	1,04	5,04	34,7	0,58
—	1,219	1,1652	6,34	44,3	1,81	2,58	8,38	3,62	10,3	2,14	5,43	23,2	0,94	7,24	41,2	0,53
—	1,422	1,4881	5,62	34,7	2,4	3,04	8,12	4,8	12,2	2,01	7,2	27,3	0,89	9,6	48,6	0,48
—	1,625	2,0744	5,05	28,1	3,2	3,65	7,62	6,4	14,6	1,88	9,6	32,9	0,84	12,8	58,4	0,46
—	1,828	2,6245	4,58	23,1	4,0	4,41	7,36	8,0	16,4	1,83	12,0	37,6	0,81	16,0	65,8	0,43
—	2,032	3,2493	4,19	19,2	5,0	4,70	7,11	10,0	18,8	1,78	15,0	42,4	0,79	20,0	75,2	0,43
—	2,337	4,2895	3,72	15,2	6,6	5,54	6,85	13,2	22,2	1,70	19,8	49,8	0,76	26,4	88,6	0,41
—	2,642	5,4863	3,34	12,3	8,5	6,41	6,60	17,0	25,3	1,65	25,5	57,7	0,74	34,0	102,4	0,41
—	2,946	6,7161	3,04	10,1	10,5	7,01	6,35	21,0	28,5	1,60	31,5	64,0	0,71	42,0	113,8	0,41
—	3,251	8,2958	2,78	8,4	12,8	7,09	6,09	25,6	31,8	1,55	38,4	71,5	0,69	51,2	127,1	0,38
—	3,658	10,5209	2,49	6,8	16,3	9,01	6,09	32,6	36,4	1,52	48,9	82,0	0,69	65,2	145,8	0,38
—	4,064	12,9781	2,26	5,6	20,1	10,02	5,8	40,2	40,9	1,50	60,3	92	0,66	80,4	163,6	0,38
—	4,470	15,6929	2,07	4,7	21,3	11,03	5,8	48,6	45,4	1,47	72,9	102	0,66	97,2	181,3	0,38
Fil toronné 7 × 0,7	2,133	2,7790	3,78	15,8	4,3	3,74	10,2	8,06	15,0	2,51	12,9	32,7	1,22	16,2	59,8	0,64
7 × 0,9	2,742	4,5927	3,07	10,4	7,1	4,97	9,4	14,3	19,8	2,34	21,4	44,7	1,12	28,5	79,4	0,58
7 × 1,2	3,657	8,1564	2,40	6,32	12,7	6,89	8,6	25,4	27,6	2,11	38,1	62,0	0,99	50,8	110,2	0,53
7 × 1,6	4,875	14,4998	2,01	4,43	22,9	9,56	8,1	45,8	38,2	2,01	68,7	85,8	0,89	91,6	152,6	0,51
7 × 1,8	5,484	18,3715	1,69	3,15	28,9	10,8	7,9	57,8	43,3	1,98	86,7	97,4	0,86	115,6	173,2	0,51
7 × 2,0	6,096	22,7486	1,53	2,56	35,6	12,8	7,9	71,2	48,4	1,93	106,8	108,8	0,86	142,4	193,5	0,48
7 × 2,3	7,011	30,0265	1,33	1,96	46,2	13,2	7,6	92,4	54,9	1,88	138,6	123,5	0,84	184,8	219,6	0,48
7 × 2,6	7,926	38,4044	1,19	1,54	59,5	15,8	7,4	119,0	63,3	1,83	178,5	142,5	0,81	238,0	253,3	0,46

Les chiffres inscrits dans les colonnes A indiquent le nombre d'ampères portés par le fil.

Les chiffres inscrits dans les colonnes C indiquent le nombre de degrés centigrades dont s'échaufferait la bobine si elle ne comportait qu'une seule couche de fil et dans l'hypothèse qu'il n'y a de rayonnement que par la surface extérieure de la bobine. — Ils sont calculés d'après la règle d'Esson, modifiant celle de Forbes.

Les chiffres inscrits dans les colonnes E indiquent les épaisseurs en centimètres sur lesquelles les fils peuvent être roulés pour 1 watt de perte par centimètre carré de surface de rayonnement, la surface extérieure de rayonnement de la bobine étant seule prise en considération.

La règle pour le calcul d'un fil toronné à 7 brins est la suivante : Diamètre du toron = 1,134 fois le diamètre d'un fil rond équivalent.

Les chiffres donnés sous la rubrique « Nombre de spires par centimètre courant » sont calculés pour des fils guipés de coton avec l'épaisseur moyenne de guipage employée pour les différents diamètres, soit 0,3356 mm de diamètre en plus pour les fils ronds (à partir de 0,7 mm de diamètre), et 0,508 mm pour les fils en torons ou carrés.

Ceux inscrits sous la rubrique « Nombre de spires par cm² » sont calculés d'après la règle précédente, avec 10 % de marge pour le logement des couches.

La résistance (en ohms) d'une bobine de fil de cuivre, de volume V en centimètres cubes, dont le diamètre est de d mm nu et de D mm guipé, peut se calculer approximativement d'après la règle de la page 235.

NOTA. — Ce tableau a déjà été donné dans notre traduction du *Traité théorique et pratique des machines dynamo-électriques* de S. P. Thompson; mais une erreur de conversion en avait faussé certains chiffres. — Celui-ci est exact. [E.B.]

mètre inférieur à aucun de ceux mentionnés dans cette table, qui, en réalité, est destinée au calcul d'électro-aimants employés dans des applications comportant des courants beaucoup plus intenses.

On donne parfois comme règle sommaire et rapide pour le calcul des diamètres de fils 0,6 mm² de section par ampère. Cette règle est cependant absurde, comme on peut s'en convaincre à l'inspection de la table. En se reportant à la colonne intitulée 155 ampères par cm², on voit qu'on pourra à ce taux faire porter à un fil de 1,2 mm de diamètre 1,81 ampère, et que, pour une seule couche, ce fil ne s'échauffera que de 2,58 degrés C. Par suite, on pourrait, couche par couche, arriver jusqu'à une épaisseur de 8,4 cm sans atteindre la limite tolérée de 6,45 cm² par watt pour l'émission de chaleur. Il y a bien peu de cas où l'on ait besoin de rouler une bobine sur une épaisseur de 8,4 cm. Pour de très rares électro-aimants la couche de fil a besoin de dépasser 1,25 cm d'épaisseur; et, si elle atteint seulement cette épaisseur, soit environ le septième de 8,4, on peut employer une densité de courant $\sqrt{7}$ fois aussi grande que 155 ampères par cm carré, sans dépasser la limite de sécurité. En fait avec des bobines de 1,25 cm seulement d'épaisseur, on peut en toute sécurité employer une densité de courant de 465 ampères par cm², grâce à la part contributive du noyau dans la dissipation et l'émission de la chaleur.

Supposons donc qu'on ait dessiné un électro-aimant en fer à cheval avec un noyau de 2,5 cm de diamètre, et que, après s'être rendu compte du travail qu'il a à effectuer, on trouve qu'il lui faut développer une force magnétomotrice de 2400 ampères-tours; supposons éga-

lement imposée la condition que la bobine ne s'échauffera
pas au delà de 28 degrés C au-dessus de l'air ambiant ; quel volume faudra-t-il donner à la bobine ? —
Admettons d'abord que le courant soit de 1 ampère ; on
aura alors 2400 spires de fil portant 1 ampère. Si l'on
prend un fil de 0,9 mm de diamètre et qu'on l'enroule
sur une épaisseur de 1,25 cm, on aura 85 spires par
cm de longueur de la bobine ; de sorte qu'une bobine
de 28 cm de long et d'un peu plus de 1,25 cm d'épaisseur (ou de 11 couches superposées) donnerait les 2400
spires. Mais le Tableau XIV montre, que si l'on faisait
passer dans ce fil 1,018 ampère, il s'échaufferait au delà
de 195° C, s'il était enroulé sur une épaisseur de 9,9 cm.
Enroulé sur une profondeur de 1,25 cm, il s'échaufferait
en conséquence de 19° C environ ; et avec 1 ampère
seulement il s'échaufferait naturellement moins. Ce fil
est plus fort qu'il ne faut ; essayons le diamètre au-dessous. Le fil de 0,7 mm de diamètre, à raison de 310 ampères par cm², portera 1,23 ampère, et s'échauffera de
125 degrés C pour une épaisseur d'enroulement de 28,7
mm. S'il ne doit pas dépasser 28° C, il ne faut pas l'enrouler sur plus de 6,4 mm d'épaisseur ; mais s'il ne
laisse passer qu'un courant de 1 ampère on peut donner
à l'enroulement un peu plus de profondeur, le faire par
exemple en 14 couches. Il faudra en conséquence une
bobine de 18,3 cm de long pour loger les 2400 spires.
La section totale du fil ainsi logé sera d'environ 24,8
cm², et le volume occupé par lui, de 305 cm³. Deux
bobines ayant chacune 9,2 cm de long et 1,6 cm de
profondeur, permettant de loger 14 couches, convien-
dront à cet enroulement.

La lumière que jette la connaissance de la relation

entre le rayonnement de la surface, le taux de l'échauffement sous l'action du courant et les températures limites, montre combien sont peu justifiées les règles empiriques souvent énoncées, notamment celle prescrivant de donner à l'enroulement une profondeur égale au diamètre du noyau. Si on la rapproche de ce fait que, dans tous les cas où les dérivations sont négligeables, le nombre d'ampères-tours qui aimantera un mince noyau à un degré donné quelconque portera un noyau de section quelconque et de même longueur au même degré d'aimantation, on verra qu'une règle augmentant l'épaisseur du cuivre proportionnellement au diamètre du noyau de fer n'est rien moins qu'une absurdité.

Règles sommaires.

Quand on n'a besoin que d'approximations moins précises, on peut recourir à des règles plus simples. En voici deux exemples : —

Cas 1. — Dérivations supposées négligeables. — Admettons que $\mathfrak{B} = 16\,000$ unités C.G.S.; $\mathfrak{H}$ est alors égal à 50 unités (Tableau III). Il en résulte que le nombre d'ampères-tours par centimètre de fer devra être de 40, car $\mathfrak{H}$ est égal à 1,2566 fois les ampères-tours par centimètre. Maintenant, si l'épaisseur du fil enroulé ne doit pas excéder 1,25 cm, on peut se permettre 620 ampères par cm² sans crainte d'échauffement exagéré, et les 620 ampères-tours exigeront une longueur de bobine de 5 cm ; autrement dit chaque centimètre de bobine pourra supporter sans excès d'échauffement 124 ampères-tours. Par suite, chaque centimètre de bobinage de 1,25 cm d'épaisseur suffira à porter au degré voulu d'aimantation 20 cm de longueur de fer.

Cas 2. — Dérivations supposées de 50 pour cent. — Admettons que $\mathfrak{B}$ dans l'entrefer $= \mathfrak{H} = 8\,000$; pour produire cette induction à travers cet espace, il faudra 6400 ampères-tours par centimètre d'entrefer; et, si le fil enroulé ne doit pas avoir plus de 1,25 cm d'épaisseur, chaque centimètre de longueur de bobinage devra recevoir 800 ampères-tours. Par suite, 8 cm de longueur de bobinage sur 1,25 cm d'épaisseur seront nécessaires pour 1 cm d'entrefer porté au degré d'aimantation voulu.

BOBINAGES POUR TENSION CONSTANTE ET POUR COURANT CONSTANT.

En ce qui concerne l'enroulement des bobines d'électro-aimants destinés à un système quelconque d'éclairage électrique, il faut bien se pénétrer de ce que des règles différentes doivent être appliquées suivant le mode d'alimentation du circuit. Si cette alimentation se fait sous pression constante, comme lorsqu'il s'agit de lampes à incandescence, on applique aux électro-aimants la même règle que pour les bobines des voltmètres. Si l'alimentation est faite sous courant constant, ainsi que cela se pratique habituellement dans les éclairages par arcs en série, il faut, dans l'enroulement des bobines, tenir compte du courant que supportera le fil en couches superposées d'épaisseur convenable, le nombre des spires étant dans ce cas le même, que le fil employé soit plus ou moins gros.

En admettant comme limite de sécurité pour la tempé-

rature 50° C au-dessus de celle de l'air ambiant, on aura
le courant maximum à employer avec un électro-aimant
donné en appliquant la formule : —

$$\text{Intensité maxima permise (en ampères)} = 0{,}25 \sqrt{\frac{s}{r}},$$

s étant la surface des enroulements en centimètres carrés,
et r leur résistance en ohms.

De même pour les bobines destinées à être mises en
dérivation : —

Différence de potentiel maxima permise (en volts)

$$= 0{,}25 \sqrt{sr}.$$

La force magnétisante d'une bobine, alimentée sous
une différence de potentiel donnée, est indépendante de
la longueur du fil et dépend uniquement de son diamètre ;
mais, plus le fil sera *long*, moindre sera la perte sous
forme de chaleur. Par contre, pour une alimentation sous
intensité constante, la force magnétisante d'une bobine
est indépendante du diamètre du fil ; elle n'est fonction
que de sa longueur ; mais, plus le fil sera *gros*, moindre
sera la perte sous forme de chaleur.

On trouvera à l'Appendice C un certain nombre de
règles utiles données par M. G. Kapp pour le calcul ap-
proximatif du poids, de la longueur et de la résistance
des enroulements.

RÈGLES DIVERSES RELATIVES AU BOBINAGE.

Pour obtenir la même température-limite avec des
bobines de mêmes dimensions roulées de fils de différents diamètres, il faut faire varier la section droite du
fil comme le courant qu'il doit porter ; en d'autres ter-

mes, la densité de courant (ampères par cm²) doit être maintenue constante. Le Tableau XIV (p. 236) donne les intensités pour divers diamètres de fils, correspondant à quatre valeurs différentes de densité de courant.

Pour porter à la même température deux bobines de formes semblables, ne différant que par les dimensions et dont les diamètres de fil sont dans le même rapport (de sorte qu'il y ait le même nombre de spires sur la plus grande et sur la plus petite), les courants doivent être proportionnels aux racines carrées des cubes de leurs dimensions linéaires.

Dans des électro-aimants semblables, de dimensions différentes, les nombres d'ampères-tours doivent être proportionnels à ces dimensions linéaires si l'on veut les porter par l'aimantation au même degré de saturation.

Lord Kelvin (sir William Thomson) a formulé une règle utile pour le calcul des bobinages d'électro-aimants de même type mais de dimensions différentes : des noyaux de fer sembl les, roulés de la même manière avec des longueurs de fil proportionnelles aux carrés de leurs dimensions linéaires, et excités par des courants égaux, produiront des forces magnétiques égales en des points semblablement situés par rapport à eux.

DIFFÉRENTS MODES D'ENROULEMENTS

On a imaginé un mode spécial de bobinage consistant à employer dans les bobines un fil de section variable. Lord Kelvin a montré qu'il était avantageux, dans la construction des bobines de galvanomètres, d'employer un fil fin pour les spires intérieures de faible diamètre, puis un fil plus gros au fur et à mesure que le diamètre de celles-ci augmente, le fil le plus gros se trouvant ainsi dans les couches extérieures, de manière à proportionner le diamètre du fil au diamètre des spires. Mais il ne s'ensuit nullement que l'emploi de fils *de section croissante*, qui donne satisfaction pour les bobines de galvanomètres, convienne nécessairement pour les électro-aimants. Dans l'étude de construction de ces appareils, il est indispensable de tenir compte de l'échauffement pour le combattre; et il est évident que les couches extérieures sont dans la meilleure situation au point de vue de la déperdition de la chaleur. L'expérience prouve que les couches inférieures des bobines d'électro-aimants atteignent toujours une température plus élevée que celles de la surface. Il en résulte que, si ces couches internes devaient être formées de fil plus fin, présentant plus de résistance et s'échauffant plus que les couches extérieures, cette tendance au sur-échauffement serait encore plus accentuée. A vrai dire il semblerait plus rationnel de faire l'inverse de ce qui se pratique pour les galvanomètres et de rouler les électro-aimants de fil plus gros dans les couches internes et plus fin dans les couches externes.

Un autre mode de bobinage consiste encore à faire usage de plusieurs fils réunis en parallèle, en employant cependant un fil séparé pour chaque couche et soudant après coup tous les bouts antérieurs à une extrémité de la bobine, et tous les bouts d'arrière à l'autre. Au point de vue magnétique ce mode de faire ne présente aucun avantage sur le bobinage avec un seul fil de fort diamètre de section équivalente. Mais on a récemment découvert que cette manière de procéder avec un *fil multiple* offrait accessoirement l'avantage de diminuer la tendance à la production d'étincelles lors de la rupture du circuit.

Victor Serrin a proposé en 1876 un mode d'enroulement encore différent qui consiste à rouler un noyau de fer, isolé par un enduit, de spires plates de cuivre en feuille également protégées par des enduits, et étagées bords à bords à la façon d'un escalier.

Bobinage cloisonné.

Dans un cas particulier il est avantageux de faire le bobinage par sections, c'est-à-dire d'établir de distance en distance le long de la bobine des divisions ou cloisons, et à enrouler le fil de manière à remplir complètement chacun des intervalles successifs entre ces cloisons avant de passer de l'une d'elles à la suivante. Le cas où ce mode de construction est avantageux est celui assez rare de bobines destinées à fonctionner avec des courants sous potentiel très élevé. En effet, quand on a affaire à des courants ainsi fournis sous très hauts potentiels, il s'exerce sur la matière isolante une tension très considérable (1) qui tend à la percer avec production d'étincelle. Le *cloisonnement*, originairement suggéré par Ritchie, ne laisse jamais entre les spires de deux couches successives une aussi grande différence de potentiel que si chacune de ces couches était enroulée d'un bout à l'autre sur

---

(1) La tension sur la matière isolante, tendant à la percer par une étincelle, est proportionnelle au carré de la différence de potentiel (par unité d'épaisseur) à laquelle est soumise cette matière. Bien que cette expression soit souvent employée, il est incorrect de parler de la tension d'un conducteur ou d'un courant, la tension ou effort électrique étant toujours une action qui affecte le diélectrique, c'est-à-dire la matière isolante.

toute la longueur de la bobine. Il n'y a par suite jamais une aussi forte tension exercée de couche à couche sur la matière isolante, et une bobine ainsi roulée est moins susceptible d'être endommagée du fait d'une étincelle.

BOBINAGES ERRONÉS.

Il est curieux de noter les idées erronées auxquelles a parfois donné lieu le bobinage des électro-aimants. En 1869 un certain M. Lyttle prit un brevet pour un mode d'enroulement de bobines consistant à former d'abord la première couche de la manière habituelle, puis à ramener directement le fil en arrière au point de départ de cette première couche et de faire alors la seconde, et ainsi de suite. Avec cette manière de procéder, toutes les spires se trouvent être dextrorsum ou sinistrorsum, au lieu d'avoir alternativement le pas à droite et à gauche comme dans le bobinage ordinaire. Lyttle vantait les effets beaucoup plus énergiques d'une bobine ainsi roulée; M. Brisson, qui réinventa en 1873 le même mode d'enroulement, opéra de même et décrivit solennellement son invention. La fausseté de sa prétendue supériorité a été immédiatement démontrée par M. W. H. Preece qui n'y trouva d'autre différence avec la manière courante de procéder qu'une plus grande difficulté de construction.

Une autre erreur très répandue veut que les électro-aimants dont les fils sont mal isolés soient plus puissants que ceux à isolement soigné. Cette erreur a pour origine l'ignorance qui fait employer des électro-aimants à longues bobines peu épaisses (de résistance élevée) avec des piles formées d'un petit nombre d'éléments (de faible force électromotrice). En pareil cas, si quelques spires se trouvent en court-circuit, il passe plus de courant et la force magnétisante peut s'en trouver augmentée. Mais la science indique qu'il faut alors ou refaire le bobinage avec un gros fil approprié, ou bien appliquer une autre pile de force électromotrice plus élevée.

ISOLEMENT DU FIL

Des instructions concernant l'isolement convenable des fils et des couches contiguës ont été données précédemment, pp. 68 à 76, sous la rubrique « Matériaux de construction ».

SPÉCIFICATION DES ÉLECTRO-AIMANTS

On trouve souvent dans les spécifications de construction des électro-aimants qu'ils devront être établis de manière à ce que leurs bobines aient une résistance déterminée. C'est encore une absurdité. La résistance des bobines ne contribue en rien à l'aimantation du noyau. La meilleure spécification à donner en ce qui concerne le bobinage est le nombre d'ampère-tours et la température-limite d'échauffement. D'autres fois on fixe le nombre de watts que devra absorber l'électro-aimant. Ce serait fort bien si les électriciens pouvaient se mettre d'accord sur une sorte de figure de mérite permettant la comparaison des électro-aimants entre eux, et tenant compte de la puissance magnétique — c'est-à-dire du produit du flux magnétique par la force magnétomotrice —, de la consommation en watts, de l'élévation de température, et autres facteurs analogues.

RÈGLE D'AMATEUR RELATIVE A LA RÉSISTANCE D'UN ÉLECTRO-
AIMANT ET A CELLE DE LA PILE QUI L'ALIMENTE

En traitant cette question de l'enroulement du cuivre
sur un noyau d'électro-aimant, nous ne pouvons malheureusement passer sous silence une règle souvent donnée
et que nous voudrions voir disparaître le plus tôt possible des ouvrages scientifiques, à savoir qu'il faut se rési-
gner à perdre 50 pour cent de la puissance mise en œuvre.
Nous faisons allusion à cette règle qui établit qu'on obtient l'effet maximum d'un électro-aimant en donnant à
ses bobines une résistance égale à celle de la pile employée; ou que, étant donné un électro-aimant de résistance déterminée, il faut se servir d'une pile de même
résistance. Qu'entend-on par cette règle? — Elle est absolument dépourvue de sens, sauf dans le cas où le volume
de la bobine est imposé d'avance une fois pour toutes,
sans qu'on puisse le modifier, ou dans celui où le nombre
des éléments de pile disponibles est lui-même imposé. Si
l'on a affaire à un nombre déterminé d'éléments de pile
et que l'on doive en obtenir l'effet maximum dans le circuit extérieur, sans pouvoir s'en procurer d'autres, il est
parfaitement exact que, pour des courants constants,
il faut les grouper de telle sorte que leur résistance intérieure soit égale à la résistance extérieure sur laquelle
ils doivent travailler, et alors, en fait, la moitié de l'énergie de la pile sera dissipée; mais la puissance obtenue
sera maxima. Cette règle est charmante pour les amateurs, parce qu'un amateur part de ce principe qu'il n'a
pas à économiser sur sa dépense de production; peu lui
importe que la pile débite d'une manière exagérée, s'é-
chauffant elle-même et dissipant inutilement une partie

de son énergie; tout ce qu'il désire c'est obtenir, pendant un temps assez court, la puissance maxima réalisable avec le moindre nombre possible d'éléments. Cette règle d'égalisation de la résistance intérieure avec la résistance extérieure est donc une simple règle d'amateur. Mais elle est absolument trompeuse en ce qui concerne un travail sérieux; et non seulement trompeuse, mais tout à fait inexacte pour peu qu'on ait affaire à des courants rapidement établis et interrompus. Pour tous les appareils tels que sonneries électriques, télégraphes rapides, bobines d'induction, ou autres, dans lesquels le courant est appelé à varier rapidement d'une certaine valeur à zéro, elle est fausse, comme on va le voir.

Quel est d'abord exactement le point de vue auquel il faut se placer? Quel est le point de départ? Il nous est souvent demandé tant par des amateurs, que par des expérimentateurs qui ont la prétention d'être mieux considérés, quelle est la pile qui convient à un électro-aimant donné, ou quel électro-aimant il faut employer avec une pile déterminée. Nous avons, d'autre part, fréquemment entendu parler de mécomptes que le moindre sens commun sagement dirigé aurait pu changer en succès. Ce dont on a à se préoccuper dans chaque cas, ce n'est pas de la pile, non plus que de l'électro-aimant; c'est de la ligne. Une ligne étant donnée, il faut avoir une pile et un électro-aimant en corrélation avec elle. Si cette ligne est courte et de fort diamètre (de quelques mètres de gros et bon fil de cuivre), peu résistante en un mot, il faudra prendre une pile à l'avenant (quelques forts éléments ou un seul gros élément) et mettre une bobine courte et grosse sur l'électro-aimant; en d'autres termes, le tout devra être peu résistant. S'il s'agit au, contraire d'une ligne de faible section et longue (de plusieurs kilomètres), il faudra recourir à une pile analogue (petits élémens couplés en une longue série) et à une longue bobine d'électro-aimant en fil fin ; le tout, en conséquence, résistant. De là cette règle : à une ligne peu résistante devront correspondre une pile et une bobine peu résistantes ; à une ligne résistante, une pile et une bobine de forte résistance. Si grossière qu'elle soit, cette règle est de beaucoup préférable à la règle d'amateur précédemment combattue.

A dire vrai, cependant, cette règle ne résoud pas complètement la question ; il y a à tenir compte d'un facteur autre que la résistance totale du circuit. Toutes les fois qu'on se trouve en présence d'appareils à action rapide, on a à se préoccuper de ce fait que le courant est régi dans ses variations moins par la résistance que par l'inertie électromagnétique du circuit. Ce point devant être spécialement traité un peu plus loin, nous laisserons de côté quant à présent ce qui concerne la pile, pour nous confiner dans l'étude d'exécution des bobines.

INFLUENCE DES DIMENSIONS DES BOBINES

De ce que la force magnétisante exercée par une bobine sur le circuit magnétique qu'elle enveloppe est simplement proportionnelle au nombre de ses ampère-tours, il résulte que les spires qui forment les couches extérieures de cette bobine, tout en étant plus éloignées du noyau de fer, possèdent exactement la même action magnétique. Ceci est strictement exact pour tous les circuits magnétiques fermés ; mais dans les circuits magnétiques ouverts où se produisent des dérivations, ce n'est vrai que pour les bobines qui embrassent également le flux dérivé. Par exemple, dans un court électro-aimant droit, parmi les spires à grand rayon constituant la couche extérieure, celles qui recouvrent le milieu du barreau enveloppent toutes les lignes de force et ont exactement autant d'action que les spires de moindre rayon situées au-dessous d'elles ; tandis que celles qui recouvrent les parties terminales du barreau ont moins d'action : un certain nombre de lignes de force dérivées leur échappe.

INFLUENCE DE LA POSITION DES BOBINES

Dans les recherches auxquelles s'est livré du Moncel relativement aux électro-aimants, on en trouve une relative à la meilleure position à donner aux bobines sur le noyau de fer. Ce point a été également étudié par d'autres expérimentateurs. L'ouvrage de Dub « Elektromagnetismus », auquel nous nous sommes déjà plusieurs fois référé, contient aussi un grand nombre d'expériences sur cette meilleure position des bobines. Nous nous contenterons d'un exemple.

Du Moncel avait quatre paires de bobines formées exactement de la même longueur de fil, 50 m chacune ; l'une de ces paires de bobines avait 16 cm de long ; une autre, 8 cm ou la moitié de la précédente ; mais elles ne comportaient pas le même nombre de spires, le diamètre des spires externes étant naturellement différent des unes aux autres ; la troisième avait 4 cm et la quatrième 2 cm. Il les éprouva toutes avec des électro-aimants droits et en fer à cheval. Nous nous bornons à donner ci-dessous les résultats fournis par l'appareil en fer à cheval. Celui-ci avait une longueur suffisante —

16 cm seulement — pour porter la bobine la plus longue. Quand on employait les bobines compactes de 2 cm de long, l'effort exercé sur l'armature, à une distance de 2 mm (naturellement maintenue la même dans toutes les expériences), était de 40 g. Avec le même poids de fil, mais réparti sur les bobines de longueur double, l'effort était de 55 g. Avec les bobines de 8 cm de long, il était de 75 g, et avec celles de 16 cm de long, couvrant entièrement chaque branche, l'effort atteignait 85 g.

Il en résulte clairement que, lorsqu'on a une longueur déterminée de fer, le meilleur mode de bobinage à adopter pour obtenir de l'électro-aimant ainsi constitué l'effort maximum n'est pas d'amonceler le fil au voisinage immédiat des pôles, mais de le répartir uniformément, attendu que ce mode de bobinage donne plus de spires, et par suite plus d'ampère-tours, d'où également plus d'aimantation. Il faut toutefois faire exception pour le cas où il y a relativement de fortes dérivations. Avec les électro-aimants boiteux on arrive à des résultats du même genre. On a trouvé avantageux dans tous les cas de répartir autant que possible le bobinage sur toute la longueur de la branche. Toutes ces expériences ont été faites avec un courant constant. Mais, de ce que cette répartition du bobinage sur toute la longueur du noyau est préférable avec des courants constants, il ne s'ensuit pas qu'il en soit de même dans le cas d'un courant à variations rapides. Nous verrons en effet qu'il n'en est pas ainsi.

MODES ERRONÉS DE CONSTRUCTION

Il est parfois utile de s'arrêter aux modes de construction défectueux ou erronés et de rechercher les raisons de leur infériorité. La fig. 88 en offre un exemple ; c'est une des nombreuses dispositions imaginées par Roloff. Elle comporte trois noyaux cylindriques semblables montés aux angles d'un triangle équilatéral, et dont l'armature est elle-même une plaque de fer triangulaire équilatérale à angles arrondis. Il serait évidemment absurde d'enrouler les bobines de manière à donner aux trois extrémités une même polarité. Si l'un des pôles est nord, les deux autres seront sud, et inversement.

Une construction de ce genre — électro-aimant tripolaire, par le fait — ne donne lieu à priori à aucune objection, on trouvera, plus loin, Fig. 177, la description d'un électro-aimant

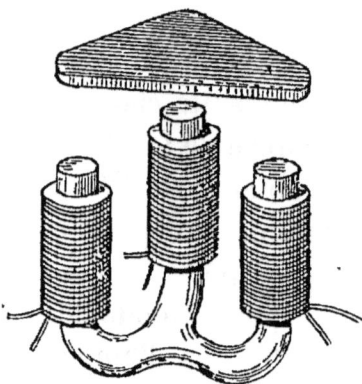

Fig. 88. — Electro-aimant à trois branches.

tripolaire bien conçu. Mais, pour réaliser convenablement cette idée, on doit donner à l'un des noyaux une section transversale double de celle de l'un quelconque des deux autres, de telle sorte que le flux magnétique qui émane de deux des noyaux puisse, dans son retour par le troisième, trouver une section de fer équivalente.

Un autre mode erroné de construction, adopté à une certaine époque pour les inducteurs des machines dynamos Edison, ainsi que dans quelques types primitifs de machines Gramme, consiste à employer plusieurs noyaux parallèles, roulés de fil chacun séparément, réunis d'un côté à deux pièces polaires communes, et de l'autre à une culasse commune, comme dans la Fig. 89. Cette division de la branche de fer est plus qu'inutile. En effet, si les fils sont enroulés de manière à donner la même polarité aux noyaux parallèles voisins, il y a d'abord beaucoup de fil perdu; en outre, dans les espaces intermédiaires entre deux quelconques de ces noyaux circulent deux séries de courants de sens contraires qui annulent réciproquement leurs actions magnétisantes. Il serait bien préférable d'enrouler le fil extérieurement aux trois noyaux

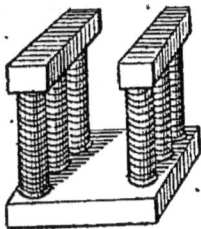

Fig. 90. — Electro-aimant à noyaux multiples.

ensemble et de remplir de fer les intervalles, et mieux encore de prendre un seul noyau massif. La Fig. 90 montre les trois modes de bobinage, a correspondant au cas de la Fig. 89. Si ces trois noyaux avaient chacun 8 cm de diamètre, et la couche de fil 1,25 cm d'épaisseur, la longueur (moyenne) de fil nécessaire pour rouler d'une spire un des noyaux serait presque exactement de 33 cm; et, pour rouler d'une spire toute la section de fer, il faudrait près de 1 m de fil. Mais si ce fil est conduit tout autour de l'ensemble des trois noyaux, comme dans la Fig. 90 b, il n'en faudra plus que 65 cm. Enfin

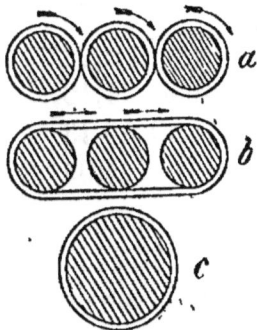

Fig. 90. — Noyaux multiples et Noyau unique.

si la même quantité de fer était confondue en un seul gros noyau de même section, ayant par suite un diamètre de 14 cm environ, la longueur (moyenne) de fil nécessaire pour une spire ne serait plus que de 44 cm.

Au point de vue de l'économie du cuivre, il devient en conséquence intéressant de connaître la meilleure forme à donner aux noyaux. Il est facile de résoudre cette question par la considération de ce fait géométrique que, de tous les périmètres possibles pour une surface donnée, le plus court est la circonférence de cercle. La table suivante facilitera la comparaison en indiquant les longueurs relatives de fil nécessaires à l'enveloppement de diverses formes de noyaux d'égale section; la section de la forme circulaire unique est prise comme unité, et il y est tenu compte de l'épaisseur du bobinage : —

Cercle	3,54
Carré	4,00
Rectangle, 2/1.	4,24
Rectangle, 3/1.	4,62
Rectangle, 10/1	6,91
Oblong, un carré entre deux demi-cercles.	3,76
Oblong, deux carrés — —	4,28
Deux cercles l'un à côté de l'autre	4,997
Deux cercles, fil roulé sur les deux ensemble.	4,10
Trois cercles, fil roulé sur chacun séparément	6,13
Quatre cercles, — — —	7,09

RAPPORT DE LA RÉSISTANCE AU VOLUME DE BOBINAGE ET AU DIAMÈTRE DU FIL

Si l'on admet que l'épaisseur de l'isolant est proportionnelle au diamètre du fil qu'il recouvre, il en résulte que le poids de cuivre enroulé, remplissant une bobine de dimensions données, sera le même, quel que soit le diamètre, gros ou fin, du fil employé. De plus, pour un volume donné à garnir de fil, la résistance *ohmique* de la bobine variera *comme le carré du nombre de spires* de cette bobine. En effet, si une bobine formée de 100 spires de fil d'un diamètre donné est refaite avec 200 spires de fil de section moitié moindre, la résistance de ce nouvel enroulement sera naturellement quatre fois aussi grande que celle du bobinage primitif. Il résulte également de ce qui précède, et par suite du même raisonnement, que la résistance d'une bobine de volume donné variera *en raison inverse du carré de la section* du fil employé. Et, comme cette section est elle-même proportionnelle au carré du diamètre du fil, il s'ensuit que la résistance variera *en raison inverse de la quatrième puissance du diamètre* du fil. Ces règles ne sont qu'approximatives, parce que, dans le cas de fils fins, le guipage isolant a une épaisseur relative plus grande que dans le cas de gros fils. La formule donnée p. 235 pourra servir en pareil cas.

Formules de Brough.

Plus complète est la formule de Brough (1), dans laquelle la seule hypothèse faite est que les spires de la bobine sont exactement superposées, au lieu d'être logées dans les intervalles laissés entre elles par la forme circulaire du fil.

Trouver le diamètre *d* du fil qui remplira une bobine de dimensions données (*D* diamètre extérieur, *D'* diamètre intérieur, *l* longueur) et présentera une résistance de *R* ohms. Appelons *a* la profondeur radiale de la matière isolante, et soit *r* (en ohms) la résistance d'un fil (de la qualité à employer) d'une unité de longueur et d'un diamètre égal à une unité; on aura

---

(1) *Journal Society Telegraph Engineers*, tome V, p. 256.

$$d = \sqrt{a^2 + \sqrt{\frac{\pi l r (D - D')^2}{4 R}}} - a;$$

et la longueur totale L du fil sera

$$L = \frac{\pi l (D^2 - D'^2)}{4 (2a + d)^2}.$$

Si la longueur et le diamètre sont tous deux exprimés en centimètres, la valeur de r sera 0,00000206 pour le cuivre pur.

CHAPITRE VII

ÉTUDE DE CONSTRUCTION D'ÉLECTRO-AIMANTS SPÉCIAUX

ÉLECTRO-AIMANTS A ACTION RAPIDE.
RELAIS ET CHRONOGRAPHES.

Nous sommes maintenant en mesure d'approfondir divers détails d'exécution qui ont une grande importance au point de vue de la construction des électro-aimants destinés à certaines applications spéciales.

DIFFÉRENCE ENTRE LES ÉLECTRO-AIMANTS ET LES AIMANTS PERMANENTS

Il n'est pas inutile de combattre ici l'idée que tous les résultats auxquels nous sommes arrivés pour les électro-aimants dans les deux chapitres précédents sont également applicables aux aimants permanents en acier. Il n'en est rien, par cette raison bien simple : Avec un électro-aimant, quand on en approche l'armature et qu'on améliore ainsi le circuit magnétique, on n'augmente pas seulement le flux qui pénètre cette armature; on augmente aussi le flux qui passe à travers tout le fer. Le flux est plus grand dans la courbure quand on applique l'armature sur les pôles, parce qu'on a alors un circuit magnétique de moindre réluctance, pour une même force magnétisante extérieure due aux bobines excitatrices. On obtient ainsi dans ce cas un flux magnétique plus considérable dans tout le circuit. Les données fournies par l'électro-aimant (Fig. 80, p. 205), à l'aide de la bobine d'exploration C, sur la courbure du noyau, quand l'armature était au contact, puis quand elle était enlevée, sont des plus significatives. La présence de l'armature multipliait le flux total par dix pour de faibles courants, et à peu près par trois pour des courants intenses. Mais, avec un aimant d'acier en fer à cheval, aimanté une fois pour toutes, le flux qui circule dans la courbure est une quantité fixe, et, quelle que soit la diminution que l'on fasse subir à la réluctance dans le reste du circuit magnétique, on ne crée ni ne développe une ligne de force de plus. Quand l'armature est enlevée, les lignes de force se dérivent, non seulement aux extrémités du fer à cheval, mais aussi par les branches de l'aimant; elles se répandent toutes à travers l'espace. Quand on applique l'armature, ces lignes, au lieu de faire le pont dans l'espace aussi librement que précédemment, suivent en majeure partie les branches de l'aimant et l'armature de fer. On peut encore avoir une dérivation considérable, mais on n'a pas obtenu une seule ligne de force de plus dans la partie courbe. On a exactement le même flux dans cette partie, avec ou sans l'armature. La réduction de la réluctance n'ajoute rien au flux total parce qu'on n'opère pas dans ce cas sous l'action d'une force magnétisante continue. En appliquant l'armature sur un aimant d'acier en fer à cheval, on ne fait que *rassembler* les lignes de force existantes; on *ne les multiplie pas*. C'est un fait à l'encontre duquel il n'y a pas à aller.

Il est facile d'ailleurs de répéter une expérience que nous avons souvent faite au laboratoire devant nos élèves. — On prend un grand aimant permanent en fer à cheval (Fig. 91), présentant une longueur développée de 1 m environ, et une bobine d'exploration formée d'une carcasse légère et étroite, susceptible de glisser le long de l'aimant et roulée de 30 spires de fil fin. On conduit à distance les bouts de cette bobine et on les relie à un galvanomètre balistique sensible. On promène alors la bobine le long de l'aimant (ou de son armature) ; on lui fait occuper une position déterminée quelconque ; on applique doucement l'armature et l'on attend un temps suffisant pour permettre à l'aiguille du galvanomètre de revenir au zéro ; puis on arrache brusquement l'armature. La première élongation mesure la variation, due à l'arrachement de l'armature, du flux qui traverse la bobine dans la position particulière occupée par elle. On constate alors, quand la bobine est placée sur l'armature, une grande élongation, tandis que, pour la position opposée, au sommet de la courbure, la déviation est presque imperceptible. Des mesures exactes prises dans le cas actuel ont montré que la déviation correspondant à la seconde position n'atteignait pas 1/300 de celle obtenue pour la première, dans le voisinage du pôle. On est en conséquence fondé à dire que le flux, dans un aimant permanent en acier, n'est nullement modifié par la présence ou l'absence de l'armature.

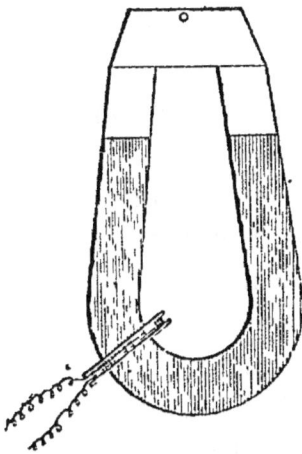

Fig. 91. — Expérience sur un aimant permanent.

On remarquera qu'il faut toujours appliquer doucement l'armature. Il ne faut pas la laisser frapper contre l'aimant; autrement on affaiblit légèrement chaque fois le soi-disant magnétisme permanent de l'aimant. On peut, par contre, l'arracher aussi brusquement que l'on veut. On améliore en effet ainsi l'aimantation plutôt qu'on ne la détruit. Une erreur très répandue veut qu'on évite toujours un brusque arrachement. L'observation et la réflexion prouvent, au contraire, que l'arrachement peut être aussi brusque que l'on veut; mais que l'armature ne doit jamais venir frapper l'aimant.

Il existe une autre différence entre un aimant permanent en acier et un électro-aimant. — Supposons qu'on ait ainsi deux appareils, en fer à cheval et de mêmes dimensions, l'électro-aimant étant juste excité de telle sorte que sa force portante sur une armature en fer au contact soit exactement égale à celle de l'aimant permanent. Si l'on essaie ensuite la force d'attraction de ces deux appareils sur une armature placée à petite distance, on trouvera que l'aimant permanent exerce un effort considérablement plus élevé que l'électro-aimant. Au point de vue de la force attractive, un aimant en acier a un champ d'action plus étendu.

ELECTRO-AIMANTS DE GRANDE FORCE PORTANTE.

Ce point a déjà été étudié au Chapitre IV. La construction la mieux appropriée à cet effet se caractérise par l'établissement d'un circuit magnétique compacte.

On a plusieurs fois proposé d'augmenter la puissance des électro-aimants en interposant, entre le noyau central et l'extérieur, des masses de fer séparant les couches de fil. Toutes ces idées reposent sur des erreurs. Il vaut beaucoup mieux mettre ce fer directement soit à l'intérieur soit à l'extérieur des bobines, de manière à ce qu'il fasse partie intégrante du circuit magnétique. Les modes de construction connus sous les noms d'aimants de Camacho et de Cance, ainsi qu'un autre breveté en 1877 par S. A. Varley, et rentrant dans cette catégorie de conceptions erronées sont aujourd'hui complètement abandonnés.

Une autre idée périodiquement mise en avant comme nouveauté est l'emploi d'enroulements en fil ou en bandes de fer au lieu de cuivre. La moindre conductibilité du fer comparativement à celle du cuivre n'aboutit qu'à une dépense inutile d'excitation. L'application de la même force magnétisante sur une bobine en fil de fer implique une dépense d'environ six fois autant de puissance qu'une bobine en fil de cuivre.

Le dernier spécimen de ce genre de construction est l'électro-aimant de Ricco (1), formé d'une seule longue bande de fer flexible enroulée autour d'une tige centrale en fer, avec interposition de feuilles de papier huilé pour en isoler les circonvolutions successives, le tout étant maintenu assemblé par des anneaux isolés.

ELECTRO-AIMANTS DE GRANDE FORCE D'ATTRACTION.

On a vu au Chapitre V les principes sur lesquels repose l'étude d'exécution d'électro-aimants destinés à agir à distance. Un électro-aimant de ce genre doit naturelle-

(1) *Mem. R. Acad. Sci. Modena*, Série 2, tome IV, p. 27, 1886.

ment être établi de manière à étendre son action sur la plus grande longueur possible d'entrefer. Il faut évidemment lui donner une très grande force magnétisante, par l'application d'un nombre considérable d'ampère-tours, de manière à lui permettre de faire pénétrer le flux magnétique voulu à travers la réluctance de l'air. Par suite les extrémités polaires ne devront pas être trop rapprochées l'une de l'autre, autrement les lignes de force émanées de l'une d'elles auront une tendance à se renverser pour prendre le plus court chemin vers l'autre pôle. Ces électro-aimants comportent un plus grand écartement des pôles que ceux construits en vue d'une grande force portante.

ELECTRO-AIMANTS SANS FER.

Si on enlève le noyau de fer d'un électro-aimant, la bobine seule, excitée par un courant électrique, n'en attire pas moins par elle-même des particules de fer; mais l'action est beaucoup moins énergique qu'avec le noyau. On trouvera au Chapitre VIII l'étude spéciale du cas d'une longue bobine tubulaire agissant par attraction sur un plongeur en fer, mobile à l'intérieur. Cette disposition jouit en effet de certaines propriétés caractéristiques importantes; elle donne notamment un champ d'action très étendu.

ELECTRO-AIMANTS DE POIDS MINIMUM.

L'étude d'exécution d'un appareil destiné à trouver place à bord d'un bateau ou d'un ballon, et où la question de poids est de première importance, comporte encore une différence au point de vue qui nous occupe. Trois:

éléments entrent en jeu dans la construction d'un électro-
aimant : le fer, le cuivre et le courant électrique. Le
courant ne pèse rien ; en conséquence, si l'on veut tout
sacrifier au poids, on peut employer relativement peu de
fer, à la condition de mettre assez de cuivre pour donner
passage au courant électrique, et, dans ces conditions,
ne pas craindre d'échauffer les fils presque jusqu'au
rouge en leur demandant le plus grand débit possible.
On réduira ensuite le fil autant que l'on pourra, en
sacrifiant dans ce cas l'économie à la réalisation de l'objectif
cherché ; mais on devra naturellement employer comme
isolant des matériaux incombustibles, tels que l'amiante,
au lieu de soie ou de coton.

ELECTRO-AIMANTS ÉCONOMIQUES.

Pour réduire la dépense première d'établissement,
certains constructeurs ont employé pour les noyaux de la
fonte au lieu de fer forgé. Il y a là en effet économie
dans le cas de grands électro-aimants tels que ceux appliqués comme inducteurs de machines dynamos, du
moins dans les cas où l'on n'a pas à se préoccuper de
l'augmentation de volume et de poids qui en résulte.
Mais pour les petits types, comme ceux qui entrent dans
la construction des sonneries électriques, la fonte est
inadmissible. Pour ces applications, on a fait usage de
fonte malléable, et l'Auteur a été le premier à recommander l'essai du *fer mitis* (1) comme noyau. Même
dans ces cas, on ne réalise qu'un faible gain parce que
l'économie provenant de l'emploi de fer moins coûteux

(1) Fer forgé rendu fusible par addition d'une petite quantité d'a-
luminium.

et de moindre qualité magnétique est pratiquement compensée par la nécessité de recourir à un poids de cuivre supérieur.

Mais la main d'œuvre entre aussi en ligne de compte dans la construction. Aussi a-t-on cherché des formes demandant le moins de frais sous ce rapport. L'une de ces formes est entrée dans le commerce; c'est celle désignée par le comte du Moncel sous le nom d'*aimant boiteux* (*pied-bot* des Anglais), Fig. 23, p. 59. C'est en réalité un aimant en fer à cheval avec bobine sur l'une des branches seulement. Ce mode de construction ne nous paraît avoir d'autre avantage que l'économie réalisée par la réduction de main d'œuvre résultant du bobinage sur une seule branche au lieu des deux. — Y a-t-il bénéfice à d'autres égards? C'est une question à résoudre par l'expérience, mais que la théorie est peut-être dès maintenant à même d'éclairer. Le comte du Moncel qui s'est livré à un grand nombre d'expériences sur cette forme d'électro-aimant a reconnu que, à poids égal de cuivre, l'électro-aimant boiteux était légèrement inférieur à l'appareil complet. A vrai dire, on pouvait presque prévoir que, pour un poids donné de cuivre, enroulé en une seule bobine, on n'obtiendrait pas le même nombre de spires qu'avec deux bobines, les spires extérieures de la bobine unique ayant ainsi un beaucoup plus grand diamètre que la spire moyenne de bobinages distincts. Par suite, le nombre d'ampère-tours, avec un poids déterminé de cuivre, doit être plutôt inférieur et nécessiter un courant plus intense pour porter la force magnétisante à la même valeur qu'avec les deux bobines. D'autre part une seule bobine peut être établie à meilleur compte que deux; et en fait les électro-aimants de ce genre sont d'un usage très répandu, en raison de leur bon marché et du peu de place qu'ils occupent, dans les indicateurs de sonneries électriques. Cette disposition permet de donner un peu moins de longueur à la culasse et de rapprocher les deux noyaux un peu plus qu'il n'est possible de le faire avec les électro-aimants à deux bobines, ce qui raccourcit légèrement le circuit magnétique.

Du Moncel s'est livré à diverses expériences sur cette forme d'électro-aimants pour voir si l'on obtenait des résultats différents selon que l'armature était articulée sur un pôle ou sur l'autre (Fig. 92), et il a trouvé que l'avantage était du côté où l'armature était articulée sur le pôle émergeant de la bobine. Il fit deux expériences en essayant des bobines sur une branche et sur l'autre, l'armature étant dans les deux cas placée à la même distance. Dans l'une d'elles il trouva pour l'effort exercé 35 grammes avec l'armature articulée sur le pôle non excité, et 40 grammes avec le pôle portant la bobine.

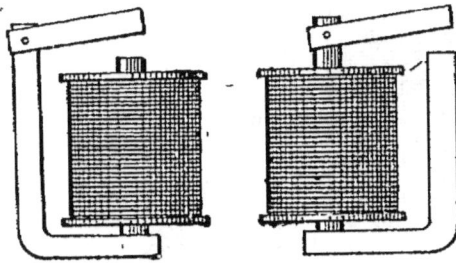

Fig. 92. — Electro-aimants boiteux à armatures articulées.

Une autre forme d'électro-aimant à une seule bobine est employée dans les sonneries électriques du type des clochettes d'église, imaginé par M. H. Jensen. Dans cet électro-aimant (Fig. 93), un noyau cylindrique droit reçoit la carcasse de la bobine, et, quand celle-ci a été mise en place, une pièce polaire ovale, ou dans certains types deux pièces polaires, est vissée sur ses extrémités et sert ainsi à fermer le circuit magnétique d'une extrémité à l'autre de la bobine, en laissant un entrefer magnétique le long de celle-ci. L'armature est formée

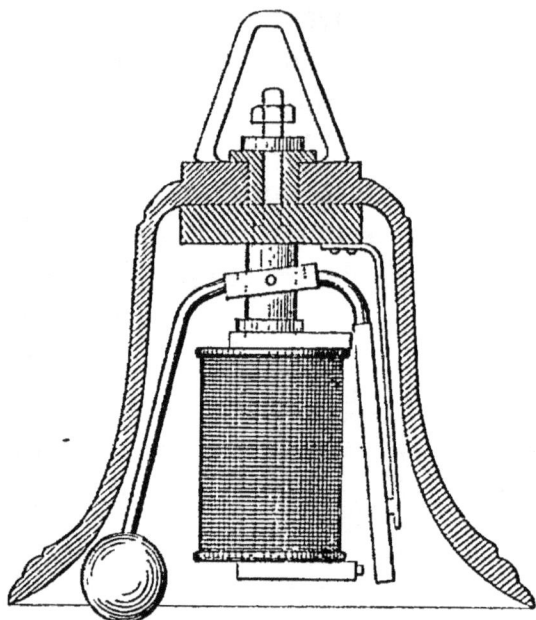

Fig. 93. — Sonnerie électrique Jensen.

d'une bande rectangulaire de fer doux ayant à peu près la même longueur que le noyau ; elle est attirée d'un bout par une pièce polaire, et de l'autre, par la seconde.

Electro-aimants pour Courants à variations rapides.

Dans l'étude des électro-aimants destinés à fonctionner avec des courants à variations rapides, intermittents ou alternatifs, il est indispensable d'y apporter une modification à un certain point de vue : il faut diviser le fer de manière à prévenir le développement de courants internes de Foucault. En réalité il est de bonne règle pour tous les appareils électromagnétiques à action rapide de ne pas employer de fer massif. Il n'est pas d'usage dans la construction des instruments de télégraphie de diviser les noyaux de fer en les formant de faisceaux de bandes ou de fils de fer; mais on leur donne fréquemment la forme tubulaire en forant suivant son axe un barreau cylindrique que l'on fend ensuite d'un trait de scie suivant une de ses génératrices, de manière à prévenir toute circulation de courants dans la substance même du tube. Mais, quand des électro-aimants doivent être employés avec des courants alternatifs d'assez grande fréquence, comme ceux dont on se sert dans les applications d'éclairage ou autres, et pouvant atteindre jusqu'à 100 périodes par seconde et même davantage, une fente longitudinale est insuffisante contre le développement des courants parasites, et il n'y a d'autre remède que de diviser le plus possible les noyaux.

Toutes les indications nécessaires à cet égard sont données au Chapitre XI. La seule chose à bien comprendre ici, c'est qu'il existe une sorte d'inertie électromagnétique ou propriété de self-induction du circuit électrique, en vertu de laquelle les courants tendent à retarder en phase sur la force électromotrice qui leur donne naissance. Dans tous les cas analogues, l'impédance (1) offerte par le circuit est formée de deux éléments, la résistance et l'inductance (1). Elles tendent l'une et l'autre à diminuer l'intensité du courant, et la réluctance tend également à retarder son écoulement. Le Chapitre XI étant affecté aux appareils à courants alternatifs, il suffit d'envisager

---

(1) Pour le sens et la valeur de ces expressions, voir Chap. XI ci-après.

ici le cas de courants intermittents tels que ceux employés dans les transmissions télégraphiques.

Electro-aimant à action très rapide. — Loi d'Helmholtz.

Nous avons déjà mentionné les recherches du professeur Hughes relatives à la forme d'électro-aimant la mieux
appropriée à la transmission rapide des signaux. Nous
avons également fait incidemment allusion à ce fait que,
là où l'on emploie des courants à variations rapides,
l'intensité du courant que peut fournir une pile donnée
est déterminée moins par la résistance du circuit électrique
que par son inertie électrique. Il n'est pas très facile de
chercher à expliquer ce qui se passe dans un circuit électrique lorsqu'on y applique brusquement le courant.
Celui-ci n'atteint pas immédiatement sa pleine intensité
de régime : il est retardé par l'inertie en question. La loi
d'Ohm ne s'applique plus dans sa simple forme ordinaire ;
il faut recourir à une autre loi qui porte le nom de « loi
d'Helmholtz » et donne une expression, non plus de la
valeur finale du courant, mais de sa valeur au bout d'un
instant t infiniment court après que le courant a été lancé. L'intensité du courant au bout d'un temps t infiniment petit ne peut plus se calculer par le simple quotient
de la force électromotrice divisée par la résistance, comme
on le fait pour des courants continus.

La loi d'Helmholtz a pour expression mathématique :

$$I_t = \frac{E}{R}\left(1 - e^{-\frac{R}{L}t}\right).$$

Dans cette formule I_t représente l'intensité du courant au bout du temps très court t exprimé en secondes; E est la force électromotrice exprimée en volts ; R la résistance de l'ensemble du circuit, en ohms; L son coefficient de self-induction, en henrys (1) ; et e, le nombre 2,7183, base des logarithmes népériens.

Examinons cette formule. Comme forme générale, elle ressemble à celle de la loi d'Ohm, mais avec un nouveau facteur, celui entre parenthèses. Celui-ci est nécessairement une quantité fractionnaire, puisqu'il se compose de l'unité diminuée d'un nombre positif entier affecté d'un exposant négatif, que nous allons maintenant considérer. Si le facteur entre parenthèses est une quantité inférieure à l'unité, il en résulte que I_t sera moindre que $\frac{E}{R}$. Mais l'exposant négatif avec indice fractionnaire n'est pas d'une intelligence très facile pour les débutants. Nous préférons calculer d'abord quelques valeurs de la fonction et en dresser une courbe. Cette courbe une fois obtenue, nous pourrons commencer à l'envisager, la courbe donnant une image des faits que la formule exprime d'une manière abstraite. Dans cet ordre d'idées nous prendrons le cas suivant : soient $E =$ 10 volts ; et $R = 1$ ohm ; prenons en outre un coefficient de self-induction relativement considérable, de manière à exagérer l'effet ; supposons que $L = 10$ henrys. Nous obtiendrons alors pour les différentes valeurs de t la table suivante : —

(1) L'*henry*, autrefois *quad*, *quadrant* ou *secohm*, est l'unité en fonction de laquelle s'expriment les coefficients de self-induction. Voir l'Appendice **A** sur les unités.

t (en secondes).	$e^{+\frac{R}{L}t}$	I_t (en ampères).
0	1	0
1	1,105	0,950
2	1,221	1,810
5	1,649	3,936
10	2,718	6,343
20	7,389	8,646
30	20,08	9,504
60	403,4	9,975
120	162800,0	9,999

Dans ce cas, la valeur du courant continu correspondant, calculée d'après la loi d'Ohm, serait de 10 ampères; mais la loi d'Helmholtz montre que, avec la grande self-induction que nous avons supposée, même au bout de 30 secondes, le courant ne s'est pas élevé au-dessus de 95 pour cent de sa valeur finale; et ce n'est qu'au bout de deux minutes qu'il a atteint son intensité de régime. Ces valeurs sont portées en ordonnées sur la courbe la plus haute de la Fig. 94, dans laquelle on a toutefois admis aussi l'hypothèse que le nombre de spires N_s sur les bobines de l'électro-aimant est de 100, de sorte que, quand le courant atteindra son intensité de régime, le nombre d'ampères-tours total de force magnétomotrice sera $N_s I = 1000$. On remarquera que la courbe part de zéro, s'élève d'abord rapidement et presque en ligne droite, pour s'infléchir ensuite et redevenir presque droite en s'approchant de la valeur limite. La première portion de la courbe, qui correspond à l'intensité du courant après un *très court* intervalle de temps, est la période pendant laquelle l'intensité est régie par l'inertie (c.-à-d. par la self-induction), plutôt que par la résistance du circuit. De sorte que, pour de très faibles valeurs de t, la formule pourrait approximativement se réduire à :

$$I_t = \frac{Et}{L}.$$

En langage ordinaire, l'effet de la self-induction pendant les premiers petits intervalles de temps correspond à ce qui se passerait si la seule résistance en circuit était égale à la self-induction exprimée en henrys, divisée par la petite fraction de seconde écoulée $\left(\dfrac{L}{t}\right)$. Mais la division par une petite fraction est équivalente à la multiplication par un nombre élevé. L'effet pendant les premiers instants est donc le même que s'il existait une énorme résistance allant en diminuant au fur et à mesure que le temps marche.

Dans la traduction allemande de ce même ouvrage, M. Grawinkel a ajouté quelques observations utiles que nous nous faisons un plaisir de reproduire ici et dans d'autres parties du livre.

Voici comment se déduit la formule d'Helmholtz :-
Quand dans un circuit il n'existe aucune self-induction, la loi d'Ohm $E = RI$ s'applique à chaque instant. Mais, si l'intensité I varie d'une quantité infiniment petite dI dans un intervalle de temps infiniment court dt, et si on représente par L le coefficient de self-induction, la force électromotrice de self-induction $= L\dfrac{dI}{dt}$, de sorte qu'on a

$$E - L\cdot\frac{dI}{dt} = RI,$$

c'est-à-dire que la self-induction, qui agit à chaque instant comme résistance, diminue la force électromotrice E.

L'expression ci-dessus donne, par simple transformation,

$$\frac{dI}{\frac{E}{R} - I} = \frac{R}{L} dI;$$

et, si on intègre les deux membres de cette équation, on a

$$\log_e \left(\frac{E}{R} - I \right) = \frac{R}{L} t + C,$$

expression dans laquelle C est la constante d'intégration. La valeur de C se détermine par cette condition que, au moment de l'application du courant, quand par suite $t = 0$, on a aussi $I = 0$. En portant pour t et I cette valeur 0 dans l'équation précédente, on obtient :

$$C = \log_e \frac{E}{R},$$

et, après substitution de cette valeur dans la même équation,

$$\log_e \left(\frac{E}{R} - I \right) = -\frac{R}{L} t + \log_e \frac{E}{R};$$

d'où

$$\log_e \frac{\frac{E}{R} - I}{\frac{E}{R}} = -\frac{R}{L} t,$$

et par suite

$$\frac{\frac{E}{R} - I}{\frac{E}{R}} = e^{-\frac{R}{L} t},$$

e étant la base des logarithmes népériens (2,71828).

De cette dernière équation on tire la valeur de I :

$$I = \frac{E}{R}\left(1 - e^{-\frac{R}{L}t}\right).$$

Constante de temps.

Nous avons fait observer tout à l'heure que, pendant les premiers instants après l'application du courant, son intensité est régie plutôt par la self-induction que par la résistance du circuit, par les henrys plus que par les ohms. En réalité le courant n'est régi ni par l'un ni par l'autre de ces deux facteurs isolément, mais par le quotient $\left(\frac{L}{R}\right)$ de l'un par l'autre. Ce quotient est parfois appelé la « *constante de temps* » du circuit, comme représentant le temps que met dans ce circuit le courant pour atteindre une fraction déterminée de sa valeur finale.

Cette fraction définie est la fraction $\frac{e-1}{e}$(1); ou, en décimales, 0,634. Toutes les courbes d'accroissement d'intensité sont analogues comme forme générale; elles ne diffèrent que par l'échelle, c'est-à-dire par la hauteur à laquelle elles s'élèvent finalement, et par les temps qu'elles mettent pour atteindre cette fraction de leur valeur finale.

Exemple 1. — Supposons que $E = 10$ volts; $R = 400$ ohms; $L = 8$ henrys. La valeur finale de l'intensité sera

(1).On aura pour tout circuit la même valeur d'intensité si, dans le facteur $1 - e^{-\frac{R}{L}t}$ on fait l'exposant $\frac{R}{L}t = 1$. Cette valeur est $1 - \frac{1}{e}$ ou $\frac{e-1}{e} = 0,634$. De $\frac{R}{L}t = 1$ il résulte $\frac{L}{R} = t$. [Grawinkel].

de 0,025 ampère ou 25 milliampères; et la constante de temps sera alors 8/400 = 0,02 seconde.

Exemple 2. — Le relais étalon « A » du Post Office anglais a comme constantes $R = 400$ ohms et $L = 3,25$ henrys. Il fonctionne avec une intensité de 0,5 milliampère, et, par suite, avec 5 éléments Daniell sur une ligne de résistance égale à 9600 ohms. Dans ces conditions, la constante de temps de cet instrument en court-circuit est de 0,0081 seconde.

On remarquera qu'on peut réduire la constante de temps d'un circuit soit en en diminuant la self-induction, soit en en augmentant la résistance. Dans la Fig. 94 la position de la constante de

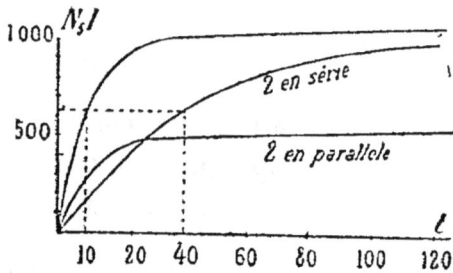

Fig. 94. — Courbes d'accroissement de courants.

temps pour la courbe supérieure est indiquée par l'ordonnée en pointillé à 10 secondes, c'est-à-dire que le courant mettra 10 secondes pour atteindre 0,634 de sa valeur de régime. Ce retard du courant pour arriver à cette intensité est uniquement dû à la présence de bobines et d'électro-aimants dans le circuit; le courant doit, en effet, dans sa période ascensionnelle, créer des champs magnétiques dans ces bobines et développe ainsi des forces contre-électromotrices qui l'empêchent d'arriver tout d'un coup à toute son intensité.

Un grand nombre d'électriciens ne connaissant pas la loi d'Helmholtz ont pris l'habitude d'expliquer ce fait par un retard à l'aimantation dans le fer des noyaux d'électro-aimants. Ils diront qu'un noyau de fer ne peut s'aimanter brusquement, qu'il a besoin d'un certain temps pour acquérir son magnétisme. C'est, suivant eux, une des propriétés du fer. Mais on sait que le seul retard véritable de temps dans l'aimantation du fer, proprement appelé « hystérésis visqueuse », n'atteint pas une fraction notable du courant total d'aimantation, qu'il met à se manifester un temps relativement considérable, et qu'il ne peut en conséquence être la cause du retard que nous envisageons ici.

On trouve également des électriciens qui disent que, quand on provoque brusquement l'aimantation d'un barreau de fer, il s'y développe des courants d'induction qui s'opposent à cette aimantation et la retardent. Que ces courants s'opposent à l'aimantation, c'est parfaitement vrai; mais, si l'on divise soigneusement le fer de manière à éliminer les courants parasites, on trouvera, ce qui est assez étrange, que, si le magnétisme s'élève plus rapidement que précédemment, le courant atteint plus lentement encore sa valeur de régime. En effet, en divisant le fer, on a virtuellement augmenté l'action de la self-induction et augmenté la constante de temps du circuit. Le retard ne provient pas du fer, mais du courant d'aimantation.

Les électriciens du Continent ont l'habitude de distinguer la « période variable » et la « période stable » du courant; ils entendent sous la première dénomination la période pendant laquelle le courant continue à augmenter, et sous la seconde celle qui suit cette ascension progressive. Il est toutefois impossible de tracer une ligne fixe et nette de démarcation entre ces deux périodes, car

le courant n'atteint sa valeur de régime que par accrois-
sements imperceptibles. La loi d'Ohm ne s'applique qu'à
l'état de choses correspondant à l'établissement définitif
de cette valeur de régime. Tant que le courant reste
d'une façon perceptible au-dessous de cette valeur
finale, il faut le considérer comme étant encore dans la
période variable, à laquelle s'applique la loi d'Helmholtz.

On demande souvent s'il est possible de donner une
plus grande activité à un électro-aimant paresseux en le
revêtant de bobines de résistance différente. Comme on
le verra, la réponse dépendra des autres résistances et
inductances en circuit. Etant donnés un isolement parfait et un volume de bobinage déterminé, il est impossible
de modifier la constante de temps de l'électro-aimant lui-
même, en en changeant l'enroulement. En effet, dans une
bobine de volume donné la résistance et la self-induction sont toutes deux proportionnelles au carré du nombre des spires; et le rapport de ces deux quantités est
par suite une constante, indépendante du diamètre du
fil. Mais, si l'électro-aimant est appelé à fonctionner sur
une longue ligne sans autres bobines ou électro-aimants
dans le circuit, et qui, tout en ayant peu de self-induction, a
une résistance considérable, il peut être avantageux de
refaire le bobinage de l'électro-aimant avec un plus petit
nombre de spires de fil plus gros, de manière à diminuer
la constante de temps du circuit en bloc. Von Beetz (1)
a montré que, si l'intensité du courant et la valeur finale
de l'aimantation sont bien les mêmes dans chaque cas,
l'aimantation du noyau d'un électro-aimant s'établit plus

---

(1) Pour d'autres expériences antérieures, de Hipp, voir *Mittheilungen
der Berner naturforschenden Gesellschaft*, 1865, p. 190.

rapidement sous l'action d'une grande force électromotrice à travers une grande résistance, que sous celle d'une
force électromotrice moindre à travers une faible résistance. En d'autres termes, en prenant les précautions
voulues pour faire varier la pile de manière à maintenir
le courant à la même valeur finale, on diminuera la constante de temps du circuit en *augmentant* sa résistance.

Liaison des bobines pour action rapide.

Appliquons maintenant ces considérations de la plus
haute importance, bien qu'un peu compliquées, aux problèmes pratiques du fonctionnement rapide d'un électro-
aimant. Prenons le cas d'un électro-aimant faisant partie
de l'appareil récepteur d'un système télégraphique auquel
on désire donner une grande rapidité de transmission.
Supposons reliées en série les deux bobines qui recouvrent les branches du fer à cheval. Le coefficient de self-
induction de ces deux bobines est égal à quatre fois celui
de chacune d'elles prise séparément, puisque les coefficients de self-induction sont proportionnels au carré du
nombre des spires de fil roulées sur un noyau donné.
Mais, si les deux bobines, au lieu d'être reliées en série,
sont connectées en parallèle, le coefficient de self-induction sera réduit à la même valeur que s'il n'existait
qu'une seule bobine, puisque chacune d'elles ne livrera
passage qu'à la moitié du courant de ligne (qui pratiquement n'est pas modifié). Il en résulte que la constante de
temps du circuit sera, pour les bobines en parallèle, le
quart de celle correspondant aux deux bobines en série.
D'autre part, pour un courant de ligne donné, la force
magnétisante finale des deux bobines en dérivation ne

sera que la moitié de celle que donneraient les bobines en série. Les deux courbes inférieures de la Fig. 94 illustrent la question; on y constate immédiatement que la force magnétisante pour des courants très courts est plus élevée quand les deux bobines sont en dérivation l'une par rapport à l'autre que quand elles sont couplées en série l'une sur l'autre.

Cette condition est connue depuis quelque temps des ingénieurs télégraphistes. Elle a été plusieurs fois brevetée dans l'intervalle et a fait l'objet de mémoires scientifiques publiés tant en France qu'en Angleterre. L'explication généralement donnée de l'avantage du couplage des bobines en dérivation est, à notre sens, erronée en ce qu'elle prétend que les « extra-courants » (c'est-à-dire les courants dus à la self-induction), développés dans les deux bobines, sont induits dans des directions telles qu'ils tendent à s'ajouter quand les bobines sont en série et à se neutraliser quand elles sont en dérivation. C'est une erreur, car dans aucun cas ils ne se neutralisent. Quelle que soit la voie suivie par le courant pour produire l'aimantation, il est opposé dans les bobines pendant sa période ascensionnelle, et concordant pendant la période de décroissance, suivant la loi des soi-disant extra-courants. Si le courant croît au même moment dans les deux bobines, alors, que celles-ci soient en série ou en dérivation, la self-induction a pour effet de retarder cet accroissement. Le seul avantage du couplage en dérivation est de réduire la constante de temps.

Couplage de pile pour action rapide.

On peut envisager au même point de vue le couplage des éléments de pile. Quelle est l'influence de la nécessité

d'un fonctionnement rapide et de la question de constante
de temps sur le meilleur mode de groupement des éléments de pile?—La règle d'amateur prescrivant de monter
la pile de telle sorte que sa résistance interne soit égale à
la résistance extérieure est une indication complètement
erronée en ce qui concerne un fonctionnement rapide.
Ce montage supposé le meilleur ne donnera pas (même
au point de vue de l'économie) le résultat le plus avantageux qu'on puisse obtenir du nombre donné d'éléments.
Prenons un exemple, effectuons-en les calculs et réunis-
sons-les sous forme de courbes.

Admettons que la ligne et l'électro-aimant aient
ensemble une résistance de 6 ohms, et qu'on dispose de 24 petits éléments Daniell, d'une force électromotrice de 1 volt, par exemple, chacun et d'une résistance intérieure de 4 ohms ; supposons en outre que
le coefficient de self-induction de l'électro-aimant et
du circuit soit de 6 henrys. Avec tous les éléments
en série la résistance de la pile sera de 96 ohms, la
résistance totale du circuit de 102 ohms et la valeur
de régime de l'intensité de 0,235 ampère. Avec tous les
éléments en dérivation la résistance de la pile sera de
0,133 ohm ; la résistance totale, de 6,133 ohm, et l'intensité de régime de 0,162 ampère. D'après la règle
d'amateur pour le groupement des éléments, pour avoir
une résistance interne égale à la résistance extérieure,
il faudra les monter en 4 séries parallèles de 6 éléments
chacune, ce qui donnera pour la résistance interne de la
pile 6 ohms, pour la résistance totale du circuit 12 ohms,
et pour l'intensité normale du courant 0,5 ampère. Quant
aux constantes de temps du circuit correspondantes,
calculées par le quotient du coefficient de self-induction

divisé par la résistance, elles seront respectivement dans les trois cas : pour tous les éléments en série, 0,06 seconde ; pour tous les éléments en parallèle, 0,96 seconde ; et pour les éléments groupés de manière à donner l'intensité maxima de régime, 0,5 seconde. Sur ces données on peut maintenant construire les trois courbes de la Fig. 95, dont les abscisses sont les valeurs du temps en secondes, et les ordonnées, les intensités de courant. Les petites lignes verticales en pointillé indiquent les constantes de temps dans les trois cas. On voit que, quand on cherchera un fonctionnement rapide, le courant d'aimantation s'élèvera, pendant de courts intervalles de temps, plus rapidement quand tous les éléments seront montés en série que lorsqu'ils seront groupés d'après la règle d'amateur.

Quand tous les éléments sont montés en série, ce qui donne à la pile une résistance beaucoup plus grande que celle du reste du circuit, le courant s'élève beaucoup plus rapidement, en raison de la faible valeur de la constante de temps, tout en n'atteignant jamais le maximum correspondant à l'autre mode de groupage. Ceci revient à dire que, lorsqu'il y a dans le circuit de la self-induction aussi bien que de la résistance, la règle d'amateur n'indique pas le meilleur mode de groupage de la pile.

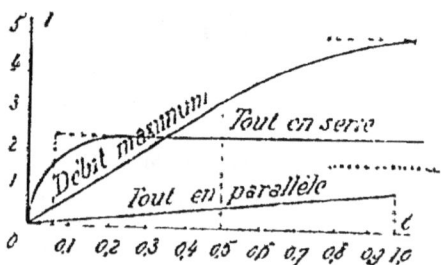

Fig. 95. — Courbes d'établissement du courant pour différents modes de montage de pile.

On peut encore envisager les choses d'une autre façon qui facilite leur conception. Dans la période ascensionnelle du courant, la self-induction agit comme une sorte de résistance apparente ajoutée à celle du circuit; et dans la période descendante, elle se comporte encore comme une résistance apparente, mais venant en déduction de celle-ci. Il faudra donc grouper les éléments de pile de manière à égaliser sa résistance interne avec la résistance réelle du circuit augmentée de la résistance apparente correspondante. Mais quelle est la valeur de cette résistance apparente pendant cette période ? — C'est une résistance proportionnelle au temps écoulé depuis l'application du courant. Ici intervient donc la question du temps pendant lequel ce courant doit agir en fonctionnement normal. En quelle fraction de seconde veut-on transmettre le signal ? Quel est le taux de vibration de la sonnerie électrique ? Supposons ce point réglé, le court intervalle de temps pendant lequel le courant doit s'élever étant désigné par t; alors la résistance apparente à l'instant t compté depuis l'application du courant sera donnée par l'expression : —

$$ R_t = \frac{R \cdot e^{\frac{R}{L}t}}{e^{\frac{R}{L}t} - 1}. $$

Cette valeur s'obtient de la manière suivante : — L'intensité I a pour valeur à un instant quelconque (p. 274) :

$$ I = \frac{E}{R}\left(1 - e^{-\frac{R}{L}t}\right). $$

Or, comme, d'après la loi d'Ohm, la force électromotrice divisée par la résistance donne la valeur de l'intensité, l'inverse du facteur de E, ou la valeur $\dfrac{R}{1 - e^{-\frac{R}{L}t}}$

donnera la résistance. On obtient ainsi, en transformant

$e^{-\frac{R}{L}t}$ en $\dfrac{1}{e^{\frac{R}{L}t}}$, la valeur ci-dessus pour la résistance.

[Grawinkel].

CONSTANTES DE TEMPS DES ÉLECTRO-AIMANTS

On peut ici se référer à quelques déterminations faites par M. Vaschy (1) relativement aux coefficients de self-induction des électro-aimants d'un certain nombre de pièces d'appareils télégraphiques. Nous n'en prendrons qu'un seul résultat très significatif; c'est celui donné par l'électro-aimant d'un récepteur Morse du modèle habituellement employé sur les lignes télégraphiques françaises.

	L en henrys
Bobines individuelles sans noyaux de fer. . . .	0,233 et 0,265
— — avec —	1,65 et 1,71
— avec noyaux reliés par la culasse, bobines en série , ...	6,37
— avec armature au contact des pôles . . .	10,68

M. Grawinkel donne, d'après les mesures prises par les ingénieurs du service télégraphique de l'Empire allemand, les valeurs approximatives suivantes : —

Appareil Morse (à encreur normal)	L en henrys
Deux bobines, sans noyaux, en série. , , , ... , .	0,7
— avec noyaux . . , ... ,	9
— — sans armature. , . . . , .	13
— — avec armature. , ...	18

(1) *Bulletin de la Société Internationale des Électriciens*, 1886.

Appareil Hughes L en henrys

Deux bobines à noyaux, avec armature	29
— — sans armature	26

Il est intéressant de remarquer combien la fermeture du circuit magnétique augmente la self-induction.

Grâce à l'obligeance de M. Preece, nous avons pu obtenir les renseignements les plus précieux sur les coefficients de self-induction et la résistance du type-étalon de relais et d'autres appareils employés dans le service postal télégraphique anglais, données qui permettent de dire exactement quelles seront les constantes de temps de ces appareils sur un circuit donné, et le temps que, dans leur emploi, le courant mettra à atteindre une fraction déterminée quelconque de sa valeur finale. Nous nous reporterons ici à un mémoire très important de M. Preece publié dans un ancien numéro du « Journal of the Society of Telegraph Engineers », travail « Sur les dérivations », dans lequel il traite cette question, non pas avec la perfection que pourrait donner la connaissance plus complète que nous avons aujourd'hui des coefficients de self-induction, mais d'une façon aussi utile que pratique. Il y démontre de la manière la plus nette que, plus le circuit magnétique est parfait, plus le courant est retardé dans sa marche ascensionnelle, tout en produisant cependant plus de magnétisme. Le mode d'expérimentation de M. Preece était extrêmement simple ; il observait l'élongation du galvanomètre quand le circuit reliant la pile et l'électro-aimant était ouvert à l'aide d'une clé qui au même instant réunissait au galvanomètre les fils de l'électro-aimant. L'élongation du galvanomètre était censée représenter l'intensité de l'ex-

tra-courant correspondant à la rupture. La Fig. 96 reproduit quelques-uns des résultats donnés dans le mémoire de M. Preece. Qu'on prenne, par exemple, sur un
relais ordinaire une seule bobine avec son noyau de fer,
la moitié, en quelque sorte, de l'électro-aimant, sans culasse ni armature.
Qu'on la relie comme
on l'a vu ci-dessus et
qu'on observe l'élon-
gation fournie au
galvanomètre, et
qu'on prenne cette
élongation donnée
par la bobine uni-

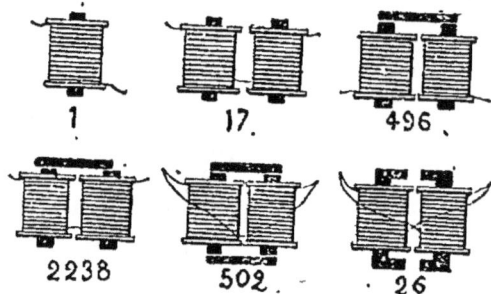

Fig 96. — Electro-aimants de relais. — Leurs actions.

que comme unité servant de terme de comparaison pour
toutes les autres observations. En reliant en série, comme
elles sont ordinairement couplées, deux bobines de ce
genre, mais sans aucune culasse de fer entre les noyaux,
on obtenait une élongation égale à 17. Si l'on appliquait
la culasse sur les noyaux, de manière à constituer un fer
à cheval, l'élongation atteignait 496, c'est-à-dire que la
tendance de cet électro-aimant à retarder le courant était
496 fois égale à l'action de la bobine unique. Mais quand,
en plus, on plaçait l'armature sur les pôles libres, l'action s'élevait jusqu'à 2238. Le seul fait de mettre, dans
ces dernières conditions, les bobines en parallèle, au lieu
de les laisser en série, faisait tomber l'élongation de 2238
à 502, soit un peu moins du quart de la valeur que l'on
aurait pu s'attendre à trouver. Finalement, lorsqu'on
sciait par le milieu l'armature aussi bien que la culasse,
comme dans les types-étalons des relais Postaux-Télé-
graphiques anglais, l'élongation au galvanomètre s'abais-

sait de 502 à 26. M. Preece établit qu'avec l'ancien modèle de relais présentant assez de self-induction pour donner au galvanomètre une élongation de 1688, la vitesse de transmission n'était que de 50 à 60 mots par minute; tandis que, avec les relais-étalons construits sur les nouvelles données, cette vitesse de transmission arrive à 400 ou 500 mots par minute. C'est un magnifique et très intéressant résultat obtenu par l'étude expérimentale de ces circuits magnétiques.

Relais du service postal-télégraphique anglais (1).

A titre d'exemples de la construction d'appareils télégraphiques à transmission rapide, nous donnons ci-dessous quatre types-étalons de relais employés dans le service postal-télégraphique du Gouvernement britannique.

. Le modèle « A » de relais-étalon porte un électro-aimant représenté en quart de grandeur par la Fig. 97 ; l'une des bobines est indiquée sans fil; l'autre, complètement enroulée. En voici la spécification officielle : — « Le fer « constituant les noyaux des électro-aimants sera pris et « décolleté dans un barreau massif de fer de Suède de « première qualité, et, après avoir été dûment recuit, il « ne devra pas présenter de traces de magnétisme rési- « duel à la suite du passage d'un courant lancé dans « les bobines en court-circuit sous une force électromo- « trice de 50 volts ». Quatre fils de 0,125 mm de dia- mètre sont enroulés sur la paire d'électro-aimants, cha- cun d'eux devant présenter une résistance de 100 ohms

(1) L'auteur est encore redevable des détails relatifs à ces appareils à M. W.-H. Preece, électricien en chef du service postal-télégraphique anglais, membre de la Société Royale.

à la température de 15,5 degrés C (il n'est pas admis d'écart supérieur à *un pour cent* soit en plus, soit en moins). Ces fils doivent être d'égales longueurs, de manière à être électromagnétiquement différentiels quand on y fait passer un courant produit par une force électromotrice de 50 volts. Chaque paire de fils doit avoir ses extrémités teintées de couleurs différentes (vert et blanc). Et l'instruction officielle relative à la réception des appareils ajoute : — « L'isolement des parties « électriquement séparées sera aussi « pratiquement parfaite. Cette condition « doit être particulièrement observée « entre les bobines et les noyaux de « tous les électro-aimants, et entre les

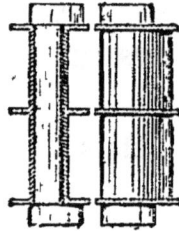

Fig. 97. — Relais du Post-Office, modèle "A".

« deux fils des appareils à enroulement différentiel, qui « ne seront pas reçus si la résistance d'isolement est « inférieure à un mégohm ». La longueur totale de fil entrant dans le relais « A » est de 292,60 m; sa résistance, quand toutes les bobines sont couplées en série, de 400 ohms; et son coefficient de self-induction, de 3,25 henrys.

Le modèle « B » de relais-étalon, donné à la même échelle, dans la Fig. 98, est également roulé de fil de 0,125 mm de diamètre. Il comporte deux fils de 292,60 m de longueur chacun, et d'une résistance de 400 ohms; mais ces deux fils, après, avoir été bobinés, sont d'une façon permanente reliés en parallèle, ce qui réduit à 200 ohms la résistance de l'appareil, et à 2,14 henrys son coefficient de self-induction.

Le modèle « C » (Fig. 99, même échelle), le plus grand de ceux en usage au Post-Office anglais, est roulé de

877,8 m de fil de 0,125 mm de diamètre; il a une résistance de 1200 ohms et un coefficient de self-induction de 26,4 henrys. Il a, comme on voit, une longueur
de fil triple du modèle « A », et
un coefficient de self-induction à

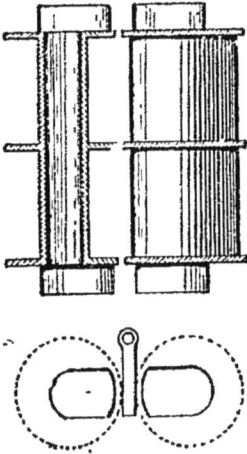

Fig. 98. — Relais du Post-Office,
modèle " B ".

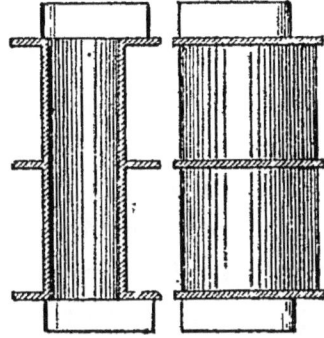

Fig. 99. — Relais du Post-Office,
modèle " C ".

peu près neuf fois égal. Les instructions ci-dessus
relatives à la spécification des noyaux du modèle « A »
s'appliquent également aux mo-
dèles « B » et « C ». Chacun de
ces instruments comporte aussi
l'emploi d'un aimant permanent recourbé (en acier au
tungstène) pour la polarisation
des armatures en languette qui
sont au nombre de deux dans
chacun d'eux, l'une montée entre les pièces polaires supérieures, l'autre entre les inférieures.

La Fig. 100 représente aux
quatre dixièmes la forme du re-

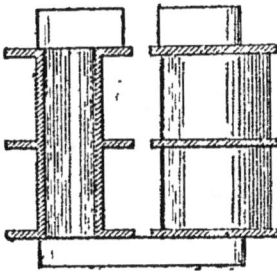

Fig. 100. — Relais Siemens.

lais Siemens adopté par le service Postal-Télégraphique

anglais. Il est roulé de 590 m de fil de 0,1778 mm de diamètre, et présente une résistance de 400 ohms et une self-induction de 7,09 henrys.

Electro-aimants d'Higgins.

Les électro-aimants employés dans les appareils télégraphiques imprimeurs automatiques de l' « Exchange Telegraph C⁰ » fournissent un autre exemple d'étude spéciale en vue de fonctionnement rapide. M. Higgins prétend (1) que les noyaux courts comparativement à leur diamètre sont plus rapides dans leur action que les noyaux longs et grêles; il prétend également que les extrémités saillantes et les pièces polaires rapportées doivent être abandonnées à cause de leur influence retardatrice, ainsi que les carcasses ou bobines métalliques. Les noyaux de ces électro-aimants (Fig. 101) sont faits d'un genre de fer

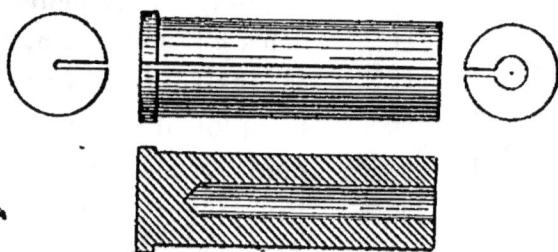

Fig. 101. — Noyaux d'électro-aimants de l' "Exchange Telegraph C°."

au bois très pur fabriqué en Suisse. Ils sont forés sur un tiers de leur diamètre depuis le bas jusqu'à une petite distance des pôles, puis fendus longitudinalement et re-

(1) *Journal of Society of Telegraph Engineers*, tome VI, p. 129, 1877.

cuits à l'abri du contact de l'air. Les armatures employées sont plates.

On trouvera au Chapitre IX des indications sur l'électro-aimant spécial employé dans le relais de d'Arlincourt.

Noyaux courts et noyaux longs.

Dans l'étude des formes les mieux appropriées à un fonctionnement rapide il ne faut pas omettre de mentionner que les effets d'hystérésis, qui se manifestent par un retard dans les changements d'aimantation des noyaux de fer, sont beaucoup plus sensibles dans le cas de circuits magnétiques presque fermés métalliquement qu'avec des pièces de petite longueur. Les électro-aimants munis d'armatures en contact avec les pôles conservent, après interruption du courant, une très forte proportion de leur magnétisme, quand bien même les noyaux sont faits du fer le plus doux; mais, dès que cette armature est arrachée, toute aimantation disparaît. Un entrefer dans le circuit magnétique tend toujours à hâter la désaimantation. Un circuit magnétique constitué par un long entrefer et une courte trajectoire métallique se désaimante beaucoup plus rapidement qu'un autre dans lequel le rapport fer et air est inversé. Dans les longs barreaux de fer l'action mutuelle de leurs différentes parties tend à maintenir en eux toute l'aimantation qu'ils peuvent posséder; aussi se désaimantent-ils moins aisément. Dans les pièces de faible longueur, où ces actions mutuelles sont peu importantes sinon absentes, l'aimantation est moins stable et disparaît presque instantanément dès la suppression de la force magnétisante. Les courts fila-

ments et les petites sphères de fer n'ont aucune « mémoire magnétique »; de là l'opinion très répandue chez
les ingénieurs télégraphistes que, pour fonctionner rapidement, les électro-aimants doivent avoir des noyaux
courts. Comme on l'a vu, la seule raison d'être des longs
noyaux est de donner un espace suffisant pour le logement du fil nécessaire à la circulation imposée par la
réluctance des entrefers. Si, en vue de la rapidité de fonctionnement, on doit sacrifier la longueur, l'enroulement
doit être massé en plus grande épaisseur sur les noyaux
courts. Les électro-aimants des appareils télégraphiques
américains ont habituellement des noyaux plus courts et
une plus grande épaisseur. relative de bobinage que les
types européens.

ÉLECTRO-AIMANTS A FONCTIONNEMENT RAPIDE POUR CHRONOGRAPHES.

Bien que les électro-aimants destinés aux appareils
télégraphiques et particulièrement aux relais soient déjà
appelés à fonctionner rapidement, ceux destinés à actionner les enregistreurs des chronographes doivent être
encore plus rapides. Quand on emploie des chronographes à des études expérimentales telles que la mesure de
la vitesse des projectiles ou de la propagation des ondes
sonores dans l'air, le mode d'enregistrement usité consiste à faire couper automatiquement un courant électrique par le mouvement même à enregistrer, cette
interruption dégageant l'armature d'un électro-aimant en
circuit. Un ressort ou toute autre disposition ramène
l'armature en arrière et fait inscrire à un style qui y est

fixé une marque sur une surface animée d'un mouvement de translation, habituellement une feuille de papier enroulée sur un tambour tournant à une vitesse angulaire uniforme. Il existe différentes causes de retard entre la rupture du circuit et l'inscription effectuée par le style. D'abord l'électro-aimant et le circuit sur lequel il est placé ont une constante de temps déterminée, de sorte que le courant met un certain temps à tomber à zéro. En second lieu, l'aimantation peut retarder sur le courant si le noyau ou le bobinage sont tels que des courants parasites puissent s'y développer, ou si les parties-fer constituent un circuit magnétique à très peu de chose près fermé. Enfin l'inertie des parties mobiles peut être considérable et retarder le mouvement effectif même après que tout magnétisme a disparu. L'intervalle total de temps qui s'écoule entre la rupture du circuit et l'inscription porte le nom de « latence » de l'appareil. Le Rév. F. J. Smith, d'Oxford, qui lui a donné ce nom, a réussi à construire des enregistreurs présentant une latence de moins de 0,0003 seconde.

Pour diminuer la constante de temps, il faut donner à l'électro-aimant de petites dimensions et l'enrouler d'aussi peu de fil de cuivre que possible, placé de préférence uniquement sur les extrémités polaires des noyaux, comme dans le type Hughes (Fig. 86, p. 227). Il faut également mettre en circuit une résistance additionnelle considérable sans self-induction. Le fer doit être divisé, et la culasse fendue. Les parties mobiles seront en outre aussi légères et compactes que possible et les ressorts de rappel de forme telle qu'ils agissent avec une très grande rapidité.

La construction d'électro-aimants de ce genre a été

étudiée par Hipp (1), Schneebeli (2), Marcel Deprez (3), Mercadier (4), F.-J. Smith (5), et autres. Il nous suffira de décrire deux des formes que M. Deprez a reconnues préférables, et celle ima-ginée par M. Smith pour son usage dans son labo-ratoire d'Oxford.

La Fig. 102 donne en grandeur d'exécution une des formes employées par M. Deprez. L'appareil comporte deux électro-ai-mants E à noyaux droits composés de minces feuil-les de tôle. L'armature, à section transversale en forme de losange, pivote autour d'un axe, limitée dans son mouvement par un arrêt IJ et rappelée par un ressort BK dont la ten-sion est réglée par un levier F. Elle porte un style CD. Un bouton à

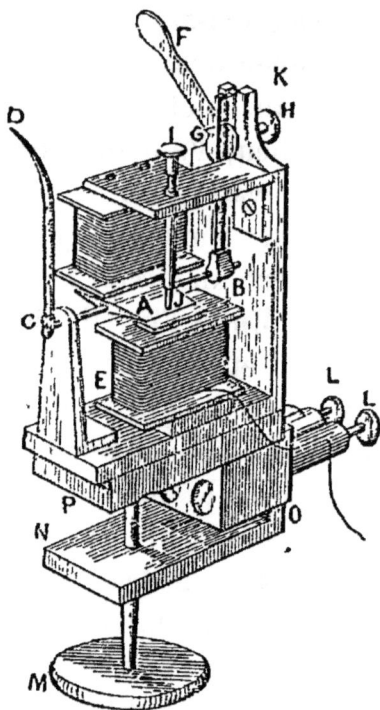

Fig. 102. — Chronographe à électro-aimant de Deprez, N° 1, grandeur d'exécution.

vis M permet de fixer l'appareil à un support. En limitant à 2 mm l'oscillation de l'armature on peut réduire la

(1) *Mittheilungen der naturforschenden Gesellschaft in Bern*, 1853. p. 113, et 1885, p. 190.

(2) *Bulletin de la Société des Sciences naturelles de Neufchâtel*, juin 1874 et février 1876.

(3) *La lumière électrique*, IV, p. 282, 1881.

(4) *Ibid.*, IV, p. 404, 1881.

(5) *Phil. Mag.*, mai 1890, p. 377, et août 1890.

latence du système à 0,00016 seconde à la rupture du circuit, et à 0,00048 seconde à sa fermeture.

La seconde forme employée par Deprez est un appareil polarisé contenant un puissant aimant permanent (Fig. 103), monté les branches en haut et muni à sa partie supérieure de deux pièces polaires mobiles BD, BD. Entre les branches de l'aimant est montée une seule bobine E à noyau lamellé. Au-dessus de celle-ci est disposée une petite armature de fer doux à section triangulaire, articulée sur un couteau que porte l'extré-

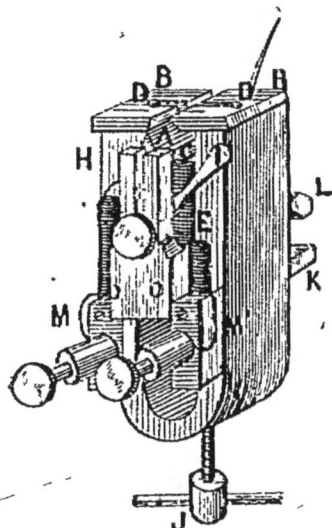

mité du noyau, et rappelée, comme l'armature du type précédent, par un ressort réglable à l'aide d'un levier I. On emploie l'appareil comme l'électro-aimant de Hughes (Fig. 86, p. 227), c'est-à-dire qu'on place l'armature au contact avec une des deux pièces polaires et qu'on ajuste le ressort de telle sorte que sa tension soit suffisante à l'arracher. Quand on lance le courant autour du noyau central dans le sens voulu, l'armature est abandonnée et s'éloigne. Un courant électrique d'une durée

Fig. 103. — Chronographe à électro-aimant polarisé de Deprez.

de 1/40000 de seconde seulement, déterminé par la fer meture du circuit, suffit à faire fonctionner l'appareil ; mais, d'après M. Deprez, il faut près de 0,001 seconde pour arracher l'armature.

Le type d'électro-aimant employé par le Rév. F. J. Smith est représenté aux trois quarts de grandeur par la

Fig. 104. La culasse est formée d'un petit bloc de fer
rectangulaire de 18 mm de long et de 22 mm² de section.
Les noyaux sont deux petits cylindres de 1,5 mm de
diamètre sur 9,5 mm de long,
bien recuits à basse température et qui ne sont plus
ensuite effleurés par le marteau ni la lime. L'armature
A est un tube de section
triangulaire en fer très mince,
fixé à un levier en aluminium.
L'angle de contact de l'armature est arrondi et les extrémités polaires des noyaux

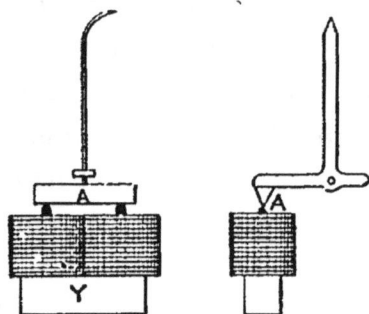

Fig. 104. — Chronographe à électro-
aimant de Smith.

sont tournées en forme hémisphérique. Quand les noyaux
ont été ajustés dans la culasse, le tout est recuit dans un
four à gaz. Les deux bobines sont reliées entre elles
parallèlement. M. Smith a constaté que, à égalité de
force magnétisante, la longueur des noyaux a une
grande influence sur la latence. Celle-ci est de 0,0003
seconde dans les électro-aimants ci-dessus.

ÉLECTRO-AIMANTS A ACTION RAPIDE POUR REGISTRES D'ORGUES.

On a bien des fois proposé de recourir à l'électricité
pour permettre à un organiste de manœuvrer, du clavier,
ses registres, au lieu des dispositions mécaniques encom-
brantes employées dans les grandes orgues. Jusqu'ici ces
essais n'ont pas réussi, en raison surtout de l'emploi peu
scientifique de lourds électro-aimants qui, non seulement
agissent lentement, mais absorbent dans leur manœuvre

même une puissance considérable. Dans le mécanisme
d'orgue électrique, aujourd'hui introduit par Hope-Jones
avec un remarquable succès, les électro-aimants ont été
étudiés en vue d'une action rapide et de manière à absorber un minimum de puissance électrique. Ils sont
formés de fers à cheval grêles, dont les branches ont
environ 5 cm de long sur 0,3175 mm de diamètre, et
sont guipées de fil de cuivre fin recouvert de soie leur
donnant une épaisseur totale de 0,635 mm environ.
L'armature en est constituée par un disque de fer mince,
d'à peu près 1,27 cm de diamètre.

TAUX D'ÉTABLISSEMENT ET DE DISPARITION DU MAGNÉTISME.

Quand on ferme l'interrupteur de la pile excitatrice, il
faut, ainsi qu'on l'a vu, un certain temps pour que le
courant atteigne sa valeur de régime, et, comme conséquence, l'aimantation met un certain temps à s'établir;
cette ascension se fait tout d'abord doucement, puis plus
rapidement, et de nouveau plus lentement au fur et à
mesure qu'on approche davantage de la valeur maxima.
De même d'un électro-aimant, et particulièrement s'il
est massif et constitué de manière à former un circuit
presque fermé, met un certain temps à perdre son
magnétisme après la rupture du courant d'excitation.
Si l'on vient à rompre brusquement le circuit d'un grand
électro-aimant, on voit une longue et mince étincelle
suivre en quelque sorte les deux bouts de fil séparés, et
cette étincelle peut durer plusieurs secondes. Dans certains cas, même après la rupture du circuit et l'extinction
de l'étincelle, l'électro-aimant continue à perdre de son
aimantation et l'action inductrice qui en résulte peut

charger la bobine enveloppante assez pour que celle-ci donne à son tour des étincelles et expose à un choc si on vient à la toucher.

Le taux suivant le/ /el s'effectue cette perte d'aimantation n'a rien d'uniforme ; les courbes qu'on en peut dresser présentent une allure analogue à celle de la Fig. 105, dans laquelle la décroissance commence par être très rapide. Les électro-aimants volumineux, tels que ceux employés dans les machines dynamos, peuvent mettre plusieurs minutes à perdre ainsi leur magnétisme.

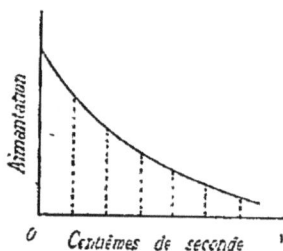

Fig. 105.— Courbe de perte d'aimantation.

17.

CHAPITRE VIII

BOBINES ET PLONGEURS

Nous désignerons par abréviation sous le nom de *bobine à plongeur* le système dans lequel un noyau de fer est attiré à l'intérieur d'une bobine tubulaire ou *solénoïde*. On sait depuis les premiers temps du magnétisme, c'est-à-dire depuis les environs de 1822, qu'un solénoïde parcouru par un courant électrique attire en lui un barreau de fer et que cette action a quelque chose d'analogue au mouvement d'un piston dans un cylindre de machine à vapeur; elle lui ressemble en ce que, si l'on peut s'exprimer ainsi, elle a à ce point de vue un champ d'action assez étendu.

Une simple expérience met ce phénomène en évidence. On place sur une table une bobine tubulaire ou solénoïde A monté sur un socle et relié par ses bornes à une pile B appropriée. Une simple clé à ressort ou un interrupteur S permet de fermer ou d'ouvrir à volonté le circuit. Un noyau de fer C peut être introduit comme un plongeur à l'intérieur du trou axial de la bobine creuse. Si on le fait ainsi pénétrer par une de ses extrémités dans l'ouverture de la bobine et qu'on abaisse l'interrupteur de manière à faire passer le courant, on verra le plongeur, immédiatement attiré à l'intérieur de

la bobine, prendre position dans celle-ci avec ses extrémités dépassant également de part et d'autre, comme
l'indique la Fig. 106. Dans cette position il est en état
d'équilibre stable. Qu'on cherche à le tirer d'un côté ou

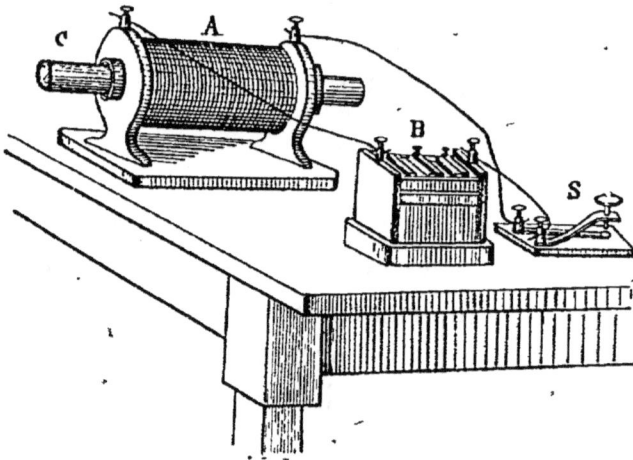

Fig. 106. — Expérience de bobine à plongeur.

de l'autre, puis qu'on l'abandonne à lui-même, il sera
instantanément ramené en arrière dans sa première
position par une force invisible. En réalité celui qui le
tient par un bout et tend à le tirer éprouve la sensation
d'un effort exercé à l'encontre d'un ressort intérieur.
Cette action particulière lui a fait parfois donner le
nom d'*électro-aimant suceur*.

  L'emploi de cette disposition de bobine à plongeur a
été breveté en Angleterre sous le nom de « nouvel électro-
aimant », en 1846. Des appareils ou moteurs électromagnétiques ont été établis sur ce principe par Page, et
postérieurement par d'autres, et on y vit généralement
un système différent de ce qui était antérieurement
connu. Si cependant aujourd'hui encore on cherche dans

les ouvrages classiques à savoir quelles sont les propriétés spéciales de la bobine à plongeur, on n'y trouve aucune indication particulière. Tous se contentent d'en parler en termes très généraux tels que ceux-ci : « Il « existe une sorte d'électro-aimant suceur qui attire son « noyau.». Certains d'entre eux vont jusqu'à dire que l'effort exercé est maximum quand le noyau est à peu près à mi-chemin, ce qui est vrai dans un seul cas spécial, mais faux dans un grand nombre d'autres. Tel autre dira que l'effort est maximum au point situé un centimètre au-dessous du centre de la bobine, quelle que soit la longueur des plongeurs, ce qui est tout à fait inexact. On verra encore dans un autre auteur qu'une bobine large exerce un effort moindre qu'une bobine étroite, fait encore exact dans certains cas et inexact dans d'autres. Les livres donnent également des règles approximatives qui sont bien peu mises au point. La raison qui milite en faveur d'une étude beaucoup plus attentive de ces phénomènes est que le mécanisme de la bobine à plongeur fournit un moyen réel, non seulement d'égaliser, mais encore de beaucoup étendre le champ de l'effort exercé par un électro-aimant.

Champ d'action. — Prenons un moyen très simple de comparer les champs d'action respectifs d'un électro-aimant ordinaire et d'une bobine à plongeur. La Fig. 107 représente une bobine tubulaire, d'environ 23 cm de long, dressée verticalement. Le plongeur est un barreau de même longueur, emboîté dans un collier à anneau qui permet de le suspendre au crochet d'un peson ordinaire. Grâce à cette disposition élémentaire il est facile de mesurer l'effort exercé par la bobine sur le plongeur dans des situations différentes. Si l'on tient tout d'abord le plongeur à une distance considérable au-dessus de la bobine et qu'on l'abaisse progressivement, on reconnaît que l'effort exercé sur lui commence à se faire sentir quand son extrémité inférieure est encore à une petite distance de l'entrée de la bobine, et que cet effort va en augmentant au fur et à mesure que le plongeur pénètre plus avant. L'effort (dans ce cas particulier où le plongeur a la même longueur que la bobine) croît avec la descente du plongeur, et atteint son maximum quand celui-ci est un peu plus qu'à mi-chemin de pénétration. A partir de ce point, plus on l'abaisse, plus l'effort, tout en s'exerçant encore, s'affaiblit jusqu'au moment où les bouts du plongeur coïncident exactement avec les extrémités de la bobine, point où il cesse de se manifester. En conséquence, dans ce cas, l'effort, quoique inégalement distribué, s'exerce

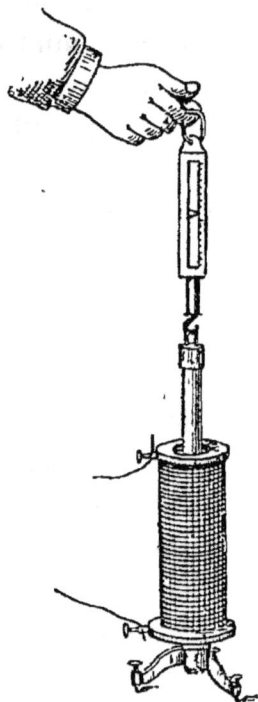

Fig. 107. — Bobine à plongeur vertical.

sur une étendue qui dépasse légèrement la longueur totale du cylindre.

On trouve quelques chiffres dans un mémoire dû à feu M. Robert Hunt en 1856 et lu devant l'*Institution of civil Engineers*, sous la présidence de l'illustre Robert Stephenson. M. Hunt y discute les différents types de moteurs et parle de cette question du champ d'action. Il cite quelques-unes de ses propres expériences dans

lesquelles il obtint les résultats suivants. Il avait un électro-aimant en fer à cheval qui, à distance nulle, c'est-à-
dire quand son armature était au contact, exerçait un
effort de 100 kg ; quand la distance était seulement de
0,1 mm, l'effort tombait à 40,825 kg ; et quand elle
était portée à 0,5 mm, cet effort se réduisait à 16,325 kg
seulement. La différence entre 100 et 16 kg se manifestait dans les limites de 0,5 mm de distance. Il fait ressortir le contraste qui existe entre ces résultats et ceux
donnés par une autre disposition, qui n'est pas tout à
fait la bobine à plongeur, mais une variété d'électro-aimant imaginée vers 1845 par un
Danois habitant Liverpool, nommé Hjorth, dans laquelle on
faisait agir sur un autre électro-
aimant une sorte de tronc de
cône creux en fer (Fig. 108) recouvert de spires de fil, en fait
un électro-aimant creux, l'un
plongeant dans l'autre. Nous
n'avons malheureusement aucune
indication sur ce qu'était l'effort
exercé pour une distance nulle
avec cette curieuse disposition de
Hjorth ; mais, à la distance de

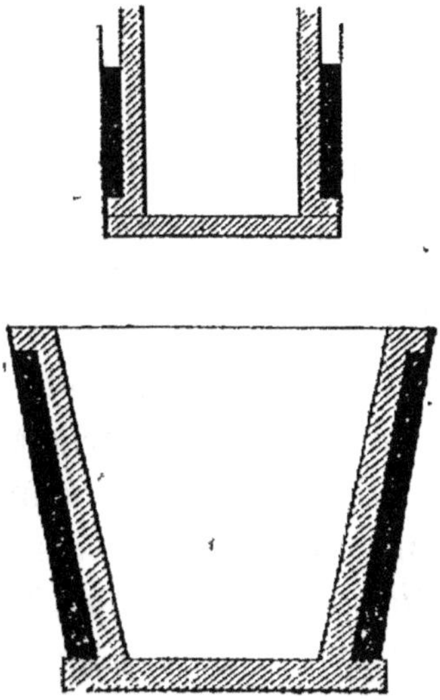

Fig. 108. — Disposition électromagnétique de Hjorth.

2,5 cm, l'effort (avec un appareil beaucoup plus grand que
celui de Hunt) était de 72,5 kg ; à 7,5 cm, il était de
40 kg ; et à 12,5 cm, de 32,5 kg. Ici donc nous avons un
champ d'action qui n'est plus seulement de 0,5 mm, mais
de plus de 12 cm, et une réduction d'effort, non plus de 100
à 16 kg, mais de 72,5 à 32,5 kg, ce qui rentre dans
des limites beaucoup plus rationnelles. A cette occasion un

certain nombre des plus illustres physiciens de l'époque,
Joule, Cowper, sir William Thomson, M. Justice Grove,
et le professeur Tyndall, prirent part à la discussion à
l'*Institution of Civil Engineers*, les uns pour, les autres
contre, tant au point de vue du champ d'action qu'au regard de ce fait qu'il n'existait alors aucun moyen d'actionner ces électro-aimants ou moteurs autrement qu'en
brûlant du zinc dans une pile primaire; et tous en arrivèrent à cette conclusion que les moteurs électriques ne
seraient jamais pratiques. Robert Stephenson résuma le
débat en ces termes à la fin de la séance: — « Comme
« clôture de la discussion », dit-il, « il ne saurait exister,
« d'après ce qui a été dit, aucun doute sur ce point que
« l'application de l'électricité voltaïque, sous quelque
« forme qu'elle puisse être développée, est entièrement
« hors de question, commercialement parlant. D'ailleurs,
« sans examiner les faits à ce point de vue, les applica-
« tions mécaniques semblent présenter des difficultés
« presque insurmontables. La puissance manifestée
« par l'électro-magnétisme, si grande qu'elle soit, a un
« champ d'action trop étroit pour être pratiquement
« utilisable. *On pourrait, à titre d'illustration, comparer*
« *un puissant électro-aimant à une machine à vapeur*
« *possédant un énorme piston avec une course extrême-*
« *ment petite ; tout le monde sait que cette disposition*
« *est loin d'être recherchée.* »

Depuis cette discussion de 1856, où la question de
champ d'action a été si nettement posée, jusqu'à nos jours,
on a fait un grand nombre de tentatives pour déterminer exactement les données d'étude d'un électro-aimant
à action étendue, et ceux qui y ont réussi n'étaient pas, en
règle générale, des théoriciens ; ce sont bien plutôt des

hommes poussés par la force des circonstances à atteindre leur but d'un simple « coup d'œil », si l'on peut s'exprimer ainsi, par une sorte d'intuition du résultat à obtenir, et le poursuivant par des voies sommaires et faciles. A vrai dire, s'ils ont cherché beaucoup de lumière dans des calculs basés sur des notions orthodoxes relativement à la distribution superficielle du magnétisme et tous autres errements analogues, nous craignons qu'ils n'y aient pas trouvé un grand secours. C'est notre vieille amie, la loi de l'inverse des carrés, qui a dû s'offrir la première à eux, et ils ont dû se dire qu'il était impossible d'obtenir un électro-aimant qui exerçât un effort constant dans des limites quelconques, cet effort devant certainement varier en raison inverse du carré de la distance. Mais ni la bobine ni le plongeur ne peuvent être regardés comme des points, et l'on sait, par suite, que la loi de l'inverse des carrés leur est dès lors inapplicable.

Il nous faut maintenant arriver à une vraie loi et voir exactement quelle est celle qui régit l'action de la bobine à plongeur. La question ne présente pas grande difficulté, pourvu que l'on parte d'idées justes. Nous commencerons par le cas élémentaire d'une courte bobine d'une seule spire agissant sur un pôle réduit à un simple point. Nous passerons de là à la considération de l'effet d'une longue série de spires sur un point polaire. Nous suivrons ensuite par le cas plus complexe de la bobine tubulaire agissant sur un très long noyau de fer, pour arriver finalement, de ce long noyau, au cas d'un noyau court.

Chacun sait comment un long solénoïde agit sur un noyau de fer. On peut en faire l'expérience. Si l'on ap-

plique le courant de manière à le lancer dans les spires
sur la longueur du tube formé par elles, et qu'on présente
en regard de son ouverture un barreau de fer, celui-ci
est aspiré à l'intérieur du solénoïde. Si on cherche à le retirer un peu, il résiste comme sous l'action d'un ressort. Supposons un courant assez intense, 25 ampères environ, 700
spires sur la bobine, et le barreau de 2,5 cm de diamètre
sur 50 cm de long. L'effort exercé sur ce dernier est si
considérable qu'il sera impossible de le retirer complètement. Cet effort était faible quand le barreau était à l'extérieur; mais, dès qu'il est entré, le barreau est fortement attiré; il se précipite à l'intérieur et prend une
position telle que ses deux bouts font égale saillie des
deux côtés de la bobine. La bobine ici employée doit
avoir 40 cm environ. Considérons maintenant une bobine plus courte, n'ayant pas plus de 2,5 cm de bout en
bout; on peut même en prendre une encore plus courte,
telle que sa longueur parallèlement à l'axe soit très petite
comparativement au diamètre de son ouverture, son bobinage ne comportant qu'une seule spire de fil. Avec une
bobine de ce genre, traitée comme un simple anneau et
enveloppée une seule fois par le courant, quelle action
obtiendra-t-on sur un aimant placé suivant son axe?

Calcul de l'action d'une bobine sur un plongeur. —
Prenons tout d'abord le cas d'un aimant d'acier très
long, aimanté d'une façon permanente, assez long pour
que toute action exercée sur le pôle le plus éloigné puisse
être considérée comme nulle, et supposons qu'un seul
pôle, le pôle Nord par exemple, soit voisin de la bobine.
Comment cette spire unique de fil agira-t-elle sur ce pôle
unique? — Ici s'applique la règle que l'effort ne varie pas

comme le carré de la distance, ni suivant une puissance quelconque de la distance normale mesurée suivant l'axe, mais en raison inverse du cube de la distance oblique. Soit O (Fig. 109) le centre de l'anneau de rayon y. La ligne OP est l'axe de l'anneau et nous appellerons x la distance de O à P, a étant la distance oblique de P à l'anneau. L'effort sur l'axe, dans la direction du centre de la bobine, variera en raison inverse du cube de a (1). Cette loi peut être mise sous forme de courbe de manière à rendre compte des variations de l'effort en différents points le long de l'axe. Considérons la Fig. 110 qui représente, vue de face, la section axiale de la bobine. A

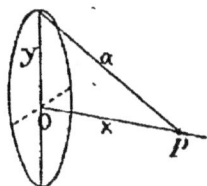

Fig.109.— Action d'une spire unique sur un point polaire situé suivant son axe.

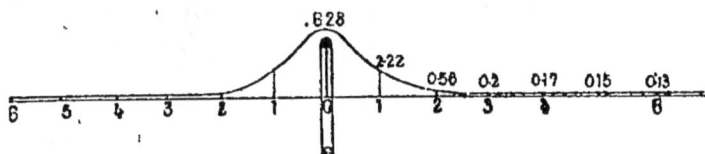

Fig. 110. — Action suivant l'axe d'une spire unique.

égales distances de part et d'autre sont tracées les ordonnées correspondant à l'effort, les calculs étant faits

---

(1) La force (en dynes) exercée sur une unité de pôle à une distance x par une intensité de i ampères, quand le circuit a un rayon y, est donnée par l'expression

$$f = \frac{2\,\pi\,i\,y^2}{(x^2+y^2)^{\frac{3}{2}}.\,10},$$

ou

$$f = \frac{2\,\pi\,i\,y^2}{10\,a^3},$$

puisque

$$\sqrt{x^2+y^2} = a.$$

pour un courant de 10 ampères traversant une seule spire de 1 cm de rayon. La force avec laquelle ce courant agit sur un pôle magnétique d'une unité d'intensité situé au centre est de 6,28 dynes. Si ce pôle se meut le long de l'axe en s'éloignant de la spire, l'effort diminue. A une distance égale au rayon, il tombe à 2,22 dynes. A une distance égale au double du rayon, ou au diamètre, il n'est plus que de 0,56 dyne, soit moins d'un dixième de ce qu'il était au centre. A deux diamètres de distance il est réduit à 0,17 dyne, soit moins de 3 pour cent de sa valeur maxima; et à trois diamètres, il n'est plus guère que de 2 pour cent de sa valeur maxima au centre.

Si donc on pouvait prendre un aimant très long, on pourrait négliger entièrement l'action sur le pôle le plus éloigné. Avec un aimant permanent dont le pôle Sud se trouverait à 1,50 ou 2 m de distance, le pôle Nord étant placé à trois diamètres (ici 6 mm) de l'ouverture de la bobine, l'effort exercé par le courant d'une seule spire sur ce pôle Nord serait pratiquement négligeable; il serait inférieur à 2 pour cent de sa valeur correspondant au cas où on introduirait directement ce pôle dans la spire en question. Mais lorsqu'on a affaire à une bobine tubulaire formée d'au moins une couche complète de spires de fil, on a à tenir compte de l'action de toutes ces spires. Si la spire la plus voisine est à une distance égale à trois diamètres, toutes les autres spires se trouveront à des distances supérieures, et, par suite, si l'on peut négliger des quantités de l'ordre de 2 pour cent de l'action totale, on pourra négliger également l'action de ces spires, puisqu'elle sera encore inférieure à cette valeur relative.

Pour arriver à rendre compte de l'action d'une bobine tubulaire entière, nous adopterons un mode de représenta-

tion imaginé par M. Sayers. — Supposons que nous ayons
un tube entièrement recouvert de fil de cuivre de bout en
bout; son action sera pratiquement identique à celle d'un
tube semblable dans lequel le fil de cuivre serait réparti
sur la longueur par petits groupes de spires de distance
en distance. Par exemple, en comptant le nombre de spires par centimètre de longueur sur la bobine tubulaire
réellement employée dans notre première expérience,
nous en trouverons quatre. Si maintenant, au lieu de
ces quatre fils par centimètre, nous n'en avions qu'un
seul, au milieu de cet intervalle, assez gros pour porter
un courant quadruple du précédent, l'action générale serait la même. Le diagramme de la Fig. 111 est établi
dans l'hypothèse que cette action différerait peu si les fils

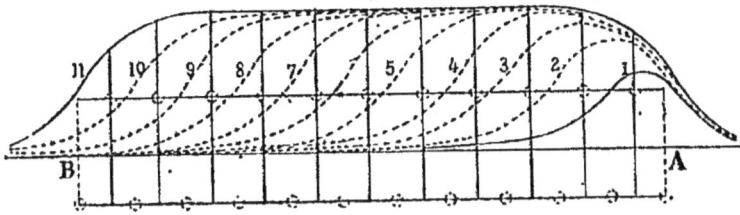

Fig. 111. — Action d'une bobine tubulaire.

étaient ainsi groupés, ce qui facilite le calcul. Si, en
commençant par l'extrémité du tube marquée A, nous
prenons sur le premier centimètre de longueur les quatre
fils qui le recouvrent et si nous les groupons en un seul,
nous pourrons tracer une courbe marquée 1, représentant l'action de ce groupe de fils. Pour le groupe analogue suivant, on pourra tracer une courbe analogue;
mais, au lieu d'en prendre les ordonnées à partir de
l'axe horizontal AB, on ajoutera les ordonnées propres à

cette dernière courbe à celles de la première; on obtiendra ainsi la courbe marquée 2; pour la troisième, on ajoutera de même aux ordonnées précédentes celles qui lui sont particulières, et ainsi de suite, ce qui constituera progressivement la courbe finale représentant l'action totale de cette bobine tubulaire sur une unité de pôle en différents points le long de son axe. Cette courbe résultante commence à 2,5 cm environ de l'extrémité; elle s'élève d'abord doucement, puis se relève brusquement, se renverse et devient sensiblement plate en présentant un dos allongé presque de niveau. Elle ne s'élève plus guère au delà d'un point situé à une distance de A égale à environ 2,5 diamètres; en ce point elle devient presque plate ou ne s'élève pas de 1 pour cent de plus par centimètre, quelle que soit la longueur du tube. Par exemple, dans une bobine tubulaire de 2,5 cm de diamètre et de 50 cm de long, on trouvera un champ magnétique uniforme sur 37,5 cm de long au milieu de la bobine. Dans une bobine tubulaire de 3 cm de diamètre et de 40 cm de long, on aura un champ magnétique uniforme sur 32 cm environ de longueur au milieu de la bobine. Ceci veut dire que l'action des forces magnétiques suivant l'axe de cette bobine commence à l'extérieur de l'entrée du tube, va en augmentant, s'élève à un certain maximum un peu à l'intérieur de la bobine, et reste ensuite parfaitement constante pour presque toute l'étendue du tube, pour tomber ensuite symétriquement à l'autre extrémité. Les ordonnées de la courbe résultante représentent les forces aux points correspondants le long de l'axe du tube et peuvent être considérées comme les valeurs non seulement de la force magnétisante, mais de l'effort exercé sur un pôle magnétique à l'extrémité d'un

aimant permanent, mince, indéfiniment long, d'intensité
déterminée.

L'expression qui donne l'intensité de la force magnétisante en un point quelconque sur l'axe de la longue
bobine tubulaire dans les limites de la région où cette
force est uniforme, est, ainsi qu'on l'a vu p. 52 : —

$$\mathcal{H} = \frac{4}{10}\,\pi \times \text{les a.-t. par cm de longueur} = \frac{4}{10}\,\frac{\pi N_s I}{L}.$$

Et, comme la force magnétomotrice totale d'une bobine
tubulaire est proportionnelle non seulement à l'intensité
de la force magnétisante en un point quelconque, mais
aussi à sa longueur ($\mathcal{F} = \mathcal{H} L$), l'action magnétique intégrale exercée sur une pièce de fer introduite à l'intérieur
de cette bobine peut être prise comme étant pratiquement
égale à $\frac{4}{10}\,\pi \times$ le nombre total d'ampères-tours dans la
portion de la bobine tubulaire qui enveloppe le fer. Si le
noyau de fer fait aux deux extrémités une saillie égale à
trois diamètres, la force magnétomotrice totale est simplement égale à $\frac{4}{10}\,\pi \times$ le nombre total d'ampères-tours.

Etude de l'action d'une bobine sur un plongeur. —
Mais, naturellement, ce cas n'est pas le seul auquel
on ait habituellement affaire. On ne peut se procurer
des aimants permanents à pôles invariables, d'intensité
fixe. L'acier, même le plus dur, aimanté de manière à
donner un pôle permanent dans le voisinage de son
extrémité ou à cette extrémité même — et exactement à
cette extrémité quand on l'introduit dans une bobine
magnétisante — acquiert par là même une plus forte aimantation. Son pôle se renforce par cette introduction,

de sorte que le cas d'un pôle constant n'est pas pratiquement réalisable. On n'emploie pas communément l'acier;
on se sert de plongeurs en fer doux qui ne possèdent
aucune aimantation à une certaine distance de la bobine,
mais qui s'aimantent par le fait de leur approche dans
le voisinage de l'entrée de la bobine, et acquièrent plus
d'aimantation au fur et à mesure qu'ils y pénètrent
davantage. Ils tendent en réalité à prendre une position
symétrique par rapport à la bobine, en faisant une
égale saillie de part et d'autre par leurs extrémités, cette
position étant celle pour laquelle le circuit magnétique
est le mieux complété. C'est, par suite, dans cette position qu'ils sont le plus complètement et le plus hautement magnétisés. Il en résulte ce fait pratique que,
quelles que soient les forces magnétiques sur toute la
longueur du tube, l'aimantation due à la pénétration
dans la bobine ira en augmentant au fur et à mesure
que le noyau pénétrera plus avant. Il faudra dès lors
procéder de la manière suivante : on construira une
courbe, non pas simplement sur les valeurs des forces
magnétisantes de la bobine en différents points, mais
sur le produit de ces forces par l'aimantation du noyau
qui va elle-même en augmentant avec la pénétration de
ce dernier.

La courbe à plage supérieure plate correspond au cas
idéal d'un pôle unique d'intensité constante. Il nous
faut passer de là à une courbe représentant le cas réel
d'un noyau en fer doux. Supposons alors que nous fas-
sions usage d'un noyau très long, si long que, l'un
des pôles pénétrant dans la bobine, l'autre en soit encore
très éloigné. Étant donné un noyau de fer, la valeur du
magnétisme obtenu pour une force magnétisante détermi-

née dépend naturellement des dimensions et de la qualité de ce fer. Quand le noyau a pénétré jusqu'à une certaine, distance, il est soumis à l'action des forces magnétiques existant en ce point ; il acquiert une certaine quantité d'aimantation, de sorte que l'effort qui s'exerce sur lui ira nécessairement, en augmentant de plus en plus, bien que l'intensité de la force magnétisante d'un point à l'autre le long de l'axe de la bobine reste constante jusqu'à une distance de l'autre extrémité égale à environ deux diamètres. Malgré cela, comme l'aimantation du noyau va en augmentant, l'effort qu'il subit croît de plus en plus (si le fer n'arrive pas à se saturer) suivant une progression presque uniforme sur tout le parcours, jusqu'à ce que le noyau ait été aspiré au voisinage de l'extrémité la plus éloignée. Dans la Fig. 112, A B représente une bobine tubulaire. Supposons un long noyau de fer placé à droite suivant son axe, et dont on approche de plus en plus vers B le bout voisin. Lorsqu'il arrive en X, l'effort exercé sur lui commence à se manifester ; il augmente ensuite, rapidement d'abord quand le noyau pénètre dans l'ouverture du tube, puis doucement pendant qu'il avance dans le tube, en passant par un

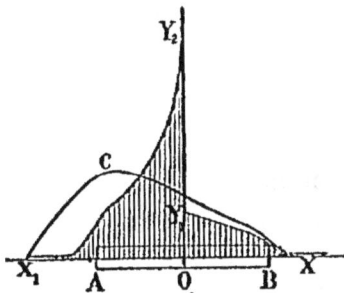

Fig. 112. — Diagramme de l'effort exercé par une bobine à plongeur et du travail qui en résulte.

maximum C correspondant à peu près à l'autre extrémité A tube. En approchant de cette extrémité A, il arrive à la région où la force magnétisante s'abaisse ; mais son aimantation continue à croître, parce qu'il vient encore s'ajouter quelque chose à la force magnétisante

totale ; ces deux effets s'équilibrent cependant sensiblement, de sorte que l'effort atteint un maximum. Cet
effort maximum au point C le plus élevé de la courbe se
présente juste au moment où le noyau de fer arrive au
bout de la bobine tubulaire, après quoi cette courbe
s'abaisse rapidement. La rapidité de cet abaissement
dépend uniquement de la longueur du noyau. Si celui-ci
est très long, de sorte que son autre pôle soit encore très
éloigné, on a une décroissance lente, douce, se poursuivant sur quelque trois diamètres et tombant graduellement
à rien. Mais si, au contraire, l'autre pôle intervient à
brève distance de B, la courbe affecte alors une allure
de chute plus rapide pour arriver en un point défini X_t.
Si l'on prend le cas simple d'un noyau égal à deux fois
la longueur de la bobine, on trouvera que la courbe
s'abaisse doucement presque en ligne droite jusqu'à un
point tel que les extrémités du fer sortent également des
extrémités du tube.

Des effets absolument analogues se manifestent dans
tous les autres cas où le plongeur est notablement plus
long que la bobine enveloppante (au moins deux fois aussi
long). Pour un cas différent on aura cependant un autre
effet. — Supposons par exemple un plongeur de même longueur que la bobine ; voici ce qui arrivera nécessairement. Tout d'abord les effets sont identiques ; mais, dès
que le noyau a pénétré à peu près de la moitié, ou un
peu plus, de sa longueur, l'action de l'autre pôle faisant
saillie extérieurement commence à se manifester en
tendant à ramener le plongeur en arrière ; et, bien que
la force magnétisante continue à augmenter plus le plongeur pénètre, la répulsion exercée par la bobine sur
l'autre pôle du plongeur croît encore plus rapidement

18

en raison de ce que ce pôle approche davantage de l'ouverture de la bobine. Dans ce cas le maximum se rencontrera en un point un peu au delà de la moitié de la bobine, et à partir de ce point la courbe s'abaissera pour tomber à zéro en A; c'est-à-dire qu'il ne s'exercera plus aucun effort quand les deux bouts du plongeur coïncideront avec les deux extrémités de la bobine. — Avec un plongeur un peu plus court que la bobine, l'attraction tombe à zéro encore plus tôt. Le maximum se manifeste à une période d'avancement moindre et il en est de même de la réduction de l'effort à zéro; aucune action n'est plus exercée sur le noyau court lorsqu'il se trouve dans la région du tube où l'intensité de la force magnétique est uniforme. Autrement dit, pour toute portion de ce tube correspondant à la plage aplatie supérieure de la courbe de la Fig. 111, si le plongeur est assez court pour tenir entièrement dans cette région, il ne subit aucune action; il n'est attiré ni dans un sens ni dans l'autre. Ces phénomènes ne peuvent cependant pas être prévus par la simple application d'une loi de ce genre; ils doivent être vérifiés par l'expérience.

On emploie au collège de Finsbury une série de bobines tubulaires construites en vue de vérifier ces lois. Une de ces bobines a environ 23 cm de long, une autre à peu près la moitié, et une troisième juste le quart. Elles sont toutes construites d'une façon analogue, en ce qu'elles contiennent exactement le même poids de fil de cuivre pris dans la même botte. Il y a naturellement plus de spires sur la plus longue que sur la plus courte, puisque sur cette dernière chaque spire exige en moyenne une plus grande longueur de fil et que, par suite, le même poids de cuivre ne correspond pas au même nombre de

spires. On emploie simplement une balance de Salter
pour la mesure de l'effort exercé à différentes distances
sur des noyaux de diverses longueurs. Dans tous les cas
d'expérimentation, nous avons trouvé que l'effort commençait par croître jusqu'à un maximum pour décroître
ensuite. On peut répéter l'expérience en prenant d'abord
un long plongeur, sensiblement égal au double de la longueur de la bobine. L'effort augmente au fur et à mesure
que le plongeur pénètre dans celle-ci, et le maximum se
produit exactement quand son extrémité antérieure arrive au bout de la bobine; au delà, il est moindre. En
employant le même plongeur avec des bobines plus
courtes on obtient le même résultat, en réalité plus marqué, car alors ce plongeur se trouve égal à plus de deux
fois la longueur de la bobine. On trouve de même dans
tous les cas que le maximum d'effort a lieu, non pas,
comme disent les traités, quand le plongeur est à mi-
chemin, mais quand son extrémité antérieure commence
juste à sortir du bout extrême de la bobine employée: Si
cependant on prend un plongeur plus court, le résultat
est différent. S'il a la même longueur que la bobine, le
maximum se produit quand le plongeur est à mi-chemin;
pour un autre n'ayant guère que le sixième de la longueur de la bobine, il se manifeste au moment où le plongeur entre dans l'ouverture de celle-ci, et, quand il a pénétré
jusqu'à la région de champ magnétique uniforme constant, il ne s'exerce plus aucun effort sur un bout plus
que sur l'autre; l'une de ses extrémités est sollicitée par
une certaine force pour pénétrer plus avant, tandis que
l'autre tend à sortir du tube sous l'action d'une force
exactement égale, et les deux effets s'équilibrent. Si l'on
passe à un cas encore plus extrême, et qu'on se serve

d'une petite balle de fer ronde pour explorer l'intérieur
du tube, on arrive à ce résultat curieux que le seul point
où un effort quelconque s'exerce sur la balle est juste celui où elle entre dans l'ouverture de la bobine. On constate un effort sur une longueur de 1,25 cm environ à
l'entrée de la bobine; mais il n'en existe plus trace à l'intérieur du tube et aucune mesure n'en révèle davantage à
l'extérieur.

Ces actions de la bobine sur le noyau peuvent encore
être considérées à un autre point de vue. Tous les ingénieurs savent que le travail effectué sous l'action d'une
force a pour mesure le produit de cette force par le chemin parcouru par son point d'application. On a ici affaire
à une force variable agissant sur une certaine étendue; il
faut en conséquence calculer l'intensité de la force en
chaque point et la multiplier par le petit espace parcouru
pendant le temps correspondant, en prenant la moyenne
de cette force pendant l'instant considéré, puis prendre
la valeur suivante de la force pendant le court intervalle
qui suit, et considérer ainsi par fractions le travail effectué sur toute la longueur de l'espace envisagé. Si l'on
désigne par x la longueur du chemin parcouru, l'élément
infinitésimal de ce chemin sera dx, et en le multipliant
par la force f agissante, on aura le travail élémentaire
dw effectué dans cet intervalle de temps infiniment petit.
Quant au travail total effectué pour tout le parcours, il
se compose de la somme de tous ces travaux élémentaires;
autrement dit, pour l'obtenir il faut prendre toutes les
valeurs successives de f, multiplier chacune d'elles par le
chemin élémentaire dx pendant lequel elle agit, et additionner tous ces produits. Cette somme, désignée par $\int$,

sera égale à la somme de tous ces travaux élémentaires ou au travail intégral; ce travail total pourra ainsi être représenté par l'expression

$$w = \int f \, \mathrm{d}x.$$

Mais tout ce qu'il y a à en retenir, c'est qu'on a d'une part une bobine, et de l'autre un noyau à une certaine distance. Bien qu'un courant circule dans la bobine, il est si éloigné du noyau que pratiquement il n'exerce sur celui-ci aucune action. Approchons-les de plus en plus l'un de l'autre; ils commencent à agir l'un sur l'autre; il s'exerce entre eux un effort qui va en augmentant au fur et à mesure de la pénétration du noyau, passe par un maximum et s'affaiblit au moment où le bout du noyau commence à sortir par l'autre extrémité de la bobine. Il n'y a plus aucun effort quand les deux bouts sortent également de part et d'autre.

Mais il a été développé une certaine quantité totale de travail dans cet appareil. On sait que, s'il est possible de mesurer la force en chaque point suivant la trajectoire de son point d'application, le travail effectué sur ce parcours sera représenté par l'aire de la courbe qui exprime les variations de la force. Reportons-nous donc à la courbe XCX_i dans la Fig. 112, p. 312, dont les ordonnées sont les valeurs de la force en jeu. La surface totale limitée par cette courbe représentera le travail effectué par le système, et par suite aussi le travail qu'il faudrait effectuer sur lui pour en séparer les éléments. Cette surface enveloppée par la courbe représente le travail total effectué par l'attraction du plongeur en fer sous l'action d'un effort réparti sur l'espace XX_i.

18.

Comparons maintenant ce cas à celui d'un électro-aimant qui, au lieu de cette répartition d'effort, en exerce un beaucoup plus puissant sur une étendue beaucoup moindre. Nous avons cherché à en faire ressortir la différence dans les autres courbes de la Fig. 112. Étant donnée la bobine, supposons que le noyau, au lieu d'être d'une seule pièce, soit fait de deux parties susceptibles d'être réunies au milieu par un écrou, ou assemblées par un autre procédé mécanique quelconque.

Considérons d'abord ce barreau comme un plongeur unique; vissons-en les deux parties l'une sur l'autre et commençons par le faire pénétrer dans la bobine; le travail effectué sera représenté par la surface circonscrite par la courbe déjà considérée. Divisons maintenant le barreau en ses deux parties constitutives. Introduisons d'abord l'extrémité de l'une d'elles; cette moitié sera attirée exactement comme dans le cas précédent; seulement, le barreau étant plus petit, le maximum sera légèrement déplacé. Laissons-le pénétrer seulement jusqu'à mi-chemin; nous avons maintenant un tube à demi rempli de fer, et à cette opération correspond une certaine quantité de travail effectué dans l'appareil. Le barreau de fer étant plus court, la courbe de force qui s'élève de X à Y se maintiendra un peu au-dessous de la courbe XCX_1; mais l'aire circonscrite par cette courbe inférieure, qui s'arrête à mi-chemin, représentera le travail effectué par l'attraction de ce demi-noyau. Passons maintenant à l'autre extrémité de la bobine et introduisons dans son ouverture la seconde moitié du barreau. On n'a plus maintenant affaire à la seule attraction du tube; celle de la partie déjà introduite et agissant comme un électro-aimant entre en ligne de compte. L'attraction, douce au début,

prend bientôt une grande violence, représentée par une
formidable ascension de la courbe de force, quand la distance qui sépare les deux moitiés du noyau devient très
petite.

On obtient en conséquence dans ce cas une courbe totalement différente formée de deux parties, l'une correspondant à l'introduction de la première moitié du noyau et
une autre beaucoup plus accentuée pour la seconde moitié ; mais, comme résultat final, on a la même quantité
de fer, aimantée exactement de la même façon par la
même intensité de courant électrique circulant dans la
même quantité de fil de cuivre, ce qui veut dire que,
dans les deux cas, le travail total effectué sera nécessairement égal. Qu'on laisse le plongeur entier pénétrer
doucement sur une longue étendue, ou qu'on l'introduise en deux parties, l'une sous l'action d'un effort
modéré, l'autre brusquement attirée comme par un ressort puissant, le travail total doit être identique ; autrement dit, l'aire totale limitée par les deux dernières
courbes sera la même que celle circonscrite par la première. L'avantage de ce système de bobine-cuivre et de
plongeur-fer est donc, non pas de fournir plus de travail pour une même dépense d'énergie, mais de répartir
l'effort sur une étendue considérable, sans toutefois l'é-
galiser sur toute l'étendue de la course du plongeur.

Fers à cheval plongeurs.

En 1846 Guillemin suggéra l'emploi d'un double plongeur formé d'un noyau en fer à cheval, dont les deux
branches étaient attirées dans deux bobines tubulaires.
Des dispositions de ce genre sont adoptées dans plusieurs
lampes à arc.

Données expérimentales sur les Bobines à plongeurs.

Un certain nombre de recherches expérimentales ont été entreprises à diverses époques en vue d'élucider le fonctionnement de la bobine à plongeur. Hankel s'occupa, en 1850, de la relation entre l'effort exercé sur une portion donnée de plongeur et l'action magnétisante. Il trouva que, avec un noyau de fer assez gros et une puissance excitatrice assez faible pour que l'aimantation n'arrivât jamais au voisinage de la saturation, l'effort exercé était proportionnel au carré de l'intensité du courant, ainsi qu'au carré du nombre de spires de fil. En réunissant ces deux données, on arrive à la loi — vraie seulement pour un noyau non saturé, dans une position donnée — que l'effort est proportionnel au carré des ampère-tours.

Ce résultat pouvait être prévu ; en effet, l'aimantation du noyau de fer étant, dans les hypothèses ci-dessus admises, proportionnelle aux ampère-tours, et l'intensité du champ magnétique dans lequel il est placé proportionnel lui aussi à ces ampère-tours, l'effort, ou produit de l'aimantation par l'intensité du champ, doit être nécessairement proportionnel au carré de ce même nombre.

Dub, qui a étudié des noyaux de diverses épaisseurs, prétend que l'attraction exercée varie comme la racine carrée du diamètre du noyau. Ses propres expériences prouvent l'inexactitude de cette loi et montrent que cette force attractive est tout aussi bien proportionnelle au diamètre qu'à sa racine carrée. Il y a d'ailleurs à cela une

autre raison. Le circuit magnétique est en grande partie
formé d'entrefers à travers lesquels le flux magnétique
passe d'un pôle à l'autre. La majeure partie de la réluctance du circuit étant celle de l'air, tout ce qui tendra à
réduire cette dernière augmentera l'aimantation, et, par
suite, l'effort exercé. Or, dans ce cas, la réluctance des
entrefers est surtout régie par la surface que présentent
les portions terminales du noyau de fer. Les augmenter,
c'est réduire la réluctance et augmenter d'autant l'aimantation.

Von Waltenhofen, en 1870, compara l'attraction exercée par deux bobines tubulaires (courtes) égales sur deux
noyaux de fer, dont l'un était un barreau cylindrique
massif, l'autre un tube de même longueur et de poids
égal ; il trouva que le tube était le plus fortement attiré.
L'augmentation de la surface, en diminuant la réluctance du circuit magnétique, donne sans aucun doute
l'explication de cette observation.

Von Feilitzsch a comparé l'action d'une bobine tubulaire sur un plongeur de fer doux avec celle exercée par
la même bobine sur un noyau d'acier dur et aimanté
d'égales dimensions. Les plongeurs (Fig. 113) avaient
chacun 10,1 cm de long ; la bobine, une longueur de
29,5 cm sur un diamètre de 4,2 cm. Le courant employé dans l'expérience sur l'aimant permanent comme
plongeur était toutefois beaucoup plus intense que celui
appliqué au cas du noyau de fer doux, qui donna lieu
malgré cela à un effort plus puissant. L'aimant permanent déterminait un maximum d'attraction quand il pénétrait à une profondeur de 5 cm, tandis que le maximum correspondait, pour le noyau de fer, à une profondeur d'introduction égale à 7 cm, ce qui tenait, sans au-

cun doute, à ce que son aimantation progressait plus longtemps que celle du noyau d'acier. Comme la plage de champ uniforme commençait à une profondeur de 8 cm environ et que les noyaux avaient 10 cm de long, on devait s'attendre à voir la force attractive tomber à zéro quand les noyaux étaient entrés à une profondeur de 18 cm à peu près. En fait le zéro était atteint un peu plus tôt. On remarquera d'ailleurs que le maximum d'effort était légèrement plus élevé dans le cas du plongeur en fer.

Les recherches les plus approfondies dans ces dernières années sont celles du Dr Théodore Bruger faites en 1886. L'une de ses observations sur un plongeur cylindrique en fer est résumée dans deux des courbes de la Fig. 114. Il prenait deux bobines, l'une de 3,5 cm, l'autre de 7 cm de long. Elles sont représentées dans le coin du bas, à gauche. Le courant d'excitation était d'un peu plus de 8 ampères. Le plongeur avait 39 cm de long. Dans le diagramme ci-dessous, le plongeur est supposé pénétrer par la gauche et le nombre de grammes représentant l'effort est relevé en ordonnées du côté opposé à l'extrémité entrante de ce plongeur. Comme on le voit par le sommet des courbes rapidement atteint, l'effort maxi-

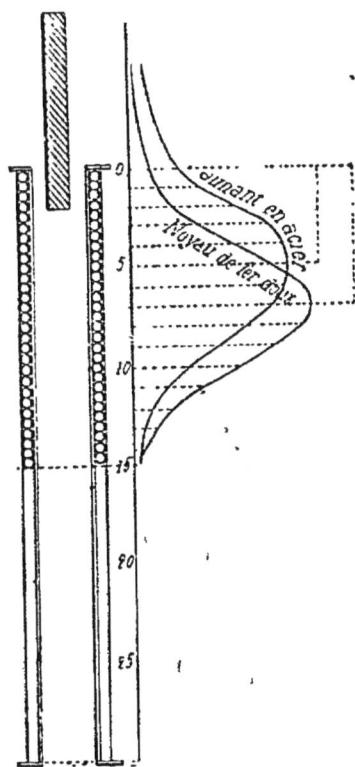

Fig. 113.— Expériences comparatives de Von Feilitzsch sur des plongeurs en fer et en acier.

mum correspond exactement à l'instant où le bout
entrant du plongeur com-
mence à émerger de la bo-
bine, et cet effort tombe à
zéro quand les extrémités du
noyau font égale saillie de
part et d'autre. Dans cette
figure, les lignes ponctuées
correspondent à l'emploi de
la plus longue des deux bobines. La hauteur du som-
met, pour la bobine de longueur double, est à peu près
quadruple de celle de l'autre,
l'excitation comportant un
nombre double d'ampère-tours. Dans d'autres expé-

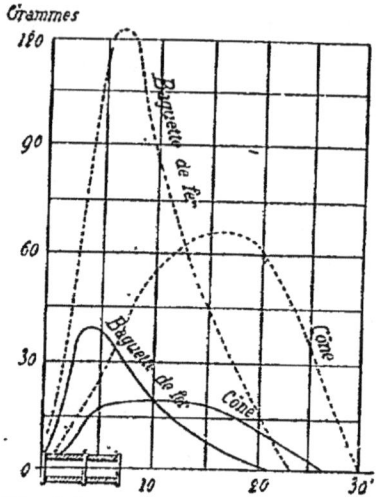

Fig. 114. — Expériences de Bruger
sur des bobines à plongeurs.

riences, dont les résultats sont
consignés par la Fig. 115, il
fit usage du même noyau avec
une bobine tubulaire de 13 cm
de long. Les courants em-
ployés ayant des intensités
différentes (1,5 ; 3 ; 4,8 ; 6 ;
et 8 ampères), l'effort est naturellement différent ; mais
le résultat d'ensemble est le
même ; l'effort maximum se
manifeste juste au moment
où le pôle commence à sortir
de l'extrémité opposée de la
bobine tubulaire. On constate
de légères différences entre

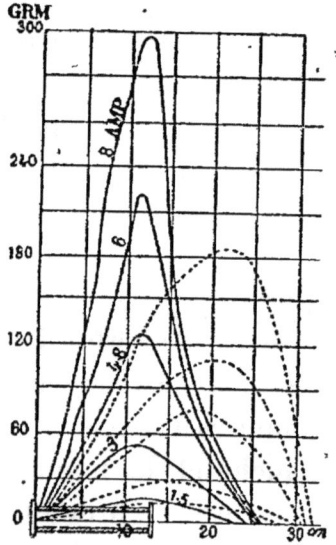

Fig. 115. — Expériences de Bruger
avec des courants de différentes
intensités.

les courbes : avec la plus faible intensité de courant le maximum est exactement au-dessus de l'extrémité du tube ; mais, avec des courants plus intenses, ce maximum reste un peu en arrière. Quand le noyau arrive à la saturation, la courbe de force ne s'élève plus en effet autant ; elle commence à redescendre un peu plus tôt, et la position du maximum se déplace nécessairement un peu en arrière de l'extrémité du tube. C'est ce qu'avait aussi observé Von Waltenhofen avec un aimant permanent.

Effet obtenu par l'emploi des Plongeurs coniques.

Si, maintenant, au lieu de prendre un noyau cylindrique, on emploie un plongeur conique, on reconnaît que la position de l'effort maximum se trouve complètement modifiée ; la forme conique est en effet alors tout à fait insuffisante pour livrer passage au flux créé dans le barreau de fer. Au lieu de s'écouler par la pointe, il se fraye un chemin, filtre en quelque sorte, à travers la surface latérale du noyau. La région où les lignes de force passent du fer à l'air n'est plus un « pôle » défini à l'extrémité du barreau ou dans son voisinage ; elle est répartie sur une surface considérable. En conséquence, quand la pointe commence à « montrer son nez », une plus grande quantité de fer se trouve encore à l'intérieur du tube, et l'effort maximum, au lieu de présenter son maximum pour cette position, se trouve répartie sur une plus grande étendue.

En renouvelant grossièrement l'expérience avec un peson et un plongeur conique, on constatera une différence sensible entre les résultats obtenus ici et ceux fournis par le

plongeur cylindrique. L'effort croît avec la pénétration
du plongeur; mais le maximum n'est pas aussi nettement
défini avec le noyau en pointe qu'avec celui dont la face
terminale est plane. Cette différence essentielle entre les
plongeurs coniques et cylindriques a été découverte par
un ingénieur nommé Krizik qui a appliqué son invention
au mécanisme de la lampe à arc Pilsen. Les plongeurs
coniques ont été également étudiés par Bruger. La Fig.
115 donne les courbes correspondant à l'emploi d'un
noyau de fer conique, aussi bien que celles afférentes au
barreau cylindrique. On remarquera, comparativement
au plongeur cylindrique, que le noyau conique ne donnait jamais lieu à un effort aussi considérable, et que le
maximum de celui-ci se présentait, non pas au moment
de l'émergence du plongeur à l'extrémité de la bobine,
mais lorsqu'il était déjà bien au delà. Il en est ainsi avec
la bobine courte comme avec la longue. Les courbes
pointillées de la Fig. 115 représentent la manière dont se
comporte le plongeur conique. Avec la bobine longue indiquée et des intensités de courant différentes, l'effort
maximum se manifestait quand la pointe était bien en
avant de la bobine; et la position de ce maximum, au
lieu de se rapprocher du côté de l'entrée pour un courant
d'excitation de haute intensité, était également repoussée
plus loin : le champ d'action se trouvait étendu pour de
fortes intensités comparativement à ce que donnaient de
faibles courants. Bruger a également étudié le cas de
noyaux de formes très irrégulières, telles que la lame
d'un tourne-vis, et a trouvé une courbe de force très curieuse et très bizarre. — Il y a encore beaucoup à faire,
à notre avis, dans cette étude de la distribution de l'effort d'attraction sur des noyaux de formes variables ;

19

mais Bruger a ouvert la voie et il ne sera pas difficile de
la suivre.

Plongeurs massifs et plongeurs creux.

On a souvent admis que les plongeurs creux étaient aussi
bons que les noyaux massifs. La raison en est que, lorsqu'on a affaire à de faibles forces magnétisantes qui
n'amènent pas le noyau de fer à un point voisin de la
saturation, la plus grande partie de cette force est dépensée à faire passer les lignes de force par l'air comme
voie de retour (voir par comparaison p. 217) et que
par conséquent l'effort exercé sur le noyau dépend beaucoup plus de la réluctance offerte par les entrefers
du circuit magnétique que de celle du fer lui-même. Aussi,
avec de faibles forces magnétisantes, les plongeurs
creux agissent-ils exactement aussi bien que les noyaux

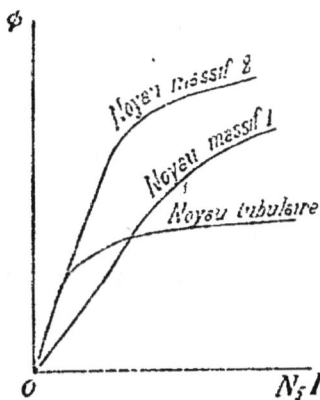

Fig. 116. — Noyaux tubulaires et noyaux pleins.

solides de même diamètre extérieur
et d'égale longueur. Mais il n'en
est plus de même pour des forces
magnétisantes intenses, parce que
le noyau tubulaire devient pratiquement saturé plus tôt que le
noyau plein. On voit dans la
Fig. 116 la façon différente dont
se comportent un noyau plein
(n° 2) et un noyau tubulaire de
même diamètre extérieur. La figure
donne aussi une courbe afférente

à un noyau plein (n° 1) de mêmes dimensions mais
un peu plus lourd que le noyau tubulaire. Avec de petites
forces magnétisantes ce noyau est beaucoup moins énergiquement aimanté que le noyau tubulaire, mais pour

.de grandes forces magnétisantes son aimantation est supérieure.

AUTRES MANIÈRES D'ÉTENDRE LE CHAMP D'ACTION DES ÉLECTRO-AIMANTS

Une autre manière de modifier la répartition de l'effort consiste à distribuer autrement le fil sur la bobine. Au lieu d'un noyau conique, on emploie une bobine conique, c'est-à-dire à enroulement beaucoup plus épais à l'une de ses extrémités qu'à l'autre. Une bobine de ce genre, roulée de fil en épaisseur croissante, a été employée il y a quelques années par Gaiffe dans sa lampe à arc; elle a fait également l'objet d'un brevet pris en Allemagne par Leupold. M. Trève a émis l'idée de construire une bobine en fil de fer, de manière à utiliser le magnétisme du fer qui porte le courant. Trève affirme que les bobines ainsi établies sont capables d'exercer, à égalité de courant, un effort quadruple. Nous en doutons ; mais, en fût-il ainsi, il ne faut pas oublier que, pour faire passer un courant donné quelconque par un fil de fer au lieu d'un fil de cuivre de mêmes dimensions, il faut vaincre une résistance six fois égale. Par suite il faudra dépenser six fois autant de puissance mécanique pour faire passer le même courant dans la bobine en fil de fer, de sorte qu'on n'y aura en réalité aucun avantage. — On a encore imaginé d'envelopper d'un revêtement de fer la bobine ainsi employée. Il a été de temps à autre fait usage de solénoïdes cuirassés, mais on n'en a pas obtenu un champ d'action plus étendu ; ils n'ont d'autre effet que d'empêcher la chute de l'effort interne dans la région voisine de l'ouverture de la bobine. Ils égalisent l'effort interne

au détriment de toute action externe. Un solénoïde cuirassé n'exerce pratiquement aucune attraction sur quoi
que ce soit d'extérieur, pas même sur un noyau de fer
placé à une distance d'un demi-diamètre de son ouverture; l'attraction commence uniquement quand le noyau
se trouve à l'intérieur du tube, et son action magnétisante
est pratiquement uniforme de bout en bout.

En 1889 nous désirions mettre à profit cette propriété
pour certaines expériences relatives à l'action du magnétisme sur la lumière, et à cet effet nous avions fait construire par MM. Paterson et Cooper la puissante bobine
représentée par la fig. 117, munie d'une cuirasse tubulaire extérieure en fer et fermée
aux deux extrémités par un disque
de fer épais percé d'un trou central.
Le circuit magnétique en est pratiquement complété par du fer
doux sur tout le pourtour extérieur de la bobine. Avec cette
bobine, on peut admettre que le
champ magnétique est absolument

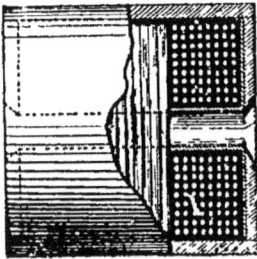

Fig. 117. — Bobine
cuirassée.

uniforme d'un bout du tube à l'autre; on n'y constate
aux extrémités aucune chute telle qu'on l'observerait si
le circuit magnétique se fermait simplement par l'air.
La totalité de l'excitation est employée à créer le champ
magnétique central, dans lequel les actions sont, par
suite, très puissantes et uniformes. Cette bobine et ses
applications ont été décrites dans une conférence de l'Auteur à l'*Institut Royal*, en 1889, sur le « Couple optique .»

Modifications de la bobine à plongeur

Une variété du mécanisme de la bobine à plongeur

comporte une seconde bobine recouvrant le plongeur. Dans ce cas le magnétisme du noyau est dû en partie au courant dans la bobine qui l'enveloppe et en partie au courant dans celle qui lui est extérieure. Ce noyau tend à prendre une position telle que son aimantation soit maxima. Hjorth a eu recours à cette modification qui a été également appliquée à plusieurs lampes à arc. MM. Paterson et Cooper en ont, pour leur part, combiné une douzaine de dispositions. — Dans l'une d'elles un plongeur recouvert d'une bobine est attiré dans une bobine tubulaire, et le courant passe successivement par les deux bobines. — Une autre comporte deux bobines distinctes, l'une en gros fil, l'autre en fil fin, formant des circuits également séparés et montées respectivement en série et en dérivation sur l'arc.

Bobine et plongeur différentiels

La Fig. 118 reproduit le dessin d'une disposition originairement introduite par Siemens, dans laquelle le plongeur est attiré, par un bout, dans une bobine intercalée dans le circuit principal et, par l'autre bout, dans une bobine montée en dérivation sur ce circuit. Ici le magnétisme du plongeur dépendra évidemment des courants circulant dans les deux bobines, et il sera différent selon que ces deux courants circuleront ou non dans le même sens autour du noyau de fer. Il est non moins évident que, si un noyau plonge dans les deux bobines par ses extrémités opposées, l'aimantation dépendra des deux bobines, et que l'effort résultant ne sera pas simplement la différence entre l'effort qui serait exercé par chacune d'elles individuellement. Cette même Fig. 118 représente également une autre modification de la même disposition qui a pour objet de donner aux deux bobines une plus grande indépendance d'action. Dans ce cas, en effet, l'aimantation de l'un quelconque des plongeurs ne dépend pratiquement que du courant circulant dans la bobine qui lui est propre. Les deux plongeurs sont reliés mécaniquement par une tige de laiton ou autre métal non magnétique. Cette dernière disposition est adoptée de pré-férence à l'autre dans tous les cas où les courants alternatifs sont employés ; en effet, avec ces courants, un plongeur magnétique s'étendant d'une bobine à l'autre se comporterait comme le noyau d'une bobine d'induction, le courant dans l'une des bobines déterminant dans l'autre des courants d'induction. Dans tous les cas où l'on fait usage de courants alternatifs, les noyaux doivent être divisés ; le tube fendu est la forme généralement adoptée.

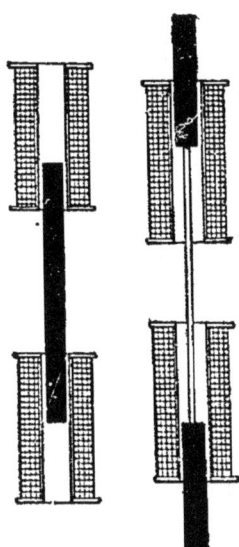

Fig. 118. — Disposi-tions différentielles de bobines a, plon-geur.

Il existe d'autres procédés pour assurer un fonction-nement différentiel. Par exemple, dans certaines formes de la lampe à arc Pilsen les plongeurs (coniques) en fer sont reliés l'un à l'autre par une corde passant sur une poulie. Dans ces lampes les noyaux coniques ont une forme et sont suspendus à une corde de longueur telles qu'elles assurent à la courbe construite sur la course et sur l'effort (Fig. 119) la symétrie des deux côtés de la position correspondant à l'effort maximum.

On voit sur la Fig. 120 la représentation d'une quatriè-me disposition différentielle, appliquée dans la lampe Brockie-Pell et autres lampes à arc. On trouve ici deux plongeurs distincts articulés aux deux extrémités d'un levier

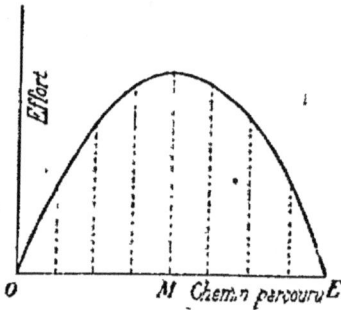

Fig. 119. — Courbe des forces en jeu dans le mécanisme de la lampe à arc Pilsen.

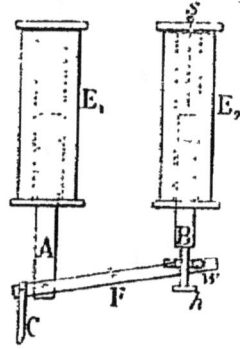

Fig. 120. — Plongeurs différentiels de la lampe à arc Brockie-Pell.

oscillant. Dans ce cas les deux actions magnétiques sont distinctes. L'un des noyaux, A, pénètre dans la bobine E_1 roulée de gros fil pour recevoir le courant principal; l'autre, B, pénètre dans la bobine E_2 faite de fil fin et montée en dérivation.

Dans une cinquième variété de disposition il n'existe qu'un seul plongeur et une seule bobine tubulaire qui porte deux enroulements différentiels, de telle sorte que l'action sur le plongeur est due simplement à la différence entre l'excitation fournie par les deux fils séparément. On en trouve une illustration dans le mécanisme de la lampe à arc Menges représenté par la Fig. 121.

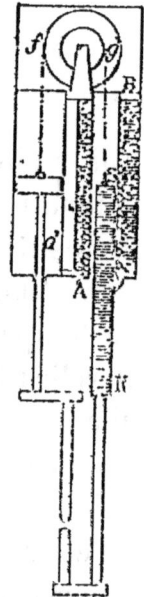

Fig. 121. — Lampe à arc Menges.

Bobine et bobine plongeante

Si l'on abandonne complètement le fer pour n'employer que deux bobines tubulaires, l'une de grand, l'autre de moindre diamètre capable de pénétrer dans la première, et qu'on lance des courants dans ces deux bobines, elles s'attireront quand les deux courants circuleront de même dans l'une et dans l'autre. Certaines lampes à arc ont encore été basées sur cette disposition. Si les courants sont de sens contraires dans les deux bobines, celles-ci tendront alors à se repousser mutuellement. Dans tous les cas la force réciproque qu'elles exerceront l'une sur l'autre sera, pour toute position donnée des bobines, proportionnelle au produit de leurs ampères-tours respectifs.

Bobine sectionnée

Enroulements sectionnés, avec plongeur. — Page eut une idée fructueuse lorsque, vers 1850, il imagina une forme de bobine à plongeur dont la course pouvait s'étendre sur une longueur indéfinie. Au lieu d'être constitué par une seule bobine excitée par le courant sur toute sa longueur, le tube roulé de fil comportait un certain nombre de sections distinctes ou de bobines tubulaires séparées, réunies bout à bout et excitées par l'envoi du courant électrique dans un nombre quelconque de sections individuelles. Supposons un noyau de fer pénétrant dans une section exactement de même longueur; si on lance le courant dans cette section, puis que, au moment où le noyau commence à la dépasser, le courant soit envoyé dans la section immédiatement voisine, on pourra de cette façon maintenir une attraction sur toute la longueur d'un tube de grandeur indéfinie. Page a, sur ce principe, construit un moteur électrique qui a ultérieurement été remis au jour par du Moncel, et de nouveau par Marcel Deprez dans son « marteau-pilon » électrique (Fig. 208).

ACTION D'UN CHAMP MAGNÉTIQUE SUR UNE PETITE SPHÈRE DE FER.

En traitant de l'action des bobines tubulaires sur les noyaux de fer nous avons vu comment un très petit morceau de fer placé dans un champ magnétique uniforme n'est attiré dans aucune direction. Le cas extrême est celui dans lequel on fait usage d'une petite balle de fer doux. Une sphère de ce genre, placée dans le champ magnétique même le plus intense, n'a aucune tendance à se mouvoir dans une direction quelconque si le champ est réellement uniforme. S'il n'en est pas ainsi, la petite balle de fer tend à aller d'un point faible du champ vers un autre où il est plus intense. Une balle de bismuth ou de cuivre tendra au contraire à se mouvoir d'un point où le champ est intense vers un autre où il sera plus faible. Il faut voir là l'explication des actions dites « diamagnétiques », qui ont été à une certaine époque faussement attribuées à une polarité hypothétiquement diamagnétique, de nature opposée à la polarité magnétique ordinaire. Un mode simple d'établir les faits consiste à dire qu'une petite sphère de fer tend à se mouvoir en remontant la pente d'un champ magnétique avec une force proportionnelle à cette pente ; tandis que (dans l'air) une sphère de bismuth ou de cuivre tend à se mouvoir, avec une faible force, suivant cette pente. Toute petite pièce de fer doux — un petit cylindre, par

19.

exemple — se comportera de la même manière qu'une petite sphère. Ce principe a reçu des applications dans quelques ampèremètres et voltmètres à bobines de ruban d'Ayrton et Perry, et dans certains ampèremètres de sir William Thomson.

Electro-aimants à action étendue. — Formes intermédiaires.

Le système de bobine à plongeur étudié dans les paragraphes précédents ne développe, pour un poids donné de cuivre et de fer, en aucune partie de son champ d'action étendu une force aussi intense que celle susceptible d'être obtenue sur une très faible étendue d'action avec les formes d'électro-aimants à noyau fixe. Un grand nombre d'inventeurs ont par suite cherché à réaliser des électro-aimants agissant sur leur armature avec une marge de mouvement plus considérable que les électro-aimants ordinaires droits ou en fer à cheval, sans toutefois rien sacrifier de l'énergique effort produit par l'action d'un noyau fixe. Pour certaines applications il est désirable d'avoir un électro-aimant qui, tout en conservant la puissance d'effort de l'électro-aimant ordinaire, puisse réaliser sur son champ d'action limité un effort plus régulier, se rapprochant à cet égard de l'action mieux répartie de la bobine à plongeur. Parmi les diverses idées émises pour la construction des électro-aimants à action étendue, la première place appartient aux types intermédiaires entre les bobines à plongeur et celles à noyau fixe.

Électro-aimants avec bobine à buttée

Une des formes d'électro-aimants appartenant à cette classe comporte un plongeur se mouvant dans une bo-

bine tubulaire dans laquelle est inséré un court noyau
fixe fermant le tube jusqu'à une certaine distance. Le
type d'électro-aimant de Bonelli, représenté par la Fig.
29, p. 64, fait partie de cette catégorie. La force avec laquelle est attirée à l'intérieur de la bobine la portion mobile du noyau est un peu plus grande, grâce à la concentration effectuée par la partie fixe, qu'elle ne le serait
avec une bobine ouverte ; et, quand cette partie mobile
a ainsi pénétré dans la bobine, elle est soumise à un effort
d'attraction qui augmente par suite de la fermeture des
entrefers dans le circuit magnétique. Le lecteur peut à
cet égard se reporter à un précédent passage de ce chapitre, p. 318.

L'électro-aimant plongeur employé dans les lampes à arc
de Brush (Fig. 122) en fournit un autre exemple. Deux bobines tubulaires juxtaposées reçoivent chacune un plongeur en fer ; ces plongeurs
sont reliés par une culasse
commune. Au-dessus, le circuit magnétique est partiellement complété par une feuille
de tôle qui fait partie du
système enveloppant. On a
ainsi l'avantage d'un circuit
magnétique bien amélioré
comme fermeture, en même
temps qu'une course relativement longue du plongeur

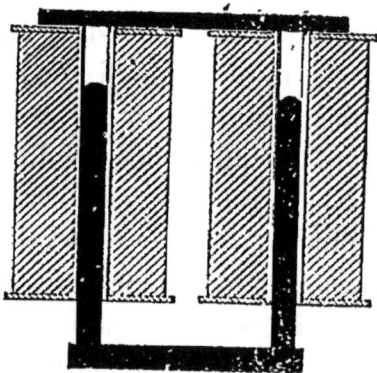

Fig. 122. — Électro-aimant de la
lampe à arc Brush.

dans la bobine. C'est un heureux compromis entre les
deux modes de fonctionnement. Dans aucune de ces formes ou de leurs analogues, l'effort n'est cependant pas
constant sur toute la longueur de course ; il augmente

au fur et à mesure que le circuit magnétique se complète métalliquement.

La Fig. 123 représente une forme particulière d'élec-tro-aimant réalisant une combinaison des qualités de l'élec-tro-aimant cuirassé avec celles du plongeur mobile. Son champ d'action est limité; mais, grâce à son excel-lent circuit magnétique, il a dans ce champ une grande puissance d'attraction. Il a été imaginé en 1870 par Stevens et Hardy en vue d'une application à un moteur élec-trique pour machines à coudre. La lampe à arc Weston en fournit un spécimen analogue.

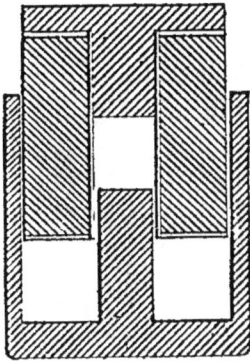

Fig. 123. — Electro-aimant plongeur de Stevens et Hardy.

Celle de Rankin Kennedy, dont la Fig. 124 indique le mécanisme, présente un élec-tro-aimant de ce genre. Ici cependant l'action de cet électro-aimant M, placé dans le circuit principal de la lampe et destiné à agir avec autant d'énergie que de sû-reté pour établir l'arc, est partiellement contrebalancée par l'action d'une bobine S montée en dérivation, qui agit sur un second plongeur P_2 relié, par une corde sur une poulie, au plongeur P_1 de l'électro-aimant en circuit. L'action devient dès lors

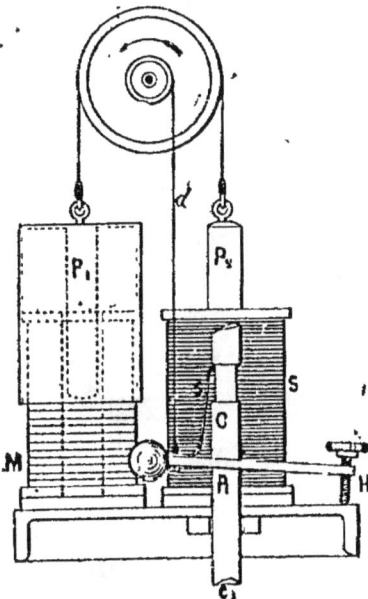

Fig. 124. — Mécanisme de la lampe à arc Kennedy.

différentielle à partir du moment où l'arc est établi.

Une forme d'électro-aimant plongeur imaginée par Holroyd Smith en 1877 ressemble à celle de la Fig. 123 renversée; sa bobine est enveloppée d'une cuirasse de fer, tandis qu'un plongeur, portant un disque de fer·à la partie supérieure, descend dans l'ouverture centrale au-devant du noyau fixe partiel qui occupe le fond de la bobine. La Fig. 125 le représente. Il en existe une forme absolument identique dans l'appareil de signaux de chemins de fer de Timmis et Curie.

Fig. 125.—Electro-aimant d'Holroyd Smith.

Différente encore est la variété intermédiaire due à Roloff, dont les noyaux d'électro-aimant, au lieu d'affleurer les bobines, se trouvent au-dessous de leur plan terminal (Fig. 126) tandis que l'armature recourbée à angles droits vient par ses deux extrémités pénétrer dans les ouvertures libres des bobines. Quelques· lampes à arc portent des électro-aimants présentant exactement cette forme, avec une sorte de plongeur pénétrant dans une bobine tubulaire où il rencontre à mi-chemin un noyau plus court fixé à l'intérieur du tube.

Fig. 126. — Electro-aimant de Roloff.

L'électro-aimant tubulaire cuirassé de la Fig. 127 mérite plus d'attention; il a été appliqué par MM. Ayrton et Perry en 1882. Une bobine est revêtue d'une cuirasse de fer et fermée en haut et en bas par un disque de fer annulaire dont l'ouverture se prolonge intérieurement de part et d'autre en une sorte de tube de fer; ces deux ex-

pansions tubulaires arrivent intérieurement à une petite
distance l'une de l'autre. L'action magnétique de la bobine de cuivre ainsi enveloppée se trouve concentrée

dans un espace très restreint,
entre les extrémités des tubes internes, où est créé un champ
magnétique uniforme d'une extrême intensité. On peut dans la
construction en modifier absolument à volonté le champ d'action
en allongeant ou diminuant les
tubes intérieurs. Une tige de fer
introduite par le dessous est soumise à un effort considérable et
très régulier dans tout l'espace
qui sépare les extrémités des tubes.

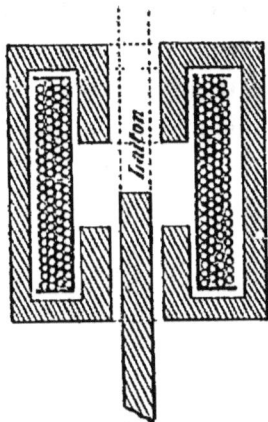

Fig. 127. — Électro-aimant
tubulaire cuirassé d'Ayr-
ton et Perry.

Le lecteur pourra comparer ces deux dernières dispositions et celle de la Fig. 136 avec l'idée mise en avant
par Gaiser (Fig. 128) en vue d'obtenir un champ d'action plus étendu avec un électro-aimant ordinaire à

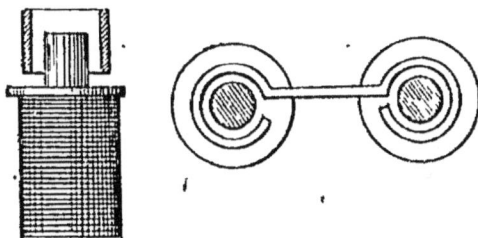

Fig. 128. — Armature de Gaiser en vue d'une action étendue.

noyaux cylindriques. La bobine a peu de longueur de
manière à ne pas recouvrir les extrémités du noyau qui
la dépassent. L'armature est formée d'une bande de

tôle roulée sur elle-même de manière à entourer les
pôles.

D'autres dispositions ayant pour objet d'étendre le
champ d'action et d'égaliser l'effort des électro-aimants
rentrent dans le cadre du chapitre suivant spécialement
consacré à l'étude des mécanismes électromagnétiques.

CHAPITRE IX

MÉCANIQUE ÉLECTROMAGNÉTIQUE

L'électro-aimant se prête de façons très diverses à des applications et dispositions mécaniques d'un genre tellement particulier que son emploi crée une branche spéciale de la mécanique générale. Cette nouvelle catégorie exige tout d'abord une certaine classification systématique.

Il y a un demi-siècle que Willis, de Cambridge, réunit en une apparence de système les multiples sujets qu'embrasse la mécanique générale. L'œuvre ébauchée par lui a été, il y a une vingtaine d'années, reprise par Reulaux qui, dans son traité de Cinématique des Machines, est arrivé à l'établissement d'un système presque parfait. Il n'a cependant pas encore été possible de grouper en un système électro-cinématique toutes les variétés de mécanismes électromagnétiques. Une sorte de classification, si imparfaite qu'elle soit, sera néanmoins d'un grand secours. Nous donnerons en conséquence, au début de ce chapitre, une simple énumération, par catégories, des nombreuses espèces connues de mécanismes électromagnétiques.

MÉCANISMES ÉLECTROMAGNÉTIQUES

I. Électro-aimants : —

A. Bobine et noyau fixes ; armature mobile :

  1. Circuit magnétique court et compacte, pour action au contact (force portante).

  2. Circuit allongé et bobine plus lourde, pour action à distance (attraction).

  3. Types spéciaux: cuirassés, boiteux, feuilletés, à pôles conséquents, multipolaires, etc.

B. Bobine tubulaire ou solénoïde fixe et plongeur mobile :

  1. Plongeur plus long que la bobine.

  2. Plongeur plus court que la bobine.

  3. Types spéciaux de plongeurs : coniques, feuilletés, etc.

  4. Bobine établie en sections pour action successive.

C. Formes intermédiaires : bobines à buttée, etc.

D. Bobine tubulaire fixe et bobine mobile.

II. Électro-aimants agissant contre des forces antagonistes : —

  1. Réaction par poids.

  2. Réaction par ressorts.

  3. Réaction magnétique.

III. Égalisateurs pour électro-aimants : —

  1. Égalisateurs électriques.

  2. Dégagement de ressorts.

  3. Leviers à embecquetage.

  4. Déclenchement de mouvements.

  5. Égalisateurs à came avec surfaces polaires de conformation spéciale.

IV. Cames électromagnétiques. — Dispositions dépendant de l'approche latérale d'une surface polaire de forme spéciale.

V. Chaînes électromagnétiques. — Dispositions basées sur l'action réciproque de deux ou plusieurs électro-aimants distincts.

VI. Appareils basés sur la répulsion d'électro-aimants :

    1. Répulsion mutuelle de noyaux parallèles.
    2. Extension de noyaux à joints ou tubulaires.

VII. Dispositions électromagnétiques polarisées : —

    1. Électro-aimant à armature parallèle polarisée.
    2. Électro-aimant à armature transversale polarisée.
    3. Bobine à plongeur polarisé.
    4. Électro-aimant polarisé à ressort équilibrant (Electro-aimant de Hughes).
    5. Aimant permanent fixe avec bobine mobile.

VIII. Vibrateurs électromagnétiques : —

  A. Non polarisés :

    1. A rupture de circuit.
    2. A court circuit.
    3. A enroulement différentiel.

  B. Polarisés :

    1. A simple action.
    2. A partie mobile polarisée.
    3. A partie fixe polarisée.

IX. *Dispositions électromagnétiques rotatives :* —

1. Bobine fixe, aiguille mobile.
2. Aimant fixe, bobine mobile.
3. Bobine fixe, bobine mobile.
4. Electro-aimant à armature articulée obliquement.
5. Fil tournant autour d'un pôle magnétique.
6. Disque tournant devant un pôle magnétique.
7. Pôle tournant autour d'un fil conducteur.
8. Aimant tournant sur lui-même en portant un courant.
9. Bobine tubulaire incurvée et plongeur en S.
10. Rapprochement oblique d'armature :
    a) Armature à came de Wheatstone.
    b) Armature de Froment mobile autour d'un point axial.

X. *Adhérence électromagnétique :* —

1. Entraînement par friction magnétique.
2. Freins, trieurs et embrayages magnétiques.
3. Enclenchements magnétiques.

XI. *Dispositions à courants alternatifs :* —

1. Conducteur de cuivre repoussé par un pôle.
2. Protection d'un pôle par un écran de cuivre.
3. Rotation virtuelle d'un champ magnétique sous l'action de deux courants différant en phase.
4. Transport virtuel d'un pôle magnétique dû à des bobines de réaction.

I. Électro-aimants en général. Principe fondamental.

Toutes ces formes extrêmement variées de mécanismes sont régies par ce principe fondamental qui sera d'un grand secours dans l'explication des phénomènes observés : un électro-aimant tend toujours à agir comme s'il cherchait à raccourcir la longueur de son circuit magnétique pour rendre maximum le flux de force créé par la force magnétomotrice. Le circuit magnétique tend à se condenser. C'est l'inverse de ce qui se passe pour un courant électrique. Celui-ci a toujours une tendance à s'épandre de manière à embrasser le plus d'espace possible, tandis que le circuit magnétique tend toujours à devenir aussi compacte que possible. Les armatures sont attirées de manière à compléter autant qu'elles le peuvent le circuit magnétique. Les plongeurs sont, pour la même raison, attirés à l'intérieur des bobines excitatrices.

Dans le sommaire ci-dessus, la section *I* n'est qu'une brève énumération des précédents chapitres de ce livre. Les autres sections demandent une étude détaillée.

II. Montages équilibrés.

Si une armature, placée au-dessous d'un pôle d'électroaimant et à faible distance, n'est soumise à l'action d'aucune force étrangère autre que celle de la pesanteur, il devra évidemment exister une intensité déterminée de courant électrique juste suffisante pour donner à l'électroaimant l'aimantation qui équilibrera exactement l'action de la pesanteur et soulèvera l'armature ; mais, dès que cette armature aura commencé à se déplacer, le fait seul de son rapprochement améliorera le circuit magnétique et augmentera son attraction, de sorte qu'elle viendra vivement s'appliquer sur le pôle. Un courant intense n'agira pas mieux dans ce cas qu'un courant d'intensité juste suffisante pour lui donner le mouvement initial. Si, au contraire, la dite armature est soumise à l'action non plus seulement de la pesanteur, mais d'un ressort étudié de manière à contrarier par accroissement de sa force antagoniste le rapprochement de l'armature vers les pôles, alors un courant de faible intensité ne produira qu'un mouvement peu sensible, tandis qu'un courant intense l'accentuera ; et aux différentes intensités de courant, dans les limites de fonctionnement de l'appareil, correspondra une position déterminée de l'armature. Il est dès lors évident qu'on peut employer un ressort convenablement étudié ou une combinaison de ressorts pour régulariser les mouvements de l'armature dans un rapport plus ou moins exact avec l'intensité du courant électrique. — Dès 1838, Edward Davy, dans un de ses brevets relatifs à la télégraphie, proposait d'employer la force antagoniste d'un ressort à la régulation des mouvements de l'armature (Fig. 129). — Au lieu d'un ressort on a plusieurs fois suggéré l'idée de contrebalancer l'attraction d'un électro-aimant pour son armature

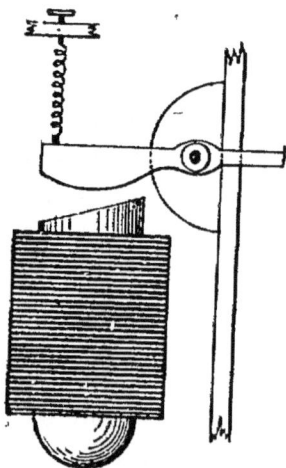

Fig. 129.— Régulation des mouvements d'une armature à l'aide d'un ressort (E. Davy).

à l'aide d'un aimant permanent monté en opposition avec l'électro-aimant, de l'autre côté de l'armature. Il est évident toutefois que cette disposition prête le flanc (et à un degré plus élevé) à la même critique que l'emploi de contrepoids comme force antagoniste : ici, en effet, comme précédemment, un courant intense n'agit pas mieux que celui dont l'intensité suffit à amener le démarrage de l'armature.

III. Égalisateurs.

Divers moyens ont été mis en avant en vue d'obtenir une plus grande extension du champ d'action d'un électro-aimant ou de modifier l'importance de cette action dans les différents points où elle s'exerce, de manière à en égaliser l'effort essentiellement variable. Parmi ces dispositions, les unes sont électriques, les autres purement mécaniques, d'autres enfin électro-mécaniques.—Prenons d'abord les procédés purement électriques. André a proposé d'établir, dès que l'armature a commencé à se rapprocher et arrive au point où elle est le plus énergiquement attirée, un contact qui dérive une partie du courant d'excitation et affaiblit le magnétisme. Burnett a imaginé un autre artifice consistant à faire agir sur l'armature un certain nombre d'électro-aimants distincts qu'on retire ensuite successivement du circuit au fur et à mesure que l'armature s'en approche. Les avantages de ce système sont très hypothétiques.

L'attraction d'un électro-aimant augmente d'une quantité si considérable au fur et à mesure que l'armature approche du contact, qu'un grand nombre de dispositions mécaniques ont été proposées en vue de régulariser le mouvement, en mettant en jeu des forces antagonistes dans des conditions telles qu'elles agissent énergiquement quand l'armature est à de faibles distances et modérément lorsqu'elle est plus écartée. L'intervention des ressorts permet d'atteindre ce résultat. On doit à Callaud, ingénieur français, un procédé de ce genre (Fig. 130), impliquant un simple ressort d'acier derrière lequel un certain nombre de vis d'arrêt placées de distance en distance le raidissent au fur et à mesure. que l'armature se rapproche.

Un autre procédé consiste à employer, comme l'a fait le fameux prestidigitateur Robert Houdin, un levier à rochet. La Fig. 131 représente un de ses égalisateurs ou *répartiteurs*. L'effort de l'électro-aimant sur l'armature se répercute sur un levier courbe qui vient appuyer sur un second levier de même forme monté de telle sorte que le point d'application de la force qui les fait agir l'un sur l'autre se déplace avec leur position respective. Quand l'armature est loin du pôle, l'action du premier levier sur le second est relativement faible.—Ce système de *levier à rochet* a été emprunté à Robert Houdin par Duboscq qui l'a introduit dans sa lampe à arc; le

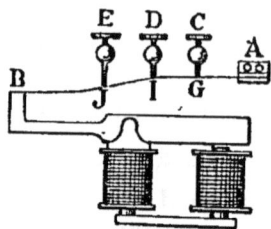
Fig. 130. — Égalisateur de Callaud.

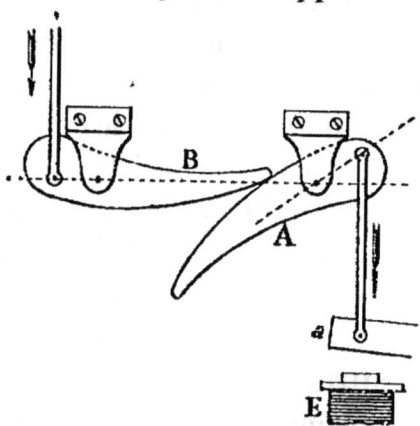
Fig. 131.— Égalisateur de Robert Houdin.

mécanisme renfermé dans la partie inférieure de celle-ci contient un levier de ce genre. Dans ce modèle de lampe (Fig. 132) un levier B, de forme courbe, joue contre un autre levier droit A.— Un mécanisme analogue est appliqué à égaliser l'action dans la lampe Serrin, où l'un des deux ressorts qui maintiennent le parallélogramme articulé est appliqué à l'extrémité d'un levier à rochet pour égaliser l'effort de l'électro-aimant régulateur. Il est évident qu'en donnant une forme convenable à l'un et l'autre de ces leviers, on peut répartir de nouveau dans une proportion quelconque l'effort de l'électro-aimant sur une plage de mouvement qui peut

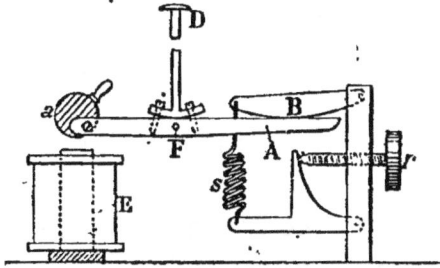

Fig. 132. — Mécanisme de la lampe à arc de Duboscq.

avoir de bout en bout la même étendue que le mouvement primitif, ou être à volonté plus grande ou plus petite. Du Moncel est le premier à avoir montré la manière de calculer ces courbes ; la forme des leviers de Robert Houdin était déterminée empiriquement.

On peut employer, pour atteindre le même but avec plus ou moins de perfection, des enchaînements mécaniques. La Fig. 133 indique un mode mécanique d'égalisation imaginé par Froment et employé par M. Roux. On connaît le levier de Stanhope qui a pour objet de transformer une petite force

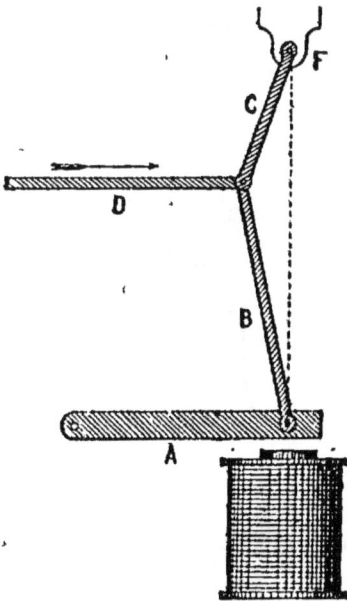

Fig. 133. — Égalisateur de Froment avec frein de Stanhope.

agissant sur un champ considérable en une force énergique à champ d'action restreint. Il est appliqué ici en sens inverse. L'armature elle-même, qui est attirée par une force énergique à champ limité, est fixée à l'extrémité inférieure d'un levier de Stanhope, et le bras attaché au coude du levier transmet une force répartie sur une plage toute différente.

Dans une autre disposition due à Froment, l'armature est montée sur deux bras à mouvements parallèles qui la font avancer latéralement. Le mouvement d'attraction vers les pôles est ainsi converti en un déplacement latéral de puissance plus étendue et plus uniforme. Dans la lampe à arc de Serrin se trouve un mouvement de rapprochement du même genre ; l'armature en effet n'est pas libre de s'avancer directement vers les pôles de l'électro-aimant ; elle est attirée obliquement.

Dans la disposition précédente le circuit magnétique va en s'améliorant avec l'avancement de l'armature vers les pôles ; et la gêne que produit cette combinaison de mouve-

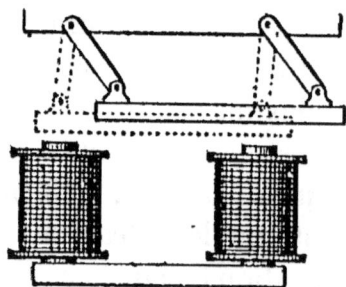

Fig. 134. — Égalisateur de Froment basé sur le rapprochement latéral.

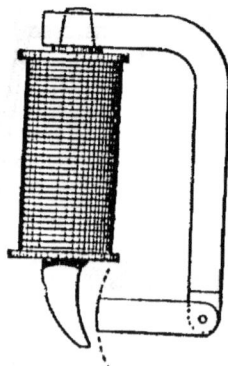

Fig. 135. — Emploi d'extension polaire de forme spéciale.

ments dans celui de l'armature donne à cette amélioration progressive du circuit plus de régularité que si le mouvement de rapprochement était direct. On peut

20

arriver au même résultat de différentes manières. Il est possible, par exemple, en donnant aux surfaces polaires une forme spéciale, ou par l'addition de pièces polaires convenablement conformées, d'obtenir, par le rapprochement même de l'armature, une légère amélioration du circuit magnétique. L'une de ces dispositions est représentée dans la Fig. 135 ; elle consiste à articuler l'armature sur un des pôles de l'électro-aimant, dont l'autre porte une pièce polaire courbe. En faisant varier le contour de cette dernière, on peut réaliser à volonté toute modification dans la distribution de l'effort en différents points de la course. Dans le cas particulier ci-dessus, plus l'armature avance, dans son ensemble, plus sa distance par rapport à la pièce polaire courbe va en augmentant. MM. Paterson et Cooper ont adopté dans leur lampe à arc « Phénix » un électro-aimant de ce genre.

M. Froment a réalisé un autre mode de rapprochement oblique. Dans un entrefer en forme de V pratiqué dans le circuit de l'aimant est introduite une sorte de coin en fer, qui, au lieu d'être attiré d'équerre par l'une ou l'autre des faces, s'en approche latéralement entre des guides.

Toutes ces dispositions peuvent être regardées comme des équivalents magnétiques des montages mécaniques bien connus, basés sur le principe du *coin* et de la *came*.

Un autre mode d'égalisation de l'effort a été employé par Wheatstone dans son télégraphe à aiguilles de 1839. L'armature est percée d'un trou dans lequel pénètre l'extrémité du noyau de l'électro-aimant taillée en pointe et faisant saillie sur la bobine ; on obtient ainsi une force mieux répartie et un plus grand champ d'action. La même disposition, illustrée par la Fig. 136, a été remise au jour en ces derniers temps dans l'électro-aimant de la lampe à arc Thomson-Houston et le régulateur automatique de la même maison. Hjorth avait réalisé une

idée tout à fait analogue en 1854 dans un de ses moteurs électriques, dont l'armature avait la forme d'une coupe conique en fer recouvrant un pôle également conique.

La solution la plus parfaite du problème consistant à assurer un champ d'action étendu par rapprochement oblique est celle due à

Fig. 136. — Armature à œil et pièce polaire conique.

M. Carl Hering (1), qui emploie à cet effet des surfaces à cames calculées d'après le but à atteindre.

IV. — Cames électromagnétiques.

Nous avons fait remarquer ci-dessus que les dispositions basées sur le rapprochement latéral d'une armature par rapport à une surface

polaire spécialement conformée présentait une certaine analogie avec le mécanisme de la came, qui est elle-même une variété du plan incliné. Une sorte de came électromagnétique renversée (originairement due à Wheatstone)

Fig. 137. — Rapprochement oblique d'un électro-aimant par rapport à une masse de fer.

est souvent employée dans les petits moteurs électromagnétiques. L'une de ces formes est indiquée dans la Fig. 137, où l'on voit un électro-aimant, supporté de manière à

(1) *Electrical World*, XVIII, p. 16, 1891.

pivoter autour de son centre de figure, entouré d'un anneau de fer à travers lequel le flux de force peut revenir du pôle Nord au pôle Sud. La surface intérieure de cet anneau est tournée excentriquement. Si l'on applique ici le principe que la configuration du système tend à se modifier de manière à compléter autant que possible métalliquement le circuit magnétique, il est évident que l'électro-aimant tournera sur lui-même jusqu'à ce que les entrefers soient réduits à un minimum.

Quand il aura atteint cette position, si le courant est interrompu, l'électro-aimant passera les points morts et pourra de nouveau être mis (automatiquement) en circuit, pour être de nouveau attiré, et ainsi de suite. Il y a ainsi une analogie entre cette disposition mécanique et celle d'un moulin à vent, dont les ailes obliques, agissant comme des plans inclinés, sont mises en mouvement transversalement à la direction du vent.

Tous les modes électromagnétiques de distribution de l'effort d'un électro-aimant, qu'ils soient basés sur la conformation des pièces polaires ou des armatures, ou sur la tension ou la rotation des armatures ou des électro-aimants sous l'une des formes précédemment décrites, peuvent être considérés magnétiquement comme des dispositions de cames, de coins ou de plans inclinés.

V. Chaînes électromagnétiques.

De même qu'on établit une chaîne en reliant ensemble divers organes mécaniques tels que leviers, manivelles, etc., à l'aide de tiges et articulations qui en solidarisent les mouvements, de même des combinaisons de deux ou plusieurs électro-aimants peuvent être considérées comme constituant une chaîne électromagnétique. Dans certains cas les électro-aimants ou leurs armatures peuvent être réellement reliés les uns aux autres par des tiges de connexion ; dans d'autres cette connexion peut être réalisée par mutuelle attraction à travers un entrefer ou par attraction simultanée d'une armature commune.

Le cas le plus simple est celui représenté par la Fig. 138, où deux électro-aimants sont articulés l'un sur l'autre par une de leurs extrémités et s'attirent ou se repoussent mutuellement à leurs extrémités libres suivant le sens des courants qui parcourent leurs bobines respectives. Une disposition de ce genre a été employée par Rapieff vers 1879.

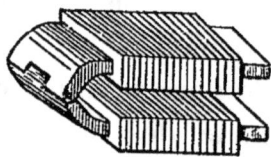

Fig. 138. — Électro-aimants articulés.

Un autre exemple très caractéristique de chaîne électromagnétique se rencontre dans l'emploi combiné de deux électro-aimants à angles droits l'un par rapport à l'autre. Cette disposition est excellente pour la production d'un mécanisme de serrure pouvant s'ouvrir ou se fermer à volonté ; elle est effectivement appliquée dans certaines formes de serrures électromagnétiques. On la trouve également dans le block-système pour chemins de fer de Tyer et dans celui des professeurs Ayrton et Perry (1). Il nous suffira d'en citer un exemple emprunté à l'appareil du comte du Moncel (2) destiné à enregistrer électriquement les notes jouées sur le clavier

(1) Voir un excellent article, avec illustrations, dans *La Lumière électrique*, XI, p. 345, 1884.

(2) Du Moncel, *Exposé des Applications de l'Électricité*, II, p. 292, et III, p. 117 (édition de 1857). Voir également *La Lumière électrique*, III, p. 339, 1881.

d'un orgue ou d'un piano. Il comporte un électro-aimant
pour arrêter le mouvement d'un axe de rotation, ou pour le
rétablir, et chacune de ces deux opérations s'effectue par
une simple impulsion électrique. Dans la Fig. 139, R
représente un disque monté sur l'arbre de rotation et
muni d'une dent en saillie. Celle-ci est arrêtée dans son
mouvement par l'oreille de l'armature M d'un électro-
aimant AA. Quand on lance le courant dans cet électro-
aimant, il soulève son armature et dégage l'arbre de
rotation, en même temps qu'il verrouille l'armature M
par l'action d'un loquet dont elle
est pourvue à son extrémité et
qui vient s'engager dans une en-
taille pratiquée au bout de l'armature N d'un second électro-aimant BB. Pour arrêter la rotation
de l'arbre il faut lancer un courant dans ce second électro-aimant qui alors attire N et laisse

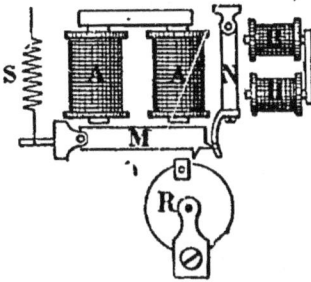

Fig. 139. — Verrouillage électromagnétique.

retomber M; le disque se trouve ainsi réembrayé.

Une autre variété de cet emploi combiné de deux électro-aimants est fournie par le mécanisme des télégraphes
imprimeurs de E. A. Cowper et de Robertson. Dans le
type de Cowper les deux électro-aimants ont des armatures distinctes, mécaniquement reliées l'une à l'autre.
Dans celui de Robertson ils agissent tous deux sur la
même armature qui se meut dans une direction diago-
nale suivant le rapport des deux forces, à angles droits
l'une par rapport à l'autre, qui la sollicitent.

On en trouve encore un autre exemple dans la disposition adoptée par M. Pellin en vue d'obtenir une longue
plage de mouvement. Son système comporte un noyau

plongeur formé d'un certain nombre de courtes pièces cylindriques en fer (Fig. 140), articulées en série, qui, lorsqu'elles sont énergiquement aimantées par la bobine enveloppante, s'attirent mutuellement et soulèvent ainsi la section inférieure sous l'action d'un effort puissant et mieux réparti. Cette idée, susceptible d'autres applications, est ingénieuse ; l'avantage à en retirer semble cependant assez illusoire. — Leconte a construit un galvanomètre sur ce principe.

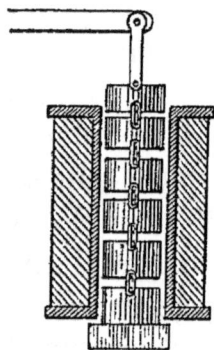

Fig. 140. — Noyau plongeur divisé en sections mobiles.

VI. Appareils à répulsion.

Comme on l'a vu ci-dessus, la disposition représentée par la fig. 138 peut être appliquée en vue d'obtenir une attraction ou une répulsion ; mais certains montages mécaniques permettent de réaliser uniquement des répulsions.

Ainsi, dans un appareil dû à Maïkoff et de Kabath, deux noyaux de fer, dont le parallélisme n'est pas parfait, et individuellement articulés à leur partie inférieure, passent à l'intérieur d'une bobine tubulaire (Fig. 141). Lorsqu'ils sont tous deux aimantés, ils s'écartent, au lieu de s'attirer, en vertu de la tendance qu'ils ont à se placer suivant la direction des lignes de force créées à l'intérieur du solénoïde. Le grand écartement des noyaux à leur partie inférieure tend à faciliter l'écartement de la partie supérieure.

En 1850, Brown et Williams firent breveter une petite

disposition consistant, comme l'indique la fig. 142, en un
électro-aimant qui repousse une certaine portion de lui-
même. Un tube creux est simplement roulé d'une bobine,
à l'intérieur de laquelle et sur toute sa hauteur s'applique
une petite pièce de fer recourbée en
forme de segment cylindrique. Une
autre petite pièce de
fer, également con-
formée en segment
de tube concentrique,
est mobile autour de
l'axe de la bobine.
Sous l'action du cou-
rant qui les aimante

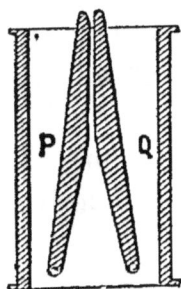

Fig. 141. — Répulsion
de deux noyaux sen-
siblement parallè-
les.

Fig. 142. — Mécanisme
électromagnétique
agissant par répul-
sion.

toutes deux, l'une des pièces de fer tend à s'écarter de
l'autre par suite de leur similitude de polarité. Récemment un grand nombre d'ampèremètres et de voltmètres
ont été établis sur ce principe de répulsion entre deux
noyaux parallèles.

Un autre exemple de répulsion électromagnétique nous
est offert par l'appareil indiqué dans la fig. 143. C'est
un électro-aimant à noyau
formé d'un tube de fer de
5 cm de long à peu près. Il
ne présente tout d'abord
rien de bien particulier;
quand il est excité, il attire,
comme on peut le con-
stater, deux morceaux de
fer placés devant ses pôles.

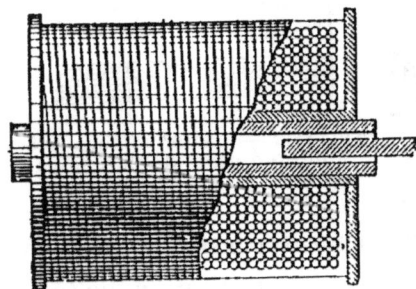

Fig. 143. — Pistolet électromagnétique.

A cet égard, c'est évidemment un électro-aimant ordinaire. Mais supposons maintenant qu'on prenne une petite

tige de fer rond, de 2,5 cm environ de long, et qu'on
l'introduise à l'extrémité du tube. Qu'arrivera-t-il quand
on lancera le courant d'excitation ? — Dans ces conditions,
le circuit magnétique extérieur ne comporte qu'une faible
longueur de fer ; tout le reste est constitué par l'air. Le
circuit magnétique va chercher à se compléter métalliquement, non pas par raccourcissement, mais par *allongement* de la partie-fer, en repoussant extérieurement la
tige de fer de manière à augmenter la surface de dérivation. C'est en effet exactement ce qui arrive ; dès l'application du courant, la tige de fer part comme une balle
et va tomber à distance. L'électro-aimant devient une
sorte de pistolet. Cette petite expérience a été découverte
deux fois. On la trouve décrite tout d'abord par le comte
du Moncel dans le journal « *La Lumière électrique* », sous
le nom de *pistolet électromagnétique*, et M. Shelford
Bidwell la réédita de son côté. Il en a rendu compte devant la « *Physical Society* » en 1885 ; mais elle a sans
doute échappé au secrétaire, car
il n'en est pas fait mention dans
les comptes-rendus de cette
Société.

M. Schelford Bidwell a également imaginé une autre disposition qui illustre le même
principe (Fig. 144). Elle consiste

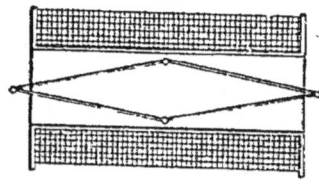

Fig. 144. — Allongement magnétique d'un double noyau
de fer.

en deux bandes minces de fer formant ressort, reliées à
leurs extrémités, mais bombées au milieu avec un
certain bandage. Si on les introduit à l'intérieur d'une
bobine magnétisante, le système s'allonge sous le passage
du courant. Si, par contre, on met dans la bobine deux
bandes plates réunies en leur milieu, elles tendent à s'é-

carter à leurs extrémités sous l'action du champ magnétique créé; en effet, en s'écartant ainsi, elles facilitent aux
lignes de force le passage de retour à travers l'air ambiant.

VII. Montages électromagnétiques polarisés.

Notre attention doit maintenant se porter sur une catégorie de mécanismes électromagnétiques qu'il faut soigneusement distinguer des autres. C'est dans cette classe
d'appareils que, indépendamment de l'électro-aimant
ordinaire, il intervient un aimant permanent. Ce système
est généralement connu sous le nom de *mécanisme à polarisation*. L'objet de l'introduction de l'aimant permanent dans cette disposition apparaît comme complètement
différent suivant les cas. Nous ne sommes pas certains
qu'on s'en soit jamais bien rendu compte ou qu'on ait
jamais établi une distinction très nette entre trois applications cependant absolument différentes d'un aimant
permanent combiné avec un électro-aimant. Le premier
objectif est, d'assurer l'indépendance d'un mouvement
quant à son sens ; le second, d'augmenter la rapidité
d'action et de sensibilité pour de faibles courants; le
troisième enfin, d'accroître l'action mécanique du courant.

(a). *Indépendance de, sens du mouvement.* — Avec un
électro-aimant ordinaire, peu importe le sens de circulation du courant; qu'un pôle considéré soit Nord ou Sud,
l'armature est attirée, et, si on renverse le courant, elle
l'est encore. Tel était même l'objet d'une curieuse expérience faite devant leurs élèves par Sturgeon et Henry ;
étant donné un électro-aimant chargé sur son armature

d'un poids considérable, si l'on vient à renverser brusquement le courant, on renverse bien l'aimantation, mais
le poids reste suspendu ; il ne tombe pas. Il n'a pas le
temps de se détacher dans le court intervalle de temps
nécessaire à la création du champ magnétique inverse.
Quel que soit le sens du flux dans un électro-aimant ordinaire à noyau de fer doux, le même effort est exercé
sur l'armature. Mais, si cette armature elle-même est
constituée par un aimant permanent, elle sera attirée
quand les pôles auront une certaine polarité et repoussée
quand celle-ci sera inversée ; autrement dit, l'emploi d'une
armature polarisée permet d'assurer un mouvement dans
un même sens en corrélation avec celui du courant d'excitation.

De même, en se reportant à la Fig. 19, p. 53, on verra
qu'un mécanisme comportant un aimant permanent fixe
et un conducteur mobile parcouru par un courant donnera lieu à un mouvement dont le sens dépendra de celui du courant. Si on renverse ce courant, le mouvement
changera de sens. Ce résultat est, comme on le voit,
totalement différent de celui fourni par un électro-aimant
ordinaire à noyau de fer doux, qui exerce toujours un
effort de sens constant sur son armature, quel que soit
le sens du courant dans les bobines excitatrices. Pour
distinguer les deux cas, on désigne généralement sous le
nom de mécanismes *polarisés* ceux dans lesquels intervient un aimant permanent, tandis que les électro-aimants
ordinaires sont dits *non-polarisés*. Un mécanisme à simple action se trouve ainsi converti en mécanisme à double action, avantage dont l'importance n'échappera à
aucun ingénieur.

Ce fait trouve une application immédiate en télégraphie dans le système en duplex. On peut envoyer deux messages en même temps et dans le même sens à deux séries différentes d'appareils, dont l'une possède des électro-aimants ordinaires avec armatures de fer doux à ressort de rappel, ces électro-aimants agissant indépendamment du sens du courant et uniquement suivant son intensité et sa durée; l'autre série est, au contraire, montée avec des électro-aimants à armatures polarisées dont le fonctionnement dépend, non pas de l'intensité mais du sens du courant. Par suite, deux séries complètement différentes de dépêches peuvent être lancées sur la même ligne dans le même sens et simultanément.

Une autre manière de réaliser la polarisation consiste à fixer les noyaux de l'électro-aimant à un aimant permanent qui leur donne une aimantation initiale. Des électro-aimants ainsi aimantés préalablement ont été employés par Brett en 1848 et par Hjorth en 1850. Un brevet pour une disposition analogue, demandé en 1870 par sir William Thomson, lui a été refusé par le Patent Office (Office des Brevets anglais). En 1871, S. A. Varley fit breveter un électro-aimant dont le noyau était formé de fils d'acier réunis à leurs extrémités.

Nous venons de voir que, si une armature polarisée est présentée à un électro-aimant, elle sera attirée ou repoussée par lui suivant le sens du courant. On suppose, bien entendu, l'armature parallèle à la ligne joignant les pôles de l'électro-aimant. Mais, au lieu d'être ainsi disposée, cette armature polarisée peut être montée transversalement à cette direction.

Sturgeon lui-même inventa aussi un mécanisme polarisé destiné à fonctionner comme télégraphe électromagnétique. Représenté dans la Fig. 145, il consiste simplement en une aiguille de boussole aimantée d'une façon permanente et dont un des pôles est placé entre les pôles de fer doux d'un électro-aimant en fer à cheval. Si on lance le courant dans la bobine excitatrice de N vers S, le pôle de gauche deviendra Nord et celui de droite Sud, ce qui aura pour effet de faire dévier à droite le pôle nord de l'aiguille aimantée. Le changement de sens du courant fera naturellement dévier l'aiguille à gauche. Il est étrange que cette invention dont Sturgeon dota le monde sans brevet en 1836 n'ait jamais reçu d'application télé-graphique commerciale à une époque où les télégraphes étaient presque monopolisés entre les mains de quelques intéressés.

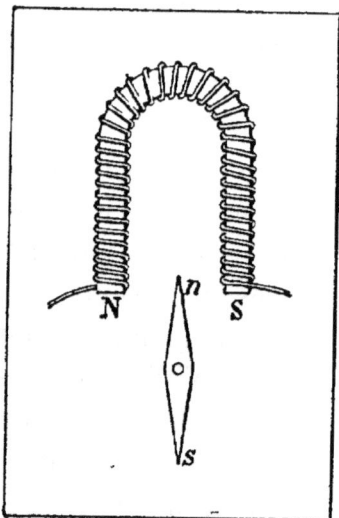

Fig. 145 — Télégraphe électro-magnétique polarisé de Sturgeon.

En réalité Wheatstone fit bre-veter en 1845 l'emploi d'une aiguille à aimantation perma-nente devant être attirée d'un côté ou de l'autre entre les pôles d'un électro-aimant. Sturgeon avait décrit exactement la même disposition dans les *Annals of Electricity* en 1840. Gloesner revendique cependant l'idée de la substitution d'aimants permanents à de simples armatures, en 1842. L'emploi des appareils polarisés exige nécessairement, non pas un système de simple interruption et de rétablissement, mais des inversions de courant. L'envoi d'un courant dans un sens met la partie mobile en mouvement dans un sens, et son renversement détermine le mouvement en sens contraire.

D'après du Moncel (1), quand un électro-aimant à noyau de fer doux agit sur un aimant permanent placé parallèlement à la ligne joignant ses pôles, de manière à fonctionner comme armature polarisée, la force avec laquelle l'armature est repoussée quand le courant circule dans un sens autour des bobines n'est pas égale à celle avec laquelle elle est attirée par le courant de sens contraire. La force de répulsion est toujours, à distances égales, inférieure à la force d'attraction, ce qui est dû au flux magnétique plus grand dans le second cas.

Il est une classe de sonneries électriques où le système de la polarisation est appliqué ; c'est celle qui comporte l'emploi de courants alternatifs. Dans un de ces types (Fig. 146), les deux noyaux de fer doux qui constituent l'électro-aimant sont polarisés du fait de leur fixation sur un aimant permanent recourbé en C carré. Si la partie horizontale supérieure de cet aimant est un pôle Sud, les extrémités supérieures des deux noyaux seront des pôles Nord. Elles attireront toutes deux les extrémités de l'armature en fer doux oscillante, qui se collera indifféremment sur l'un ou l'autre des deux pôles. Mais, quand on lancera comme d'ordinaire dans les bobines un courant qui les parcourra toutes deux en sens contraires, ce courant renforcera le flux dans l'un des noyaux et l'affaiblira dans l'autre.

Fig. 146. — Mécanisme de trembleuse polarisée.

(1) *La Lumière électrique*, II, p. 109.

Ce renversement de courant renversera en conséquence la position de l'armature oscillante. Ces sonneries n'exigent pas de pile; elles fonctionnent sous l'action d'une petite dynamo à courants alternatifs mise en mouvement à l'aide d'une manivelle. Ces courants font osciller à droite et à gauche l'armature de la sonnerie qui entraîne un petit marteau et lui donne un mouvement de va-et-vient entre deux timbres.

La Fig. 147 représente un autre type de sonnerie polarisée dû à M. Abdank. Ici un aimant permanent en fer à cheval fournit une aimantation initiale, et les courants alternatifs viennent renverser à chaque instant celle d'un court noyau de fer placé à l'intérieur d'une bobine entre les branches du fer à cheval.

On trouve encore un exemple de disposition polarisée dans l'emploi d'un plongeur en acier à aimantation permanente avec une bobine tubulaire. Ce plongeur est attiré ou repoussé suivant le sens du courant d'excitation. — Un mécanisme polarisé ressemblant, dans de plus grandes dimensions, à celui d'un relais Siemens, sert dans une

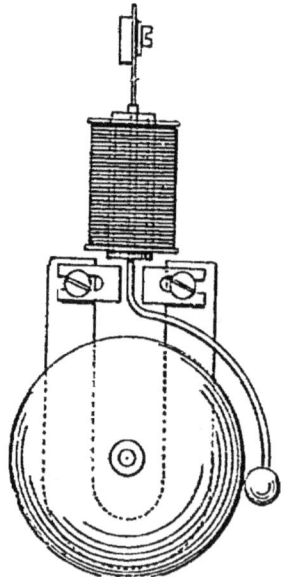

Fig. 147. — Sonnerie polarisée d'Abdank.

des formes de sonneries de Hipp à entraîner l'échappement.

(b). *Rapidité et sensibilité d'action*. — Pour les relais, le type polarisé est souvent et depuis de longues années employé. Le modèle de relais-étalon du Post Office comporte un aimant d'acier destiné à donner une aimantation permanente à une *languette* ou armature mobile entre les pôles d'un électro-aimant qui a pour fonction de recevoir les signaux. Dans ce cas particulier la languette du relais polarisé oscille entre deux arrêts et l'amplitude de ce mouvement est extrêmement réduite, de manière à ce que l'appareil puisse agir sous l'action de très faibles courants. — A première vue on ne conçoit pas très bien que l'introduction d'un aimant permanent dans un appareil quelconque puisse le rendre plus sensible. Pourquoi une aimantation permanente assure-t-elle la rapidité de fonctionnement? — Sans en savoir davantage, des inventeurs diront que la présence d'un aimant permanent augmente sa rapidité de fonctionnement. On pourrait au contraire supposer que l'aimantation permanente est une chose à éviter dans les noyaux d'électro-aimants, comme devant faire coller sur les pôles les armatures une fois attirées. Toute aimantation rémanente aurait en effet pour résultat de retarder l'action si les dispositions n'étaient prises de manière à en tirer précisément avantage. Mais pendant un certain nombre d'années on a supposé que le magnétisme permanent dans l'électro-aimant n'était rien moins qu'un secours. On le regardait comme un inconvénient sans compensation, qu'il fallait corriger par tous les moyens possibles, jusqu'au jour où, en 1855, Hughes montra le réel avantage que présentait un magnétisme permanent dans les noyaux d'électro-aimants. Le type d'électro-aimant de Hughes, auquel il a déjà été fait allusion p. 227, est représenté par la Fig. 148.

Un aimant compound (formé de plusieurs lames juxtaposées) en forme de fer à cheval porte des bobines sur

ses pièces polaires au-dessus desquelles joue une courte
armature fixée à un levier articulé muni d'un ressort de
rappel. Voici l'objet de cette disposition : — Ce ressort
est monté de manière à ten-
dre à détacher l'armature ;
mais l'aimant permanent est
juste assez fort pour la maintenir au contact. Une petite
vis située en arrière du ressort antagoniste permet
d'ajuster ces deux forces antagonistes de manière à les
équilibrer aussi sensiblement
que possible, l'armature étant
maintenue au contact par
l'aimant, et le ressort à sa

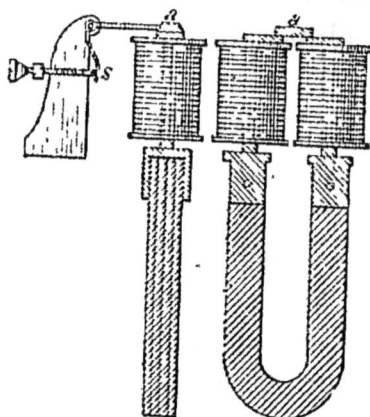

Fig. 148. — Electro-aimant de
Hughes.

limite exacte d'action pour ne pas l'arracher. Ces deux
actions étant ainsi équilibrées, si on lance alors dans
les bobines un courant électrique dans un sens tel qu'il
affaiblisse l'aimantation juste assez pour donner une
prépondérance à l'action du ressort, il libérera l'armature. Cet appareil a ainsi pour effet de mettre en liberté
l'armature quand l'équilibre est rompu par le courant
électrique, et il est sensible à des courants de très faible
intensité. L'armature doit être naturellement remise en
place mécaniquement, et dans les appareils télégraphiques imprimeurs de Hughes cette opération se fait ainsi
entre chaque signal et le suivant. Cette disposition constitue une pièce distincte du mécanisme électromagnétique.

Les dispositions de ce genre qui permettent à de faibles
courants électriques de réaliser un effet mécanique con-

sidérable peuvent être désignées sous le nom d'*échappe-
ments* électromagnétiques.

(c). *Augmentation de l'action mécanique d'un courant.*
— Le troisième objet d'un aimant permanent, qui est
d'assurer une plus grande action mécanique au courant
que l'on fait varier, est intimement lié à l'objet précédent
qui est d'augmenter la sensibilité d'action. C'est dans
ce but qu'il est employé dans les récepteurs téléphoniques ; en augmentant l'action mécanique du courant, il
rend le récepteur plus sensible. Pendant longtemps ce
résultat n'a été pour nous rien moins que clair ; nous
nous sommes livré à des expériences pour voir dans
quelle mesure il pouvait être dû à une variation quelconque dans la perméabilité magnétique du fer à différents degrés d'aimantation ; nous pensions en effet que
cette propriété y intervenait pour quelque chose, tout
en étant sûr qu'elle n'était pas tout. C'est au professeur
George Forbes que nous devons la clé de la véritable explication ; elle repose sur la loi de la force portante avec
laquelle nous sommes aujourd'hui familiarisés et qui en-
seigne que l'effort exercé entre un aimant et son armature est proportionnel au carré du flux de force en jeu.
Si l'on désigne par Φ le flux agissant à travers une section donnée, l'effort sera proportionnel au carré de ce
flux. Pour un flux Φ, permanent, arrivant à l'armature
l'effort sera proportionnel à Φ^2. Supposons maintenant
qu'on modifie l'aimantation, qu'on l'augmente un peu,
par exemple, et soit $d\Phi$, son incrément ; le flux total sera
dès lors $\Phi + d\Phi$. L'effort sera proportionnel au carré de
cette quantité, et il est évident que le mouvement sera
proportionnel à la différence entre le second et le pre-

mier effort. En élevant au carré chacune de ces valeurs et prenant la différence, on a

Effort nouveau proportionnel à	$\Phi^2 + 2\Phi. d\Phi + d\Phi^2$
Effort initial — —	Φ^2
Différence par soustraction	$2\Phi. d\Phi + d\Phi^2$.

On peut négliger le dernier terme qui est très petit comparativement aux autres, et finalement on trouve que la variation de l'effort est proportionnelle à $2\Phi. d\Phi$. Cette variation d'effort entre l'aimantation initiale et celle-ci augmentée de l'aimantation additionnelle qui a été fournie arrive à être proportionnelle, non pas simplement au changement d'aimantation, mais aussi au nombre initial Φ. Plus est grand l'effort exercé au début, plus est considérable le changement correspondant à une petite modification du flux. Telle est la cause de cet accroissement de sensibilité d'action avec les électro-aimants de Hughes et de cette augmentation d'effet mécanique comme résultat d'application d'une aimantation permanente aux électro-aimants des récepteurs téléphoniques.

Bobine mobile dans le champ d'un aimant permanent. — L'exemple le plus frappant de l'utilisation d'un aimant permanent pour augmenter l'action d'un courant électrique peu intense est cependant fourni par un mécanisme encore différent. Une bobine parcourue par un courant électrique est soumise à des forces mécaniques quand elle est située dans un champ magnétique; cette action est proportionnelle à l'intensité du champ. Aussi la réalisation d'un champ magnétique très intense à l'aide d'aimants puissants permet-elle de montrer les effets de cou-

rants extrêmement faibles. — En 1835, Sturgeon a imaginé
un thermogalvanomètre basé sur ce principe, en suspen-
dant le circuit magnétique contenant les joints thermo-
électriques dans le champ d'un puissant aimant en acier. —
Bain (1) a eu également recours à cette disposition (Fig.
149) dans plusieurs de ses inventions télégraphiques en
1841. — Le mécanisme du « *siphon recorder* » de sir William Thomson est aussi une application bien connue de
ce principe. — Il en est de même des galvanomètres dont
la partie essentielle est une bobine
mobile suspendue entre les pôles
d'un aimant permanent et dont le
type original est celui de Robertson
(voir *Encyclopædia Britannica*,
8e éd., 1855) ; une idée de Maxwell
ultérieurement réalisée par d'Arsonval en est le type récent. —
Siemens a sur les mêmes données
construit un relais. — Le radio-micromètre de M. Vernon
Boys est encore une application du même principe.

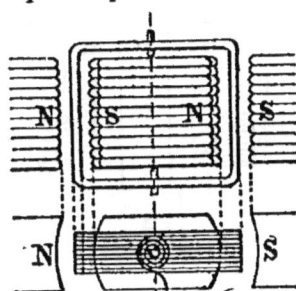

Fig. 149. — Bobine mobile
de Bain.

Un mécanisme différent, à bobines mobiles, a été imaginé par Doubrava pour des lampes à arc. Sur un cadre
spécial en fer (Fig. 150) sont montées deux bobines fixes
A A reliées au circuit de manière à induire des pôles Nord
conséquents N N au milieu du barreau central et des
pôles Sud conséquents S S au milieu des barreaux externes. Entre ceux-ci et le barreau central il sera en
conséquence créé des champs magnétiques intenses. Deux

---

(1) *Finlaison* : Compte rendu de quelques remarquables applications du fluide électrique aux arts utiles, par Alexandre Bain. Londres.
1843.

autres bobines B B sont disposées de manière à glisser le long des barreaux extérieurs. Quand on y lance des courants, elles sont sollicitées par des forces agissant normalement à la circulation du courant et à la direction du flux, et qui tendent, par suite, à les entraîner en haut ou en bas suivant le sens des courants qui y circulent.

Parmi les appareils polarisés le récepteur téléphonique ordinaire demande une mention spéciale. Dans la forme que lui a donnée Graham Bell, il se compose d'un électro-aimant Hughes (c'est-à-dire d'un aimant permanent en acier muni à son extrémité d'une pièce polaire en fer doux entourée d'une bobine) et d'un disque circulaire en tôle mince comme armature vibrante. Dans le type original de Bell, l'aimant était en fer à cheval, ses deux pôles faisant face au disque de fer. La forme la plus

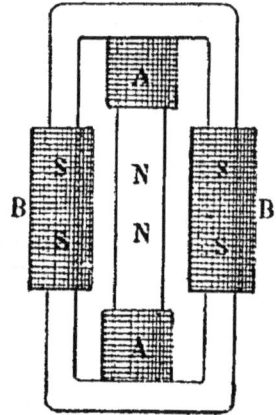

Fig. 150. — Mécanisme de Doubrava à bobines glissantes.

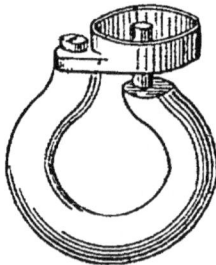

Fig. 151. — Récepteur téléphonique de d'Arsonval.

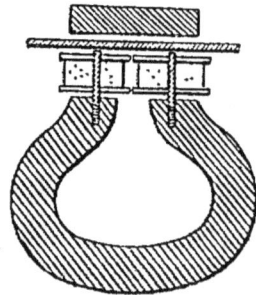

Fig. 152. — Récepteur télépho-nique d'Ader.

ordinaire à pôle unique central est de date plus récente et moins efficace quoique plus portative. — Deux récentes modifications méritent considération : dans celle de d'Arsonval (Fig. 151) l'aimant permanent est recourbé de manière à permettre l'application d'une pièce polaire annulaire autour du pôle central ; dans la modification d'Ader (Fig. 152) une masse de fer est montée en regard des pôles mais du côté opposé par rapport au disque de tôle. La présence de cette masse de fer a pour effet de déterminer une attraction plus énergique du disque par l'aimant. Elle améliore le circuit magnétique dans son ensemble et concentre probablement le champ magnétique en face des extrémités des deux extensions polaires.

VIII. Vibrateurs électromagnétiques.

Ces appareils constituent une classe de mécanismes assez importante pour faire l'objet spécial du Chapitre X ci-après.

IX. Montages électromagnétiques rotatifs.

Il existe un grand nombre de manières de produire un mouvement de rotation à l'aide d'un électro-aimant. Dans certains cas une partie articulée est renversée extérieurement sous un angle plus ou moins grand ; dans d'autres on réalise un mouvement de rotation continue. La déviation d'une aiguille aimantée sous le passage d'un courant, découverte par Oersted en 1819, fournit l'exemple le plus élémentaire de la première de ces actions. Les moteurs électromagnétiques primitifs de Ritchie et autres, dont il sera plus longuement parlé au Chapitre XII, offrent des exemples de la seconde classe d'actions.

On a imaginé de nombreuses variétés de mécanismes

réduits à un simple montage sur pivots et qui ne sont pas destinés à produire une rotation continue ; quelques-unes de ces formes présentent entre elles peu de ressemblance, mais elles concordent toutes comme application de ce principe de tendance à produire un mouvement qui améliore le circuit magnétique ou augmente l'aimantation. Parmi elles plusieurs ont été déjà incidemment décrites ici, notamment les appareils de Wheatstone, Fig. 137, p. 351, et de Bain, Fig. 149, p. 368.

Dans un instrument (ampèremètre) imaginé par M.

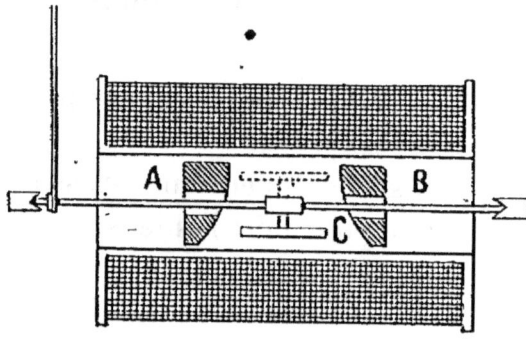

Fig. 153. — Mécanisme des ampèremètres d'Evershed.

Evershed, un petit barreau de fer C, tournant autour d'un axe, est attiré circulairement et parallèlement à lui-même dans une position déterminée entre les faces courbes de deux autres pièces de fer A et B (Fig. 153), le tout étant renfermé dans une bobine tubulaire de fil de cuivre. — Un autre mode de réalisation de

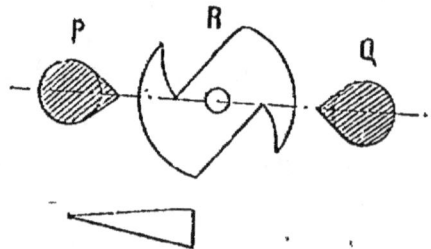

Fig. 154. — Armature de forme spéciale entre les pôles d'un électro-aimant.

la même idée est indiqué par la Fig. 154, où une pièce

centrale en fer forgé, R, singulièrement conformée, munie de deux languettes saillantes et en forme de coins, symétriques par rapport à son centre, est montée entre les pôles P et Q d'un électro-aimant. Cette pièce centrale tend à tourner de manière à mettre en ligne droite avec les pôles la plus grande épaisseur de fer possible.

Un des procédés le plus récemment imaginés pour obtenir électromagnétiquement un mouvement de rotation est représenté par la Fig. 155. On voit ici deux bobines magnétisantes à larges ouvertures axiales. Les noyaux de fer en sont tous deux coniques et montés de manière à constituer des segments de jante de poulie. Ils tendent à pénétrer de plus en plus profondément dans leurs bobines respectives. Cette combinaison a naturellement pour but de tirer parti de la propriété particulière des plongeurs coniques indiquée p. 324.

Fig. 155. — Noyaux plongeurs courbes et bobines tubulaires.

Indépendamment des dispositions déjà mentionnées il en existe plusieurs destinées à produire un mouvement soit sur un axe, soit autour de lui. Certaines d'entre elles sont réservées aux applications télégraphiques. Dans la Fig. 156, par exemple, est indiqué un système adopté depuis quarante ans par

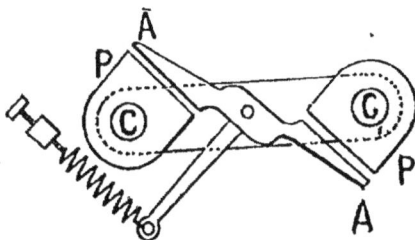

Fig. 156. — Armature oscillante de Siemens.

Siemens pour faire osciller une armature A A entre deux pièces polaires P P fixées à l'extrémité du noyau

C C d'un électro-aimant en fer à cheval. La forme particulière donnée au système laisse de très étroits entrefers dans le circuit magnétique qui, par suite, n'a besoin que d'un faible courant d'excitation ; il en résulte une très grande sensibilité. On peut le comparer avec un autre montage dû à Waterhouse, de New-York, que montre la Fig. 157 et dans lequel pivote un des deux noyaux cylindriques A de l'électro-aimant muni d'une languette saillante. L'autre noyau B est monté sur un support D en laiton ou autre métal non magnétique qui porte le pivot inférieur. Si l'on suppose le noyau primitivement tourné de manière à projeter sa languette extérieurement, le courant magnétisant aura une tendance à la ramener en arrière parallèlement au support D, dans le sens de A à B.

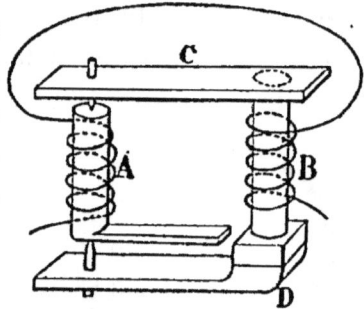

Fig. 157. — Armature pivotante de Waterhouse.

Toutes les dispositions que nous venons d'indiquer sont non-polarisées ; mais il en existe un grand nombre dans lesquelles la partie mobile ou la partie fixe est elle-même préalablement aimantée. La plupart des premières formes de relais télégraphiques aujourd'hui abandonnées fournissent des exemples de montages sur pivots avec polarisation. Ainsi, dans le relais de Varley, deux petits aimants permanents en fer à cheval étaient montés sur pivots et oscillaient sous un petit angle de manière à approcher l'un ou l'autre de leurs pôles respectifs de ceux d'un électro-aimant droit intermédiaire. Mais, pour obtenir des aimants auxiliaires tout l'avantage de sensibilité qu'ils sont susceptibles de fournir (voir

p. 366), il faut leur donner de grandes dimensions et une
forte aimantation. Aussi n'est-il pas indiqué de faire de
l'aimant lui-même la partie mobile du relais ; il ne suit pas
assez rapidement les signaux. Dans les relais modernes,
la partie mobile est légère et simplement polarisée (c'est-
à-dire aimantée dans un sens déterminé) par des aimants
permanents auxiliaires qui sont eux-mêmes fixes.

On trouvera au Chapitre XII sur les Moteurs électriques d'autres exemples d'appareils rotatif.

Échappement magnétique. — Elisha Gray a imaginé
et employé dans son « télautographe » une autre disposition qui est un échappement magnétique. — On sait
que le mouvement rotatif d'une roue dentée peut être
aisément transformé en un mouvement d'oscillation ra-

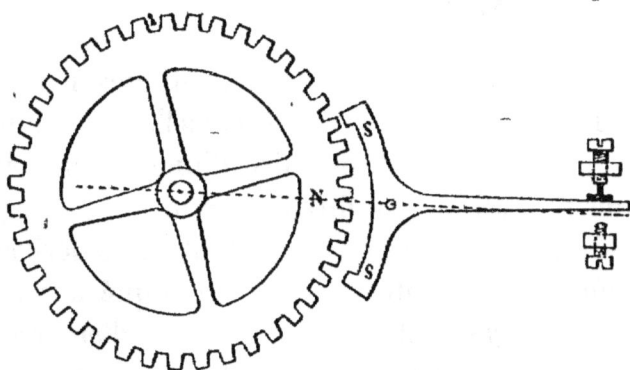

Fig. 158. — Echappement magnétique.

pide d'un balancier à ancre. La Fig. 158 représente une
disposition magnétique analogue. Ici une roue en fer agit
sur un levier à ancre, également en fer ; ces deux organes
sont polarisés par un aimant de manière à s'attirer
mutuellement. L'arc constitué par l'ancre du levier est
assez grand pour que, quand l'une de ses pointes est en

face d'une dent, l'autre se trouve en regard de l'intervalle qui sépare deux de ces dents. Les pointes et les dents ne peuvent pas se rencontrer, le mouvement des premières étant limité par les vis d'arrêt du levier. Dans l'appareil d'Elisha Gray ce montage sert à établir un certain nombre de contacts successifs (par une languette qui vient toucher une pointe de platine) dans un rapport déterminé avec l'angle dont tourne la roue.

L'Auteur a imaginé un dispositif analogue pour régler une horloge normale à l'aide d'un pendule complètement indépendant.

Ce mode d'entraînement par roue dentée sans contact entre les dents se retrouve dans l'embrayage électromagnétique de Willans (voir p. 387).

X. Dérivateurs magnétiques.

Parmi les montages électromagnétiques il en est un tout à fait spécial qui consiste dans l'emploi d'une dérivation magnétique, c'est-à-dire d'une masse ou d'une pièce de fer, offrant au flux du circuit un passage éventuel. On en rencontre un exemple dans le dérivateur en fer, réglable à volonté, souvent appliqué aux appareils médicaux magnéto-électriques en vue d'en réduire la puissance. Quand un dérivateur de ce genre est placé en travers des pôles de l'aimant permanent, il offre une voie plus perméable au flux et le dérive de l'autre voie constituée par le noyau de l'armature mobile. La Fig. 159 représente une forme de récepteur téléphonique à dérivation magnétique, dans lequel d est le diaphragme ordinaire en fer et S N un aimant permanent en acier. Entre les pôles de ce dernier est monté un court noyau de fer

doux recouvert de sa bobine. Une partie des lignes de
force traverse la lame vibrante ; une autre partie, le
noyau. Si le courant circule autour de ce noyau dans
un sens tel qu'il augmente le flux de force qui le pénètre, il diminuera la portion du flux qui passe par le

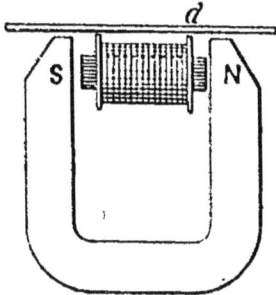

Fig. 159. — Récepteur téléphonique à dérivation magné-
tique.

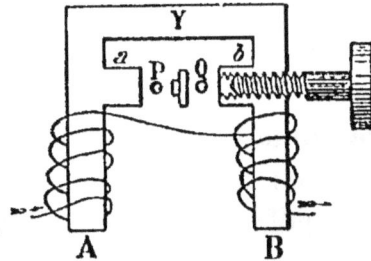

Fig. 160 — Relais à dérivation de
d'Arlincourt

diaphragme ; s'il circule en sens contraire, il produira
l'effet inverse. Ce type de récepteur a été à la fois imaginé par M. Carpentier et par l'Auteur, indépendamment
l'un de l'autre.

On trouve encore un dérivateur magnétique dans
une forme de relais particulière très sensible, connue
sous le nom de d'Arlincourt, dont la construction générale est indiquée par la Fig. 160. Les bobines sont
enroulées sur deux noyaux qui ne sont pas reliés par
une culasse à leurs extrémités inférieures ou inactives A
et B. Au-dessus ces noyaux sont munis de deux pièces polaires saillantes a et b entre lesquelles est montée une languette polarisée, dont le fonctionnement est limité par
deux butoirs non-magnétiques P et Q. Une vis de fer qui
traverse la pièce polaire b permet le réglage de l'instrument. Au delà de ces deux pièces polaires les noyaux
sont entretoisés par une culasse Y en fer qui agit en

conséquence comme dérivateur magnétique. Lorsqu'un courant magnétisant traverse les bobines dans le sens indiqué par les flèches, il est créé un flux de force qui monte par la branche A et redescend par B; une partie s'en dérive par *a* et *b*, et l'autre partie passe par la dérivation Y. La distribution du flux magnétique est illustrée par la Fig. 161. Si la languette est polarisée par fixation au pôle Sud de l'aimant polarisant, elle sera attirée vers le contact P, quand le courant est lancé comme nous l'avons indiqué, attendu que la pièce polaire *a* devient un pôle Nord et *b* un pôle Sud.

Mais la languette peut être munie d'un ressort tendant à la maintenir dans la position médiane et qui la rappellera du contact d'arrêt P dès que le courant aura été

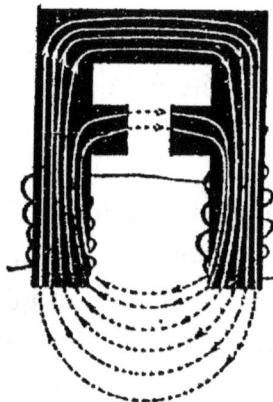

Fig. 161. — Circuit magnétique du relais d'Arlincourt.

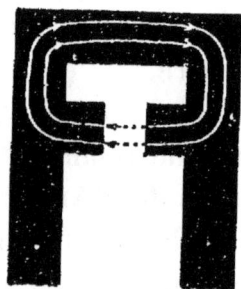

Fig. 162. — Circuit magnétique du relais d'Arlincourt, après rupture du courant.

interrompu, au lieu de la laisser revenir en arrière, ce qui prendrait un certain temps. D'Arlincourt a trouvé que la languette du relais agissait plus promptement quand la dérivation Y était présente que lorsqu'elle était supprimée. Les raisons fournies jusqu'ici par les télégraphistes pour expliquer la cause de cet accroisse-

ment de sensibilité ne donnent pas pleine satisfaction (1).
En voici la véritable explication : — Plus la forme du
circuit d'un appareil électromagnétique approche de la
fermeture métallique complète, moins rapidement cet
appareil perd son aimantation. Nous avons fait remarquer au Chapitre III, sur les Propriétés du fer, qu'un
entrefer dans le circuit magnétique hâtait la désaimantation (comparer pp. 133 et 284). Or, comme il n'existe
pas de culasse au-dessous de A et B, et comme le dérivateur Y est toujours éloigné des bobines, cette partie
sera la dernière à conserver son aimantation ; et, le flux
magnétique se perdant à la partie inférieure, il viendra
un moment où, comme l'indique la Fig. 162, le flux de
a en *b* sera renversé. A cet instant la languette sera lan-
cée dans son champ en sens inverse, soit de P vers Q.

XI. Adhérence électromagnétique.

Il y a une quarantaine d'années on a proposé d'employer l'électro-aimant à produire une adhérence entre
les roues motrices des locomotives et les rails. Des expériences faites à cette époque par M. Nicklès sur la ligne
de Lyon n'ont pas donné de résultats encourageants en
raison des moyens alors très imparfaits employés pour
l'aimantation des roues. On a trouvé depuis une meilleure forme d'aimant. Celle qui convient le mieux à cet
objet est l'électro-aimant circulaire de Weber (Fig. 29,
p. 66) ; et l'intention de M. Nicklès était de construire
des roues motrices avec des gorges périphériques, comme
le montre la Fig. 163. Dans ce cas une des jantes devient

(1) Voir un mémoire de M. Brough, *Journ. Soc. Teleg. Engineers*,
tome IV, p. 418, 1875.

un pôle Nord, et l'autre un pôle Sud, le circuit magnétique n'étant complété métalli-
quement que juste au point de
contact avec le rail.

Un autre mode d'emploi de
l'adhérence électromagnétique
dans la transmission du mouvement est représenté par la
Fig. 164. Ici le mouvement est
transmis entre deux roues sans
aucune dent, par simple disposition magnétique. Les jantes
des deux roues étant en fer,
elles adhèrent énergiquement
l'une contre l'autre quand un

Fig. 163. — Adhérence électromagnétique d'une roue avec
un rail.

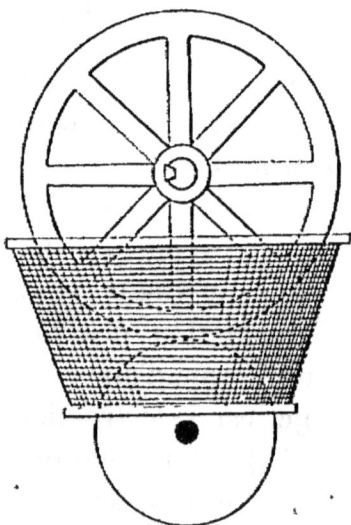

courant électrique est lancé dans une bobine de cuivre
qui les enveloppe.

Nous ne pouvons omettre de
mentionner ici les très intéressants travaux de M. A. de Bovet
(déjà mentionnés, p. 66) sur la
traction des toueurs par adhérence magnétique de la chaîne.
On en trouvera le résumé dans
sa communication à la « Société
internationale des Électriciens »,
Bulletins IX et *X*, nᵒˢ 93 et 94,
décembre 1892 et janvier 1893,
et dans « *L'Industrie électrique* »,
nᵒ 27, p. 53, 10 février 1893.

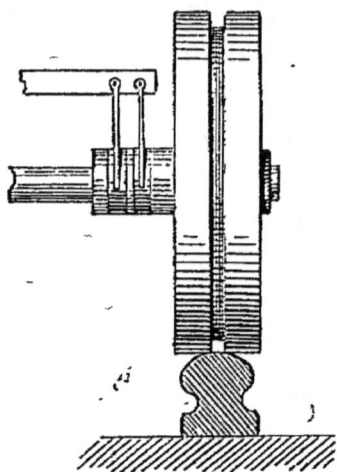

Fig. 164 — Transmission de mouvement de Nicklès par friction
magnétique.

Trieurs électromagnétiques. — Il est un autre service

important que peut rendre l'électro-aimant, c'est la séparation et le triage des particules de fer de matériaux non-
magnétiques. Le premier type (1) de *séparateur* ou *trieur
électromagnétique* est celui d'Arthur Wall à qui fut oc-
troyé un brevet en 1847. Il a été suivi, en 1854, par le
trieur ou « *classeur électrique* » de M. C. A. B. Chenot,
dans lequel étaient employés des électro-aimants montés
sur un disque qui recevait le minerai de fer pulvérisé ;
les particules qui y adhéraient étaient abandonnées à
une certaine distance des matières non magnétiques. Depuis cette époque on a imaginé bien des types de trieurs
qu'on peut diviser en trois classes :

1) Les trieurs dans lesquels le métal magnétique est
saisi au passage par les pôles d'un aimant tournant et re-
versé ensuite dans un récipient spécial ;

2) Ceux dans lesquels l'aimant fixe a simplement pour
effet de faire adhérer les particules magnétiques à un
ruban ou à un tambour mobile qui effectue ensuite la
partie mécanique du travail ;

3) Enfin ceux sans partie mobile pour l'exécution
de ce travail. L'attraction de l'aimant sert ici uniquement à impartir aux particules magnétiques une vitesse
en vertu de laquelle elles tombent à un endroit différent de celui où se rendent les corps non-magnétiques.

A la première classe appartient un appareil construit
par la « Brush Electrical Engineering Cᵒ » et représenté

_____

(1) On peut noter en passant qu'en 1792 un brevet avait été accordé
à William Fullarton pour le triage du minerai de fer par application
de l'attraction magnétique, évidemment au moyen d'aimants permanents.

par la fig. 165. Il est employé par les fabricants d'engrais
artificiels pour extraire les clous, écrous et autres déchets
de fer, qui sans cela détérioreraient les broyeurs à l'aide
desquels ils désagrégent toutes sortes de résidus, et notamment du fumier séché. Ce trieur se compose d'un tambour tournant, en fer,
à la périphérie duquel
sont pratiquées plu-
sieurs gorges destinées
à recevoir des bobines
magnétisantes. Cet ap-
pareil ressemble en
conséquence, comme
apparence générale, à
l'électro-aimant de We-
ber (Fig. 31, p. 66).
Le tambour, renfermé
dans une sorte de cage
formant bâti, est ac-

Fig. 165. — Trieur magnétique.

tionné par une machine à vapeur ; les matières sèches
refusées par le trieur sont rejetées par dessus les parois,
et tout ce qui est fer est porté par le tambour dans la
direction opposée et entraîné mécaniquement de l'autre
côté. Le courant est naturellement amené par des connexions à glissement.

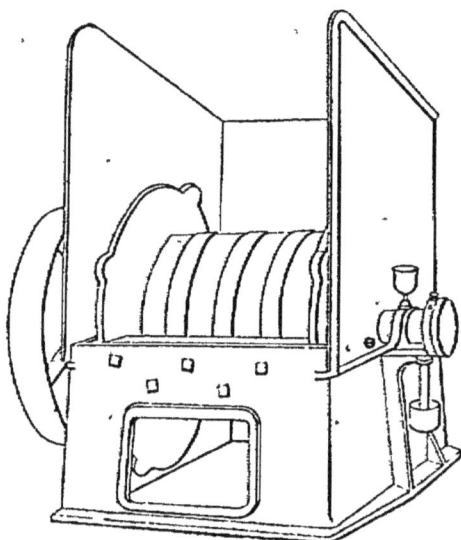

On emploie souvent des machines analogues dans les
fonderies pour séparer la tournure de fer de celle de cuivre ou de laiton.

Les trieurs servent également dans l'industrie de la
porcelaine pour débarrasser de particules de fer la pâte
blanche de kaolin, ainsi que dans la fabrication de la cé-
ruse. La Fig. 166 représente une machine destinée à ces

applications et conçue par Holroyd Smith. La fig. 167
donne en coupe et en plan la vue de l'électro-aimant. Il
est formé de deux parties semi-circulaires montées sur
articulation, qui enveloppent un cône intérieur dont l'objet est de lancer, en tourbillons, sur les pôles intérieurs, la matière délayée en boue
épaisse. Quant aux pôles, ils sont constitués
par des dents en fer, marquées N et S dans
la fig. 167, et qui s'entrecroisent haut et bas
à la périphérie interne de la pièce ci-dessus,
entretoisée elle-même par un certain nombre
de noyaux de fer verticaux. Ces noyaux portent le fil d'excitation. Quand la machine a
marché un certain temps, on ouvre la partie circulaire en deux

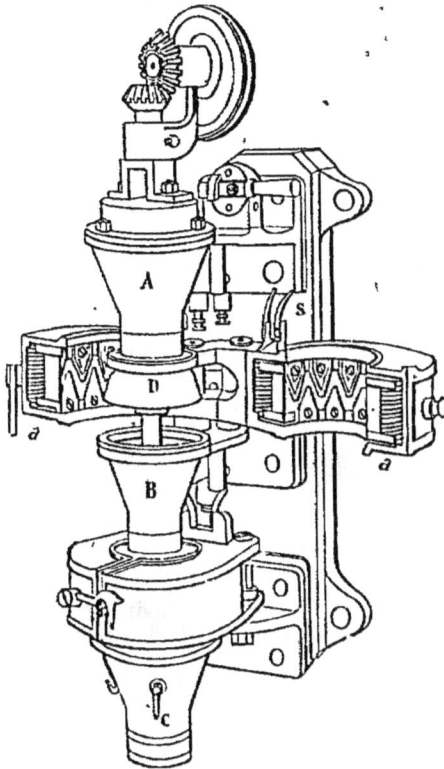

Fig. 166. — Trieur électromagnétique
d'Holroyd Smith.

pièces, et, le courant se trouvant ainsi automatiquement
coupé, on peut enlever les particules de fer adhérentes
aux pôles.

L'appareil de Conkling, destiné à séparer le fer d'une
gangue siliceuse (minerai indien) fournit un exemple des
trieurs de la seconde classe.

Le minerai à travailler est épandu sur une bande sans fin fortement inclinée par rapport au plan horizontal et sur laquelle coule constamment un courant d'eau. Au-dessous de cette bande et sur toute sa longueur courent deux autres rubans de fer qui constituent les pôles d'une série d'électro-aimants. Ceux-ci ont pour fonction de retenir les particules magnétiques qui y adhèrent contre l'action du courant d'eau et sont finalement déversées dans un récipient spécial, tandis que l'eau entraîne les parties non magnétiques.

Dans le trieur de Chase le minerai, après avoir été débarrassé des matières non magnétiques, est conduit par l'eau sur le côté inférieur de la courroie, portée par un

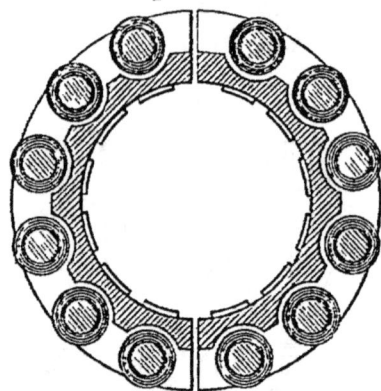

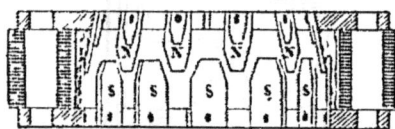

Fig. 167. — Plan et coupe du trieur électromagnétique d'Holroyd Smith.

certain nombre de pôles magnétiques fixes qui lui donnent un mouvement proportionnel à celui de la courroie elle-même. Le minerai le plus pur reste seul adhérent à la suite de ce mouvement ; les matières de propriétés magnétiques moyennes tombent d'elles-mêmes dans un autre récipient où elles sont recueillies pour être soumises à un nouveau broyage. Dans cette machine les rouleaux magnétiques sont formés par de longs cylindres en fer doux de petit diamètre (10 cm et même moins), portant à leur surface deux gorges hélicoïdales, de 2 cm de large sur autant de profondeur, qui forment par le fait un double pas de vis entaillé. Ces rainures reçoivent les fils de cuivre isolés parcourus par le courant d'excitation. On a ainsi un électro-aimant à pôles en hélice qui fournissent le champ voulu pour le travail à effectuer.

Dans l'appareil de Moffat (1) (Fig. 168), la matière à trier vient de deux trémies C C et tombe sur les tambours de fer B B, qui tournent autour des électro-aimants fixes A A, excités dans ce cas par des courants alternatifs. Le problème à résoudre est de classer la matière en trois catégories : 1) les particules magnétiques, qui adhèrent en B B, sont ramassées par les brosses D D, et tombent en c ; — 2) les parties métalliques non magnétiques,

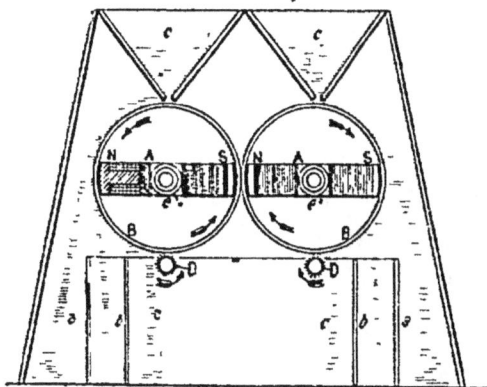

Fig. 168. — Trieur-classeur de Moffat.

conductrices du courant électrique, qui se trouvent séparées de B B par suite des courants en tourbillons développés en elles et tombent en b ; — et 3) le déchet non métallique qui se rend en a.

La trieuse d'Edison est de la troisième catégorie. Cet appareil laisse la limaille ou le minerai de fer tomber librement d'une trémie sur la surface d'un électro-aimant. Les déchets non magnétiques tombent verticalement dans un récipient, tandis que les particules magnétiques déviées de leur direction vont tomber dans un autre. Dans certaines machines un puissant courant d'air débarrasse celles-ci de la poussière qu'elles contiennent. Un pôle d'ai-

(1) *La Lumière électrique*, XXXVI, p. 33.

mant droit est placé au-dessus des deux pôles d'un aimant
en fer à cheval, destinés à favoriser le rassemblement des
particules magnétiques qui se trouveraient emprisonnées
dans des matières non magnétiques.

Embrayeurs électromagnétiques. — Parmi les autres
pièces mécaniques basées sur l'adhérence magnétique
figure l'*embrayeur électromagnétique,* qui, pour certaines
applications, est destiné à remplacer les embrayeurs à
friction ou à griffes actuellement en vogue. Il y a longtemps déjà que M. Achard avait songé à utiliser les électro-aimants (1) pour cet objet ; mais dans les dispositions
adoptées par lui (2) la forme de l'électro-aimant n'était
pas des plus avantageuses. Une forme moderne et absolument pratique d'embrayage électromagnétique est représentée par la Fig. 169 ; elle est construite par la « Brush
Electrical Engineering Company » sous la protection des
brevets Sayers et Raworth.

L'électro-aimant ici employé est du type cuirassé, mais
de forme très large et aplatie ; c'est par le fait une poulie folle, particulièrement massive, sur la face extérieure
de laquelle a été pratiquée une saignée circulaire large et
profonde destinée à recevoir les spires de cuivre isolé.
En regard est monté un fort disque de fer A agissant
comme armature et solidement claveté sur l'arbre. Les
fils d'entrée et de sortie du courant aboutissent à deux
balais métalliques B B, que l'on voit à droite et qui reposent sur deux bagues de bronze C C encastrées dans
de la fibre isolante et respectivement reliées aux deux

(1) Voir du Moncel, *Exposé des Applications de l'Électricité* (éd. de
1857), I, p. 310.
(2) Brevet anglais nº 1668 de 1855.

22

bouts de la bobine. Lorsqu'on veut embrayer le système,
il suffit d'y lancer le courant ; la poulie électro-aimant
attire alors immédiatement le disque de fer avec une force
portante qui peut aisément atteindre 7 kg par cm² de
surface de contact, et alors la poulie se met à tourner
fermement solidaire de l'arbre (1). Comme l'interrupteur
qui permet d'appliquer ou de couper le courant électri-

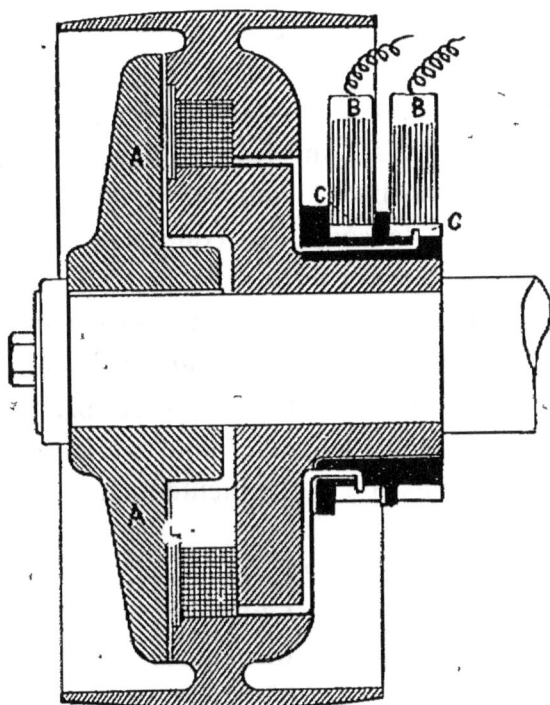

Fig. 160. — Embrayage électromagnétique de Sayers et Raworth.

que peut être mis absolument où l'on veut, soit dans le
voisinage, soit à distance, il est évident que ce mode
d'embrayage présente de grands avantages sur les em-

(1) Comparer les types d'embrayages imaginés par Matthew Watt
Boulton (Brevet anglais n° 926 de 1877), et par Benett et Parshlla
(*Electrical World*, XVIII, p. 16, 1891).

brayages purement mécaniques, à friction ou à griffes, qui nécessitent dans leur voisinage immédiat un dispositif de serrage. Pour des embrayages situés dans des positions inaccessibles telles qu'un arbre de renvoi, ce mode d'opérer est incontestablement supérieur à tout ce qui a été antérieurement imaginé.

Coupleur électromagnétique. — Tout à fait typique est le *coupleur électromagnétique* inventé par Willans en vue de remplacer les couplages mécaniques flexibles fréquemment employés pour transmettre à une dynamo montée sur le même bâti la puissance d'une machine à vapeur. Ce mode de couplage comporte une curieuse variété d'électro-aimants cuirassés formés de deux moitiés séparées, munies comme pièces polaires d'une série extérieure et d'une série intérieure de projections symétriques qui, sans se toucher, et tout en présentant du jeu, s'attirent mutuellement avec une grande énergie et déterminent un puissant entraînement tangentiel.

Freins électromagnétiques. — La première idée de cette application remonte à Amberger, en 1850 (1); elle a été depuis étudiée à plusieurs reprises par Achard (2) et autres. Le type le plus récent en est représenté par la Fig. 170. L'invention en est commune au professeur George Forbes et à M. I. A. Timmis. L'électro-aimant cuirassé ressemble tout à fait à celui décrit p. 61, Fig. 26. Le noyau C est un anneau de fer forgé, solidement fixé à la boîte de l'essieu par des boulons qui traversent les

---

(1) Voir Brevet anglais, n° 13269 de 1850.
(2) Pour tous détails sur les inventions d'Achard et autres, voir les articles correspondants de *La Lumière électrique*, VIII et IX, 1883.

trous K, et dans lequel est pratiquée une profonde rainure destinée à recevoir les bobines. L'armature A A est constituée par un autre anneau de fer boulonné sur la roue de la voiture. Comme il y a ici une usure considérable des surfaces en contact, une paire de rondelles de fer W, en deux parties, facile à renouveler, est interposée comme

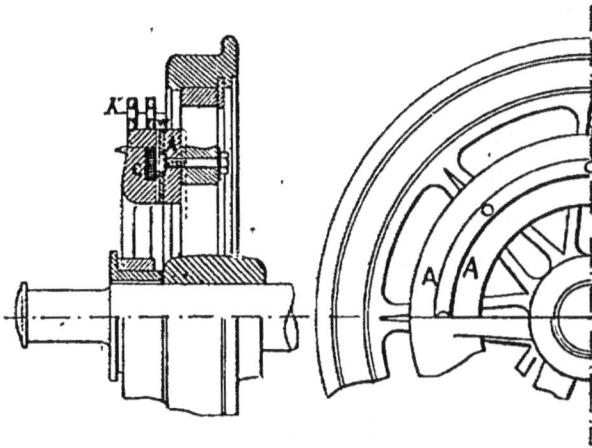

Fig. 170. — Frein électromagnétique de Forbes et Timmis pour chemins de fer.

système de pièces polaires. Si toutes les roues de toutes les voitures d'un train sont munies de ce frein, elles peuvent être simultanément soumises à son action par le seul fait de l'envoi du courant électrique dans l'ensemble. On reconnaît que l'effort tangentiel exercé par le frein est proportionnel au courant fourni à la bobine.

Il nous reste à décrire deux autres pièces de mécanismes fonctionnant par adhérence électromagnétique. Dans le premier (Fig. 171), dû à M. Colombet, l'envoi d'un courant électrique dans une bobine excitatrice montée sur un arbre de fer en mouvement lui fait soulever à

volonté un bras de fer courbé. L'arbre adhère magnétiquement à ce bras courbe et se maintient avec lui en contact de roulement pendant
qu'il le soulève. — Le second et dernier exemple
d'adhérence magnétique est
appliqué dans la lampe à
arc Gülcher : un électro-
aimant équilibré sur touril-
lons se colle lui-même sur
une tige de fer qui constitue

Fig. 171. — Mécanisme de Colombet.

le porte-charbon supérieur, et le soulève en le faisant
coincer sur ses supports.

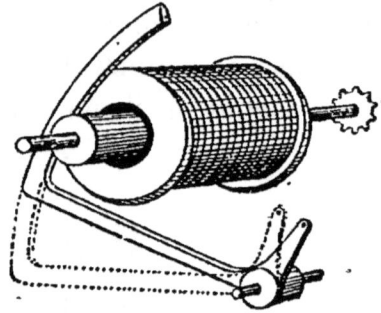

XII. Montages pour Courants alternatifs.

On en trouvera la description complète au Chapitre
XI.

MÉCANISMES EMPLOYÉS DANS LES SONNERIES ET INDICATEURS ÉLECTRIQUES.

Avant de clore ce chapitre il n'est pas inutile de passer sommairement en revue plusieurs variétés de mécanismes électromagnétiques appliqués dans les sonneries (1) et indicateurs ou annonciateurs électriques. Un
grand nombre d'entre eux fournissent des exemples frap-

---

(1) Pour autres mécanismes de sonneries voir les diverses parties
de cet ouvrage et notamment : — Sonnerie électrique ordinaire,
Fig. 178, p. 395 ; Sonnerie à court circuit, Fig. 179, p. 398 ; Sonnerie
pour courants alternatifs, Fig. 146, p. 362 ; Sonnerie d'Abdank à courants alternatifs, Fig. 147, p. 363 ; Sonnerie à enroulement différentiel, chapitre XIV.

pants du principe général qui régit toutes ces actions,
à savoir la tendance du système à modifier sa configuration de manière à améliorer le circuit magnétique et
à augmenter le flux qui le pénètre.

On en trouve un excellent exemple dans le croquis
d'une sonnerie électrique (Fig. 172) construite par Wagener, de Wiesbaden, et que possède le cabinet de physique du Collège tech-
nique de Finsbury.
L'électro-aimant de
cette sonnerie est un fer
à cheval monté hori-
zontalement. De cha-
cune des extrémités po-
laires des noyaux part
un doigt en laiton P,
recourbé vers le haut.

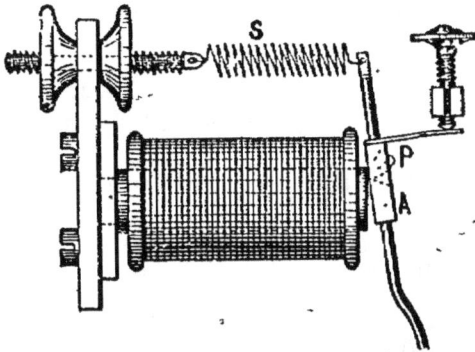

172. — Mécanisme de la sonnerie électrique de Wagener.

Sur ces deux doigts est suspendue l'armature A percée
de deux trous coniques. Elle repose sur les bords supérieurs des extrémités polaires et complète ainsi en un
sens le circuit magnétique; mais elle est maintenue en
l'air par un ressort de rappel S, de sorte qu'il existe un
étroit entrefer angulaire à la partie inférieure entre elle
et les surfaces polaires. Si elle se meut de manière à fermer cet entrefer en oscillant sur les deux doigts, elle
améliore le circuit magnétique et est ainsi mise en
vibration. Son extrême sensibilité peut être attribuée à
la manière dont la position initiale adoptée facilite l'excitation du magnétisme.

La Fig. 173 illustre un autre cas également spécial.
Une armature en fer plat pivote entre les pôles d'un
électro-aimant évidés de manière à permettre ce mouve-

ment ; mais, quand l'appareil n'est pas excité, l'armature
prend une position oblique et fait apparaître un voyant de
couleur fixé à un support monté sur l'armature (la figure
ne l'indique pas) derrière une
fenêtre pratiquée dans le tableau
indicateur. Quand on lance le
courant dans les bobines de
l'électro-aimant, celui-ci relève
l'armature et fait rentrer le
disque dans l'ombre.

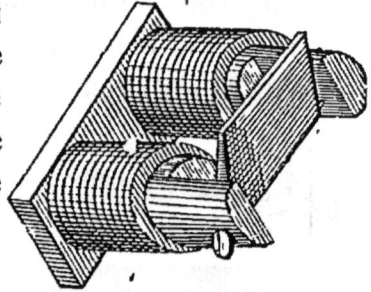

Fig. 173. — Mécanisme d'indicateur à relèvement.

L'indicateur sémaphorique de
Thorpe (Fig. 174) est formé d'un
noyau central unique entouré d'une bobine, dont une
petite bande de fer, partant de l'arrière et épousant le
contour de la bobine, complète
métalliquement le circuit ma-

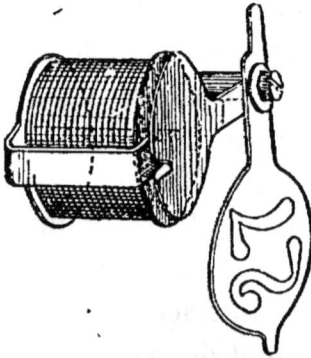

Fig. 174. — Indicateur sémaphorique de Thorpe.

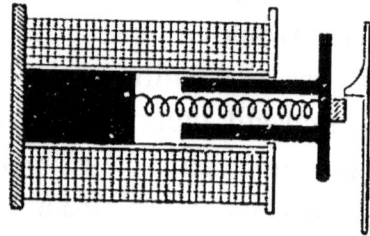

Fig. 175. — Indicateur Moseley.

gnétique à l'exception d'un étroit entrefer. Par dessus
l'entrefer est monté un disque de fer plat qui, lorsqu'il
est attiré, débraye un autre disque de laiton qui dès lors
tombe par son propre poids. C'est une forme d'annon-
ciateur extrêmement efficace, très sensible et très peu
dispendieuse.

L'indicateur de Moseley (Fig. 175) consiste en une
bobine à buttée avec plongeur tubulaire en fer, repoussé
vers l'extérieur par un ressort en boudin intérieur. Quand
ce plongeur est attiré intérieurement il dégage un embecquetage qui laisse tomber un signal.

Dans une forme assez répandue de mécanisme polarisé pour indicateurs, un aimant permanent en acier
N S pivote, comme dans la Fig. 176, autour du pôle C
d'un court électro-aimant droit qui sort horizontalement
d'un socle placé en arrière. L'ai-
mant pivotant porte un disque rouge
D servant de voyant et monté sur
un bras vertical.

Quand on lancé
le courant dans
un sens, l'aimant
s'incline d'un cô-
té; pour un cou-
rant de sens con-
traire, il prend la
position inverse.
Ce mécanisme,

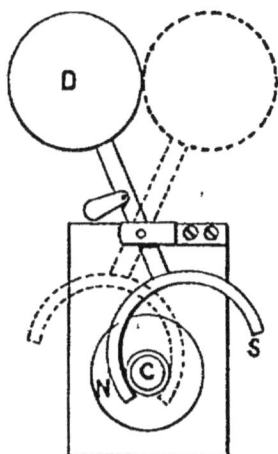

Fig. 176. — Indicateur à
système polarisé.

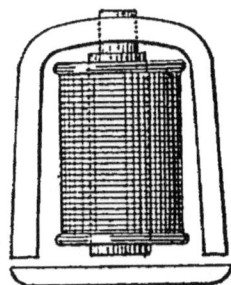

Fig. 177. — Electro-
aimant tripolaire de
l'indicateur Gent.

permet en conséquence un rétablissement électrique,
sans obliger le surveillant à courir au tableau indicateur.
Les appareils polarisés pour indicateurs présentent cet
avantage qu'ils se prêtent ainsi à un rétablissement électrique sans intervention manuelle.

Dans un système indicateur dû à MM. Gent, de
Leicester, on trouve un électro-aimant tripolaire à une
seule bobine sur le pôle central (Fig. 177). L'attraction de

l'armature dégage un levier qui indique la réception d'un signal.

Il existe un grand nombre d'autres mouvements d'indicateurs, les uns à débrayage de leviers sous l'action d'un électro-aimant, les autres à pendules oscillants ; mais il est inutile de multiplier davantage les exemples ci-dessus.

CHAPITRE X

VIBRATEURS ET PENDULES ÉLECTROMAGNÉTIQUES

On emploie beaucoup de mécanismes dans lesquels le mouvement vibratoire ou oscillant est maintenu électromagnétiquement. L'armature d'un électro-aimant est soumise à un mouvement vibratoire de rapprochement et d'éloignement, par interruption et rétablissement automatiques du courant dans ses bobines. Ces systèmes vibratoires se rencontrent dans toutes les sonneries trembleuses, dans les interrupteurs des bobines d'induction, dans les diapasons actionnés électriquement, dans les transmetteurs de télégraphes harmoniques ; on les trouve également dans les mouvements plus lents de certaines formes démodées de moteurs électriques oscillants, ainsi que dans ceux des pendules électromagnétiquement entraînés de certains modèles d'horloges électriques.

Le vibrateur électromagnétique a dans son développement traversé diverses phases. Sa première forme apparut en 1824 dans le fil électrique vibrant inventé par le chimiste James Marsh, de Woolwich. C'était un fil soutenu à sa partie supérieure par un joint métallique flexible, plongeant à sa partie inférieure dans une coupe à mercure peu profonde, et placé entre les pôles d'un puissant électro-aimant en fer à cheval. Quand on envoyait dans ce fil un courant d'intensité suffisante, il était entraîné latéralement à travers le champ magnétique; ce mouvement lui faisait perdre son contact inférieur et il retombait pour recevoir une nouvelle impulsion. Cet appareil primitif a été suivi de la spirale dansante du Dr. Roget (employée dans un temps comme interrupteur de bobines d'induction), et plus récemment par les dispositions adoptées dans des constructions mécaniques plus importantes. Parmi ces dernières on peut citer les mouvements à balancier de Dal Negro (1), et du professeur Henry (2); le marteau de Wagner (3), également connu sous le nom de marteau de Neef (4), et l'interrupteur à vibrations de Froment (5), quelquefois appelé « chuchotteur » Froment. Enfin on en arriva à l'invention de la forme actuelle de trembleuse faite, vers 1850, par John Mirand, et des autres formes, à peu près contemporaines, de Siemens et Halske, et de Lippens.

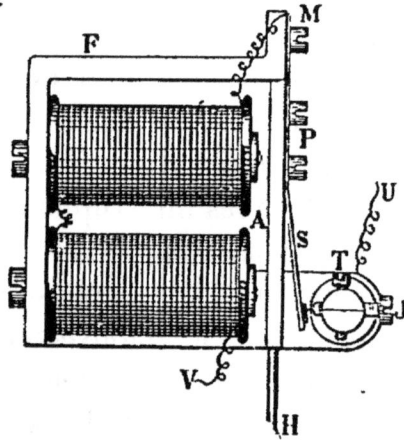

Fig. 178. — Mécanisme de la trembleuse électrique ordinaire.

La Fig. 178 représente le mécanisme de la trembleuse électrique ordinaire. Dans cet appareil, dès que le circuit électrique est complété, l'électro-aimant attire son

(1) *Ann. Roy. Lomb. Vinet.*, avril 1834.
(2) *Journal de Silliman*, tome XX, p. 310, juillet 1831.
(3) *Pogg. Ann.*, XLVI. p 107, 1839.
(4) *Ibid.*, XLVI, p. 104, 1847.
(5) *Comptes-rendus*, XXIV, p. 428, 1847; voir aussi Daguin, *Traité de Physique*, tome III, p. 21.

ármature A et l'éloigne de sa position de repos. Le ressort de contact S fixé par derrière maintient encore le contact pendant les premiers instants d'avancement de l'armature, mais, dès que celui-ci augmente, il y a séparation (avec étincelle) du ressort et de la pointe de contact, et, par suite, interruption du courant. A partir de cet instant l'aimantation commence à disparaître et l'attraction diminue; néanmoins l'armature ayant acquis une certaine vitesse, continue son mouvement en vertu de son énergie cinétique, jusqu'à ce que, arrêtée par la tension de son support à ressort, elle revienne immédiatement en arrière. Elle acquiert alors une nouvelle vitesse, le ressort de contact vient frapper contre la pointe et rétablit le circuit ; mais l'armature ne s'arrête pas de suite ; son inertie la porte au delà, et, d'ailleurs, l'électro-aimant a besoin d'un certain délai pour atteindre toute sa puissance attractive. Avant qu'il y soit parvenu, l'armature est elle-même arrivée au repos et a de nouveau commencé à se rapprocher de l'électro-aimant. Il est évident que dans ce cycle d'opérations l'inertie mécanique des parties mobiles joue un rôle important ; celui de l'inertie électrique du circuit n'est pas moins considérable. Si le courant obéissait immédiatement à la rupture et à l'établissement du contact, si la durée de latence de l'électro-aimant était nulle, l'armature ne serait pas plus attirée pendant son oscillation en avant que pendant son retour en arrière.

Il ne faut pas oublier que dans le fonctionnement de la sonnerie électrique, comme dans celui de tout moteur électromagnétique rotatif ou oscillant, le mouvement mécanique est toujours accompagné de l'induction de forces contre-électromotrices dans le circuit. Le lecteur qui

n'est pas au courant de ce phénomène fera bien de se
reporter, au point de vue de la théorie des moteurs électriques, à un ouvrage quelconque traitant des machines
dynamo-électriques (1). Pendant qu'elle se rapproche des
surfaces polaires des noyaux, l'armature améliore le circuit magnétique et tend, par suite, à augmenter le flux
dans les parties-fer ; il en résulte une force contre-électromotrice qui affaiblit le courant. Si le mouvement était
assez rapide et cette force contre-électromotrice assez
grande pour annuler complètement le courant à cet instant, et si au même moment le contact au ressort était
rompu, il n'y aurait pas d'étincelle. De même, quand l'armature revient en arrière, elle tend à développer des
forces électromotrices qui concourent à l'augmentation du
courant d'aimantation des noyaux, de sorte que le courant magnétisant est probablement à son maximum d'intensité au moment où l'armature est revenue à sa position
la plus éloignée ou un peu après.

Dans le cas de la trembleuse les phases précises de
ces variations n'ont pas grande importance ; mais il n'en
est pas de même pour les vibrateurs harmoniques tels que
les diapasons à entraînement électromagnétique. Aucun
organe vibratoire ne réalisera un mouvement réellement
harmonique si ses impulsions ne sont pas convenablement
réglées par rapport au temps. Dans le cas idéal d'un mouvement harmonique simple, les forces qui tendent à rétablir la position initiale sont à chaque instant proportionnelles au déplacement ; mais, en raison des frottements,
ces mouvements s'amortissent à moins d'être entretenus

---

(1) Voir *Traité théorique et pratique des Machines dynamo-élec-*
triques de S. P. Thompson, traduction E. Boistel, chez Baudry et Cie,
Paris, 1894.

par des forces compensatrices de nature quelconque. Or il est évident que les résistances de frottements mises en jeu par le mouvement du système sont maxima quand la vitesse est également maxima, c'est-à-dire quand le système vibrant passe par sa position zéro par rapport au déplacement. Si à cet instant on lui donne une petite impulsion, on peut compenser la diminution d'amplitude due aux frottements. Si, au contraire, l'impulsion est donnée en un autre point de l'oscillation, cette impulsion produira. encore un autre effet : elle affectera la durée de la vibration en déterminant une accélération de phase.

Dans les horloges et autres appareils à pendules, le pendule n'oscillera isochroniquement que si les impulsions discontinues lui sont données exactement à l'instant où la partie mobile passe par son zéro ou sa position médiane. Nous reviendrons sur ce sujet à propos des diapasons.

Dans une autre disposition parfois adoptée en vue d'éviter l'étincelle qui se produit à la rupture de contact, le courant dans les bobines magnétisantes, au lieu d'être interrompu par le rapprochement de l'armature, est *mis en court-circuit*. La pièce de contact est alors placée de l'autre côté de l'armature, de manière à ce que le contact s'établisse pendant qu'elle s'approche des pôles de l'électro-aimant. Certains constructeurs évitent l'emploi de cette pièce de contact distincte et séparée en en faisant

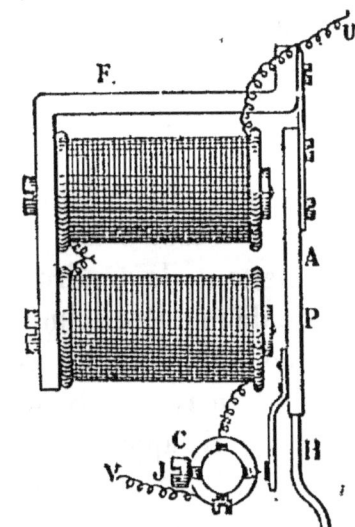

Fig. 179. — Mécanisme d'une sonnerie à court-circuit.

remplir le rôle à l'un des pôles de l'électro-aimant. Dès que l'électro-aimant est ainsi mis en court-circuit, son aimantation disparaît, et l'armature s'éloigne après être arrivée au repos à la fin de son mouvement de rapprochement. Il ne se produit aucune étincelle au moment où le ressort de contact quitte la pièce en question, attendu qu'à cet instant il n'y a pas d'action démagnétisante. Les sonneries à court-circuit n'ont, en conséquence, pas besoin d'être munies de pièces de contact infusibles en platine. Elles peuvent également fonctionner par deux ou plus en série, ce qui n'est pas possible avec les sonneries ordinaires.

Un mode de montage encore plus parfait pour les circuits d'une sonnerie électrique consiste à employer un enroulement différentiel (voir chapitre XIV).

Vibrateurs de bobines d'induction.

Dans les mécanismes interrupteurs pour bobines d'induction ordinaires on fait usage d'un vibrateur analogue avec addition d'une disposition permettant de tendre à volonté le ressort de la partie vibrante de manière à changer la fréquence des vibrations. Ce mode de rupture, représenté par la Fig. 180, se compose d'un ressort S sur lequel est monté un court cylindre en fer H, appelé marteau, qui porte en arrière un plot de platine P pressant sur une autre pièce, également en platine, fixée elle-même à l'extrémité d'une vis de rappel à la partie supérieure de l'équerre de contact U. Une seconde vis E à tête d'ébonite traverse une rondelle d'ivoire encastrée dans cette équerre U et sert à tendre le ressort. Quand celui-ci ne presse que légèrement les deux plots de contact l'un contre l'autre, la rupture de courant se fait à un instant où le noyau n'a qu'une faible aimantation. En dévissant la pointe de contact et tendant le ressort de manière à nécéssiter un plus grand effort pour rompre le contact, on arrive à ce que cette rupture ne s'effectue que pour une aimantation plus élevée du noyau, susceptible par cela même de produire des effets d'induction plus puissants.

On a imaginé différents types d'interrupteurs de bobines d'induction. Celui à action extra-lente de Foucault (1) et celui à action extra-rapide de M. Spottiswoode (2) méritent tous deux d'être mentionnés.

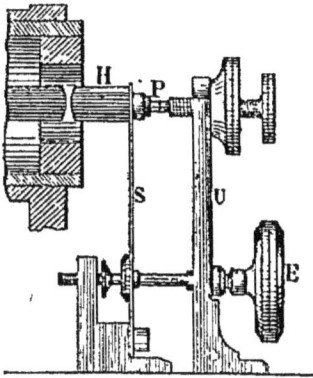

Fig. 180.— Rupture vibratoire de bobine d'induction (modèle d'App).

Dans l'interrupteur de Spottiswoode (Fig. 181), le ressort vibrant C est formé d'une épaisse tige d'acier rigidement fixée dans un bloc massif de laiton B, et maintenue en vibration par l'action d'un électro-aimant spécial I I. L'amplitude des vibrations est très faible, 0,03 cm environ, et la fréquence d'à peu près 2500 périodes par

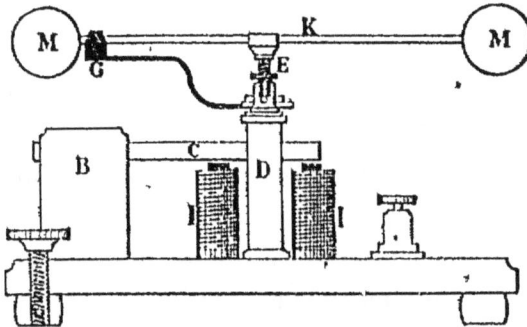

Fig. 181.— Interrupteur rapide de Spottiswoode.

(1) Recueil des Travaux scientifiques de L. Foucault, 1878.
(2) *Proc. Roy. Soc.*, XXIII, p. 455.

seconde. Transversalement à l'électro-aimant est monté un pont solide porté par deux colonnes D, et traversé par une vis de contact E à pointe de platine, finement filetée et munie à sa partie supérieure d'un long balancier K, de manière à permettre un réglage exact, et d'un bras d'arrêt G.

M. Marcel Deprez (1) a décrit un interrupteur à vibrations pour bobines d'induction, qu'il considère comme offrant des avantages spéciaux.

Diapasons électromagnétiques.

Lissajous paraît être le premier à avoir employé un électro-aimant pour maintenir des diapasons en vibration ; un fil plongeant dans du mercure lui servait d'interrupteur. Des diapasons du même genre ont été également appliqués par Regnault (2), von Helmholtz (3), et autres. En 1872 Mercadier (4) remplaça les contacts à mercure par un style élastique. Il a donné à son appareil le nom d'électrodiapason. On voit dans la Fig. 182 une forme de cet instrument modifié par Lacour. Il se compose d'un électro-aimant en fer à cheval dont les branches arrivent entre les pièces polaires N S de l'électro-aimant portant les deux bobines M M. Le diapason étant en acier devient un aimant permanent à pôles s n. Sur ses branches glissent deux masses pesantes qui peuvent prendre les positions indiquées par les traits gravés sur

(1) *La lumière électrique*, III, p. 325.
(2) Regnault (*Relation des expériences de*).
(3) Voir les *Sensations des tons (Tonempfindungen)* d'Helmholtz, pp. 129, 176 et 604 [édition Ellis].
(4) *Comptes-rendus*, 1873 ; *Journal de Physique*, 1873, tome II, p. 350 ; et *Annales télégraphiques*, juillet et août 1874.

les branches et permettent de faire rendre à l'instrument différentes notes déterminées, en modifiant son régime vibratoire. Le courant entre dans le diapason par le bloc B, et sort par le ressort de contact c. L'électro-aimant extérieur est parfois remplacé par une bobine électromagnétique unique montée entre les branches du diapason.

Dans tous les appareils de ce genre il est absolument essentiel de tenir compte de la phase du mouvement à laquelle est donnée l'impulsion qui le maintient. Lord Rayleigh, dont l'autorité en acoustique est incontestée,

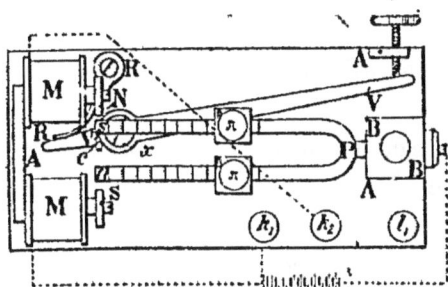

Fig. 182. — Appareil de Lacour.

a traité (1) avec une grande clarté cette question dans une discussion sur une forme primitive de diapason électromagnétique. Dans cet appareil, une bobine était montée entre les branches du diapason, et l'interruption périodique était obtenue au moyen d'un cavalier en forme d'U, porté par la branche la plus longue et plongeant dans des godets à mercure. Voici comment il s'exprime dans son ouvrage sur le Son :

« Le *modus operandi* de ce genre d'instrument automatique est souvent imparfaitement compris. Si la force agissant sur le diapason dépendait uniquement de sa position — de la fermeture ou de l'ouverture du circuit — le travail résultant du passage par une position quelconque ne serait pas annulé

_____

(1) Rayleigh, *Théorie du son* (1877), tome I, p. 59.

au retour, de sorte que, après une période complète, il ne resterait plus rien qui pût compenser l'effet des frottements. Toute explication qui ne tient pas compte du retard ou décalage du courant est absolument en dehors de la question. Les causes de ce décalage sont de deux genres : l'irrégularité du contact et la self-induction. Quand la pointe du cavalier commence à toucher le mercure, le contact électrique est imparfait, probablement en raison d'une certaine adhérence d'air. D'autre part, quand il quitte le mercure, le contact est prolongé par l'adhérence du liquide du godet avec le fil amalgamé. Pour ce double motif le courant est décalé par rapport à ce qu'il serait en raison de la simple position du diapason. Mais, quand même la résistance du circuit dépendrait uniquement de cette position, le courant serait encore décalé par sa self-induction. »

« Quelle qu'en soit la cause, le décalage a pour résultat que le diapason emmagasine plus d'énergie à la sortie du cavalier hors du mercure qu'il n'en perd à son entrée, de sorte qu'il en reste une certaine quantité disponible pour compenser les frottements. »

« On peut, à défaut d'autres moyens, régler à volonté le décalage en fixant le cavalier, non pas à la branche elle-même, mais à l'extrémité plus éloignée d'un ressort droit, léger, porté par la branche et mis en vibration forcée par le mouvement de son point de fixation. »

« La déviation d'un interrupteur à diapason de sa vibration naturelle est en pratique extrêmement faible ; mais le fait même de la possibilité de cette déviation semble à première vue un peu surprenant. On en trouve l'explication (dans le cas d'un léger décalage du courant) en ce que, pendant la moitié du mouvement correspondant au maximum d'écartement des branches, l'électro-aimant agit dans le même sens que l'action récupératrice due à la rigidité de l'instrument, et naturellement augmente ainsi la vibration. Quelle que soit la relation de phases, la force de l'électro-aimant peut être divi-

.sée en deux parties respectivement proportionnelles à la vitesse et au déplacement (ou à l'accélération). La première
contribue seule au maintien de la force ; à la seconde est exclusivement due la modification de la vibration. »

Plusieurs dispositions ont été imaginées en vue d'établir entre les impulsions et les phases de déplacement
cette coïncidence qui assure l'exact isochronisme dans
les vibrations des diapasons. L'auteur de cet ouvrage (1)
a proposé d'employer deux diapasons à l'unisson réglant
réciproquement le circuit de leurs électro-aimants. D'autres idées ont été mises en avant par le professeur
J. Viriamu Jones (2) et par M. Gregory (3).

Les dernières recherches relatives à la solution de ce
problème sont celles du professeur V. Dvorak, qui non
seulement a étudié la théorie (4) et l'histoire (5) des vibrateurs électriques, mais qui en a imaginé plusieurs
formes (6) dont le principal caractère est l'emploi d'une
bobine mobile dans un champ magnétique.

PENDULES ÉLECTRIQUES

La régularité de fonctionnement des pendules entraînés électriquement est subordonnée à la même condition
que les diapasons ; c'est-à-dire que, pour assurer la régularité de leurs oscillations, les impulsions qui entre-
tiennent leur mouvement ne doivent leur être données
qu'au moment du passage de la partie mobile par la
position de déplacement nul. Un grand nombre d'inventeurs ont cherché à construire des horloges, actionnées,

(1) *Phil. Mag.*, Août 1886, p. 216.
(2) *Proc. Physical Society*, p. 288, 1890.
(3) *Ibid.*, 1889.
(4) *Zeitschrift fur Instrumentenkunde*, X, p. 43, 1890.
(5) *Wied. Ann.*, XLIV, p. 344, 1891.
(6) *Zeitschrift fur Instrumentenkunde*, XI, p. 423, 1891.

non pas par la pesanteur ou par un ressort, mais par une action électrique, le pendule recevant ses impulsions périodiques d'une pile électrique, et entraînant lui-même les aiguilles par l'entremise d'une roue à rochet et de déclics. Dans quelques-uns de ces appareils dus à Wheatstone et dans d'autres imaginés par Bain, la lentille du pendule était périodiquement attirée par un électro-aimant. Dans d'autres construits par Robert Houdin, Froment, Detouche, et autres inventeurs, un organe différent est périodiquement attiré par un électro-aimant, et le mouvement de celui-ci est mécaniquement transmis au pendule. Dans un type récent dû à Hipp, un pendule au-dessous de la lentille duquel est montée une armature de fer effectue dix ou douze mouvements libres pendant la durée desquels l'amplitude de ses oscillations est sans cesse diminuée par les frottements. Quand cette amplitude est tombée à une certaine valeur, le contact se trouve établi avec un électro-aimant qui communique une impulsion subite à l'armature de fer et donne au mouvement une plus grande amplitude. Le mécanisme particulier à l'aide duquel ce résultat est obtenu est l'application d'une idée de Foucault ; il consiste en une petite languette traînante, suspendue au bas du pendule, qui passe légèrement au-dessus d'un ressort monté en-dessous quand l'arc d'oscillation est long, mais qui l'accroche et le fait fléchir quand cet arc descend au-dessous d'une certaine valeur. Pour plus amples détails sur ces dispositions, le lecteur pourra se reporter aux traités sur les horloges électriques (1).

(1) Les ouvrages les plus récents sur ce sujet sont : Favarger, *L'Électricité et ses applications à la Chronométrie*, Paris, 1886 : Merling, *Die Elecktrischen Uhren*, Brunswick, 1884 ; Friedler, *Die Zeittele-*

TRANSMETTEURS TÉLÉGRAPHIQUES HARMONIQUES.

Dans les télégraphes harmoniques de Varley, de Lacour, d'Elisha Gray, de Langdon-Davies, et autres, des dispositions vibratoires servent à créer des courants intermittents ou alternatifs. Il nous suffira d'en décrire deux.

Transmetteur d'Elisha Gray. — Dans cet appareil une tige vibrante ou fléau d'acier est montée entre deux électro-aimants distincts qui l'attirent alternativement. La Fig. 183 indique la disposition du système ; le circuit de ligne est marqué en trait plein et le circuit local qui détermine la vibration en pointillé. Dans le voisinage de la naissance de la lame vibrante L. sont fixés deux ressorts qui établissent des contacts avec deux buttées b et b'. L'électro-aimant de droite e comporte un grand nombre de tours de fil fin (sa résistance totale est d'environ 30 ohms), tandis que celui de gauche e' n'a qu'un petit nombre de spires de gros fil (trois ou quatre ohms de résistance). S'ils sont tous deux parcourus par le même courant, celui qui a le plus de spires (celui de droite) exercera la plus forte attraction. C'est ce qui arrive dès que l'abaissement du manipulateur M complète le circuit

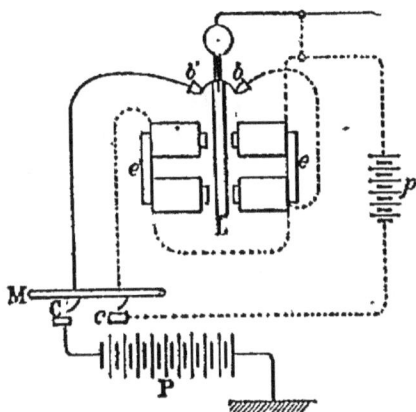

Fig. 183. — Vibrateur d'Elisha Gray.

graphen, Vienne, 1889 ; ainsi que du Moncel, *Exposé des Applications de l'Electricité*, tome II ; et Kareis, *Der Elektromagnetische Telegraph*, Brunswick, 1888.

local en *c*. Mais, quand la tige est attirée à droite, elle établit un contact avec l'arrêt *b*, ce qui a pour effet de mettre en court-circuit l'électro-aimant *e*. Cet électro-aimant étant mis hors d'action cesse d'exercer aucun effort, et au même instant l'autre électro-aimant *e'* livre passage à un courant plus intense et attire à gauche la tige vibrante L. Elle prend dès lors un régime vibratoire rapide et transmet à la ligne par la buttée *b'* des courants intermittents de rapidité correspondante provenant de la pile de ligne P.

Régulateur de Langdon-Davies. — M. Langdon-Davies a imaginé un système de télégraphie harmonique combiné avec un dispositif d'induction particulier, de son invention, connu sous le nom de *phonopore*. L'emploi de courants à oscillations rapides correspondant à différentes notes musicales, et distribués en points et en traits, lui permet de transmettre en même temps, sur la même ligne, deux, trois dépêches distinctes, et plus. Mais, pour y arriver sans difficulté, il est nécessaire que les éléments vibratoires aussi bien des appareils transmetteurs que des récepteurs donnent des vibrations d'une extrême pureté. Les interrupteurs à diapasons, comme ceux ci-dessus décrits, ne suffisent pas à cet effet. Les sons chevrotants qu'ils émettent montrent que le nombre de leurs vibrations dans un temps déterminé varie continuellement, et que ces vibrations ne sont pas indépendantes des forces électromagnétiques qui agissent sur elles. C'est là une conséquence de ce que les impulsions ne sont pas données exactement à la phase convenable du mouvement. Pour arriver à remédier à cet inconvénient, M. Langdon-Davies a imaginé des centaines de dispo-

sitifs à fléaux, diapasons, et rubans d'acier tendus,
comme interrupteurs. La forme définitive de son transmetteur (appelé par les Anglais *rate-governor* = régulateur du taux des vibrations) est représenté par la Fig. 184.
La lame vibrante A vient toucher un ressort léger V,

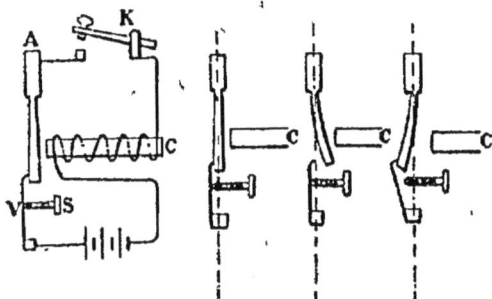

Fig. 184. — Phonopore de Langdon-Davies.

qui fait contact exactement pendant une moitié du mouvement périodique de la lame, une vis d'arrêt S limitant
son action et l'empêchant de suivre le mouvement de
celle-ci. C est le noyau aimanté qui attire cette lame quand
le manipulateur K est abaissé. On voit sur la droite de
la figure les trois positions principales, un peu exagérées,
de la lame vibrante.

CHAPITRE XI

ELECTRO-AIMANTS A COURANTS ALTERNATIFS

Tous les électro-aimants destinés à fonctionner sur courants alternatifs doivent avoir des noyaux divisés, de manière à prévenir dans la masse du fer le développement et la circulation de courants parasites induits. De plus, tous les bâtis, carcasses, ou bobines métalliques, qui autrement constitueraient autour de ces noyaux des circuits métalliques fermés, doivent être également coupés ou séparés par des substances non conductrices, sans quoi il s'y induirait aussi des courants parasites.

Modes de division du fer

Cette division du fer peut être réalisée de diverses manières ; mais elle doit toujours être régie par cette condition générale d'être normale à la direction dans laquelle les courants parasites se développeraient. Comme la tendance de ces derniers est de circuler parallèlement aux spires qui entourent les noyaux, c'est-à-dire transversalement à la longueur de ces derniers, il s'ensuit que toute division du fer doit être faite dans le sens longitudinal des noyaux.

Pour les noyaux d'électro-aimants droits il est commode d'employer à cet effet des fils de fer recuit, de 1 à 2 mm de diamètre, réunis en épaisseur suffisante pour donner aux noyaux le diamètre voulu. Ces fils sont vernis isolément, puis assemblés en faisceau par un léger frettage de fil ou de ruban, enduit ensuite lui-même de vernis. Il faut rejeter l'emploi de frettes métalliques.

Pour les grands électro-aimants ou ceux en fer à cheval on préfère des feuilles de tôle mince. La Fig. 185 indique deux modes de construction de noyaux ainsi lamellés. Le premier comporte la juxtaposition d'un certain nombre de feuilles découpées en forme d'U équarri. Dans le second, les feuilles de tôles sont ployées sur un mandrin et emboîtées l'une dans l'autre. Dans les deux cas chaque couche de fer doit être mise à l'abri de tout contact métallique par l'interposition de feuilles de papier verni, ou même de mica ; ce dernier est cependant trop coûteux dans les applications ordinaires. Certains constructeurs se contentent de vernir ou d'enduire le fer lui-même

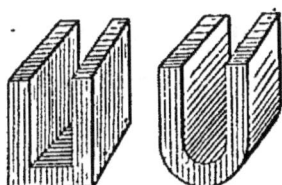

Fig. 185. — Noyaux de fer feuilletés.

pour prévenir le contact. Il est important que les bords des feuilles estampées soient dépouillés à la lime de toute bavure qui établirait des contacts de lame à lame. Pour assurer la liaison mécanique de ces feuilles entre elles, on peut les assujettir par des boulons qui traversent la masse, mais ces boulons doivent être eux-mêmes isolés de tout contact avec elle par un tube enveloppant en fibre vulcanisée ou en ébonite, et par des rondelles de même matière placées sous les têtes et les écrous. Dans le cas où l'isolement est fait par interposition de papier passé à la gomme-laque, il est bon de consolider l'ensemble de la masse par un enduit général au vernis après achèvement : on soumet ensuite le tout à l'étuve, à une température suffisante pour ramollir la gomme-laque ; après quoi on comprime le noyau jusqu'à complet refroidissement.

Les noyaux destinés à servir de plongeurs dans les dispositions qui comportent des. bobines à plongeur doivent également être feuilletés s'ils sont appelés à être soumis à l'action de courants alternatifs. Le procédé ici employé consiste à réunir des tubes de fer concentriques fendus longitudinalement. -

Propriétés des Électro-aimants a courants alternatifs

L'attention s'est tout particulièrement portée dans ces dernières années sur les propriétés des électro-aimants à courants alternatifs. Elles sont très singulières et absolument différentes de ce qu'on observe avec les électro-aimants excités par des courants continus toujours de même sens.

Un électro-aimant ordinaire excité par un courant continu n'attire aucun des métaux non magnétiques connus, tels que le cuivre, l'argent, le laiton, et n'exerce sur eux aucune répulsion si ce n'est dans une très faible mesure dont la constatation exige des appareils spéciaux particulièrement délicats. La répulsion dite diamagnétique des métaux, due à leur perméabilité inférieure à celle du milieu ambiant, l'air, est tellement minime dans ses effets qu'elle n'a pas à être ici plus longuement envisagée. Mais, comme on le verra, il se présente des cas où un électro-aimant à courants alternatifs repousse une masse de cuivre avec une grande puissance d'action, par suite d'une action mutuelle entre l'électro-aimant et les courants qu'il développe dans la pièce métallique voisine.

Il intervient alors une considération importante, celle des phases des courants électriques. Deux courants parallèles s'attirent l'un l'autre (ou plutôt les fils conducteurs dans lesquels ils circulent s'attirent mutuellement), si les deux courants sont de même sens; ils se repoussent au contraire s'ils sont de sens opposés. Dans le cas de courants alternatifs qui, dans un fil, circulent d'abord dans un sens, puis dans l'autre, les courants se succédant avec une extrême rapidité, il est évident que deux courants de ce genre marchant dans deux fils parallèles ne s'attireront mutuellement que si leurs alternativités se trouvent en quelque sorte maintenues « au pas » les unes avec les autres. S'ils sont exactement au pas, il y aura attraction; si leurs marches sont exactement discordantes, il y aura répulsion. S'ils sont dans un état intermédiaire de relation de phases, il pourra se présenter un phénomène beaucoup plus complexe qu'il nous faut considérer.

On étudie habituellement les courants alternatifs à l'aide de diagrammes ondulés du genre de celui de la Fig. 186, dans lesquels les temps sont portés en abscisses et le courant en ordonnées. — Supposons qu'on veuille représenter un courant qui accomplit par seconde 100 *périodes* complètes, et dont l'intensité maxima est de 10 ampères. La ligne supérieure montre les variations de ce courant qui, à son point de départ, temps $= 0$, a une intensité $= 0$, mais qui ensuite va en augmentant et atteint son maximum de 10 ampères à l'instant marqué 1 (1 quatre-centième de seconde). Au bout de 2 quatre-centièmes de seconde, il est retombé à zéro et commence à se rénverser. Après 3 quatre-centièmes de seconde, il est arrivé à son maximum inverse (ou négatif); et, à 4 quatre-centièmes de seconde, il repasse de nouveau par zéro et est sur le point de reprendre la même marche. Il a donc ainsi effectué un cycle complet de variations ou une *période* en un centième de seconde. Son intensité *efficace* (1) pendant ce temps aura été de 7,07 ampères.

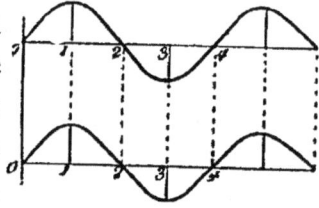

Fig. 186. — Ondes en concordance de phases.

— Considérons maintenant la courbe inférieure de la Fig. 186. Elle représente un courant exactement semblable, de même phase et en phase concordante; il se maintient au pas avec le courant précédent. Dans le premier quatre-centième de seconde — le premier quart de période — les deux courants se suivent parallèlement et s'élèvent à leurs maxima. Dans cette portion de leur course ils s'attireront avec une force qui croît, elle aussi, jusqu'à un maximum. Dans le quart de période suivant, de 1 à 2, ils se suivent encore tous deux en restant positifs; mais leurs deux intensités décroissent parallèlement; ils continueront donc encore à s'attirer, mais avec une force

(1) On sait que, dans l'étude des courants périodiques, on a à envisager trois sortes de valeurs des variables : les valeurs *instantanées*, comprenant les *maxima*; les valeurs *moyennes*, qui, dans le cas de fonctions sinusoïdales, atteignent 0,6366 des valeurs correspondantes maxima; et les valeurs *efficaces*, ou *racines carrées des moyennes des carrés* des valeurs instantanées correspondantes. Ces dernières, appelées *efficaces* en raison de ce qu'elles produisent les mêmes effets et donnent lieu aux mêmes lectures sur les électrodynamomètres, les voltmètres Cardew, et autres appareils de principe analogue, que les valeurs correspondantes en courant continu, sont celles qui intéressent le plus le praticien. Dans le cas de fonctions sinusoïdales, généralement admis et considéré, elles atteignent 0,707 des valeurs maxima correspondantes; ainsi un fil s'échauffera, par exemple, sous un courant oscillant de + 10 à — 10 ampères ou inversement, comme il s'échaufferait sous un courant continu de 7,07 ampères.

décroissante. Dans le quart de période suivant, de 2 à 3, les deux courants sont renversés, mais toujours en concordance l'un avec l'autre ; ils s'attirent donc toujours avec une force qui atteint son maximum à l'instant 3. Dans le quatrième quart de période enfin, de 3 à 4, ils concordent encore, en diminuant tous deux d'intensité jusqu'à zéro, et continuent à s'attirer ; mais cette attraction diminue également pour tomber de même à zéro au bout d'une période complète. On voit ainsi que, si deux courants alternatifs sont au pas ou en concordance de phases, il s'exerce entre eux une attraction ; mais que cette attraction passe par des changements périodiques de valeur, avec deux maxima et deux valeurs nulles par période complète. Si le courant se renversait très lentement (avait une très faible *fréquence*) (1), soit seulement 3 ou 4 fois par seconde, on pourrait voir les deux fils parallèles vibrer l'un vers l'autre 6 ou 8 fois par seconde. Mais quand les *alternativités* (2) arrivent à la rapidité de 200 par seconde (100 *périodes* par seconde), ce qui est le cas pour les courants de ce genre employés à l'éclairage électrique, les maxima d'attraction se reproduisent avec une telle rapidité (200 fois par seconde) que les fils n'ont pas le temps de vibrer et sont simplement sollicités l'un vers l'autre.

Jetons maintenant les yeux sur la Fig. 187 qui représente les variations de deux courants alternatifs exactement en opposition de phases, à pas exactement déréglé.

(1) On appelle *fréquence* l'inverse de la période ou le quotient du nombre n de périodes par le temps t employé à leur production, soit $\dfrac{n}{t}$ ou $\dfrac{1}{T}$, T étant lui-même le *temps périodique* ou *période*.

(2) L'*alternativité* est la moitié de la période ou $\dfrac{T}{2}$.

.Un raisonnement identique au précédent montrera que,
dans chaque quart de période, il y aura maintenant répulsion entre les fils, car les deux courants partent en sens
opposés et, après s'être renversés au même instant, se

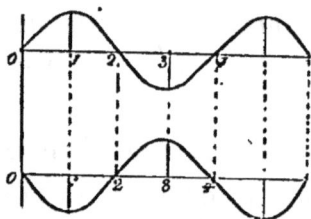

Fig. 187. — Courants alternatifs
en opposition de phases ou
décalés d'une demi-période.

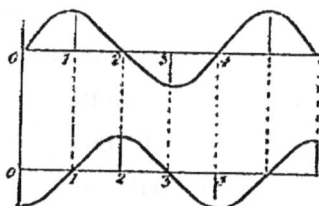

Fig. 188. — Courants alternatifs
en quadrature ou décalés d'un
quart de période.

retrouvent encore de sens contraires. Il y aura alors,
comme on le voit, deux maxima de répulsion par période
complète.

Prenons enfin le cas illustré par la Fig. 188, dans lequel les deux courants ont une différence de phases
d'un quart de période, l'un d'eux atteignant son maximum
juste, au moment où l'autre passe par zéro, et *vice versâ*.
On dit souvent des courants dans cette relation de phases
particulière qu'ils sont « en quadrature » l'un avec l'autre. Dans le premier quart de période, de 0 à 1, le premier courant est positif et croît vers un maximum ; mais,
pendant le même temps correspondant, le second courant
est de sens opposé ou négatif, et passe d'un maximum
négatif à zéro. Pendant le premier quart de période il
y aura donc eu répulsion entre eux, et cette répulsion
aura été zéro quand le premier courant était zéro, et s'annulera de nouveau quand le second courant redeviendra
nul ; de sorte qu'il y aura un maximum à un instant intermédiaire, soit environ au milieu du premier quart de

période. Dans le second quart de période il y aura attraction, parce que, de 1 à 2, les deux courants sont positifs, et cette attraction atteindra également son maximum au milieu de ce quart de période. Dans le troisième quart, de 2 à 3, le premier courant s'étant renversé, il y aura répulsion comme dans le premier quart de période ; et enfin dans le quatrième quart, attraction nouvelle, comme dans le second. Ainsi donc, à chaque cycle complet correspondront alternativement une répulsion, une attraction, une attraction et une répulsion, et, si les deux courants sont *exactement* décalés d'un quart de période l'un par rapport à l'autre, les attractions et les répulsions auront exactement la même durée et la même intensité. Comme résultat final, les deux fils ne seront alors en somme ni attirés ni repoussés.

Mais maintenant, si les courants sont partiellement en discordance de phases, sans être exactement décalés d'un quart de période, qu'arrivera-t-il ? — Dans ce cas les durées des deux attractions et des deux répulsions dans chaque période ne seront plus égales. Si les courants diffèrent en phases de *moins* d'un quart de période (c'est-à-dire s'ils sont plus voisins de la concordance), les attractions l'emporteront en intensité et en durée sur les répulsions et il y aura finalement *attraction*. Si au contraire les courants sont décalés de *plus* d'un quart de période, les répulsions seront prépondérantes, et tout se résoudra par une *répulsion* résultante finale.

Ces phénomènes sont la clé des actions particulières produites par les électro-aimants à courants alternatifs.

· Considérons tout d'abord l'action d'un de ces appareils à courants alternatifs au point de vue des courants parasites induits par eux dans un anneau de cuivre suspendu en face d'un de ses pôles, comme dans la Fig. 189.

Supposons la bobine de l'électro-aimant parcourue par un courant dans un sens tel qu'il passe par dessus la bobine pour redescendre par la face présentée au lecteur sur la figure, l'intensité de ce courant allant d'ailleurs en augmentant. Ce courant tend à déterminer à l'extrémité du noyau voisine de l'anneau un pôle Nord dont l'intensité ira aussi en augmentant et qui créera dans l'espace un champ magnétique de densité croissante. Cette augmentation de flux à travers l'anneau de

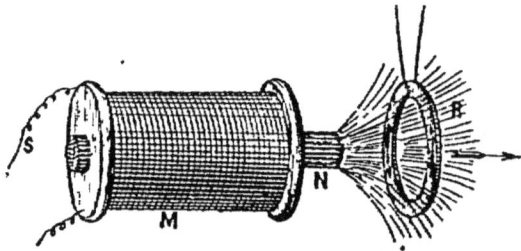

Fig. 189.— Action d'un électro-aimant à courants alternatifs sur un anneau de cuivre.

cuivre tend à induire ou développer dans cet anneau une force contre-électromotrice dans le sens indiqué par les flèches; et, naturellement, cette force électromotrice tend elle-même à développer suivant l'anneau un courant parasite de même sens. Mais les forces électromotrices ainsi induites sont, comme on sait, proportionnelles au taux de variation du magnétisme par rapport au temps ; et ce changement de magnétisme s'effectue à son taux le plus élevé, non pas quand ce magnétisme lui-même est à son maximum, positif ou négatif, mais quand il passe par zéro, juste au moment où il change de signe. Il s'ensuit que, le magnétisme du noyau passant par des cycles d'alternance, la force électromotrice induite dans l'anneau passe également par des cycles d'alternativités décalées d'un quart

de période par rapport à celles de l'électro-aimant. Si
donc nous supposons que les cycles d'aimantation sont en
exacte concordance de phases avec ceux du courant d'excitation ; si de plus nous admettions, *ce qui n'est pas exact*,
que les courants parasites développés dans l'anneau con-
cordassent précisément en phases avec les forces électromotrices développées en lui par l'électro-aimant, il en
résulterait que le courant parasite induit dans l'anneau
serait décalé d'un quart de période par rapport au courant
d'excitation dans l'électro-aimant (comme dans la Fig.
188), et dans ce cas l'anneau ne serait en somme ni attiré
ni repoussé. Mais, en fait, l'anneau de cuivre a par lui-
même *une constante de temps* (voir p. 283) qui lui est
propre. Il faut un certain temps pour lancer ou arrêter un
courant dans un anneau ainsi disposé. Tous les courants
parasites sont ainsi décalés par rapport aux forces électromotrices qui les produisent. Par suite, les courants dans
l'anneau ne seront pas décalés d'un quart de période par
rapport aux changements de magnétisme de l'électro-
aimant ; la différence de phase sera de plus d'un quart
de période ; et en somme *l'anneau sera repoussé.*

Expériences d'Elihu Thomson.

Le professeur Elihu Thomson (1), de Lynn, Massachu-
setts, s'est livré à une série d'expériences des plus intéressantes sur des électro-aimants, à courants alternatifs.
Son attention fut attirée sur cette question par une expé-

(1) Voir « Novel Phenomena of Alternating Currents », par Elihu
Thomson dans *Electrical World*, Mai 1887, p. 258 ; ou *The Electrician*, 16 mai 1890, p. 35 et suiv., pour une série d'articles dus au professeur J. A. Fleming auquel l'Auteur est redevable de l'autorisation
de reproduction des figures 189 à 195.

rience faite avec un électro-aimant excité par un courant
constant. Nous la relatons ici dans les termes mêmes
dans lesquels il l'a décrite.

« En 1884, lors des préparatifs de l'Exposition internationale d'électricité de Philadelphie, nous eumes occasion de construire un grand électro aimant, dont les noyaux avaient environ 15 cm de diamètre et 50 cm de long. Ces noyaux étaient
constitués de faisceaux de tiges de fer de 8 mm de diamètre.
Une fois terminé, l'électro-aimant fut excité par un courant
issu d'une dynamo à courant continu et donna les puissants
résultats magnétiques habituels. On trouva qu'un disque de
cuivre en feuille, d'environ 1,5 mm d'épaisseur sur 25 cm
de diamètre, approché doucement de l'un des pôles de l'électro-aimant venait *doucement* reposer sur lui, retardé qu'il
était par le développement de courants dans le disque dus à
son mouvement dans un champ magnétique intense ; ces courants étaient d'ailleurs de sens contraires à ceux qui parcou-
raient les bobines de l'électro-aimant. En réalité il était
impossible d'obtenir du disque un coup sec sur le pôle de
l'électro-aimant, même en essayant de tenir à la main ce disque par le bord et l'approchant du pôle en forçant. Quand on
tentait d'enlever vivement le disque de dessus le pôle, on
éprouvait une sensation semblable, mais inverse, de résistance au mouvement, ce qui indiquait le développement de
courants de même sens que ceux des bobines de l'électro-aimant, courants devant en somme se résoudre par une attraction.
— L'expérience pouvait être réalisée d'une autre manière.
Une feuille de cuivre étant tenue juste au-dessus du pôle de
l'électro-aimant (comme dans la Fig. 190), si l'on coupait le
courant dans les bobines de ce dernier en les shuntant, on
sentait une attraction de la feuille de cuivre qui s'inclinait
vers le pôle. Le courant étant ensuite appliqué par ouverture
de l'interrupteur qui shuntait les bobines, on sentait une
répulsion ou un soulèvement de la feuille de cuivre. Ces actions

sont exactement celles qu'on devait attendre en pareil cas ; en effet, quand il y avait attraction, des courants avaient été induits dans le cuivre dans le même sens que dans les bobines situées au-dessous, et, pour une répulsion, le courant induit dans le cuivre était de nature ou de sens différent de celui circulant dans les bobines. — Imaginons maintenant le courant dans les bobines magnétisantes non seulement coupé, mais renversé puis ramené à son sens primitif. Pour les

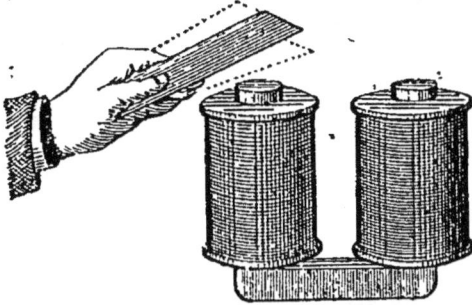

Fig. 190. — Effet produit sur une feuille de cuivre par application ou interruption d'un courant dans un électro-aimant voisin.

raisons ci-dessus données, le disque sera alternativement soumis à des attractions et des répulsions. Ce disque pourrait être naturellement remplacé soit par un anneau de cuivre ou de tout autre corps bon conducteur, soit par un fil nu ou isolé, soit par une série de disques, anneaux ou bobines superposés ; les résultats seraient les mêmes. »

Nous ne trouvons jusqu'ici aucune indication sur le fait qu'un *courant alternatif* développerait des effets de répulsion plus énergiques, dans leur ensemble, que les attractions ; les expériences précédentes ne font en effet aucune allusion à des phénomènes de retard ou de décalage dans les courants parasites induits. Ils ont cependant été mis en évidence dès qu'un courant alternatif a été employé. Les expériences suivantes, extrêmement frappantes, ont été, entre autres, réalisées par Elihu Thomson.

Si l'on tient à la main (comme dans la Fig. 191) un

gros anneau de cuivre au-dessus d'un pôle de puissant électro-aimant à courants alternatifs, les courants parasites qui y sont induits déterminent deux effets. Ils échauffent d'abord l'anneau si rapidement que, *au bout de quelques secondes à peine*, la main ne peut en supporter la température ; en second lieu ils exercent sur lui une violente répulsion, si bien qu'il faut développer un grand effort pour le maintenir en place, et que, si on le laisse aller, il est lancé dans l'air comme par un ressort invisible.

Fig. 191. — Répulsion d'un anneau de cuivre.]

Si l'on fixe un anneau de cuivre de ce genre par des fils fins à des épingles enfoncées dans la table, cet anneau peut se maintenir flottant dans l'air au-dessus du pôle de l'électro-aimant, comme on le voit dans la Fig. 192, à la façon des auréoles d'or entourant, dans les tableaux, la tête des saints. Naturellement ces phénomènes disparaissent complètement si la continuité de l'anneau est interrompue en un point quelconque, ce qui empêche la circulation des courants

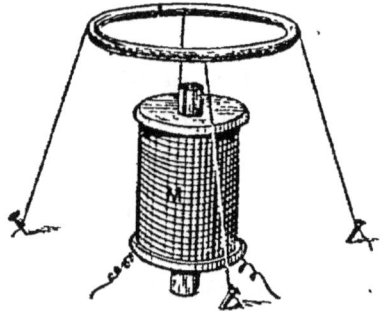

Fig. 192. — Anneau de cuivre retenu par des fils et flottant au-dessus d'un pôle d'électro-aimant à courants alternatifs.

parasites. — Si, à la place d'un plateau, on suspend horizontalement, au-dessous d'un fléau de balance et au-dessus d'un pôle d'électro-aimant de ce genre, un disque de

24

cuivre soigneusement équilibré avant application du courant, dès que le courant alternatif est lancé on le voit s'élever, par suite de la répulsion que déterminent les courants parasites développés en lui ; tandis qu'un disque fendu radialement, du centre vers le bord, est à peine repoussé.

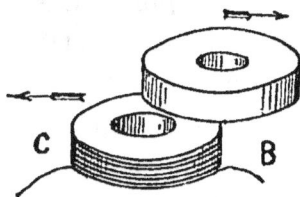

Fig. 193. — Répulsion latérale d'un anneau de cuivre.

On peut réaliser de même d'autres mouvements de nature très variée. — Un gros tube de cuivre ou chapeau placé au-dessus de la moitié supérieure d'un électro-aimant à courants alternatifs, comme dans la Fig. 191, est repoussé latéralement par un effort constant ressemblant, mais inversement, à la manière dont une bobine à courant continu agit avec un effort constant sur un plongeur de fer. On peut, dans ce cas de courants alternatifs, modifier l'action en donnant une forme conique soit à l'électro-aimant, soit à son revêtement extérieur en cuivre.

Si l'on place un gros anneau de cuivre au-dessus d'une bobine de fil isolé parcourue par un courant alternatif, cet anneau sera repoussé, mais d'une façon plus énergique si le noyau de la bobine est feuilleté. Si, comme dans la Fig. 193, l'anneau ne repose pas concentriquement sur la bobine, il sera repoussé latéralement, en vertu d'un effort réciproque indiqué par les flèches, aussi bien qu'axialement. — La Fig. 194 illustre une action tout à fait analogue que l'on observe quand on tient au-dessus d'un pôle d'électro-aimant droit couché et excité par un courant alternatif un gros anneau ou un disque de cuivre, ou mieux encore une pile d'anneaux minces découpés dans une feuille de cuivre. Les courants parasites

dans l'anneau tendent à l'entraîner d'un point où le
champ magnétique alternatif est plus intense en un
autre où il est plus faible, c'est-à-dire vers la zone médiane
de l'électro-aimant.

De même, si un anneau, ou une pile de rondelles de
cuivre, est monté sur pivots au-dessus d'un pôle d'électro-aimant à courants alternatifs, comme dans la Fig. 195,
il est dévié de sa position parallèle pour prendre la position normale à la face polaire. En d'autres termes l'anneau
se meut de manière à réduire au minimum les courants
parasites induits en lui. Ce n'est par le fait qu'une manifestation différente du vieux principe qui veut qu'un
système électromagnétique tende à changer de configuration de manière à augmenter le flux de force qui le
pénètre. — Dans tous ces cas, les courants parasites

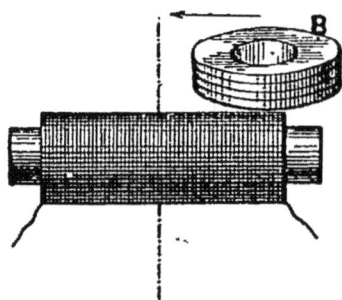

Fig. 194. — Déplacement d'un anneau de cuivre vers la zone neutre
d'un électro-aimant à courants
alternatifs.

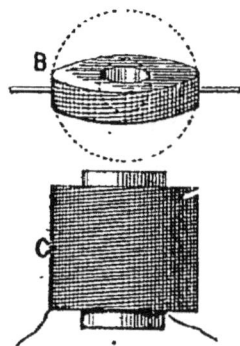

Fig. 195. — Renversement
d'un anneau de cuivre
monté sur pivots par un
électro-aimant à cou-
rants alternatifs.

tendent à désaimanter l'appareil, à s'opposer à toute
modification du champ magnétique auquel ils sont dus
eux-mêmes. De là une tendance à un changement qui pro-
duise la moindre induction possible de courants parasites.

Le professeur Elihu Thomson a posé quatre principes qui régissent les phénomènes observés quand deux ou plusieurs conducteurs fermés sont soumis à l'action d'un même champ alternatif, ou quand des masses de fer sont placées dans ce champ.

« (1) Quand deux ou plusieurs circuits fermés sont semblablement soumis à l'induction d'un champ magnétique alternatif, ils s'attirent et tendent à se mouvoir parallèlement.

« (2) Des masses de fer ou d'acier placées dans un champ alternatif donnent naissance à un champ magnétique mobile ou à des lignes de force se déplaçant latéralement, et peuvent, par suite, faire mouvoir des circuits fermés sur la trajectoire de ces lignes de force mobiles.

« (3) Des circuits fermés dans des champs magnétiques alternatifs ou dans des champs d'intensité variable deviennent le siège d'un magnétisme mobile, ou de lignes de force se déplaçant latéralement par rapport à leur propre direction, et peuvent, par suite, faire mouvoir d'autres circuits fermés dans le champ formé par ces lignes.

« (4) Des masses de fer ou d'acier peuvent, quand elles sont placées dans un champ magnétique alternatif, réagir sur d'autres masses ou sur des circuits électriques fermés, de manière à produire un mouvement relatif de ces masses ou circuits, ou à déterminer une tendance à ce mouvement, les résultats dépendant des relations continuelles du magnétisme mobile et du magnétisme retenu. »

Comme conséquence de ces réactions mutuelles on peut citer un fait curieux connu sous le nom de formation d'*écran magnétique*. Si l'on introduit une feuille de cuivre dans le champ magnétique entre un pôle d'électro-aimant à courants alternatifs et un anneau de cuivre (comme dans la Fig. 189), de manière à intercepter une

partie des lignes de force, des courants parasites seront
induits tant dans la feuille de cuivre que dans l'anneau,
et ces courants seront plus ou moins parallèles les uns
aux autres ; leurs actions réciproques seront par conséquent opposées les unes aux autres. Chacun d'eux tendra à arrêter les courants dans l'autre. Ils s'attireront
aussi mutuellement. Comme conséquence, l'interposition
de la feuille de cuivre amortira les courants dans l'anneau
et agira comme si un écran paralysait l'action de l'électro-aimant. Deux anneaux de cuivre placés dans ces conditions s'attireront mutuellement pour être tous deux
repoussés par l'électro-aimant.

Cette sorte d'interposition d'écran permet de produire
un mouvement de rotation, comme l'indique la Fig. 196.
Un disque de cuivre pivotant sur son centre est maintenu au-dessus d'un pôle d'électro-aimant à courants
alternatifs. On glisse alors le bord d'un autre disque ou
d'une feuille de cuivre au-dessous
du premier, de manière à recouvrir
à peu près la moitié de la face polaire.
Le disque mobile se met immédiatement à tourner, et le sens du mouvement va de la partie non recouverte à la partie couverte. Ce phénomène s'explique aisément par la
tendance du système à modifier sa
configuration de manière à rendre
minima les courants parasites dévelop-

Fig. 196. — Rotation dé-
terminée par interposi-
tion d'écran recouvrant
la moitié d'un pôle.

pés. La portion du disque tournant dans laquelle les courants parasites sont développés exerce constamment une
action d'attraction sur elle-même et cherche à s'abriter
derrière la portion de feuille interposée, dans laquelle

circulent les courants parasites parallèles. — Un grand
nombre d'expériences très extraordinaires du même genre
ont été imaginées par Elihu Thomson. Dans l'une d'elles
un globe de cuivre creux, en partie immergé dans un
bol de verre rempli d'eau, se met à tourner rapidement
quand on le tient au-dessus d'un pôle d'électro-aimant
ainsi partiellement recouvert d'un écran. On voit dans la

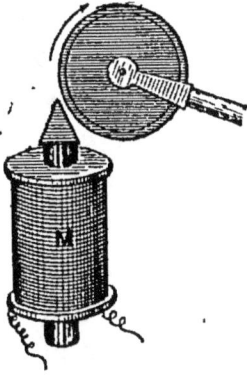

Fig. 197. — Rotation due
à une induction dissy-
métrique de courants
parasites.

Fig. 197 une autre disposition curieuse, dans laquelle un montage
dissymétrique du champ magnétique
par rapport à un conducteur de cuivre
détermine la rotation de ce dernier.
Dans ce cas le conducteur est une
jante cylindrique fixée à une roue en
fer feuilleté, et le pôle est muni
d'une pièce polaire de fer en forme
de coin. La rotation s'effectue exactement comme si un souffle d'air s'é-
chappait de l'extrémité polaire dont
la forme rappelle celle d'une buse de soufflet.

Il existe encore une autre manière d'obtenir la rotation d'un conducteur sous l'action d'un électro-aimant à
courants alternatifs. Elle consiste à entourer une partie
de l'électro-aimant — ordinairement un bec ou projection
de celui-ci — d'une bobine fermée ou d'un anneau de
cuivre, dans lequel sont induits des courants parasites
qui retardent ou décalent les alternances de polarité
magnétique dans les parties en saillie. Une série d'anneaux placés sur un pôle en saillie a pour remarquable
résultat de faire virtuellement promener constamment la
polarité magnétique de la naissance à l'extrémité de la

partie en saillie. Nous renvoyons le lecteur au chapitre
sur les Moteurs pour plus amples détails à cet égard.

IMPÉDANCE DANS LES ÉLECTRO-AIMANTS.
RÈGLE DE MAXWELL

Dans la partie du Chapitre VII relative aux électro-aimants à action rapide, nous avons fait observer que
l'électro-aimant lui-même s'oppose aux variations d'un
courant électrique, le magnétisme qu'il possède agissant,
en vertu d'une sorte d'inertie, à l'encontre du courant
circulant dans la bobine. Cette action, parfois donnée
comme un effet de la self-induction provenant des différentes spires de l'enroulement qui agissent par induction
les unes sur les autres, est encore plus marquée dans le
cas de courants alternatifs. La force électromotrice alternative impartie au circuit par la dynamo tend à donner
au courant un mouvement de va-et-vient de haute fréquence dans le circuit. Si le circuit était simplement
constitué par une résistance droite — un long fil sans
aucune circonvolution, uniquement ramené sur lui-même
pour revenir en arrière — le courant qui y circule dépendrait uniquement de la différence de potentiel (alternative) qui le produit et de la résistance ohmique qu'il
présente. Mais, s'il y a dans ce circuit des bobines ou des
électro-aimants — quoi que ce soit en un mot présentant de la self-induction, ou pouvant agir par inertie électromagnétique —, le courant en subira l'influence
et tombera à une intensité moindre qu'il n'en serait autrement.

Cet effet d'inertie, appelé *inductance* par abréviation,
a une double action sur les ondes d'un courant alter-

natif : il en diminue l'amplitude ou intensité, et en retarde la phase. En fait, on reconnaît que l'inductance est à la fois fonction de la fréquence du courant et de la self-induction du circuit. La valeur de la self-induction d'un circuit, ou d'une partie quelconque de circuit, s'exprime pratiquement en fonction d'une certaine unité de self-induction appelée *henry* (1).

Les coefficients de self-induction des électro-aimants peuvent se mesurer et se spécifier. Ainsi, à la page 288, on voit qu'il est imposé que le coefficient de self-induction d'un relais-étalon du Post Office (modèle « C ») doit être de 26,4 henrys. Le symbole ordinairement employé pour le coefficient de self-induction est la lettre L, ou L_s; ce coefficient s'exprime d'ailleurs en centimètres dans le système C. G. S. et en henrys en unités pratiques.

Pour trouver l'inductance offerte par un électro-aimant quelconque dont le coefficient de self-induction en henrys est connu, quand cet électro-aimant est intercalé dans un circuit soumis à une force électromotrice de $\frac{1}{T}$ périodes par seconde, il suffit de multiplier d'abord $\frac{1}{T}$ et L l'un par l'autre, puis leur produit par 2 π; autrement dit :

$$\text{Inductance} = \frac{2\pi L}{T},$$

ou, en posant $\frac{2\pi}{T} = \omega \ (pulsation),$

$$\text{Inductance} = \omega L.$$

(1) Avant le Congrès international d'Électricité de Chicago tenu en 1893, cette unité portait le nom assez ambigu de *quadrant* ou *quad*, en abrégé, qui lui venait de ce que la valeur de l'unité pratique des

Etant donné que l'on connaisse ainsi l'inductance dans un circuit, en même temps que la résistance ohmique R de ce circuit, il reste à calculer l'*impédance* que ces deux causes concourent à déterminer. Il ne suffit pas de les additionner simplement. Pour calculer l'impédance (1), ou effet conjugué de la résistance et de l'inductance, il faut prendre la racine carrée de la somme de leurs carrés ; en d'autres termes

$$\text{Impédance} = \sqrt{R^2 + \omega^2 L^2}.$$

L'impédance du circuit ainsi obtenue, on est en mesure de calculer l'intensité des courants. Mais il faut se rappeler ici que la loi d'Ohm qui régit le calcul des intensités dans le cas des courants continus ne sera d'aucun secours tant qu'elle n'aura pas été modifiée et appropriée aux courants alternatifs. La règle ainsi modifiée porte le nom de Règle de Maxwell, cet illustre mathématicien étant le premier à l'avoir formulée en 1867. On peut, pour l'application actuelle, la formuler ainsi :

$$\text{Intensité maxima} = \frac{\text{Force électromotrice maxima}}{\text{Impédance}},$$

ou encore :

$$\text{Intensité efficace} = \frac{\text{Force électromotrice efficace (2)}}{\text{Impédance}}.$$

coefficients de self-induction est égale à 10^9 unités C. G. S. ou centimètres, soit la longueur d'un quadrant ou du quart de la circonférence terrestre. Les professeurs Ayrton et Perry lui avaient encore attribué le nom de *secohm* (ohm-seconde), et ils ont imaginé pour la mesure des coefficients de self-induction un instrument nommé pour cette raison *secohm-mètre*.

(1) Certains auteurs donnent à l'*impédance* le nom de *résistance apparente* ou de *résistance virtuelle* du circuit.

(2) L'expression « *efficace* » doit être prise ici, ainsi qu'on l'a vu p. 113 comme signifiant la racine carrée de la moyenne des carrés des

Aucune de ces deux expressions de la loi en question n'est complète en ce que ni l'une ni l'autre ne tient compte du décalage dû à l'inductance et qui détermine le retard des intensités maxima sur les forces électromotrices maxima. Si l'on compare une période complète ou cycle complet d'alternativités à la révolution d'un point autour d'une circonférence, on peut exprimer le retard de phase en fonction d'un retard angulaire. La lettre grecque φ est communément employée comme symbole de ce décalage ou différence de phase (en radians). Sa valeur est toujours telle que son cosinus est le rapport de la résistance à l'impédance. De sorte qu'on peut mettre la règle de Maxwell sous la forme : —

$$I_{eff} = \frac{E_{eff}}{R} \cdot \cos \varphi.$$

On y voit que l'intensité moyenne est *toujours* inférieure à ce qu'elle serait (en vertu de la loi d'Ohm) si la force électromotrice était constante, au lieu d'être alternative ; « toujours », c'est-à-dire s'il existe une inductance quelconque déterminant un retard de phase. Si l'inductance est très considérable comparativement à la résistance, l'impédance sera pratiquement constituée par de l'inductance seule, et le décalage sera tel que cos φ sera très voisin de zéro. En d'autres termes, l'intensité ne dépendra en rien de la résistance du circuit, mais uniquement de l'inductance, et le retard de phase ou décalage sera d'un quart de la période complète.

Un électro-aimant à noyau bien divisé offre, par suite,

<hr />

valeurs correspondantes, et non pas leur moyenne arithmétique ou géométrique. — Les formules ci-dessus supposent d'ailleurs que les courants périodiques sont des *fonctions sinusoïdales* du temps.

en raison de sa grande self-induction, une énorme impédance à des courants alternatifs de grande fréquence, et ces électro-aimants sont aujourd'hui fréquemment employés comme *bobines de réaction* pour diminuer les intensités de courants dans les circuits (alternatifs) d'éclairage électrique par courants alternatifs. Ils sont préférables à un fil de haute résistance, parce que la self-induction ne consomme pas d'énergie comme le fait une résistance.

ÉTUDE ET ENROULEMENT DES ÉLECTRO-AIMANTS A COURANTS ALTERNATIFS (1).

L'étude des électro-aimants destinés à fonctionner par courants alternatifs donne lieu à des considérations qui n'interviennent pas dans celle des électro-aimants à courant continu. Elles sont principalement motivées par la self-induction des spires et la fréquence de ces courants.

Pour les uns comme pour les autres le degré d'aimantation obtenu dans un circuit magnétique de configuration déterminée dépend du nombre d'ampères-tours d'excitation. Nous n'avons pas à y revenir. Ce qui importe, c'est de déterminer l'enroulement qui, dans des conditions données de fréquence, de potentiel, etc., fournira une excitation fixée en ampères-tours.

Le premier point à examiner est celui de savoir si un électro-aimant (à noyau convenablement divisé, bien entendu) exercera, sous l'excitation d'un même nombre

(1) *Phil. Mag.*, Juin 1894 — Mémoire de S. P. Thompson et Miles Walker lu devant la *Physical Society* le 27 avril 1894.

d'ampère-tours, un effort égal avec un courant alternatif
et avec un courant continu.

Comme l'effort exercé par un électro-aimant sur son
armature dépend de la force magnétomotrice normale,
suivant le champ magnétique, intégrée pour toute la surface de la face polaire, et comme cette différence de potentiel magnétique est proportionnelle au carré de l'intensité du flux, il est évident que, si ce flux était proportionnel au nombre d'ampères-tours d'excitation (ce qui
serait vrai si la perméabilité du fer était constante), la
force exercée par un électro-aimant sur son armature
serait proportionnelle au carré des ampères-tours. Or les
ampèremètres pour courants alternatifs obéissent à des
lois qui leur font indiquer la racine carrée de la valeur
moyenne des carrés de l'intensité. Il en résulte que, si
la perméabilité du fer était constante, l'action serait proportionnelle au carré de l'intensité du courant, continu ou
alternatif, traversant l'appareil. Mais, comme, avec un
courant alternatif de même valeur nominale qu'un courant continu, l'aimantation est portée à chaque période à
une valeur maxima plus élevée qu'avec le courant continu,
et que le noyau s'approche ainsi davantage de la saturation pour laquelle la perméabilité est moindre, il s'ensuit
que l'effort de l'électro-aimant, excité par un courant
alternatif, devra être légèrement inférieur si l'excitation
est assez forte pour porter l'aimantation dans la plage
ordinairement connue comme voisine de la saturation.
L'effort doit être d'ailleurs indépendant de la fréquence,
du moment que celle-ci dépasse un certain minimum.

L'expérience a vérifié pratiquement ces vues théoriques. Elle a été faite à l'aide d'un électro-aimant en fer

à cheval en feuilles de tôle découpées, de 0,5 mm d'épaisseur environ, analogue aux inducteurs de la machine
Rechniewski, et dont voici les principales dimensions :

Longueur moyenne des branches et de la culasse.	38,0 cm
Largeur des branches	3,1 —
Épaisseur brute des branches	2,54 —
— nette — —	2,1 —
Section nette des branches	6,5 cm²
Écartement des branches	6,3 cm
Longueur totale de l'armature.	12,7 —

L'armature était formée des mêmes tôles, et elle avait
la même largeur, la même épaisseur et la même hauteur
que l'électro-aimant. Dans les expériences successives les
noyaux reçurent 165 spires de fil de cuivre de 2,03 mm
de diamètre et l'armature était écartée des faces polaires
par une pièce de bois de 9,52 mm d'épaisseur.

Le tableau ci-dessous résume les efforts exercés à différentes fréquences et sous des excitations différentes :

TABLEAU XV

FRÉQUENCE en périodes par seconde	COURANT d'excitation en ampères	INDUCTION ℬ en unités C. G. S.	FORCE EN GRAMMES	
			COURANT continu	COURANT alternatif
30 . . .	8,0	2300	280	280
	12,5	3600	820	820
60 . . .	8,0	2300	280	280
	10,2	2900	530	550
	4,0	800	60	60
90 . . .	4,2	1100	100	100
	10,2	2900	530	530
	21,0	5600	2400	2200
120 . . .	13,2	3900	900	900
	21,0	5600	2400	2200

Ce tableau montre que l'attraction exercée est la même tant que l'induction $\mathfrak{B}$ reste inférieure à 4000 unités C.G.S. Pour des inductions plus élevées, l'induction produite par les courants alternatifs est un peu plus faible.

On peut remarquer que, pour des intensités plus élevées et des fréquences plus grandes, les courants parasites, s'il en existe, produiront, pour un même courant d'excitation, une plus grande action démagnétisante et diminueront en conséquence l'effort. D'autre part, si le courant est fourni sous différence de potentiel (alternative) constante, les courants parasites ne réduisent pas l'aimantation, mais déterminent un courant relativement plus intense.

D'autres expériences ont été faites avec un électro solénoïdal muni d'un plongeur en U, formé de fer divisé et appartenant à une lampe à courants alternatifs de Brush.

Ce plongeur avec son mécanisme pesait 820 g et était disposé pour être soulevé et amené à sa position par un courant de 10 ampères. On le chargeait de poids différents et on mesurait le courant nécessaire pour l'élever. Les résultats de ces expériences sont consignés ci-dessous :

POIDS TOTAL en g.	INTENSITÉ EN AMPÈRES DU	
	Courant continu.	Courant alternatif.
820	10	10
933	17,2	18
1039	18,2	19,5
1276	25	26,5
1601	31	33
1728	36	40

Étant donnés des courants alternatifs fournis sous différence de potentiel *efficace* déterminée à un électro-aimant présentant une certaine configuration de circuit magnétique, si l'on veut produire par un enroulement un nombre donné d'ampères-tours d'excitation, il est évident qu'on pourra y arriver d'un grand nombre de manières à l'aide de bobines de diverses dimensions et avec différents nombres de spires. Si la résistance est négligeable devant l'inductance, il n'y aura qu'une seule solution possible quant au nombre des spires. Mais si la résistance de la bobine est de même ordre de grandeur que l'inductance, il y a un grand nombre de solutions possibles, car on peut obtenir un même nombre d'ampères-tours avec des courants de différentes intensités et des bobines de différents nombres de spires. Selon les enroulements le retard de phase des courants sera différent. Si la résistance est élevée comparativement à l'inductance, la différence de phase entre le courant et la force électromotrice sera faible et il y aura beaucoup de puissance dissipée. Si au contraire l'inductance est considérable par rapport à la résistance, la différence de phase sera voisine d'un quart de période, et le courant n'exigera qu'une faible dépense de puissance, le rendement étant relativement élevé.

Il est de principe en bonne construction d'employer des fréquences d'alimentation assez grandes et des bobines douées de coefficients de self-induction relativement assez élevés pour justifier l'hypothèse, au point de vue de l'étude d'exécution, que l'inductance est le facteur important et la résistance de la bobine le facteur secondaire. Toutefois, pour donner aux calculs une généralité applicable à tous les cas qui peuvent se présenter, nous avons pris en considération la résistance aussi bien que l'inductance.

Soient U la différence de potentiel efficace, I l'intensité également efficace (ces deux quantités étant par conséquent et par définition la racine carrée de la moyenne des carrés de leurs valeurs respectives), R la résistance de la bobine, L son coffficient de self-induction, $\dfrac{n}{t}=\dfrac{1}{T}$ la fréquence ou inverse de la période, quotient du nombre de périodes n par le temps t mis à les produire, et N_s le nombre de spires ; l'inductance sera alors $\dfrac{2\pi L}{T}$, que, par abréviation on peut écrire ωL, ω étant la pulsation ou 2π fois la fréquence ; et l'impédance sera $R^2 + \omega^2 L^2$. On aura par suite pour expression de la relation entre la différence de potentiel et l'intensité

$$U = I \sqrt{R^2 + \omega^2 L^2}\;.$$

φ étant d'ailleurs le décalage en fonction de la période, on aura

$$\operatorname{tg}\varphi = \frac{\omega L}{R}\; ; \qquad\qquad \sin\varphi = \frac{\omega L}{\sqrt{R^2 + \omega L^2}}\; ;$$

ce qui donne la relation finale

$$U \sin\varphi = \omega L I, \qquad\qquad (1)$$

ces expressions étant équivalentes comme représentation de la partie de la différence de potentiel totale nécessaire pour vaincre la force contre-électromotrice de self-induction des bobines. Mais L est proportionnel au carré du nombre des spires, et l'on peut écrire $L = l N_s^2$, l étant le coefficient de self-induction d'une seule spire, et N_s le nombre de spires de l'électro. On aura dès lors, par substitution dans l'expression (1) :

$$U \sin \varphi = \omega\, l\, N_s^2\, I,\qquad (2)$$

et finalement, en appelant $\mathcal{F}$ la force magnétomotrice nécessaire exprimée en ampère-tours,

$$\mathcal{F} = N_s I; \quad U \sin \varphi = \omega\, l\, N_s \mathcal{F};$$

$$\mathcal{F} = \frac{U\cdot \sin \varphi}{\omega\, L N_s},\qquad (3)$$

qui est la relation cherchée.

La quantité l, ou coefficient de self-induction d'une seule spire, dépend des dimensions des parties-fer du circuit magnétique, de celles de l'entrefer, aussi bien que de la perméabilité du fer. Lorsque l'induction $\mathcal{B}$ ne dépasse pas 5000 unités C. G. S., la perméabilité peut être considérée comme constante. Mais l diminuera pour toute augmentation de réluctance du circuit magnétique, telle qu'un accroissement de l'entrefer. Par contre, quand l'armature sera attirée vers les pôles, l augmentera. La quantité l représente le flux de force ($\times 10^{-9}$) qui pénètre le circuit magnétique pour un seul ampère de circulation dans une seule spire de fil autour du noyau. Il suffira donc de multiplier l par le carré du nombre de spires pour obtenir le coefficient de self-induction d'une bobine quelconque dont on enveloppera ultérieurement ce circuit magnétique.

Cette quantité l doit être elle-même déterminée expérimentalement. On y arrive en enroulant sur l'électro une bobine d'expérience contenant un nombre connu n de spires et possédant une résistance exactement connue. A l'aide de cette bobine on mesure l'intensité efficace i

d'un courant de pulsation ω sous une différence de potentiel u. Pendant cette détermination l'armature doit être maintenue fixe, à l'aide de pièces de bois, par exemple, à la distance et dans la position qu'elle est appelée à avoir en service. On a alors, en appelant L_1 le coefficient de self-induction de cette bobine :

$$i = \frac{u}{\sqrt{r^2 + \omega^2 L_1^2}}; \qquad L_1 = \sqrt{\frac{u^2 - r^2 i^2}{\omega^2 i^2}}$$

et finalement

$$l = \frac{L_1}{n^2}.$$

Revenant à l'équation (3), on voit que, U, ω, et I étant constants, le nombre de spires passe par un maximum qui ne doit pas être dépassé si l'on veut arriver au nombre d'ampères-tours d'excitation ou à la force magnétomotrice fixés, et qui correspond à $\sin \varphi = 1$. Si ce nombre maximum de spires est dépassé, on aura nécessairement moins d'ampères-tours. Ce résultat est plus évident si l'on met l'équation (3) sous la forme

$$N_s = \frac{U \sin \varphi}{\omega l \mathcal{F}}. \qquad (4)$$

On voit ainsi que, toutes choses égales d'ailleurs, *l'excitation $\mathcal{F}$ est en raison inverse du nombre de spires*. Cette relation, anormale au premier abord, s'explique par le fait que la self-induction, et par suite la réduction de l'intensité, sont proportionnelles au carré du nombre de spires, de sorte que, en augmentant ce nombre de spires N_s, on réduit $\mathcal{F}$ dans un rapport beaucoup plus grand.

l étant ainsi déterminé, le seul autre facteur à connaître est sin φ. — Dans la plupart des cas de la pratique ce facteur peut être considéré comme égal à l'unité ; en effet, avec les fréquences habituelles et l'emploi d'électros à noyaux de fer, il n'y a aucune difficulté à laisser à la résistance une valeur négligeable, même quand le nombre des spires atteint le maximum voulu, de sorte que φ est très voisin d'un quart de période. On s'en convaincra à l'inspection des résultats ci-dessous obtenus avec un électro-aimant réel. Dans la grande majorité des cas, on écrira donc simplement

$$\mathcal{F} = \frac{U}{\omega l N_s},$$

et, après avoir calculé $\mathcal{F}$, on trouvera le courant que le fil aura à porter à l'aide de l'équation $I = \mathcal{F} N_s$. Si l'on a de la place, ce qui est le cas général, on pourra employer du fil plus gros qu'il n'est nécessaire pour porter le courant ; il n'y a cependant aucun avantage à mettre du fil de diamètre supérieur à ce qu'il faut pour rendre la résistance R pratiquement négligeable.

Nous donnons ci-dessous des résultats fournis par une expérience effective. Le noyau et l'armature étaient ceux déjà décrits précédemment, p. 433. Le noyau de fer était roulé de 140 spires de fil de cuivre de 1,22 mm de diamètre, pour la détermination préalable de l quand l'armature était successivement distante des pôles de 9,52, 6,35, 3,17, et 0 mm. La résistance de ce fil, échauffé par le transport de 12 ampères, était de 0,3 ohm, et la fréquence, de 93 périodes par seconde. Les chiffres des quatrième et cinquième colonnes sont le résultat de l'application des formules ci-dessus. — Dans le premier cas, par exemple,

$$L_1 = \frac{\sqrt{(31)^2 - (12 \times 0,3)^2}}{2\pi \times 93 \times 12} = 0,00434,$$

$$l = \frac{0,00434}{(140)^2} = 0,221 \times 10^{-6}.$$

ENTREFERS en mm.	DIFFÉRENCE de potentiel efficace aux bornes de la bobine, en volts.	INTENSITÉ efficace en ampères.	COEFFICIENT de self-induction L_1 en henrys.	Self-induction d'une seule spire l en henrys.
9,52	31	12	0,00434	0,221.10⁻⁶
6,35	35,6	12	0,005	0,225.10⁻⁶
3,17	46,8	12	0,00658	0,336.10⁻⁶
0	51	2,76	0,033	1,680.10⁻⁶

Supposons maintenant qu'on veuille bobiner le noyau de fer de manière à avoir une excitation de 2400 ampères-tours pour une distance de l'armature de 9,25 mm des pôles, avec 50 volts et la même fréquence que précédemment.

L'équation (5) donne :

$$\mathcal{I} = \frac{50}{0,221 \times 10^{-6} \times 2 \times 3,1416 \times 93 \times 2400} = 163 \text{ (approximativement).}$$

En conséquence on enroula sur le noyau 163 spires de fil de 2,03 mm de diamètre. Dans ces conditions, l'intensité de courant dans la bobine, mesurée à l'aide d'un électrodynamomètre Siemens, fut trouvée de 14,9 ampères.

Il en résulte que l'excitation était de 2430 ampères-tours, l'erreur restant dans les limites de ce que peut fournir l'emploi d'appareils de mesures commerciaux.

Nous donnons encore ci-après quelques autres résultats obtenus avec le même électro-aimant :

ENTREFERS en mm.	DIFFÉRENCE de potentiel efficace en volts.	INTENSITÉ efficace en ampères.	COEFFICIENT de self-induction en henrys.	SELF-INDUCTION d'une seule spire en henrys.
Bobine, 163 spires, résistance à chaud 0,15 ohm.				
9,52	50	14,9	0,00571	$0,216.10^{-6}$
6,35	50	12	0,00714	$0,208.10^{-6}$
Bobine, 274 spires, résistance à chaud 0,6 ohm.				
9,52	50	5	0,01712	$0,228.10^{-6}$
6,35	50	4,4	0,0194	$0,239.10^{-6}$
3,17	50	3,5	0,0244	$0,326.10^{-6}$

Un des avantages des électro-aimants à courants alternatifs réside dans la plus grande constance de la force qu'ils exercent (comparativement aux électro-aimants à courant continu) sur leur armature pour un champ d'action donné. Ainsi, en leur fournissant une différence de potentiel constante, on peut en obtenir une force très sensiblement constante pour de grands déplacements de l'armature. La réaction développée par le noyau tend à donner naissance à une force contre-électromotrice qui exerce une action compensatrice sur la force électromotrice. Si la résistance de la bobine était réellement nulle et si les pertes par dérivation magnétique étaient également négligeables, la constance de l'effort serait parfaite. Supposons en effet que, dans son action sur son armature à une certaine distance, la réaction de self-induction fasse tomber l'intensité à une valeur déterminée, l'aimantation dans le noyau parcourant des cycles entre des maxima définis ; si l'on rapproche le noyau de l'armature, la réluctance du circuit magnétique diminuera et une moindre excitation suffira à produire une même aimantation ; mais, comme la réluctance se trouve réduite, le coefficient de self-induction augmente proportionnellement, et l'intensité du courant diminue dans le même rapport. Ces deux effets s'équilibrent, et l'aimantation parcourt des cycles de même amplitude pratique que précédemment. Il en résulte que l'effort exercé n'est pas pratiquement modifié, sauf en ce qui concerne les variations de dérivation magnétique pour les différentes positions de l'armature, dont l'effet est d'affaiblir le champ entre les faces polaires et la dite armature. En donnant à ces faces une assez grande étendue relative pour atténuer la tendance à dérivation et assurer sensiblement l'uniformité du champ dans les entrefers, on peut obtenir également un effort très sensiblement constant pour un déplacement au moins égal au tiers de la largeur de ces pièces polaires.

On a également intérêt à connaître le rapport des différences de potentiel nécessaires pour produire, avec un électro-aimant donné, la même excitation sous un courant continu et sous un courant alternatif.

En désignant respectivement par U_i et U_c ces différences de potentiel qui doivent être appliquées aux bornes de

la bobine de manière à produire une égale intensité efficace, on a :

$$\frac{U_a}{U_c} = \frac{\sqrt{R^2 + \omega^2 L^2}}{R}. \tag{6}$$

Et, comme généralement R est négligeable devant ωL,
on a plus simplement, avec une approximation suffisante :

$$\frac{U_a}{U_c} = \frac{\omega L}{R}. \tag{7}$$

*Le rapport des différences de potentiel alternative et
continue est ainsi proportionnel à la fréquence et à la
constante de temps de l'électro-aimant.*

On peut, sous certaines hypothèses, trouver une expression de ce rapport en fonction des dimensions du noyau
et de la bobine. Nous limitant au cas où le circuit magnétique est fermé, cherchons la valeur de L.

Soient l_1 la longueur (en centimètres) du circuit magnétique, S sa section droite en cm^2, V_1 son volume en cm^3,
M_1 sa masse en grammes, μ sa perméabilité, et N le nombre de spires de la bobine. On a $M_1 = 7,79 V_1$, et la
valeur de L (en henrys) est

$$L = \frac{4\pi\mu S_1 N^2}{10^9 l_1} = \frac{4\pi\mu V_1 N^2}{10^9 l_1^2} = \frac{4\pi\mu M_1 N^2}{7,79 \times 10^9 l_1^2}.$$

Si l'on admet que l'induction $\mathcal{B}$ n'excède pas 6000 unités
C.G.S., on peut prendre pour des feuilles de tôle de fer
ordinaire $\mu = 2000$, et l'insertion de cette valeur dans
l'expression précédente donne

$$L = \frac{N^2 M_1}{310000 l_1^2}.$$

Soient en outre l_2 la longueur moyenne d'une spire de fil, S_2 la section droite de ce fil, C sa conductance $\left(\text{mhos par cm}^3 = \dfrac{10^6}{1,63}\right)$, V_2 le volume du cuivre $(NS_2 l_2)$, et M_2 la masse du cuivre $(= 8,8\ V_2)$, toujours dans les mêmes unités ; on a pour la résistance de la bobine

$$R = \frac{Nl_2}{C\,S_2} = \frac{l_2^2\,N^2}{C\,V_2} = \frac{8,8\,l_2^2\,N^2}{CM_2},$$

et, en transportant ces valeurs de L et de R dans l'expression (7), on trouve : —

$$\frac{U_a}{U} = \frac{\omega L}{R} = \frac{2\,\pi\,n\,N^2\,M_1}{310000\,l_1^2} \times \frac{M_2.\,10^6}{8,8\,l_2^2\,N^2} ;$$

$$\frac{U_a}{U_c} = 1,41.\ n\frac{M_1\,M_2}{l_1^2\,l_2^2}. \qquad (8)$$

Si le circuit magnétique contient deux joints, il est douteux cependant qu'on puisse espérer pour μ, en travail ordinaire, une valeur aussi élevée que 2000. Dans ce cas le coefficient 1,41 sera trop élevé. Avec l'électro-aimant ci-dessus décrit et une fréquence de 93 périodes par seconde, l'armature étant au contact, ce coefficient n'était que 0,6, au lieu de 1,41, ce qui revient à dire que la perméabilité, en fonctionnement, ne dépassait pas 850. Dans ces conditions, L étant égal à 0,044 henry, l'inductance ωL était de 25,26 ohms, et R de 0,15 ohm. Le rapport des différences de potentiel alternative et continue était en conséquence environ de 170.

Quand on éloignait l'armature des pôles, la self-induction, et par suite l'impédance, diminuaient, abaissant ainsi le rapport des différences de potentiel pour les mêmes intensités. Pour un écartement de l'armature égal à 3,17 mm, ce rapport tombait à 34, et, pour 9,52 mm d'écartement, il n'était plus que de 21,5.

Nous avons dit précédemment que, dans les applications ordinaires, on pouvait prendre le rapport $\dfrac{\omega L}{R}$ au lieu de l'expression plus complète de l'équation (6). Si l'on veut avoir pour $\dfrac{\sqrt{R^2+\omega^2 L^2}}{R}$ une approximation plus grande que celle obtenue en négligeant purement et simplement la valeur de R sous le radical, on peut prendre la valeur

$$\frac{U_a}{U_c}=\frac{\omega L}{R}+\frac{R}{2\,\omega L},$$

qui, introduite dans l'exemple numérique ci-dessus, montre que le terme de correction est réellement négligeable. En effet, dans le premier cas où $\dfrac{\omega L}{R}$ était de 170, il n'atteint pas $\dfrac{1}{340}$, et, dans le dernier, pour $\dfrac{\omega L}{R}=21,5$, il n'est que de $\dfrac{1}{43}$, soit moins de 0,00125.

On peut avoir enfin une expression simple donnant le nombre de spires N en fonction d'une valeur moyenne quelconque cherchée du flux magnétique Φ dans le fer. Car, si la section droite S du fer est soumise à des cycles d'aimantation pour lesquels l'induction moyenne est $\mathfrak{B}$, le flux moyen a pour valeur :

$$\Phi = \mathfrak{B}S,$$

et la force électromotrice induite pour un courant de pulsation ω dans un enroulement renfermant N spires sera égale à $\omega N \Phi . 10^{-8}$ volts.

Si donc la résistance est négligeable devant la réactance, on aura simplement

$$\omega N \Phi . 10^{-8} = U \text{ (volts),}$$

d'où

$$N(\text{spires}) = \frac{U . 10^8}{\omega \Phi} . \qquad (9)$$

Supposons, par exemple que, dans l'électro-aimant ci-dessus considéré, on veuille obtenir une induction de 4000 unités C.G.S.; le flux total devra être égal à la section S (6,5 cm²) multipliée par 4000, ou $\Phi = 26000$ unités C. G. S. Si la différence de potentiel est de 50 volts, et la fréquence de 93 périodes par seconde, on aura, d'après la formule (9), N = 329 spires.

ÉLECTRO-AIMANTS POUR PRODUCTION DE CHALEUR

Les rapides renversements alternatifs du magnétisme dans le champ d'un électro-aimant, excité par des courants électriques alternatifs, développent des courants parasites dans toutes les pièces métalliques massives situées dans son voisinage. Tous les bâtis, tubes ou joues de bobines, etc., doivent être très soigneusement fendus; autrement ils se surchauffent. Si l'on pose un fer à repasser sur l'extrémité des pôles d'un électro-aimant à noyau convenablement divisé, alimenté par des courants alternatifs, ce fer s'échauffe rapidement sous l'action des courants parasites qui y sont intérieurement développés.

Mettant à profit cette propriété, M. Rankin Kennedy

a proposé de construire des types spéciaux d'électro-aimants en vue d'en faire des appareils de chauffage,
en y appliquant par une ingénieuse combinaison le principe des transformateurs qui permet d'obtenir des courants intenses sous basse tension par transformation de
faibles courants fournis sous haute tension. Son électro-
aimant, représenté par la Fig. 198, pour chauffer des
fers à repasser, des bouilloires de cuivre, des théières,

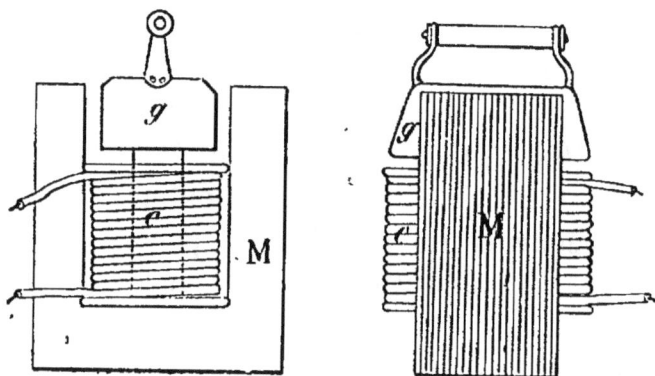

Fig. 198. — Electro-aimant de Rankin Kennedy pour chauffage.

etc., est du modèle tripolaire. Il est formé de feuilles
de tôle recuite estampées ; la bobine d'excitation est roulée sur la branche centrale qui est plus grosse et plus
courte que les deux autres. C'est sur le sommet de cette
branche centrale que se pose l'objet à chauffer. Supposons que la bobine excitatrice comporte 200 spires par-
courues par un courant de 20 ampères (alternatifs) ; on
a 4000 ampères-tours ; et, suivant le principe des transformateurs, comme la pièce métallique qui joue le rôle
de bobine secondaire ne compte que pour une spire, on

aura un courant de 4000 ampères qui échauffera rapidement la pièce.

D'autres applications ont été faites depuis à la soudure
des métaux, pièces de bicyclettes, rails de tramways,
etc. (1).

(1) Voir Hospitalier, *L'Industrie électrique*, et *Bulletin de la Société
internationale des électriciens*, 1893.

CHAPITRE XII

MOTEURS ÉLECTROMAGNÉTIQUES

Dès l'année 1830, à peu près, il apparut comme évident à ceux qui étudiaient l'électro-aimant que, par une combinaison convenable d'électro-aimants et d'armatures, on devait arriver à produire de la puissance motrice aux dépens de l'énergie des courants électriques fournis par une pile. L'appareil de Faraday pour la rotation d'un aimant autour d'un fil de cuivre portant un courant électrique est même antérieur à cette date; il en est de même de la roue dentée de Barlow et du disque tournant de Sturgeon. Parmi ceux qui eurent alors l'idée de construire des moteurs électromagnétiques, on peut citer Henry (1), Dal Negro (2), et Ritchie (3). — Les moteurs d'Henry et de Dal Negro étaient du type oscillant; la partie mobile était soumise à un mouvement alternatif de va-et-vient. — Le moteur de Ritchie était au contraire du type rotatif, véritable précurseur de la machine moderne, à inducteurs fixes et induit mobile. La Fig. 199 illustre une forme de moteur Ritchie, construite par Daniel Davis

(1) *Journal de Silliman*, XX, p. 340, 1831; voir aussi Henry, *Scientific Writings* (1886), I, p. 54.
(2) *Ann. R. Lomb. Venet.*, avril 1834 : voir également *La Lumière électrique*, IX, p. 40, 1883.
(3) *Phil. Trans.*, 318 [2], 1833.

jeune, de Boston, Etats-Unis, dans l'ouvrage duquel cette gravure est prise. L'inducteur est un aimant en fer à cheval renversé (les branches en haut) de 22, 5 cm environ de hauteur. Entre ses pôles est montée l'armature mobile, composée d'une bobine de cuivre roulée sur un noyau de fer ; les bouts de celle-ci sont reliés à deux contacts en argent montés sur l'arbre et servant de commutateur. Cet appareil est décrit à la page 103 du « *Magnétisme* » de Davis (première édition, 1842) sous le nom d' « électro-aimant tournant », et donné comme moteur ;

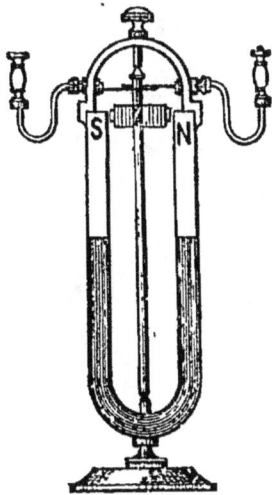

Fig. 199. — Moteur Ritchie (d'après le « *Magnétisme* » de Davis).

mais, à la page 171, ce même appareil figure de nouveau avec son arbre mu à la main et fonctionnant comme générateur de courants, et on y trouve consignée cette remarque que « tout instrument électromagnétique dans lequel il y a « production de mouvement par « action mutuelle d'un courant galvanique et d'un aimant en acier « peut être rendu générateur de « courant magnéto-électrique si le « mouvement lui est transmis mécaniquement ».

Cette idée de réversibilité de fonction, motrice ou génératrice, a été encore plus explicitement formulée par Walenn en 1860. — Le moteur de Ritchie a été suivi, en 1834, par celui de Jacobi. Dans cette dernière machine (Fig. 200), le système inducteur était une combinaison multipolaire comportant deux couronnes de pôles entre lesquels tournait une armature complexe. Ce moteur était étudié en vue d'actionner le propulseur du bateau avec lequel Jacobi navigua sur la Néva en 1838. Le courant circulant dans les électro-aimants mobiles était régulièrement renversé au moment où l'induit passait entre les pôles des électro-aimants fixes, à l'aide d'un commutateur multiple formé de quatre roues dentées en laiton, dont des lames d'ivoire ou de bois séparaient les dents.

En ce qui concerne les Américains, deux des premiers inventeurs de moteurs méritent plus qu'une mention de circonstance ; ce sont Davenport et Page. — Le moteur de Davenport (1) devançait dans une certaine mesure l'idée plus complète de Froment. — Page (2), qui, pendant près de vingt ans, a travaillé la question, créa un type tout à fait spécial de machine électromagnétique, basé sur l'application du mécanisme de la bobine à plongeur au

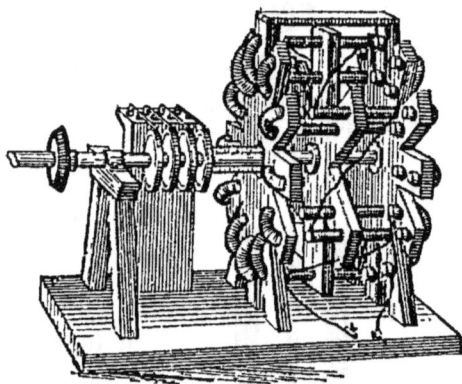

Fig. 200. — Moteur de Jacobi.

lieu de l'électro-aimant ordinaire à noyau fixe. Une des formes de son moteur, à double balancier, est représentée par la Fig. 201, encore extraite du « *Magnétisme* » de Davis. Dans une de ses expériences, Page employa un solénoïde de 30 cm de diamètre, capable de soulever sur une hauteur de 25 cm un noyau de fer pesant 136 kg. Dans une autre, un noyau de fer pesant 241 kg, chargé en plus de 230 kg, soit en tout près d'une demi-tonne,

(1) *Annals of Electricity*, II, 1838.
(2) *Journal de Silliman*, XXXIII, 1838 ; et [2] X, pp. 314 et 473, 1850 ; et XI, p. 86, 1851.

fut élevé à 25 cm de hauteur. Ces moteurs étaient susceptibles d'effectuer des travaux réellement pratiques, comme
d'actionner un tour. Mais le coût élevé de l'énergie électrique fournie par
des piles empê-
cha ces appareils
d'entrer dans le
commerce.

D'autres inven-
teurs produisi-
rent d'autres for-
mes de moteurs.
En Angleterre,
Wheatstone (1),

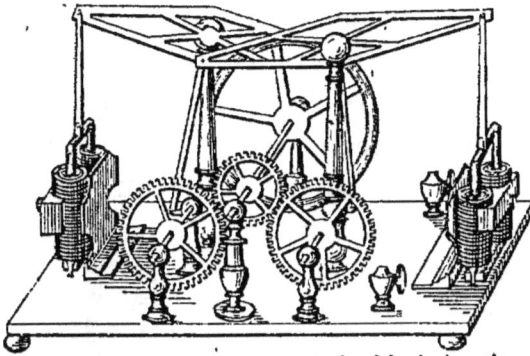
Fig. 201. — Machine Page à double balancier.

dont on a déjà vu la disposition déterminant la rotation par
rapprochement oblique (p. 351 ci-dessus), fit preuve d'une
grande fécondité d'imagination en ce qui concerne les moteurs; et Hjorth (2), qui travailla à Tipton, puis à Liverpool,
produisit des machines, tant génératrices que réceptrices
(voir p. 302 ci-dessus), pour lesquelles une médaille d'or
lui fut décernée à la grande Exposition de 1851. — En
Hollande, Elias construisit un moteur dans lequel l'inducteur et l'induit étaient formés tous deux d'électro-aimants en forme d'anneaux bobinés de manière à présenter
plusieurs pôles conséquents. — En France, Froment (3)
suivit la même voie avec de nombreux modèles dont
les plus connus avaient pour principe l'application
d'un certain nombre de barreaux de fer à la périphé-

(1) Brevet anglais, 9022 de 1844.
(2) Brevets anglais, 12295 de 1848, et 2198 de 1851.
(3) L'Institut, LXXXII, décembre 1834 : voir aussi La Lumière électrique, IX, p. 194, 1883.

rie d'une roue mobile, comme dans la Fig. 202. Ces
barreaux étaient attirés latéralement vers les pôles d'un
électro-aimant dans lequel le courant était automatiquement rompu juste au moment où
l'armature, dans son mouvement de
rapprochement, était arrivée à la position
de distance minima. Des moteurs de ce
genre, dont quelques-uns à électro-aimants multiples, ont été pendant de
longues années employés par Froment à
actionner des machines à diviser et autres outils légers, dans ses ateliers de
Paris. Un autre fabricant français d'instruments de physique, Bourbouze, construisit des moteurs tels que celui donné

Fig. 202. — Moteur
Froment.

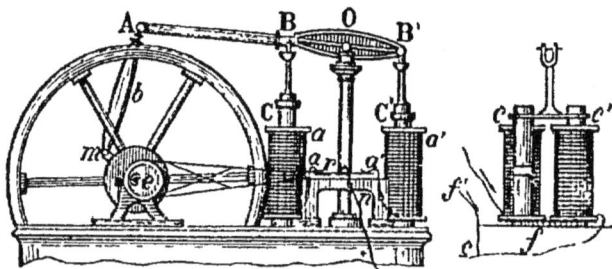

par la Fig. 203, d'après les dessins de Breton. Ce moteur
était basé sur le principe imaginé par Page, mais avec
certaines modifications. Une bobine à buttée avec plon-

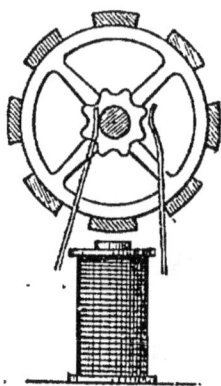

Fig. 203. — Moteur Bourbouze.

geur de demi-longueur (voir p. 334 ci-dessus) remplaçait
la bobine simple à plongeur ; et le commutateur, construit à l'instar du tiroir de distribution d'une machine
à vapeur, était actionné par un excentrique monté sur
l'arbre à manivelle.

Un autre moteur français, qui obtint un prix à l'Exposition de Paris, en 1855, a été imaginé par Roux. Dans ce moteur (Fig. 204) était appliqué l'égalisateur de Fro-

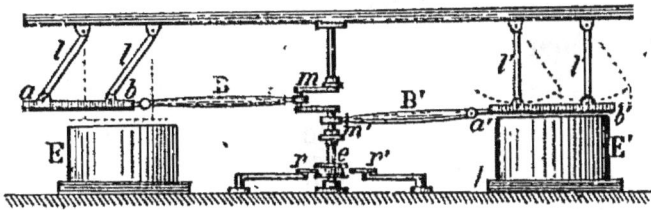

Fig. 204. — Moteur Roux.

ment (Fig. 134, p. 349), et les électro-aimants étaient cuirassés par une feuille de tôle cintrée autour de la bobine.

En 1864 Pacinotti (1) produisit la première machine à véritable armature en anneau, premier type des machines modernes. Cette forme en anneau fut indépendamment réinventée par Gramme (2) en 1870, mais avec cette modification qu'il recouvrit de fil de cuivre toute la périphérie de l'anneau.

Depuis lors la question des moteurs n'est plus demeurée qu'une simple subdivision de l'étude des machines dynamo-électriques en général. Cependant, il est curieux de constater que le grand progrès dans l'étude et la construction des moteurs électriques se trouva sous la main d'inventeurs qui ne cherchaient nullement à réaliser un appareil de ce genre, mais qui, en perfectionnant la machine dynamo pour la production de l'éclairage électrique, se trouvèrent en possession d'un moteur électrique de beaucoup supérieur à tout ce qui avait été étudié spécialement en vue de l'obtenir.

(1) *Nuovo Cimento,* XIX, p. 378, 1865,
(2) *Comptes-rendus,* LXXIII, p. 175, 1871 : ; Brevet anglais, n° 1668 de 1870.

Les moteurs électromagnétiques modernes peuvent être divisés en deux catégories : ceux destinés à fonctionner sous une alimentation par courants continus, et ceux appelés à marcher avec des courants alternatifs. Dans les deux cas la machine peut être décrite comme formée de deux parties, un inducteur et un induit, la distinction entre elles pouvant être établie par ce que, dans la partie nommée « inducteur », le magnétisme reste constant (ou sensiblement tel), tandis que, dans la partie appelée « induit » ou « armature », le magnétisme se renverse d'une façon continue pendant la rotation de la machine.

Dans les machines à courant continu l'inducteur consiste généralement en un seul électro-aimant fixe, massif, de forme simple, entre les pôles duquel tourne l'induit. Celui-ci est habituellement un électro-aimant complexe monté symétriquement autour d'un arbre, avec un noyau de fer divisé (ordinairement en forme d'anneau ou de tambour), recouvert d'un système particulier de bobine

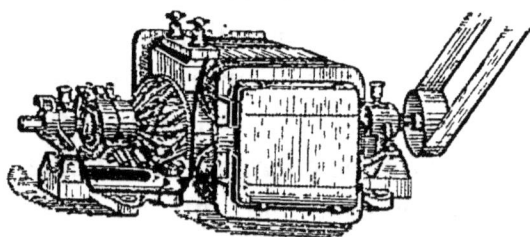

Fig. 205. — Moteur Immisch.

en fil de cuivre isolé, où circule le courant dans des conditions régies par un commutateur spécial. La Fig. 205 illustre une forme moderne de moteur électrique à induit en tambour monté entre les pôles d'un inducteur à double circuit magnétique. Ce modèle est compacte et puissant; chaque maison de construction en établit des modèles qui lui sont propres.

Pour le fonctionnement par courants alternatifs, on a adopté un mode de structure différent. Le système inducteur des machines à courants alternatifs est habituellement multipolaire, de la forme assez commune indiquée par la Fig. 206, et consistant en deux couronnes opposées de pôles présentant des polarités alternées et également opposées, montées sur deux robustes flasques. Dans l'entrefer qui sépare ces deux couronnes de pôles tourne l'induit, qui, dans cette classe de machines, ne contient

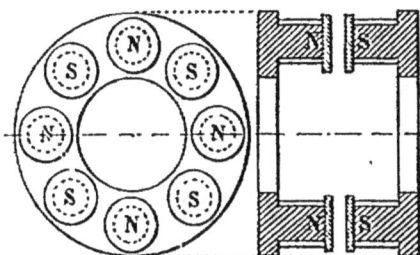

Fig 206. — Système inducteur d'une machine à courants alternatifs.

généralement pas de fer, mais est simplement constitué par une série de bobines de cuivre, en nombre égal à celui des pôles qui l'embrassent (huit dans le cas présent) et roulées alternativement de spires dextrorsum et sinistrorsum. Les moteurs électriques de ce type se signalent par deux particularités importantes : —(1) ils ne démarrent pas seuls, mais ont besoin d'être amenés par un moyen auxiliaire quelconque à la vitesse qui leur est propre; et (2) quand ils ont été ainsi lancés, ils tournent, quelle que soit leur charge, en synchronisme absolu avec les alternativités du courant, et par suite avec la dynamo qui les alimente de la station génératrice. — M. Mordey a apporté à ce type de machines une amélioration importante en substituant au système inducteur complexe, à bobines séparément roulées sur chaque pôle en saillie, une disposition beaucoup plus simple (Fig. 207) à une seule bobine. Il y réalise le champ magnétique multiple en disposant aux extrémités du noyau cylindrique deux pièces polaires massives garnies

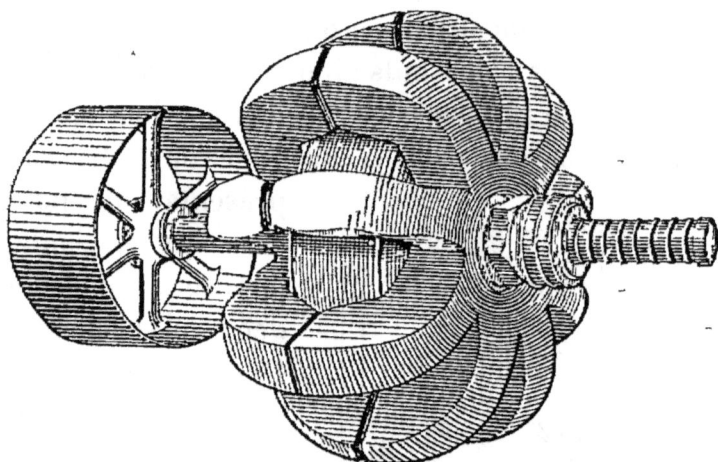

Fig. 207. — Système inducteur de la machine Mordey à courants alternatifs.

d'épanouissements renversés qui viennent presque se rejoindre. Dans cette machine, tout à fait originale et remarquable, c'est le système inducteur qui tourne; les bobines induites sont maintenues immobiles dans un bâti fixe.

Un mécanisme très particulier pour actionner les horloges électriques à courants alternatifs et imaginé par Grau-Wagner (1) possède une armature rotative polarisée avec des faces polaires de conformation oblique.

D'autres moteurs à courants alternatifs ont été récemment étudiés par Ferraris, Tesla, Elihu Thomson, et autres, sur le principe des actions mutuelles de bobines

(1) *Zeitschrift für Elektrotechnik,* IV, p. 1.

dans lesquelles circulent des courants alternatifs de phases différentes. Leur description détaillée dépasserait les
limites de cet ouvrage. Nous renvoyons le lecteur au
« *Traité des Machines dynamo-électriques* » de l'Auteur
pour détails plus complets sur les moteurs électriques et
pour la théorie du transport électrique et de l'utilisation
de la puissance mécanique (1).

(1) *Traité théorique et pratique des Machines dynamo-électriques*,
par S. P. Tompson, 2e édition française, traduction E. Boistel, chez Baudry et Cie, Paris, 1894.

CHAPITRE XIII

MACHINES-OUTILS ÉLECTROMAGNÉTIQUES ET APPLI-CATIONS DIVERSES DES ÉLECTRO-AIMANTS

Bien des années se sont écoulées depuis le jour où Froment employait ses moteurs électromagnétiques à actionner diverses petites machines outils, tours d'horlogerie, machines à diviser, et autres, dans ses ateliers de Paris. De cette époque à aujourd'hui on a peu fait pour développer les aptitudes spéciales du moteur électrique comme machine-outil. Il existe bien un grand nombre d'usines et d'ateliers, notamment aux États-Unis, dans les villes où l'alimentation publique en énergie électrique est un fait accompli, dans lesquels des moteurs électriques sont employés au lieu de machines à vapeur pour actionner des transmissions et des machines. Mais dans toutes ces applications on ne trouve aucune adaptation particulière à la mise en œuvre des qualités spéciales par lesquelles le moteur électrique se distingue des organes antérieurs de transmission de mouvement.

La très grande vitesse angulaire et la légèreté qu'il est possible de donner aux parties mobiles d'un moteur électrique le désignent spécialement pour certaines applications. Il y a longtemps que les moteurs électriques sont employés à actionner les forets de dentistes.

M. Trouvé, de Paris, a été un des ingénieux promoteurs
de ces sortes d'applications; et aux États-Unis leur adaptation à l'art dentaire a pris une grande extension.
Des petits marteaux automatiques, facilement immobili-
sés dans la main et donnant de légers coups très répé-
tés, sont commodes pour l'obturation des dents malades.
On trouvera un compte-rendu de ces applications de
l'électro-aimant à l'art dentaire dans les Rapports du
Jury de l'Exposition d'électricité de Philadelphie en 1884.

Une autre manière d'utiliser la puissance électromagnétique pour les outils consiste à employer un noyau
mobile ou plongeur avec une bobine a enroulement sectionné. Si un courant est lancé en un point quelconque
d'une bobine de ce genre, il y trouve deux passages à
travers la bobine, et y détermine un pôle conséquent
(voir p. 64 ci-dessus). L'extrémité du noyau de fer interne est sollicitée vers un point polaire de cette nature
dans la bobine tubulaire. En conséquence, si le point
d'introduction du courant dans la bobine est amené à
se déplacer d'une manière continue, par un contact à
glissement le reliant au circuit extérieur à l'aide d'un
commutateur spécial, le long des spires de la bobine, le
noyau peut être attiré dans celle-ci en un point voulu
quelconque. — Page et du Moncel ont sur ce principe construit des moteurs, et en 1880 M. Marcel Deprez a remis
au jour ce procédé en imaginant le marteau-pilon électromagnétique (1) représenté par la Fig. 208. La bobine
A B comporte 80 sections ou hélices distinctes, toutes
reliées en une seule longue bobine, par un fil ramifié

(1) *La Lumière électrique*, IX, p. 11. 1883.

connectant la fin de chacune d'elles et le commencement
de la suivante avec un segment du commutateur F. Sur ce
commutateur portent deux ressorts fixés à la manivelle
H I. La distance à laquelle est atti-
ré le noyau dépend de la position
donnée à la manivelle. Ce noyau
pèse 23 kg, et à l'action de son
poids on peut ajouter celle de 70 kg
en lançant un courant de 43 ampères à travers quinze des sections
de la bobine.

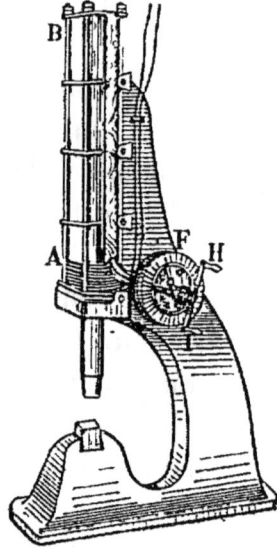

En 1882 furent présentées à
l'Exposition électrique du Palais
de Cristal de Sydenham diverses
dispositions applicables au sauve-
tage des navires. Elles étaient dues
à M. Latimer Clark. L'une d'elles
consistait en un électro-aimant

Fig. 203. — Marteau pilon
électromagnétique de
Marcel Deprez.

utilisable par un plongeur pour la réparation d'un navire
en fer submergé ou pour les préparatifs nécessaires à
son renflouage. Cet électro-aimant devait pouvoir être
immergé à une profondeur quelconque à côté du navire,
relié par des câbles flexibles à une source électrique convenable, et le plongeur qui descendait avec lui était muni
d'un interrupteur à l'aide duquel il pouvait à volonté
exciter l'électro-aimant et le faire adhérer à la coque de
fer. Il avait ainsi une base d'opérations qui lui permettait
de commencer son travail, tel que perçage de trous dans
les tôles pour fixation de crampons et de chaînes. Un
moteur électriquement entraîné pour actionner le foret
figurait parmi les engins exposés.

26.

Dans ces dernières années de nouvelles formes de machines-outils ont été créées par M. F.-J. Rowan, de Glasgow. Ce sont surtout des riveuses et des perceuses destinées aux ateliers de construction de navires en fer. Le corps de la riveuse est constitué par un électro-aimant A A (Fig. 209), qui peut être appliqué en un point

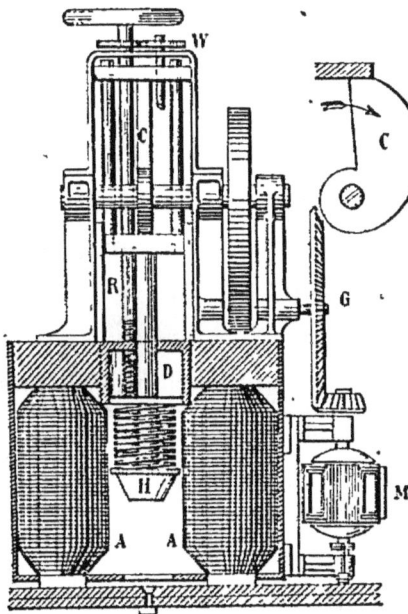

quelconque de la coque du navire où il y a un rivet à poser, et y adhère ainsi temporairement. Un moteur électrique M, actionné par le courant, est relié par un engrenage G à une came C en forme d'escargot, qui soulève le marteau H. La force avec laquelle le marteau frappe le rivet dépend de la tension du ressort placé en arrière du marteau; et cette tension peut être réglée à la main au moyen des tiges filetées R et du

Fig. 209. — Riveuse électromagnétique de Rowan. — (En haut à droite : vue latérale de la came).

jeu d'engrenages W. Le « porte-rivet » est également constitué par un électro-aimant qu'on peut faire adhérer aux plaques de fer de l'autre côté. — Les perceuses électromagnétiques sont construites de manière à se fixer de même sur les œuvres du navire par un électro-aimant porteur, et également actionnées par un moteur électromagnétique. — M. Rowan a construit aussi des outils à mater et à découper; l'outil, actionné électromagnétiquement, est monté sur un bâti servant de guide et fixé lui-même au navire par adhérence électromagnétique (1).

En février 1891, il a été lu par M. L. B. Atkinson, devant la Société des ingénieurs civils de Londres, un mémoire sur les outils électromagnétiques pour mines, dans lequel sont décrits plusieurs perforateurs et découpeurs de charbon. Ces appareils sont également décrits dans le travail de l'Auteur sur « *L'Electricité appliquée aux Mines* ».

Des machines destinées à produire des mouvements de va-et-vient à l'aide de courants alternatifs combinés avec des courants continus ont été imaginées par Werner von Siemens, par Atkinson, et par Van de Poele.

---

(1) Pour plus amples informations sur les outils électromagnétiques de M. Rowan, voir *Proc. Inst. Mechanical Engineers*, 2 août 1887; et *Trans. Inst. Engineers and Schipbuilders in Scotland*, 20 mars 1888.

CHAPITRE XIV

MOYENS D'ÉVITER LES ÉTINCELLES

Le fait de l'apparition d'une étincelle brillante quand on rompt le circuit d'un électro-aimant ordinaire est familier à tous. Ces étincelles fondent et rongent les surfaces de contact des manipulateurs et des interrupteurs employés, et, dans le cas d'appareils à vibrations, déterminent une détérioration rapide des pièces de contact.

Les moyens employés autrefois pour prévenir ces détériorations sont de différents genres. Les surfaces de contact étaient faites d'argent métallique ; et, plus tard, le platine, dont la résistance à la fusion et à l'oxydation fut reconnue supérieure, lui a été substitué et est devenu, en dépit de son prix élevé, d'une application générale. De même, pour maintenir les contacts brillants, on avait trouvé bon de monter les parties mobiles de manière à établir un contact par frottement, de préférence à un contact par pression. Finalement on a eu recours aux interrupteurs à action rapide, c'est-à-dire à des interrupteurs à dispositions mécaniques telles que, à la rupture du circuit, la partie mobile est brusquement arrachée du contact, par un mouvement rapide rompant ainsi l'étincelle qui autrement suivrait dans son mouvement la pièce mobile et brûlerait les surfaces de contact.

CAUSES D'ÉTINCELLES

Il est cependant nécessaire d'étudier d'un peu plus
près ces phénomènes d'étincelles. L'étincelle n'apparaît
jamais à l'établissement du contact, mais seulement à sa
rupture. Elle est petite et faible dans les circuits simples, où n'existent ni bobines ni électro-aimants, brillante au contraire et violente dans ceux qui comportent
ces organes. Comme ces étincelles sont susceptibles de
franchir des entrefers de longueur très appréciable, de 2,5
à 5 mm, il est évident qu'elles sont déterminées par des
forces électromotrices bien supérieures à celles des piles
ordinaires. Une force électromotrice même de 100 volts
ne déterminera pas par elle-même une étincelle capable
de franchir un entrefer de 0,25 mm de large. La force
électromotrice déterminant les étincelles est due à la
self-induction entre les différentes spires de la bobine
de cuivre, qui, au moment où le magnétisme disparaît,
réagissent l'une sur l'autre comme les fils primaire et
secondaire d'une bobine d'induction. Plus est rapide le
taux de décroissance du magnétisme, plus est grande la
force électromotrice de self-induction. La grandeur de
cette force électromotrice se manifeste également par les
chocs qu'éprouvent souvent les expérimentateurs quand
leurs mains touchent les deux parties du circuit entre lesquelles s'effectue la rupture avec étincelle.

Il fut un temps où, pour désigner ce courant de self-
induction, on l'appelait « extra-courant » ; et l'on avait
l'habitude de dire que, à la fermeture d'un circuit, il se
produisait un extra-courant momentané de sens opposé
à celui du courant principal et l'empêchant d'atteindre

instantanément toute son intensité, et que la rupture du
circuit donnait naissance à un autre extra-courant momentané qui circulait dans le même sens que le courant
rompu et se manifestait par une étincelle.

Il a été expliqué au Chapitre VII, p. 274, comment
tout circuit possède une « constante de temps » qui n'est
autre que le rapport de son coefficient de self-induction
à sa résistance. C'est à cette même self-induction qu'est
due l'étincelle d'extra-courant à la rupture. Mais la constante de temps à la rupture d'un circuit est toujours
moindre que la constante de temps à la fermeture, parce
que, si le coefficient de self-induction peut bien être constant, il y a une augmentation considérable de résistance
au passage de l'étincelle. Nul ne sait quelle est la résistance qu'a à surmonter une étincelle de 0,25 mm. On ne
peut guère dire que cette étincelle offre une résistance
définie au flux d'électricité qui l'accompagne. Elle parti-
cipe à quelque chose de la nature de l'arc ou de la
flamme électrique ; et, sans nul doute, sa résistance
s'accroît avec sa longueur, mais probablement hors de
toute proportion rationnelle.

Une manière instructive d'envisager la question consiste à se rappeler que, lorsqu'on ferme le circuit, une
partie de l'énergie fournie par la pile a été employée à la
constitution du champ magnétique, ou, en d'autres termes, à créer le flux de force dans le noyau. Cette énergie qui reste confinée dans le système tant que le champ
subsiste, aussi longtemps, par suite, que la circulation du
courant sera maintenue, disparaîtra ou tombera dès que le
courant est interrompu. *L'étincelle d'extra-courant de
rupture est la manifestation visible de la dépense de
l'énergie magnétique.* La quantité de chaleur développée

dans cette étincelle peut servir de mesure à l'énergie
emmagasinée dans le système pendant la période variable,
alors que, à la fermeture, le courant s'élevait vers son
intensité de régime. La quantité d'électricité ainsi emmagasinée et ultérieurement restituée est égale, en grandeur,
à celle qui aurait été transportée par le courant circulant à son intensité normale pendant un temps égal à la
constante de temps. Si l'on désigne par U la différence
de potentiel (en *volts*) fournie au circuit par la pile, par R
la résistance (en *ohms*) du circuit, et par L la self-induction (en *henrys*), la quantité Q (en *coulombs*) d'électricité virtuellement emmagasinée dans le système sera : —

$$Q = \frac{U}{R} \times \frac{L}{R} = \frac{UL}{R^2} .$$

Et, comme cette quantité a été virtuellement emmagasinée sous une différence de potentiel U, qui l'a portée
de zéro à Q, le travail effectué par la pile dans l'opération
et emmagasiné sous forme d'énergie potentielle, est : —

$$W = \frac{1}{2} \frac{U^2 L}{R^2} .$$

Si, à l'ouverture du circuit, on peut imaginer la résistance montant brusquement, par interposition d'un intervalle d'air à une valeur R_2 beaucoup plus élevée, la constante de temps tombera à la valeur correspondante $\dfrac{L}{R_2}$,
et en conséquence l'énergie potentielle restituée apparaîtra
sous une différence de potentiel plus élevée U_2 telle que

$$\frac{1}{2} \frac{U_2^2 L}{R_2^2} = \frac{1}{2} \frac{U^2 L}{R^2} .$$

Or il est parfaitement concevable que la résistance introduite par l'intervalle de rupture puisse s'élever à plusieurs centaines de fois celle du circuit original ; par suite, la différence de potentiel qui fait franchir à l'étincelle cet intervalle peut être plusieurs centaines de fois supérieure à celle de la pile.

On comprendra évidemment, d'après les considérations précédentes, que, toutes choses égales d'ailleurs, l'électro-aimant le plus puissant déterminera les étincelles les plus fortes ; car le coefficient de self-induction est proportionnel au flux magnétique dans le noyau et au nombre des spires qui l'entourent. Il y a néanmoins un ou deux autres éléments susceptibles d'influer sur l'étincelle. Si, outre la bobine de fil de cuivre, il existe un autre circuit métallique autour du noyau, ou si le noyau lui-même est massif (au lieu d'être divisé), il se développera dans un circuit de ce genre ou dans le noyau massif, au moment où le magnétisme disparaît, des courants d'induction, comme ceux qui prennent naissance dans le fil de bobine ; ces courants parasites tendront à maintenir le magnétisme, et, en le faisant tomber plus lentement, empêcheront la force électromotrice de self-induction de s'élever aussi haut. Ces courants *amortisseurs* diminuent par conséquent l'étincelle de rupture. On peut expliquer ce même phénomène en disant que l'induction *mutuelle*, s'il y en a, diminue virtuellement la self-induction. La présence de masses métalliques dans lesquelles des courants parasites peuvent se développer par mutuelle induction a pour effet de mieux répartir les forces électromotrices de self-induction, en diminuant leur amplitude et en allongeant leur durée d'action.

La brusque ouverture d'un circuit dans lequel se trouve

un électro-aimant met ainsi en jeu une force électromotrice soudaine de haute valeur, détermine de brusques oscillations du courant et développe dans les revêtements isolants de brusques tensions qui peuvent même les percer et les détruire d'une façon permanente. Higgins a observé (1) que ces décharges soudaines ne sont pas régies par les lois habituelles des courants continus, et que, au lieu de passer par un conducteur en hélice de 5 cm en fil de cuivre de 0,3 ou 0,55 mm de diamètre, elles prendront de préférence une voie plus directe formée de deux épaisseurs de gomme-laque et d'un intervalle d'air, bien qu'elle présente peut-être une résistance de plusieurs millions de méghoms.

PROCÉDÉS MÉCANIQUES POUR LA SUPPRESSION DES ÉTINCELLES

Nous avons déjà fait allusion à plusieurs de ces procédés ; mais il n'est pas inutile de les grouper méthodiquement.

(a) Rupture rapide. — Un interrupteur à action rapide qui éloigne les extrémités du circuit à une distance réellement grande avant que la force électromotrice de self-induction de la décharge ait eu le temps d'atteindre son maximum oblige cette force électromotrice à se dépenser autrement. Il détermine à l'extrémité du fil une charge momentanée élevée qui prend un mouvement ondulatoire de va-et-vient dans le fil (à moins qu'en perçant l'isolant elle ne se fraye une autre voie) et finit par s'amortir.

(b) Rupture dans un liquide. — Si la rupture du cir-

(1) *Journal of Society of Telegraph Engineers*, VI, p. 139.

cuit est amenée à se faire dans l'eau ou dans l'alcool, l'étincelle est considérablement atténuée, mais ce sont là des conditions difficiles à réaliser. Si d'ailleurs on se sert d'huile ou d'autres hydrocarbures, les points de contact s'encrassent de matières charbonneuses.

(c) *Effaçage de l'étincelle.* — L'Auteur a émis l'idée de monter à l'arrière de l'interrupteur mobile un tampon d'amiante, facile à renouveler de temps à autre, pour effacer ou essuyer l'étincelle. MM. Schuckert ont employé des interrupteurs dans lesquels était brusquement interposée une feuille d'ardoise pour couper l'étincelle.

(d) *Soufflage de l'étincelle.* — Un souffle d'air émis juste à l'instant voulu éteindra l'étincelle. Ce procédé est appliqué au collecteur de la machine Thomson-Houston.

(e) *Rupture dans un champ magnétique.* — Si la rupture s'effectue en un point du circuit situé dans un champ magnétique, l'étincelle se trouve soufflée latéralement d'une façon extraordinairement brusque. Si l'on vient à rompre le circuit d'un (grand) électro-aimant ordinaire immédiatement au-dessus de son pôle ou dans un étroit intervalle entre le pôle et l'armature, l'éclat de l'étincelle résonne comme un coup de pistolet. Dans ces conditions le magnétisme disparaît plus rapidement et la force extra-électromotrice de rupture est beaucoup plus élevée.

PROCÉDÉS ÉLECTRIQUES POUR LA SUPPRESSION DES
ÉTINCELLES (1)

(a) *Dérivation, à la rupture, par une résistance.* — Si, à cheval sur le point du circuit où doit s'effectuer la rupture, est monté en dérivation un fil de résistance considérable (non roulé sur lui-même), l'extra-courant dû à la

(1) Voir Vaschy, *Annales télégraphiques*, 1888, p. 290.

self-induction du circuit trouvera par là un passage qui
lui permettra de s'écouler sans avoir à franchir l'espace
d'air sous forme d'étincelle. Ce procédé a été pour la
première fois imaginé en 1854 par Dering, qui proposa
d'employer une résistance environ quarante fois aussi
grande que celle des bobines d'électro-aimant en circuit.
Il a été remis au jour par Dujardin en 1864. Un fil roulé
en bobine ne servirait à rien dans ce cas ; il présente en
effet de la self-induction et la décharge ne suivrait pas
ses circonvolutions. Un fil de platine très fin, ou même
un trait de crayon de mine de plomb sur une surface ru-
gueuse, est préférable. Une goutte d'eau entre deux fils
de platine reliés aux deux parties du circuit à couper
remplira le même office. En 1880, l'Auteur proposa un
modèle spécial d'interrupteur dans lequel un fil de haute
résistance intercalé au point de rupture se trouve lui-
même ultérieurement coupé, après le passage de la décharge, par un autre mouvement du manipulateur.

La théorie de la dérivation de haute résistance est extrêmement simple. Supposons que l'électro-aimant ait
une résistance de R ohms et que le courant soit de I ampères, et admettons qu'il soit imposé que le potentiel aux
bornes de rupture ne doive jamais dépasser U volts. En
divisant U par I, on aura la valeur R d'une résistance telle
que, si le courant devait continuer à pleine intensité, la
valeur U serait juste atteinte. Mais l'interposition de cette
résistance coupera elle-même le courant qui s'annulera
simplement sans étincelle. Prenons par exemple le cas
d'une intensité de 0,05 ampère et d'une limite de 300
volts imposée pour U. Alors la haute résistance R à mettre en dérivation devra être au plus égale à 300 : 0,05 =

6000 ohms. C'est 60 fois la résistance des bobines.

(b) Dérivation par un condensateur. — Il faut ici distinguer deux cas. Un condensateur de capacité convenable peut être monté en dérivation : — (1) entre les deux points de rupture, ou (2) entre les bornes de l'électro-aimant lui-même.

Si le condensateur employé a une capacité convenable, il peut, monté en dérivation sur l'électro-aimant, contrebalancer entièrement, en ce qui concerne le reste du circuit, l'action retardatrice de la self-induction de la bobine ; mais il ne saurait empêcher cette action retardatrice dans la bobine même. Si le condensateur est monté sur la partie du circuit où doit se produire la rupture, il est sans action sur le courant à la fermeture, attendu qu'à ce moment il est lui-même en court-circuit ; mais, quand le circuit est rompu, il diminue la distance de séparation, parce que toute augmentation de capacité des parties terminales réduit les potentiels en ces points. Si sa capacité est insuffisante par rapport à la self-induction du circuit, il ne supprime pas complètement l'étincelle. Mais, si elle est égale ou supérieure à la valeur $C = 4L : R^2$, il n'y a pas d'étincelle, et la décharge provenant de l'électro-aimant oscille simplement le long du circuit de fil à l'intérieur et à l'extérieur du condensateur, pour finir par s'annuler. Une troisième manière d'employer un condensateur consiste à le monter en dérivation sur une résistance droite introduite dans le circuit ou au point de rupture. La première idée de l'emploi combiné d'un condensateur et d'une résistance élevée en dérivation paraît devoir être attribuée à von Helmholtz (1).

(1) Voir l'appendice viii des *Sensations du ton* de von Helmholtz.

(c) Dérivation par un voltamètre ou une résistance liquide. — Le D^r d'Arsonval a proposé d'offrir à l'extra-courant un passage qui, tout en étant infranchissable à la force électromotrice ordinaire du circuit, pût être aisément vaincue par la force électromotrice beaucoup plus élevée de self-induction. Une série de petits voltamètres reliés en dérivation sur les deux points de séparation du circuit peut, si le nombre en est suffisant, arrêter complètement le courant ordinaire. Si, par exemple, la pile de travail donne 10 volts, une série de six petits éléments à lames de plomb (capables de se polariser, comme des accumulateurs, à deux volts chacun) ne se laissera traverser que sous une force électromotrice supérieure à 12 volts.

(d) Protection par induction mutuelle. — En 1867, M. C. F. Varley proposa l'emploi d'une feuille de cuivre enveloppant le noyau, pour diminuer les effets de self-induction. L'action d'un circuit fermé de ce genre entourant le noyau a été expliquée au début de ce chapitre. Cette idée a été rééditée en 1878 par Brush dans la construction des inducteurs de sa machine dynamo.

Vers 1870, MM. Paine et Frost lui ont donné un autre développement en insérant une feuille métallique mince entre les couches successives de fil. Le Dr Aron, de Berlin, a également recours à ces actions d'induction mutuelle depuis 1887. Elles ont toutefois l'inconvénient de faciliter les ruptures d'isolants.

(e) Travail en court-circuit. — Dans cette méthode de fonctionnement, le circuit n'est jamais ouvert, mais une voie dérivée de très faible résistance est montée sur les bobines de l'électro-aimant. Quand sur cette dérivation on ferme un interrupteur, le courant suit la voie de

faible résistance et ne circule plus autour de l'électro-
aimant. Pour que celui-ci soit excité, il faut que l'interrupteur soit ouvert. C'est l'inverse du cas ordinaire, et,
quand on ouvre l'interrupteur, il n'y a pas de magnétisme dans le noyau pour donner lieu à une décharge
correspondant à sa disparition; de ce fait il ne se produit pas dès lors d'étincelle à la rupture. Il n'y en a pas
davantage à la fermeture, attendu que c'est seulement
après la fermeture du circuit que le magnétisme du noyau

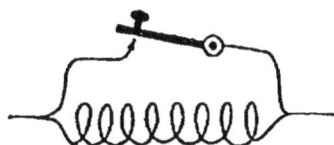

Fig. 210. — Fonctionnement en court circuit.

disparaît. Ce mode de procéder
n'est parfait que si la voie dérivée a une résistance et une inductance assez faibles pour être
négligeables. Il n'empêche pas
d'ailleurs les étincelles dues à
la self-induction dans d'autres parties du circuit. Il
s'adapte parfaitement aux électro-aimants employés dans
les circuits de foyers à arc ou autres circuits à courant
constant.

(f) *Enroulement différentiel.* — Dans cette disposition,
l'électro-aimant est garni de deux bobines distinctes, enroulées en sens contraires ou mieux reliées de telle sorte
que le courant y circule autour du noyau en sens contraires, et portant chacune un nombre égal de spires.
On peut obtenir ce résultat de plusieurs manières, mais
la meilleure est de rouler la bobine de deux fils séparés,
bien isolés, placés côte à côte. L'un de ces enroulements
est mis directement en circuit, l'autre est monté en dérivation sur le premier, mais avec intercalation d'un interrupteur (Fig. 211). Quand cet interrupteur est ouvert,
le courant ne circule que dans la bobine et aimante son
noyau. Quand il est fermé, le courant se partage en deux

et s'écoule par moitié dans chacune des bobines, dont les actions magnétisantes se neutralisent. Ce mode de procéder possède tous les avantages du fonctionnement en court-circuit, mais il exige un poids de cuivre plus élevé. Il est malgré cela plus parfait en ce qu'il élimine l'étincelle due à la self-induction dans d'autres parties du circuit.

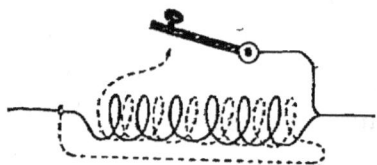

Fig. 211.— Enroulement différentiel

Il a été mis à profit avec grand sucès dans les sonneries électriques de MM. Jolin, de Bristol.

(g) Procédé du fil multiple. — Pour l'application des électro-aimants transmetteurs employés dans son système de télégraphie harmonique (Phonopore), M. C. Landon Davies a eu recours à un procédé dit *à fil multiple.* La bobine est roulée d'un certain nombre (quatre à vingt) de couches distinctes de fil fin ; un fil spécial est employé pour chaque couche, et elles sont toutes enroulées dans le même sens, au lieu de revenir sur elles-mêmes d'une couche à l'autre, comme dans les enroulements ordinaires. Quand la bobine est ainsi complètement garnie, les fils sont tous reliés en parallèle, de manière à se comporter électriquement comme un seul fil de forte section. Dans ce cas les constantes de temps des divers circuits

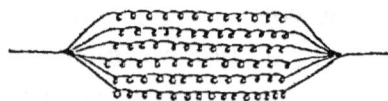

Fig. 212. — Bobinage à fil multiple

sont différentes, parce que, grâce au fait que chacune des couches a un diamètre différent, le coefficient de self-induction des couches extérieures est un peu inférieur et leur résistance, en raison de leur grand diamètre, est un peu supérieure à ceux des couches intérieures. Ce dispositif a pour résultat que l'extra-courant, au lieu de passer tout entier en même temps ou tout d'une fois, s'écoule successivement de ces différents enroulements. La force électromotrice totale de self-induction ne s'élève jamais aussi haut et il lui est impossible de franchir un grand espace d'air, ou de donner lieu à une étincelle aussi brillante qu'avec l'électro-aimant ordinaire.

COMPARAISON DES DIVERS PROCÉDÉS CI-DESSUS

L'Auteur a construit cinq bobines, toutes de mêmes dimensions, pouvant être adaptées sur le même noyau, roulées de cinq façons différentes, mais portant sensiblement chacune le même poids de cuivre, de manière à comparer les étincelles produites avec l'une ou l'autre. La première était roulée de la manière ordinaire ; la seconde était doublée d'une feuille de cuivre autour du noyau ; dans la troisième, des feuilles de cuivre étaient interposées entre les couches de fil ; le bobinage de la quatrième était différentiel ; et un fil multiple en 15 couches était enroulé sur la cinquième. L'enroulement différentiel ne donna lieu à aucune production d'étincelles ; celle à bobinage en fil multiple occupait la seconde place comme ordre de mérite. Puis venait en troisième lieu la bobine à feuilles de cuivre interposées, suivie elle-même par celle doublée d'une feuille de cuivre. Enfin la moins bonne de toutes à ce point de vue était celle à enroulement ordinaire.

COMPENSATION DE LA SELF-INDUCTION DANS LE CIRCUIT

On peut, en ce qui concerne le reste du circuit, compenser entièrement la self-induction d'un électro-aimant en employant simultanément, comme dans la Fig. 213, un condensateur et une résistance. Si l'on désigne par L le coefficient de self-induction de l'électro-aimant, par R_1 sa résistance, par C la capacité du condensateur, et par

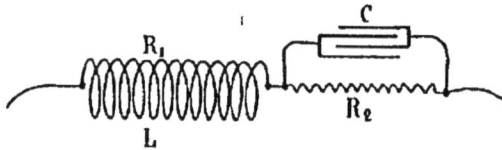

Fig. 213. — Compensation de la self-induction d'un électro-aimant.

R_2 la résistance sur laquelle il est shunté, l'action retardatrice de l'électro-aimant sera exactement compensée si la condition $C = R_1 R_2 L$ se trouve réalisée.

CABLE SANS ÉTINCELLES

M. Ll. B. Atkinson a imaginé pour l'application aux mines un câble qui ne donne pas d'étincelles. Les conducteurs de ce câble sont constitués par un tube de fils toronnés, à l'intérieur duquel se trouve un fil en hélice légèrement isolé et extensible. Ce dernier est monté en dérivation sur le conducteur extérieur. Si par accident celui-ci est rompu, l'hélice intérieure s'allonge simplement grâce à son élasticité. Elle conduit alors l'extra-courant qui autrement se serait manifesté sous forme d'étincelle, et, pendant qu'elle agit ainsi, on peut faire fonctionner à l'aide du courant de grande intensité qui se produit momentanément un mécanisme de rupture placé en un point quelconque de sûreté, de manière à prévenir toute reproduction d'étincelle entre les bouts séparés.

CHAPITRE XV

L'ÉLECTRO-AIMANT EN CHIRURGIE

Depuis de longues années la chirurgie ophthalmique emploie tant des aimants permanents que des électro-aimants. A vrai dire, l'emploi de la pierre d'aimant est connue depuis deux siècles (1) comme moyen d'extraction du globe de l'œil des parcelles de fer qui peuvent accidentellement s'y implanter, ainsi qu'il arrive fréquemment aux ajusteurs et tourneurs dans les ateliers de mécanique. Plus tard, en 1745, le Dr Milnes a indiqué, dans ses « Observations de Médecine et de Chirurgie », comment il se servait d'un aimant naturel pour enlever de l'iris un petit morceau de fer. Ce n'était cependant pas probablement le cas exact, car il ajoute « aussitôt il saute en dehors ». Il est plus vraisemblable que le petit fragment de fer était implanté dans la cornée au droit de l'iris. Selon Hirschberg (2), le Dr Meyer, de Minden, fut le premier à employer, en 1842, un aimant à l'extraction de petits fragments de fer de l'intérieur même du globe de l'œil.

___

(1) Fabricius Hildanus, *Opera observationum et curationum*, Francfort, 1646. Nous n'avons pu consulter un exemplaire de ce livre très rare.

(2) Hirschberg, *Der Elektromagnet in der Heilkunde*, Leipzig, 1885.

Au milieu de ce siècle des cas heureux d'extractions ont été cités par Critchett (1), Dixon, White, Cooper, et autres. Peu de progrès semblent cependant avoir été réalisés jusqu'en 1874, où le D^r Mc. Keown, de Belfast, mentionna dans le *British Medical Journal* plusieurs cas traités avec plein succès à l'aide d'un aimant permanent en acier à extrémités effilées pour en faciliter l'introduction. En 1880, Gruening, de New-York, se servit d'un aimant permanent en acier composé d'un certain nombre de « cylindres » (*sic*), réunis par leurs extrémités et munis à un bout d'un pôle en forme d'aiguille.

Le premier emploi de l'électro-aimant à cette application est attribué à Hirschberg, de Berlin, en 1877.

En Angleterre, Snell (2), de Sheffield, a été le premier promoteur de son utilisation, et de splendides résultats ont été obtenus entre ses mains. Dans le *British Medical Journal* de 1881, il décrit son instrument et cite les résultats de plusieurs opérations. Ses expériences ont depuis lors constamment progressé, et les cas mentionnés dépassent aujourd'hui la centaine.

Cette application spéciale exige un électro-aimant susceptible de recevoir des extensions polaires de formes allongées diverses, permettant leur introduction par la plaie dans le globe de l'œil à une profondeur suffisante pour que la particule de fer puisse être attirée et enlevée. Il est en même temps indispensable que l'électro-aimant ne soit pas trop lourd de manière à être commodément tenu à la main par l'opérateur, et qu'il puisse être excité par un courant issu d'une pile moyenne, d'un maniement

---

(1) *The Lancet*, avril 1854. p. 358.
(2) Snell, *L'Électro-aimant et son emploi en chirurgie ophtalmique*, Londres, Churchill et C°, 1883.

et d'un entretien assez faciles pour ne pas exiger, en
dehors de l'oculiste, l'appel d'un électricien consommé
chaque fois qu'on a l'occasion de s'en servir. Il est évident que, toutes choses égales d'ailleurs, l'électro-aimant
doit avoir dans ce cas une action à distance considérable;
en conséquence, un électro-aimant à noyau long, ou à
longue expansion de fer à l'extrémité postérieure de son
noyau, est préférable à un appareil de forme ramassée.
Il serait possible que dans certains cas l'adjonction d'une
masse de fer placée derrière la tête du sujet pendant
l'opération pût contribuer à aider l'extension du champ
magnétique de l'électro-aimant à la profondeur voulue.
Diverses formes en ont été imaginées par différents opé-
rateurs.

L'instrument de Hirschberg consistait en un noyau
cylindrique creux, dont les extrémités étaient incurvées
et taillées en pointes de manière à donner des pôles de
différentes grosseurs pour usage intra et extra-oculaire.

Celui de Snell, qui peut être cité comme la forme typique communément employée par les chirurgiens des
maladies des yeux en Angleterre, diffère de celui de
Hirschberg en ce sens que le noyau de fer doux est massif, au lieu d'être creux; il est entouré d'une bobine de
fil de cuivre renfermée dans une boîte d'ébonite. Le
noyau est d'ailleurs fileté à l'une de ses extrémités pour
lui permettre de recevoir des pôles en aiguilles différemment conformées et de diverses dimensions; son autre
extrémité porte des bornes de connexion pour les fils de
pile. Il recommande l'emploi d'un seul élément, d'un
litre, au bichromate, pour la production du courant.

Bradford, de Boston, imagina simultanément un instrument presque identique à celui de Snell. Il comporte

cependant un électro-aimant beaucoup plus lourd et plus puissant.

Mc. Hardy, de l'hôpital de King's College, se servait d'un instrument tout à fait analogue, mais de dimensions et de poids beaucoup plus réduits.

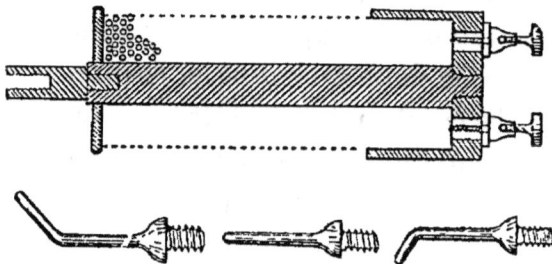

Fig. 214. — Electro-aimant spécial pour extraction de particules de fer du globe de l'œil.

Nous donnons ici (Fig. 214) une autre modification adoptée à une certaine époque par Snell, et, tout à fait indépendamment, par Tatham Thompson, de Cardiff, qui s'en servit très longtemps. A égalité de poids et de volume, on revendique pour cet instrument une plus grande puissance, en raison de ce que le circuit magnétique est perfectionné par l'addition d'une bague de fer continue avec le noyau qui se projette en avant au delà de la bobine isolée, vers la pièce polaire d'opération.

Le noyau est taraudé à son extrémité pour recevoir des pôles différemment conformés ou une extension polaire intermédiaire là où une exploration plus profonde est nécessaire. La pile employée avec cet instrument se compose d'un ou de plusieurs quarts d'éléments au bichromate « à immersion ». La figure le représente aux deux tiers de grandeur d'exécution ; son poids n'est guère que de 140 grammes.

Ces instruments servent surtout à enlever de petits fragments de fer ou d'acier adhérents à la surface ou implantés dans les enveloppes de l'œil, et leur emploi évite bien des désordres et déchirements de ces membranes délicates qu'impliquaient trop souvent les anciennes méthodes d'incision ou d'extraction à l'aide de pinces, de bistouris ou de curettes. Mais leurs remarquables propriétés se révèlent surtout lorsqu'il s'agit d'enlever des corps étrangers qui ont pénétré les parois de l'œil. Il n'est pas exagéré de dire que dans bien des cas ils ont été les seuls conservateurs possibles de la vue (1).

L'électro-aimant a tout d'abord une très grande utilité au point de vue du diagnostic; quand, par exemple, un fragment quelconque a perforé la cornée ou la chambre antérieure transparente de l'œil, il permet de constater si l'on a affaire à de l'acier ou du fer, en indiquant si l'approche de l'instrument agit ou non sur lui. Si l'on n'observe aucun mouvement et si le patient n'éprouve aucune sensation de piqûre à l'approche de l'électro-aimant, il peut se faire ou que le fragment n'appartienne pas à un métal magnétique, ou qu'il soit immobilisé par les tissus ou bien par l'état inflammatoire dû à sa présence irritante. Si dans ce cas on tient tout près de l'œil une aiguille aimantée très légèrement suspendue, on peut quelquefois la voir s'incliner vers le corps étranger. Si l'on a affaire à un fragment d'acier, on accroît notablement l'effet en maintenant près de l'œil pendant un certain temps l'électro-aimant, de manière à aimanter la particule métallique qui se trouve en regard.

(1) En plus des références données précédemment, voir Mellinger, *Ueber die Magnet-Extractionen an der Basler ophtalmologischen Klinik* (Discours d'Inauguration), Bâle, 1887.

En outre cet instrument est parfois des plus précieux pour déplacer le fragment étranger d'un point de l'œil où il est inaccessible et lui donner une position plus favorable à une extraction ultérieure. Supposons, par exemple, que le fragment de fer ou d'acier ait pénétré la cornée et se soit logé dans le cristallin ; il est arrivé dans plusieurs cas que, par application de l'électro-aimant sur la cornée, le métal ait été attiré à travers la substance de la lentille, dans l'humeur aqueuse de la chambre antérieure de l'œil, puis abandonné, par ouverture du circuit, au seuil de la chambre extérieure, où une petite incision pratiquée au point le plus convenable permet l'introduction du pôle de l'instrument et l'enlèvement facile du fragment.

Dans l'un au moins des cas cités, on a vu un fragment en pointe acérée, qui avait pénétré profondément dans la lentille, se frayer son chemin à travers sa substance, sa capsule et l'iris, traverser réellement la cornée, et se laisser complètement enlever sans exiger aucune incision.

C'est toutefois dans les cas où le corps étranger a pénétré dans la chambre postérieure ou vitreuse de l'œil que l'on voit l'électro-aimant donner les résultats les plus extraordinaires. Quand la chambre extérieure ou la lentille est seule le siège du mal, d'autres moyens sont susceptibles d'être employés avec succès ; mais, quand un fragment a pénétré dans la chambre vitreuse, on a besoin non pas d'un instrument pour explorer au hazard, en troublant des structures d'une extrême délicatesse et risquant de ne pas le rencontrer dans ce milieu semi-fluide, mais d'un instrument qui attire à lui la particule cause du mal ; c'est alors que l'appareil ici considéré atteint le summum de son utilité.

Snell, Hirschberg, Lloyd Owen, Mc. Hardy, et autres relatent un grand nombre de cas, couronnés de succès, de fragments d'acier ainsi enlevés d'yeux qui autrement eussent été inévitablement perdus.

Les cas les plus sérieux et les plus désespérés entre tous sont ceux où le fragment métallique a complètement traversé la chambre interne de l'œil et est venu s'implanter dans la rétine et la choroïde si délicates qui en tapissent la paroi postérieure. Galezowski relate un cas survenu en 1882, où un fragment de fer avait traversé l'iris, le cristallin, et s'était logé dans la rétine. Sa position avait été reconnue à l'aide de l'ophthalmoscope, instrument employé en oculistique pour examiner l'intérieur de l'œil. On pratiqua une incision dans la sclérotique ou membrane blanche de l'œil d'après la situation reconnue du corps, et on enleva celui-ci à l'aide de l'électro-aimant. D'autres succès analogues sont enregistrés par Hirschberg, Stevens, Snell, Ferdinands et Tatham Thompson. Un compte rendu un peu détaillé de l'un de ces cas illustrera la méthode suivie.

Dans la « *Lancette* » du 24 octobre 1891, M. Tatham Thompson cite le cas d'un forgeron employé dans un des charbonnages du South Wales, qui, le 8 décembre précédent, en forgeant un pic neuf, fut atteint à l'œil gauche par un fragment du nouvel outil. Ce fragment arriva jusqu'à la sclérotique ou membrane blanche de l'œil, à environ 6 mm du bord de la cornée. L'homme ressentit sur le moment peu de douleur ; mais deux jours après survinrent une vive souffrance et une grande irritation avec obscurcissement de la vue, non seulement de l'œil malade, mais des deux yeux.

Il fut envoyé à l'infirmerie de Cardiff le 10 décembre

où on l'examina. On trouva une petite lésion au point
où le fragment avait pénétré du côté interne, et l'examen
ophthalmoscopique révéla la présence du fragment implanté dans la rétine à la partie supérieure et externe.
La trace qu'il avait laissée en traversant la chambre vitreuse se distinguait également par de légères opacités
dans l'humeur vitreuse. L'œil indemne présentait des
signes très nets d'irritation sympathique. Le jour suivant
on procéda, sous l'action de l'éther, à un léger élargisse-
ment de la blessure pour permettre l'introduction du pôle
de l'électro-aimant. On le fit pénétrer à travers la chambre vitreuse en suivant, autant qu'on pouvait la présumer,
la direction originairement prise par le fragment. La première fois l'instrument fut retiré sans résultat ; mais à la
seconde tentative le petit fragment d'acier sortit aisément
à travers la blessure, à la remorque du pôle. Il ne s'é-
chappa qu'une gouttelette d'humeur vitreuse, et l'œil fut
bandé après pansement antiseptique. Au bout de vingt-
quatre heures le patient pouvait compter à un mètre de
distance les doigts qu'on lui présentait ; il n'éprouvait
aucune appréhension ni souffrance de la lumière, et l'obscurcissement de la vue de l'autre œil avait beaucoup
diminué. La blessure fut cicatrisée en trois jours, et la
vue alla sans cesse en s'améliorant jusqu'à la fin de décembre où il pouvait lire des caractères moyens d'impression. A l'examen avec l'ophthalmoscope, on pouvait
voir distinctement la cicatrice laissée sur la rétine au
point où s'était logé le fragment, ainsi que des traces
d'hémorrhagie causée soit par la blessure d'implantation
du fragment, soit par lésion des vaisseaux au moment de
l'extraction.

Le 13 janvier 1891, le malade pouvait lire de petits

caractères ; sa vision centrale était en réalité aussi bonne qu'antérieurement, mais son champ de vision était légèrement réduit, cette limitation correspondant à la portion de la rétine atteinte par le corps étranger.

Au mois d'août 1892, le forgeron avait depuis déjà un certain temps repris son travail ; son œil avait conservé le parfait usage de la vue.

L'électro-aimant a été également appliqué dans une certaine étendue à la chirurgie générale pour l'extraction d'aiguilles des parties molles du corps ou des membres. On a vu en outre, p. 459, ses applications à l'art dentaire.

CHAPITRE XVI

AIMANTS PERMANENTS

La propriété, que possèdent la pierre d'aimant et l'a-
cier dur, de conserver l'aimantation est le fait qui a le
premier attiré l'attention du genre humain sur les phénomènes magnétiques. Nous avons donné au Chapitre III,
relatif aux propriétés du fer et de l'acier, des indications
précises sur les qualités de divers échantillons à cet égard.
Pour comparer les uns aux autres différents types d'acier
et se rendre compte de celui qui convient le mieux à la
fabrication des aimants permanents, il faut connaître deux
choses : (1) la *rémanence* (voir p. 116) ou valeur résiduelle
de $\mathfrak{B}$ après application d'une grande force magnétisante ;
et (2) la *force coercitive* (voir également p. 118) ou valeur
de la force magnétisante négative $\mathfrak{H}$ qui serait nécessaire
pour ramener à zéro l'aimantation rémanente. La force
ainsi nécessaire pour enlever à un spécimen donné son
aimantation rémanente peut être prise comme mesure de
la tendance que possède cette qualité particulière d'acier
à conserver du magnétisme permanent. Par suite, pour
l'objet qui nous occupe, le plus important est que l'échantillon considéré possède une grande force coercitive.
Dans le spécimen d'acier recuit étudié par Ewing (voir
p. 120), la rémanence était de 10500 unités, et la force
coercitive de 24.

RÉMANENCE ET FORCE COERCITIVE

NATURE DES ÉCHANTILLONS	OBSERVA-TEURS	FORCE magnétisante appliquée $\mathcal{H}$	INDUCTION maxima $\mathcal{B}$	INDUCTION résiduelle $\mathcal{B}$	FORCE coercitive	INTENSITÉ résiduelle D'AIMAN-TATION	AIMANTA-TION spécifique
'il d'acier, étiré dur	Ewing.	57	14300	8200	16	652	84
— recuit	—	53	14600	11700	17,5	931	119
— trempé dur comme verre. .	—	55	9400	6800	39	541	69
.orde à piano en acier, douci normalement	—	92	14600	11800	27	939	120
— — recuit	—	94	14300	10500	24	836	107
— — trempé dur comme verre . . .	—	98	12700	9600	41	747	98
'onte	—	16	3700	2600	8	207	26,5
'il de fer très doux.	—	17	13500	11000	1,9	875	112
'er forgé recuit	—	90	16200	12700	3	1010	129
.cier doux Whitworth, recuit. . . .	Hopkinson	250	16120	10740	8,3	855	109
— trempé à l'huile .	—	—	16120	8736	19,4	695	89
.cier chrômé, comme forgé	—	—	14680	7568	18,4	602	77
— recuit.	—	—	13233	6489	15,4	516	67
— trempé à l'huile .	—	—	12868	7891	40,8	628	81
.cier au tungstène, comme forgé . .	—	—	15718	10144	15,7	807	104
— recuit.	—	—	16498	11008	15,3	876	112
— trempé à l'eau tiède .	—	—	15610	9482	30,1	755	97
— (français), trempé à l'huile	—	—	14480	8663	47,1	687	88
— trempé très dur . .	—	—	12133	6818	51,2	542	69

Le tableau précédent donne la rémanence et la force
coercitive d'un certain nombre d'échantillons d'acier et de
fer, en même temps que des renseignements sur le degré
auquel l'aimantation y a été momentanément poussée pour
leur laisser ces rémanences respectives. Ces chiffres sont
empruntés aux recherches d'Ewing et d'Hopkinson.

Dans les expériences d'Ewing les échantillons considérés étaient soit des fils de grande longueur comparativement à leur diamètre, soit des anneaux.

Dans ses expériences, Hopkinson s'est servi de tiges
minces avec l'appareil décrit p. 87 ; la présence de la
culasse en fer doux avait pour résultat de donner à
l'échantillon éprouvé la même action que s'il était pratiquement de longueur indéfinie par rapprrt à son diamètre.

Le tableau suivant donne quelques valeurs de l'aimantation maxima conservée par des aimants réels en
acier, aimantés par les procédés usuels, ainsi que de
l' « aimantation spécifique », σ, ou du moment magnétique
par gramme.

Il est important de noter, en ce qui concerne ce tableau,
qu'il existe une grande différence dans les dimensions
relatives des échantillons éprouvés par les divers obser-
vateurs. Comme nous l'avons fait ressortir antérieurement, le rapport de la longueur au diamètre a une grande
influence sur l'aimantation temporaire d'un échantillon, et,
dans le cas d'une aimantation permanente, les différences
sont encore plus marquées. Dans les expériences de
Schneebeli, les longueurs employées étaient de 100 à 800
diamètres ; dans celles d'Ewing, de 200 ; celles d'Hopkinson portaient sur des barres de longueur pratique-

VALEURS MAXIMA D'AIMANTATION PERMANENTE

OBSERVATEUR ET MÉTAL ÉTUDIÉ	$\mathfrak{J}$ résiduelle.	$\mathfrak{B}$ résiduelle.	σ
Weber, aimant en acier ordinaire.	314	3947	40
Von Waltenhofen, acier au tungstène, trempé dur comme verre.	369	4638	47
Schneebeli, aiguilles de boussoles de 2,5 à 6,6 cm de long, sur 0,06 cm d'épaisseur.	557 671	7001 8435	71,4 86
Schneebeli, aiguilles à tricoter, de 19,8 à 21 cm de long sur 0,083 à 0,175 cm d'épaisseur. . . .	765 832	9626 10458	28 107
Hopkinson, acier au tungstène, trempé à l'huile.	687	8643	88
Hopkinson, acier très dur. . . .	542	6818	70
Ewing, fil d'acier, dur comme verre.	541	6800	69
Ewing, corde à piano, acier dur comme verre.	747	9600	98
Perry, acier Jowitt.	1003	12600	129
Preece, acier Wall	120	1519	15,5
— acier Ashforth . . .	143,5	1704	17,3
— acier Saunderson. . . .	114,2	1435	14,6
— acier Jowith	109,6	1503	15,3
— acier Vicker	93,4	1174	12
— acier « à rivets » Crewe .	14,8	186,6	1,9
— acier « à ressorts » Crewe.	110,5	1391	14,2
— acier Clémandot (comprimé et douci).	170	2264	23,2
— acier Clémandot (comprimé mais non douci) . . .	106,1	1333	13,6
— acier Marchal	202,2	2540	26
— acier d'Allevard (trempé au mercure).	104,6	1315	13,4
— acier d'Allevard (trempé à l'eau	132,1	1660	16,9
Gray, aimant d'acier, dur comme verre	520	6536	66
Evershed, aciers Jowitt et Wall (moyenne).	318 à 398	4000 à 5000	41 à 51
Brown, aimant d'acier dur comme verre	477 à 556	6000 à 7000	61 à 72

ment indéfinie; Perry employait la forme en fer à cheval, avec armature de fer doux; Gray (1) se servait de barreaux à section carrée, de longueur égale à 60 fois environ leur épaisseur; Brown (2) prenait des cylindres de longueur égale à 33 à 37 diamètres; tandis que Preece (3) faisait usage de barreaux courts à section carrée de 10 cm de long sur 1 cm de côté. Les résultats donnés par Preece sont des moyennes prises sur plusieurs échantillons de même sorte, et non pas les meilleurs résultats fournis par chacun d'eux. Ainsi, l'induction résiduelle moyenne $\mathfrak{B}$ fournie par l'acier Marchal est donnée pour 2540, alors que le meilleur acier de cette sorte présentait une induction de 2835 unités C.G.S.

Les chiffres portés dans la première colonne du dernier tableau sont les valeurs du *moment magnétique* résiduel *par centimètre cube* du corps (en unités C.G.S.) et le quotient de l'induction résiduelle par 4π. Un grand nombre d'auteurs du Continent préfèrent donner ces valeurs en fonction du *moment magnétique par gramme*, quantité également désignée sous le nom d'*aimantation spécifique* de la substance. Si la densité de l'échantillon est connue, on peut calculer l'aimantation spécifique σ d'après l'intensité d'aimantation, en la divisant par cette densité. En prenant, par exemple, le chiffre 9804 de Gray pour l'induction résiduelle $\mathfrak{B}$, et le divisant par 4π, on obtient l'aimantation résiduelle $\mathfrak{J}$, qui divisée elle-même par 7,8 (admis comme densité de l'acier), donne 100 pour l'aimantation spécifique. Dans tout le tableau précédent, les seuls échantillons donnant pour l'aimantation spécifi-

---

(1) *Phil. Mag.*, décembre 1885.
(2) *Ibid.*, mai 1887.
(3) *The Electrician*, XXV, p. 547, 19 septembre 1890.

que des valeurs supérieures à 100 sont ceux expérimentés par Schneebeli et par Perry. Les résultats fournis par Preece pour des aimants courts, de longueur égale à 10 diamètres, présentent des aimantations spécifiques variant de 2 (« acier à rivets » Crewe) à 26 (acier Marchal).

Ewing a trouvé, en employant d'énormes forces magnétisantes qui poussaient temporairement au delà de 30000 unités C. G. S. (voir p. 101) la valeur de $\mathfrak{B}$ dans du fer de Lowmoor et de Suède, que les valeurs résiduelles de $\mathfrak{B}$ n'étaient que de 515 et 500 unités, respectivement, tandis que la fonte ne donnait pas plus de 400. Ces chiffres correspondent à des intensités résiduelles d'aimantation $\mathfrak{J}$ de 40, de 32 et de 30 unités respectivement, et à une aimantation spécifique variant entre 6 et 5 seulement. Du Bois, en employant également des champs démesurément intenses, a trouvé comme aimantation spécifique résiduelle pour du nickel obtenu électrolytiquement 10,6, et pour du fer électrolytique de 70 à 106 unités. La fonte malléable avait une intensité d'aimantation résiduelle $\mathfrak{J}$ de 580 unités C. G. S.

RELATION ENTRE LE MAGNÉTISME PERMANENT —
ET LA COMPOSITION CHIMIQUE

Un très petit nombre des expérimentateurs ci-dessus cités ont donné la composition chimique des échantillons soumis à leurs investigations. Les résultats fournis par Hopkinson (1) sont d'une valeur exceptionnelle, en ce qu'ils sont accompagnés d'analyses soigneusement faites

(1) *Phil. Trans.*, 1886, partie II, p. 455.

des aciers au chrôme et au tungstène qui ont donné les
meilleurs résultats et qui avaient les compositions respectives suivantes :

Acier chrômé : —

Fer	97,893
Carbone	0,687
Manganèse.	0,028
Soufre	0,020
Silicium	0,134
Phosphore.	0,043
Chrôme.	1,195
	100,000

Acier au tungstène :

Fer	95,371
Carbone.	0,511
Manganèse	0,625
Silicium.	0,021
Phosphore	0,028
Tungstène	3,444
	100,000

INFLUENCE DU RECUIT, DU GRAIN ET DE LA FORME

Dans la confection des aimants permanents le recuit ou
doucissage est un facteur presque aussi important que la
composition chimique de la matière. La plupart des constructeurs ont leur mode favori de procéder pour durcir
et doucir (1) leurs aciers, et peu d'entre eux peuvent ou

(1) Le mot « *temper* » n'a pas en anglais, et ici en particulier, le
sens de trempe ou procédé de durcissement, bien que certains auteurs
peu exacts en fassent souvent la confusion et emploient ce terme dans
son sens erroné. Cette expression s'applique à l'opération qui consiste
à faire retomber l'acier à un état plus doux par un réchauffage partiel
après durcissement ; c'est un recuit partiel connu chez nous en terme
d'atelier sous le nom de *doucissage* (doucir).

28

veulent fournir à cet égard des renseignements exacts. On ne saurait davantage donner de règle universelle sur le meilleur procédé à suivre ; tel procédé préférable pour un échantillon d'acier est différent de celui qui convient le mieux à un autre. De plus, comme on le verra, le doucissage le meilleur pour les aimants *courts* est absolument différent de celui qui doit être adopté pour les aimants *longs* ou en forme de fer à cheval. Il est cependant sans aucun doute éminemment désirable d'assurer un grain fin, régulier et uniforme, car tout défaut d'homogénéité tend à réduire la qualité de l'aimant. Un forgeron inexpérimenté, en travaillant un aimant, en dénaturera la structure par un martelage exagéré et inégal. On admet communément que, plus un morceau d'acier est dur, plus il conserve son aimantation. Mais il faut sous cette expression distinguer deux qualités différentes. Certains aciers présenteront, après aimantation, une grande rémanence qui disparaîtra cependant avec les semaines et les mois. D'autres sortes d'acier auront une moindre rémanence, mais conserveront plus longtemps l'aimantation qu'ils auront prise. Cette question de constance dans la conservation de l'aimantation sera ci-après l'objet de considérations spéciales.

Il existe deux manières de durcir l'acier. L'une consiste à le refroidir brusquement quand il est porté au rouge vif ; l'autre, à le soumettre à une énorme pression à l'aide de pompes hydrauliques tandis qu'il se refroidit lentement. Dans la première méthode, qui est la plus usitée, la croûte externe se refroidit brusquement, tandis que les couches internes sont encore plastiques et se trouvent probablement comprimées par la contraction naturelle de la croûte. Dans la seconde, le durcissement, bien que poussé moins loin, est plus uniforme dans la masse. On peut également, comme chacun sait, durcir des fils par simple étirage ; mais ce procédé n'est pas appliqué dans la fabrication des aimants. Quand on chauffe au rouge vif, et même presque au rouge blanc, de minces barreaux d'acier, et qu'on les plonge ensuite brusquement dans l'eau, l'huile, ou, encore mieux, le mercure, ils deviennent extrêmement durs et cassants, si bien qu'il leur arrive souvent de se fendre pendant l'opération. Cet état est connu sous le nom de « *dur comme verre* ». Si l'acier ainsi durci est alors réchauffé au voisinage du rouge sombre pendant quelques instants, il s'adoucit un peu et prend à sa surface une teinte jaune pâle ; ce doucissement est connu en terme industriel sous le nom de *couleur paille*. Si on le laisse encore revenir sur lui-même en continuant le réchauffage, il prend une teinte *bleue* ; on donne généralement ce doucissement aux aciers pour ressorts, pour plumes d'acier et autres applications exigeant de la souplesse. Si l'on pousse encore plus loin le réchauffage, l'acier devient doux ; il est recuit par cette exposition à une température correspondant au rouge sombre. Or, s'il était vrai que les aimants les plus durs fussent les meilleurs, il est clair qu'il ne faudrait pas les doucir par la chaleur mais qu'on devrait les laisser tous trempés comme verre ; et la pratique indique que ce n'est nullement la meilleure condition.

La spécification du degré de dureté d'après la teinte est extrêmement vague. Heureusement on a reconnu dans les propriétés de l'acier un autre élément variable plus facile à mesurer et sensiblement proportionnel à la dureté de l'échantillon ; c'est sa résistivité électrique.

Barus (1), qui a observé ce fait, et Fromme (2) ont montré que cette relation est très précise, et Strouhal et Barus (3) ont eu recours à cette propriété pour spécifier la dureté de diverses barres soumises à l'aimantation. Ils donnent à titre d'exemple les valeurs suivantes pour un échantillon d'acier : —

ETAT DE L'ACIER	RÉSISTIVITÉ EN OHMS-CENTIMÈTRE
Dur comme verre	45,7
Teinte : jaune-paille vif	28,9
— jaune-paille	26,3
— bleu.	20,5
— bleu vif.	18,4
Doux	15,9

Dans toutes les comparaisons entre la dureté de l'acier et sa faculté de conservation du magnétisme, il faut tenir compte de la forme de l'aimant; les aimants courts et les aimants longs possèdent en effet, comme nous l'avons déjà mentionné, des propriétés différentes. Dans presque toutes les expériences faites à cet égard, les barreaux ou fils d'acier employés avaient une section carrée ou circulaire, habituellement la dernière. Aussi la manière la plus commode de désigner la forme d'un aimant droit est-elle de dire combien de fois sa longueur contient son épaisseur. Dans certaines expériences d'Ewing sur le fer doux (voir p. 106), la longueur des barres employées variait de 50 à 200 fois leurs diamètres et les résultats

(1) *Wied. Annalen*, VII, p. 411, 1879.
(2) *Ibid.*, VIII, p. 352, 1879.
(3) *Ibid.*, XX, p. 525, 1883.

(groupés dans la Fig. 46) montrent que, même pour
une aimantation temporaire poussée à peu près jusqu'au
même degré avec toutes les barres, les longues présentaient cependant une plus grande rémanence que les
courtes. Nous emploierons, pour la commodité, le symbole δ comme expression du rapport de la longueur au
diamètre.

Des recherches importantes ont été faites par Cheesman (1) sur l'effet du durcissage de l'acier par étirage
avec des aciers de diverses dimensions. Avec un fil
d' « acier-argent » (2) anglais (de MM. Cook), de 1,28 mm
de diamètre et de 90 mm de long (d'où $\delta = 70$), aimanté
par contact avec un grand électro-aimant, il a trouvé

ÉTAT DE L'ACIER	FORCE D'ÉTIRAGE EN kg.	AIMANTATION SPÉCIFIQUE
Doux.	0	78,1
Dur	30	77,3
Plus dur.	60	70,8
Encore plus dur	70	63,7
(Fil rompu).	75	55,6

que le durcissage par étirage avait pour résultat de diminuer la quantité de magnétisme permanent que pouvait recevoir cet acier. L'aimantation était répétée après
chaque étirage successif.

(1) Cheesman, Ueber den Einfluss der mechanischen Härte auf die
magnetischen Eigenschaften des Stahles und des Eisens (Influence
des actions mécaniques sur les propriétés magnétiques de l'acier et
du fer), Discours d'ouverture, Leipzig, 1882. Voir également Wied.
Annalen, XV, p. 204, et XVI, p. 712, 1882.
(2) Probablement « blanc comme de l'argent ».

Dans une autre série d'expériences il fit varier la longueur.

RAPPORT DES DIMENSIONS δ	AIMANTATION SPÉCIFIQUE	
	Doux	Dur
22,5	16,4	18,0
40,4	48,0	48,1
58,6	75,6	60,4

De ces expériences et d'un grand nombre d'autres Cheesman conclut que, pour des aimants courts, le durcissage de l'acier augmente sa faculté de conservation d'aimantation ; tandis que, pour des aimants longs, il la diminue. Il fixe à 41 diamètres la valeur critique de δ pour le type d'acier en question.

MM. Strouhal et Barus se sont livrés à des recherches beaucoup plus approfondies sur ce sujet, en y faisant intervenir la question de doucissement. Ils éprouvèrent différentes sortes de fer et d'acier, mais les résultats que nous enregistrons ici sont relatifs à des aimants de fil d' « acier-argent » de MM. Cook, de Sheffield, de 1,48 mm de diamètre et d'une densité égale à 7,7. Dans cet acier on prépara cinq aimants dont la longueur variait de 10 à 50 diamètres. Ils furent d'abord trempés-comme-verre par refroidissement brusque dans l'eau, puis aimantés. Ils furent alors soumis à la série suivante d'opérations : leur magnétisme, après réaimantation dans une bobine alimentée par un courant de 30 ampères pris sur une dynamo, était relevé de temps en temps (à l'aide d'un ma-

gnétomètre); ils furent chauffés (*a*) dans la vapeur d'eau
à 100° C, pendant une, deux, trois, et quatre heures;
(*b*) dans la vapeur d'aniline à 185° C, pendant vingt
minutes, une heure, deux, quatre, et six heures; (*c*) dans
l'étain fondu à 240° C; (*d*) dans le plomb fondu à 330°
C; (*e*) dans le zinc fondu à 420° C (cette dernière température correspond à un rouge sombre); (*f*) au rouge,
de manière à doucir complètement l'acier, l'aimant, renfermé dans un tube à gaz, étant plongé dans la chaux
puis abandonné à un lent refroidissement. Les résultats
ainsi obtenus et qui sont de la plus haute importance
sont consignés dans le Tableau ci-dessous : —

MARCHE DU DOUCISSEMENT ou RECUIT PARTIEL	DURETÉ	AIMANTATION SPÉCIFIQUE $\delta =$				
		9,9	20,3	29,2	40,5	49,8
Dur comme verre. . .	43,8	24,8	41,0	47,2	50,8	52,5
1 heure dans la vapeur à 100°	38,6	23,3	39,2	45,2	48,7	50,4
3 — — —	36,5	23,4	38,6	44,5	47,7	49,3
6 — — —	35,1	23,3	38,6	44,3	47,4	49,4
10 — — —	34,3	23,3	38,3	44,2	47,4	48,9
20 min. dans vap. d'aniline 185°	29,0	21,0	38,9	46,0	50,3	52,3
1 heure — — —	27,5	21,3	40,2	48,1	52,9	55,1
3 — — — —	25,6	21,6	42,7	52,2	27,7	60,2
7 — — — —	24,2	21,8	45,5	56,9	63,5	66,8
13 — — — —	22,9	20,9	46,2	59,7	68,1	71,8
10 min. dans étain fondu. 240°	22,2	20,1	46,7	61,0	70,2	74,3
1 heure dans plomb fond. 330°	19,0	19,0	46,7	68,0	83,7	90,0
1 — dans zinc fondu. 420°	16,2	11,1	40,1	72,6	93,9	103,9
Recuit	14,9	1,3	40,2	18,7	29,8	42,1

Ce tableau n'est qu'un extrait d'un grand nombre d'autres dont la tendance résultante est la même. Les chiffres
donnés sous la rubrique « dureté », 2° colonne, repré-

sentent les résistivités électriques en ohms-centimètre. Il est intéressant de remarquer combien, pour les aimants courts, l'aimantation spécifique décroît, puis manifeste une tendance à l'augmentation, pour décroître de nouveau, au fur et à mesure que l'aimant devient plus doux. Un autre point à noter est que, dans tous les cas, le doucissement dans la vapeur d'eau réduit légèrement l'aimantation que conservera un aimant; mais que, au bout de cinq ou six heures, elle atteint une valeur pratiquement constante.

Un très grand nombre d'observations sur du fil de même sorte ont été relevées par ces expérimentateurs avec des résultats pratiquement identiques. Ils se sont efforcés de fixer sur l'échelle galvanique la dureté effective et la valeur magnétique de leur acier douci aux teintes familières aux ouvriers.

ÉTAT DE DOUCISSEMENT	DURETÉ	Aimantation spécifique moyenne $\delta =$				
		10	20	30	40	50
Trempé comme verre . . .	45,7	23,5	37,6	43,6	46,5	48,3
Jaune-paille.	26,3	21,4	40,2	49,4	53,8	56,5
Bleu	20,5	19,3	45,8	67,0	80,4	87,3
Doux recuit.	15,9	4,3	11,2	20,5	31,8	44,6

Ces résultats concordent avec ceux obtenus par Ruths (1), qui a trouvé, sur une autre sorte d'acier, que, pour les aimants courts ($\delta = 20$), l'aimantation spécifique

_____

(1) Ruths, *Ueber den Magnetismus weicher Eisencylinder und verschiedener harter Stahlsorten*, Dortmund, 1876.

tombait de 51 correspondant à la trempe comme verre à 28,4 correspondant au doucissage au bleu; tandis que, pour de longs aimants ($\delta = 70$), l'aimantation spécifique qui était de 68,7 pour l'état trempé comme verre montait à 92 quand il arrivait au bleu.

Les recherches les plus récentes à cet égard sont celles d'Holborn (1), qui se servit d'un four spécial pour obtenir des températures exactes. Il a trouvé que chaque sorte d'acier exige une température particulière pour atteindre la plus haute rémanence. De légères différences dans la température de trempe peuvent se résoudre par de grandes différences dans l'aimantation spécifique d'un genre d'acier quelconque.

Les investigations ci-dessus résumées, si importantes qu'elles soient, ne répondent cependant pas à la question de savoir quel est l'état de doucissement qui permet d'obtenir la plus grande quantité d'aimantation constante. Cette précieuse qualité que les Anglais appellent la « rétentivité » et à laquelle Scoresby (2) a donné le nom de « fixidité », ne peut même pas être prédéterminée par l'examen des valeurs de la force coercitive, telles que celles fournies par le tableau de la p. 488, parce qu'elles sont elles-mêmes sujettes à variations avec le temps. Scoresby a proposé un procédé consistant à étudier le changement de magnétisme déterminé par une application douce, sans choc, de l'aimant sur les pôles semblables d'un autre plus puissant. Il prit comme mesure de comparaison de la qualité d'un aimant (en vue des aiguilles de boussoles, etc.) le produit de son intensité

(1) *Zeitschrift für Instrumentenkunde*, XI, p. 113, 1891.
(2) Scoresby, *Magnetical Investigations*, tome 1, p. 35.

primitive par l'intensité réduite résultant de cette opération. En opérant ainsi, Scoresby (dont les aimants avaient 15 cm de long, sur 1,25 cm de large, et 1,25 à 1,65 cm d'épaisseur) a trouvé que la réduction était proportionnellement minima dans l'acier fondu quand il était trempé, et qu'elle était inférieure pour le doucissage au bleu sur toute sa longueur à celle correspondant à ce même doucissage aux extrémités seulement. Kater (1) a trouvé que, pour les aiguilles de boussoles en acier mince, il était avantageux de doucir par réchauffage le milieu des aiguilles en laissant la trempe aux extrémités seulement.

Un grand nombre de faits importants, en ce qui concerne la question de doucissage et la composition chimique, ont été récemment découverts. Il paraîtrait que le fer est susceptible de se présenter sous deux états distincts ou allotropiques, exactement comme le carbone existe soit sous forme de plombagine d'une extrême douceur ou de diamant d'une dureté considérable. Dans l'un de ces deux états, le fer est doux; dans l'autre il est dur. De plus le mode d'existence du carbone dans l'acier doux diffère de son mode d'existence dans l'acier dur. — Suivant Sir F. Abel (2), dans l'acier laminé à froid le carbone existe sous forme d'un carbure de fer dont la composition chimique est Fe_3C. Ce carbure est disséminé en petits globules dans la masse de l'acier, et le microscope permet de le reconnaître. Lorsque cet acier est chauffé au rouge vif et rapidement refroidi, il devient très dur, et l'on reconnaît alors que le carbone paraît

(1) Bakerian Lecture (*Phil. Trans.*), 1821.
(2) *Proc. Inst. Mech. Engineers*, janvier 1883.

s'être dissous dans la masse; on n'en voit plus trace. Un réchauffage — à des températures entre 200° et 400° C sépare de nouveau le carbure en petits flocons au sein de la masse, le degré auquel cette séparation est effectuée dépendant de la température, de la durée de son action et du traitement mécanique subi par l'acier pendant ce réchauffage. — Chernoff, en 1868, a montré que l'acier ne se trempe pas par un subit refroidissement à moins d'avoir été porté à une certaine température, bien déterminée, de 650° C environ. — Gore, en 1869, a découvert que, si on laisse refroidir un fil de fer porté au rouge vif, il arrive un moment où il s'allonge tout d'un coup, pour se contracter ensuite en refroidissant. — Le professeur Barrett a de son côté constaté que, arrivé à un certain degré de refroidissement, le fil prend subitement un éclat plus vif; il a donné à ce phénomène le nom de *récalescence*. — Tait a montré ultérieurement qu'il existe une certaine température élevée à laquelle le fer subit un curieux et brusque changement dans ses propriétés thermo-électriques. — Plus récemment encore, Osmond, en étudiant le refroidissement d'échantillons de fer et d'acier chauffés, a observé qu'il existe deux points sur l'échelle de la température auxquels il se développe de la chaleur pendant le refroidissement.

Pendant un refroidissement *rapide*, le carbone passe de l'état où il est en combinaison avec le fer à un état dans lequel il est dissous dans le métal; et pendant un *lent* refroidissement ce carbone dissous peut rentrer en combinaison avec le fer et le ramener à l'état doux. Suivant Osmond, le second point de température, auquel il se dégage de la chaleur et pour lequel la chute de température s'arrête momentanément, correspondrait à la récalescence de Barrett, et il prétend que, au moment où, pendant le refroidissement, cette température est atteinte, le carbone quitte son état de dissolution et se combine avec le fer, dégageant ainsi de la chaleur et déterminant une incandescence momentanée de la surface. Mais, même avec du fer pur, on constate un point d'arrêt dans l'abaissement de la température. Ici il n'y a pas de carbone; le phénomène est donc dû à quelque chose qui se passe dans le fer même. — Voici comment Osmond en rend compte. Au rouge vif, les atômes de fer sont groupés en molécules de telle sorte que le fer est virtuellement *trempé;* mais il y a un autre groupement possible qui, lorsqu'il est réalisé, rend le fer doux. Osmond désigne par β le premier état du fer ou sorte dure, et par α le second ou sorte douce. Si le fer est pur, il passe, en se refroidissant de l'état α à l'état β, plus ou moins rapidement. Mais, s'il contient du carbone, une certaine proportion de toutes les molécules est maintenue à l'état β, avec ce résultat que l'acier est dur. Suivant Osmond, ce changement moléculaire s'opère à la plus élevée des deux températures d'arrêt dans le refroidissement; le second arrêt marquerait le point auquel le carbone passe de l'état de dissolution, durcissant, à celui de combinaison. Le premier se manifeste aux environs de 770°, le second vers 680° C. En conséquence, si *entre ces deux températures* on refroidit brusquement l'acier, la partie-fer doit être douce, mais non combinée avec la partie-carbone. Tel est en effet le cas à l'analyse : la dissolution du fer libre ne révèle la présence d'aucun carbure. En outre, tout travail mécanique à des températures au-dessous du rouge sombre peut transformer graduellement le fer α en fer β ou dur, ce qui arrive en effet quand on le lamine, le martelle ou l'étire. Mais ces changements sont naturellement liés aux propriétés magnétiques du métal, et cette connexion possible a fait l'objet des recherches de Tomlinson, Hopkinson, Roberts-Austen et autres. Il semblerait que, à des températures au-dessus de celles des deux points critiques, le fer ne soit pas magnétisable, et que ce soit seulement au-dessous du plus bas des deux qu'il puisse recevoir ou retenir du magnétisme. Dans tous les cas la température de récalescence semble correspondre à la température critique d'aimantation. S'il en était ainsi, il s'ensuivrait que le fer β (ou dur) ne peut pas lui-même s'aimanter. Un fait qui corrobore cette manière de voir est que l'addition au fer d'une petite proportion de manganèse produit un acier dit « au manganèse », qui, non seulement est d'une dureté excessive, mais encore n'est pas magnétisable. Sept pour cent de manganèse suffisent à empêcher le fer de passer de l'état β à l'état α.

PROCÉDÉS D'AIMANTATION

On peut passer sous silence comme tombés en désuétude les anciens procédés d'aimantation comprenant les méthodes de la « simple touche », de la « double touche », de la « touche divisée », et de la « touche circulaire ». — Les seuls procédés dignes d'attention sont ceux qui sont basés sur l'emploi des courants électriques. — Arago en découvrit le principe en 1820 et aimanta des aiguilles d'acier en les introduisant dans un solénoïde relié à une pile voltaïque. — Elias, de Haarlem, en 1844, proposa une modification avantageuse de ce procédé. Au lieu d'enrouler le fil en un long solénoïde, il le bobina

29

en un anneau compacte contenant un grand nombre de
couches, pouvant glisser librement le long du barreau
d'acier à aimanter, et il le promena de bout en bout, de manière à soumettre successivement chacune de ses parties
à un champ magnétique intense. — En 1846 Bottger suggéra une autre modification spécialement applicable aux
aimants en fer à cheval et qui consistait à faire glisser deux
bobines distinctes, inversement enroulées, sur les deux
extrémités polaires simultanément. — Sinsteden eut recours, pour aimanter les types en fer à cheval, à un puissant électro-aimant bipolaire, sur les faces polaires duquel il mettait l'acier en fer à cheval ; dans cette situation
il frottait le fer à cheval, en allant de la courbure vers les
pôles, avec une armature de fer reposant transversalement sur les deux branches. — Van der Willigen, dans
son remarquable traité (1) sur les aimants de Haarlem
forgés par Van Wetteren, décrit la méthode employée
dans la confection de ces fameux aimants. Le fer à cheval en acier est mis en contact par ses pôles avec les pièces
polaires d'un électro-aimant de Ruhmkorff (comme celui de la Fig. 27, p. 62), et on y envoie le courant, successivement interrompu trois ou quatre fois, de dix
ou vingt éléments Bunsen. Le courant étant coupé,
le fer à cheval est alors dressé verticalement, et son armature est promenée transversalement à ses pôles pendant que ceux-ci sont maintenus en contact avec l'électro-aimant. L'aimant est ainsi dans un état de sursatu-
ration ; il adhère à son armature avec un effort de 30
pour cent supérieur à l'effort permanent qu'il exercera

---

(1) Van der Willigen, *Sur le Magnétisme des Aimants artificiels*,
Archives du Musée Teyler, Haarlem) tome IV, 1878.

plus tard. Pour de plus grands électro-aimants, Van der Willigen se servait simultanément de l'électro-aimant de Ruhmkorff, comme on vient de le voir, et d'un anneau d'Elias, qu'il promenait de 20 à 100 fois d'un mouvement de va-et-vient d'un bout à l'autre du fer à cheval, pendant que l'électro-aimant agissait aussi sur lui.

Pour les petits barreaux aimantés et les aiguilles de boussoles, il suffit de les faire passer sur les pôles d'un grand électro-aimant, en faisant finalement toucher chacune des extrémités de la pièce d'acier au pôle de signe contraire, et l'arrachant normalement à la surface. Pour les barres droites de grandes dimensions, Van der Willigen se servait du même électro-aimant, en réglant les distances entre les faces polaires suivant le barreau à aimanter ; il employait ensuite le même procédé que pour les fers à cheval, mais naturellement sans application d'armature.

Un procédé, connu sous le nom de méthode d'Hoffer, consiste à promener sur le fer à cheval en acier, en allant des pôles vers la courbure, une tige de fer transversale à ses branches pendant qu'il est en contact avec les pôles d'un autre fer à cheval préalablement aimanté. Van der Willigen qui a étudié ce procédé l'a trouvé défectueux et même nuisible. Il donne lieu à des inégalités dans la distribution du magnétisme et diminuerait la puissance effective d'aimants magnétisés comme on l'a vu ci-dessus.

Un autre procédé qui a été à diverses reprises suggéré comme un perfectionnement aux méthodes ordinaires consiste à soumettre le futur aimant à des forces magnétisantes intenses pendant la trempe. Robinson mettait les barreaux d'acier au rouge en contact avec les pôles d'un fort aimant, et les arrosait d'eau froide dans cette position. Holtz prétend que de grosses barres d'acier ainsi aimantées pendant un refroidissement rapide sont deux fois aussi puissantes que celles aimantées à froid, et que des tiges minces acquièrent par là une aimantation triple. Aimé et Hamann ont également préconisé cette méthode qui ne paraît cependant présenter aucun avantage réel.

Moser (1) a fait un essai comparatif de diverses mé-

EXPÉRIENCES DE MOSER	DURÉE D'UNE oscillation en secondes	INTENSITÉS relatives
1. — Méthode de Knight à « touche divisée » avec deux aimants permanents; 20 passes sur un seul côté.	22,13	1
2. — Même procédé répété sur les quatre côtés.	14,87	2,21
3. — Même procédé avec masses de fer sous chacune des extrémités de la barre.	14,63	2,29
4. — Même procédé, le barreau étant placé au sommet d'un aimant en acier renversé.	12,13	3,33
5. — Méthode de Michell de la « double touche », avec deux barreaux aimantés distincts.	11,13	3,95
6. — Même procédé avec un aimant en fer à cheval.	10,19	4,74
7. — Méthode d'Aepinus de la « touche circulaire » avec le même aimant en fer à cheval.	8,75	6,39
8. — Avec un électro-aimant : barreau placé sur deux pièces polaires en fer sur les pôles de l'électro-aimant, et frotté dans cette situation avec un fer à cheval d'acier : le courant d'excitation de l'électro-aimant étant alors rompu, et le barreau soulevé.	8,00	7,62

(1) Dove, *Repertorium der Physik*. tome II, p. 144, 1838.

thodes sur un barreau parallélipipédique en acier pesant 340 g. Il mesurait le degré d'aimantation par la méthode des oscillations, en observant le temps nécessaire à une période complète. Il lui fallait ensuite calculer les intensités relatives d'après la durée de l'oscillation. Les résultats des huit méthodes, dont chacune est supérieure à la précédente, sont consignés dans le Tableau ci-dessus.

Ces expériences ne laissent aucun doute quant à la supériorité de la méthode moderne sur les anciennes.

Ewing employait un grand électro-aimant pour ses recherches sur l'aimantation du fer dans des champs magnétiques très intenses. Entre les pôles de cet électro il plaçait le spécimen à aimanter, qui consistait en un cylindre aminci au tour en son milieu, de manière à présenter une gorge étroite entre deux parties coniques. Cette disposition permettait de concentrer un flux énorme à travers cet « isthme » étroit. C'est par ce procédé qu'Ewing a trouvé la valeur résiduelle de $\mathfrak{J}$ égale à environ 500 unités C. G. S. pour le fer forgé.

CONSTANCE DES AIMANTS

De ce qu'un aimant présente la plus grande quantité de magnétisme dit permanent il ne s'ensuit nullement qu'il sera le plus constant dans la conservation de ce magnétisme. Les aimants perdent leur aimantation sous l'influence de bien des causes, telles que chocs accidentels, contacts avec d'autres aimants ou pièces de fer, changements de température, recuit lent de l'acier, etc. L'influence relative de ces actions sur la qualité et l'état de l'acier et sur les dimensions de l'aimant est imparfaite-

ment connue ; on n'a que quelques renseignements à cet
égard.

Gray (1), en employant des aimants trempés comme
verre, trouva que la proportion dans la perte de magnétisme due à une petite force démagnétisante (celle d'une
unité de champ) variait notablement pour des aimants de
différentes longueurs. Un barreau long de 10 diamètres
perdait 0,8 pour cent ; un de 20 diamètres, 0,6 pour cent ;
un de 40 diamètres, 0,5 pour cent ; tandis qu'un autre
ayant en longueur 100 fois son diamètre ne perdait
guère que 0,44 pour cent.

Bosanquet (2), en expérimentant sur un nombre considérable d'aimants, établis (le 8 février 1885) avec le meilleur acier fondu, aussi dur qu'on put l'obtenir, a trouvé
pour leurs moments magnétiques la décroissance suivante :

18 février	12,539
3 mars	11,822
15 mars	11,767
8 avril	11,620
18 septembre	11,119

Lamont (3) a poursuivi pendant onze ans des observations sur la constance des aimants employés à l'observatoire de Munich pour les mesures magnétiques journa-
lières. Ces aimants avaient été plusieurs fois déjà plongés
alternativement dans l'eau chaude et l'eau froide, sans
atteindre par ce procédé un grand état de constance,
comme le prouvent les chiffres suivants. Les pertes sont
exprimées en décimales du moment magnétique total : —

(1) *Phil. Mag.* XX, p. 484, 1885.
(2) *Ibid.*, XIX, p. 57, 1885.
(3) Lamont, *Handbuch des Magnetismus* (1867), p. 410.

OBSERVATIONS MENSUELLES	1848	1849
Janvier	0,0000	0,0000
Février	0,0003	0,0001
Mars	0,0003	0,0002
Avril.	0,0008	0,0005
Mai	0,0011	0,0007
Juin	0,0022	0,0011
Juillet	0,0028	0,0016
Août	0,0032	0,0022
Septembre	0,0028	0,0022
Octobre	0,0017	0,0013
Novembre	0,0009	0,0007
Décembre	0,0005	0,0001

La décroissance totale dans les diverses années, également en fonction du moment magnétique total pris comme unité, est consignée ci-après : —

1847	0,0174		1853	0,0099
1848	0,0169		1854	0,0103
1849	0,0103		1855	0,0081
1850	0,0091		1856	0,0079
1851	0,0113		1857	0,0071
1852	0,0079		1858	0,0063

D'après Barus (1) la température atmosphérique moyenne, agissant pendant une certaine période d'*années* sur un aimant fraîchement trempé, produit une diminution de dureté, avec perte de magnétisme correspondante et sensiblement équivalente à celle que déterminerait l'action d'une température de 100° C agissant pendant un nombre égal d'*heures*.

Quelques praticiens ont cherché à expliquer la lente

(1) *Phil. Mag.*, novembre 1888, p. 403.

décroissance du magnétisme par des modifications dans l'état chimique de la surface, changements dus à l'oxydation, l'humidité, etc., et ont proposé de la prévenir par une dorure, une argenture ou un vernissage superficiels. Ces remèdes sont absolument sans effet et l'hypothèse sur laquelle ils reposent est erronée.

Cheesman a étudié la valeur relative de la perte d'aimantation déterminée par la percussion, en laissant tomber des aimants de différentes hauteurs. Il a obtenu les résultats suivants : —

NATURE ET DOUCISSEMENT DU MÉTAL	HAUTEUR DE CHUTE EN MÈTRES	Aimantation perdue o/o
Fil d'acier, doux	1,5	30
— durci mécaniquement.	2,0	44
— — —	3,0	57
Tige d'acier, durcie mécaniquement	2,0	52
— — . —	7 fois : 2,0	81
Fil de fer durci mécaniquement.	2,0	84
— — —	3 fois ; 2,0	95
— doux	2,0	83
. — —	3,0	99
Tige de fer doux	2,0	97
Fil d'acier, trempé comme verre .	3,0	6
— — — —	3,0	4

W. Brown (1), avec des aimants faits en acier-argent, tous de 20 cm de long, a cherché à trouver une relation entre le doucissement des aimants et la perte relative de magnétisme due à la percussion après avoir laissé ces aimants se rasseoir pendant diverses périodes de temps. Les résultats obtenus par lui sont consignés dans le ta-

(1) *Phil. Mag.*, XXIII p. 293, 1887.

bleau suivant, qui montre que la trempe dur-comme-verre
paraît donner sous ce rapport la plus grande constance.
Il montre, par contre, d'une façon moins certaine que les
longs aimants soient plus constants que les courts..

ÉTAT DU MÉTAL	$\frac{\delta}{\sigma}$ RAPPORT	AIMANTATION spécifique. σ	Perte pour cent due à la percussion. après repos de				
			Heures			Mois	
			1	20	44	1	3
Dur comme verre. . .	33	44	1,98	2,0	1,95	1,04	0,8
— — . . .	50	45	2,96	3,2	1,48	1,0	0,0
Douci au jaune . .	33	44	6,03	6,1	4,8	5,4	6,2
— — . . .	50	46	4,0	3,5	3,76	2,6	4,0
Douci au bleu. . . .	33	54	11,8	10,8	9,74	11,8	7,5
— — . . .	50	71	8,2	8.2	8,2	7,5	8,7

Strouhal et Barus, qui se sont livrés à tant de recherches sur les propriétés physiques de l'acier, ont étudié la
question de la constance magnétique en fonction de la
forme, du recuit, et des variations de température. Ils
ont trouvé qu'un aimant trempé comme verre, de 119
diamètres de long, perdait 30 pour cent de son aimantation quand il était maintenu pendant six heures à la
température de 100° C dans la vapeur d'eau ; mais que le
même aimant, réaimanté et de nouveau exposé à la température de la vapeur d'eau à l'air libre, ne perdait plus
que 5,3 pour cent. Pour la perte d'aimantation correspondant à son premier échauffement, ils ont trouvé qu'elle
variait dans des aimants de différentes longueurs.

Un aimant de 119 diamètres de long a perdu 30 pour cent.
   —   108   —   —   28   —
   —   35   —   —   49   —
   —   14   —   —   67   —

Dans chaque cas, après échauffement prolongé dans
la vapeur, l'aimant atteignait une condition dans laquelle
l'aimantation spécifique, aussi bien que la résistivité (c'est-
à-dire la dureté mesurée électriquement), ne présentaient
plus de variation appréciable. Ces expérimentateurs
arrivèrent à cette conclusion que les aimants ainsi traités
possèdent une qualité spéciale de fixité et résistent,
non seulement aux variations de température, mais aux
chocs mécaniques, mieux que ceux préparés d'une
autre manière quelconque. A titre d'exemple, ils prirent
un aimant court, de 2,5 cm de long, sur 0,4 cm de large
et 0,3 cm d'épaisseur. Ils le plongèrent pendant quatre
heures dans l'eau bouillante, puis le réaimantèrent et le
maintinrent deux heures de plus dans la vapeur. Ils me-
surèrent alors son moment magnétique, après quoi ils le
mirent sur un billot en bois et le frappèrent violemment
50 fois, tant en long que latéralement, avec une masse
également en bois. Dans ces conditions la diminution
de magnétisme ne fut que de 1/900; et, après nouveau
réchauffage, elle se réduisit à 1/400 environ. Dans une
autre expérience, un aimant tubulaire en acier fut trempé
à la dureté du verre, aimanté et chauffé à la température de la vapeur d'eau pendant 30 heures, puis réaimanté et soumis de nouveau à la même température
pendant 10 heures. Enfin on le laissa tomber dix fois
de suite sur ses extrémités, d'une hauteur de 1,5 m ;
il ne présenta alors qu'une diminution permanente d'aimantation de 1/4756. En conséquence ils recomman-
dent la préparation suivante pour tout aimant destiné à
des observations magnétiques : *Établir les aimants en
acier trempé aussi dur que possible ; les soumettre
pendant 20 ou 30 heures consécutives, et même plus*

s'il s'agit de pièces très massives, à la température de la vapeur d'eau, 100° C ; les aimanter aussi complètement que possible ; puis les chauffer de nouveau dans les mêmes conditions pendant cinq heures (ou plus). Ainsi établis les aimants auront toute la constance qu'on peut espérer.

M. G. Hookham (1) a cherché dans un ordre d'idées tout à fait différent à obtenir des aimants de puissance constante pour l'application à ses appareils de mesures électriques. Il encastre dans des pièces polaires en fonte très voisines l'une de l'autre un certain nombre de barreaux d'aimants en acier au tungstène, de manière à constituer ainsi un circuit presque fermé. Ces dispositions prises, il envoie autour des barreaux un courant magnétisant de manière à les saturer au maximum. Il les martelle alors mécaniquement et lance dans les bobines qui les entourent un faible courant démagnétisant qui réduit leur magnétisme de 10 pour cent environ. Dans ces conditions l'aimant ne montre pendant bien des mois aucune tendance à la désaimantation ; il semblerait même au contraire gagner plutôt un peu.

ACTION DE LA TEMPÉRATURE

Indépendamment des effets de doucissement et de recuit produits sur l'acier par la température, la chaleur a diverses influences sur l'aimantation.

Ses effets sur l'aimantation temporaire du fer et de l'acier ont été consignés au Chapitre III, p. 113 ; mais il reste à signaler quelques points relatifs au magnétisme permanent.

(1) *Journal Institution Electrical Engineers*, XVIII, p. 688, 1889.

Faraday (1) a reconnu qu'un aimant d'acier perdrait son magnétisme permanent à une température un peu inférieure à celle du point d'ébullition de l'huile d'amandes douces, et que, à partir de ce point, il se comportait simplement comme du fer doux jusqu'à ce qu'il eût atteint la température du rouge orange, où toutes ses propriétés magnétiques disparaissaient. Un morceau de pierre d'aimant conservait au contraire tout son magnétisme jusque juste au-dessous de la température du rouge sombre.

Trowbridge (2), avec un mélange réfrigérant d'acide carbonique à l'état floconneux dissous dans l'éther, capable de produire une température de — 100° C, a reconnu que le froid extrême diminuait le magnétisme d'un aimant en acier de 60 pour cent.

Wiedemann (3) arriva à cette conclusion que, si la température d'un aimant est modifiée un certain nombre de fois de suite et ramenée dans les intervalles à son point initial, le magnétisme atteint progressivement un état stationnaire constant, pour lequel tout accroissement de température déterminera, dans des barreaux d'acier très dur, une augmentation, et, dans des barreaux d'acier doux, une diminution de magnétisme. Un abaissement de température donnera des résultats contraires. Ce phénomène ne laisse cependant pas que d'être complexe. Quand on chauffe, puis qu'on refroidit un aimant, le magnétisme qu'il perd pendant son échauffement n'est que partiellement regagné au refroidissement, de sorte que, à chaque répétition d'échauffement, il y a perte jusqu'à ce que l'état constant ait été atteint. Mais les phénomènes

(1) Experimental Researches, II, p. 220.
(2) Journal de Silliman, 1881.
(3) Pogg. Ann., CIII, p. 563, 1858.

dépendent de l'histoire magnétique antérieure du barreau, ce qui complique les faits. Si, par exemple, un barreau a été aimanté, puis abandonné longtemps à lui-même ou soumis à des chocs mécaniques, de telle sorte qu'il puisse être considéré comme bien pénétré de son magnétisme, et s'il a été alors récemment soumis à une force démagnétisante partielle de moyenne durée, ce barreau chauffé ensuite puis refroidi peut regagner plus d'aimantation au refroidissement qu'il n'en perdra au réchauffement. Les choses se passent comme si cet aimant possédait deux aimantations superposées l'une à l'autre et ayant des coefficients de température différents.

Pour les aimants ordinaires en acier on peut considérer comme vrai que les variations courantes de température atmosphérique déterminent de légères modifications de caractère temporaire seulement. La formule employée à l'Observatoire de Kew pour les corrections de température a été déterminée par Whipple ; la voici : —

$$ \mathfrak{M} = \mathfrak{M}_0 \left[1 - q\,(t - t_0) - q_1\,(t - t_0)^2 \right]. $$

Les lettres $\mathfrak{M}$ désignant les moments magnétiques des aimants, les valeurs moyennes de q et de q_1 sont respectivement de 0,000161 et de 0,00000048. Christie a trouvé pour le coefficient q la valeur 0,001015 ; Hansteen, 0,000788 ; Riess et Moser, pour des aiguilles de boussoles de 5 à 7,5 cm de long, de 0,000324 à 0,000432. Cancani a trouvé comme valeur de ce coefficient pour des aimants cylindriques en acier de 50 mm de long : — diamètre 1 mm, 0,000312 ; 2 mm, 0,000380 ; 3 mm, 0,000539 ; 4 mm, 0,000645 ; 5 mm, 0,000869. Le coefficient de température d'aimants doucis au bleu était de 50 pour

cent environ supérieur à celui d'aimants doucis au jaune
paille. Ewing a trouvé que le moment magnétique d'un
barreau d'acier tombait de 18 1/2 pour cent environ
sous l'action de la chaleur entre 10° et 100° C, mais qu'il
reprenait entièrement sa valeur primitive par le refroidissement. Gaugain (1) a également laissé un grand nombre d'observations relatives à l'action de la chaleur sur
l'aimantation.

AIMANTS EN LAMES MULTIPLES

Knight paraît avoir été le premier à faire usage d'aimants composés de faisceaux de lames d'acier séparément
aimantées. Depuis, un grand nombre d'autres expérimentateurs, et notamment Coulomb et Scoresby, ont adopté
ce mode de construction. Il offre un avantage sur les
méthodes employées pour la trempe de l'acier par extinction brusque, en ce que, dans celles-ci, la trempe ne
pénètre pas en réalité beaucoup au-dessous de la surface,
et que, par suite, la partie interne, plus douce, de la
barre n'ajoute rien au magnétisme permanent et peut
même l'affaiblir au point de vue de sa manifestation extérieure. — Coulomb employa des aimants formés de trois
lames, dont la médiane dépassait un peu les deux autres;
leurs extrémités étaient d'ailleurs noyées dans une pièce
polaire en fer doux. — Scoresby (2), qui fit une étude approfondie des aimants composés, a montré qu'il était avantageux de séparer les lames à petits intervalles les unes
des autres. Quelques-uns de ses aimants, constitués par
de l'acier à buscs, sont conservés au Musée de Whitby.

(1) *Comptes-rendus*, 1877 et 1878.
(2) Scoresby, *Magnetical Investigations*, tome I, p. 98 à 320.

Il a montré que des aimants composés pouvaient être rendus beaucoup plus puissants qu'un barreau massif de poids égal à celui des lames réunies ; mais que le gain absolu de puissance réalisé, dans la masse ainsi constituée, par l'addition d'une lame allait en décroissant progressivement. Ainsi, dans un faisceau de 30 lames, les 26 dernières ne donnaient pas aux quatre premières plus de puissance magnétique que n'en auraient fourni les six premières seules. Ce fait est dû à leur tendance à désaimantation mutuelle ; en effet dans un faisceau puissant, non seulement les lames les plus faibles n'ajoutent rien, mais leur polarité est réellement renversée par les plus fortes. C'est à cet état de choses qu'on remédie partiellement en empêchant le contact immédiat des lames successives. Scoresby a reconnu que, pour les aimants en fer à cheval composés, la trempe comme verre n'était pas la meilleure. Il a trouvé préférable de doucir les lames en acier dur en les immergeant dans l'huile de lin bouillante, à 263° C. Il a ainsi porté de 5,9 et 6,35 kg à 11,3 et 11,8 kg la force portante d'un fer à cheval en acier de Stub, formé de 5 lames et pesant 1,320 kg. Un autre aimant formé de 15 lames et pesant 3,6 kg, qui, trempé comme verre, ne portait que 11,8 kg, fut amené par un doucissement de ce genre à porter 20,4 et 22,7 kg. Jamin (1) qui a poursuivi des études analogues a peu ajouté aux observations très complètes de Scoresby.

Certains constructeurs d'aimants composés montent le tiers des lames en escalier aux extrémités, en donnant plus de longueur aux lames médianes qu'à leurs voisines. On gagne peu à cette disposition qu'on suppose devoir empê-

(1) *Comptes-rendus*, LXXVI, 1873, et Mémoires innombrables dans le même recueil depuis cette époque.

cher le renversement de polarité des lames médianes par
les lames extérieures. Elle peut cependant avoir l'avantage de concentrer le flux magnétique et d'augmenter
par là la force portante (voir la loi de la force portante,
p. 145). Van der Willigen considérait comme suffisante
une saillie d'un millimètre de la lame médiane sur les
autres.

TRACTION OU FORCE PORTANTE DES AIMANTS
PERMANENTS

Nous avons expliqué, p. 156, la loi de Bernouilli relative à la force portante d'aimants semblables qui serait,
suivant lui, proportionnelle à la racine 3/2 de leur poids,
ou, en d'autres termes, au carré de la racine cubique de
leur poids, et nous avons montré qu'elle indiquait simplement que, à égalité de saturation magnétique, la
force portante était uniquement proportionnelle à la surface polaire. Si l'on désigne par F la charge la plus forte
que puisse porter l'aimant, et par F' son propre poids,
cette loi de Bernouilli a pour expression

$$F = a \sqrt[\frac{3}{2}]{F'} ,$$

dans laquelle a est une constante dépendant des unités
choisies, de la qualité de l'acier et de son degré d'aimantation. Si F et F' sont exprimés en kg, la valeur de
a sera, d'après les meilleurs fabricants, comprise, pour
les aimants en fer à cheval, entre 18 et 24, soit 20 en
moyenne, ce qui signifie que, si l'on considère un aimant
pesant 1 kg, il portera une charge de 20 kg, ou 20 fois
son propre poids. D'après ce mode de calcul, un aimant
pesant 10 kg porterait 92,9 kg, ou 8 3/4 fois son propre

poids, tandis qu'un aimant pesant 0,1 kg porterait 4,31 kg ou 43 fois son propre poids. Ainsi, un des aimants de Van Wettéren, étudié par Van der Willigen (aimant « B »), qui pesait 0,487 kg, portait, comme moyenne de sept observations, une charge de 11,811 kg.

Les aimants de Haarlem ont eu une telle célébrité en raison de leurs admirables qualités, qu'il leur est dû une mention spéciale. Logeman, qui était constamment conseillé par M. Elias, a été le premier à établir la réputation des aimants fabriqués dans cette ville (1). Il employa Van Wetteren, un des maîtres-forgerons les plus habiles. Plus tard, quand Funckler succéda à Logeman dans ses affaires, il continua, avec Van Wetteren, à construire des aimants sur les données d'Elias, jusqu'au jour où le mode d'aimantation de Van der Willigen ci-dessus décrit (page 506) remplaça le précédent et fut appliqué aux aimants forgés par Van Wetteren. On ne trouve rien de précis sur la sorte spéciale d'acier employée, ni sur le mode de trempe et de doucissage adopté, dans le mémoire, d'ailleurs précieux, de Van der Willigen (2) sur ce sujet. Ce mémoire donne une série d'observations sur environ 50 aimants et les charges qu'ils portaient après avoir été aimantés de diverses manières et à différentes époques. La plupart

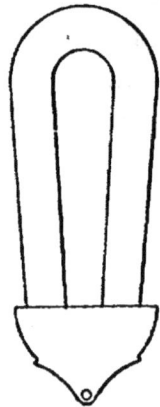

Fig. 215. — Aimant de Van Wetteren (1/6 de grandeur d'exécution).

---

(1) Pour détails sur les aimants de Logeman, voir *Pog. Ann.*, CXVII. p. 192.

(2) *Sur le Magnétisme des aimants artificiels*, Arch. du Musée Teyler (Haarlem), tome IV, 1878.

de ces aimants avaient la forme indiquée dans la Fig. 215.
La surface de contact de l'armature en est légèrement
arrondie. Cette figure est exactement au sixième de grandeur d'exécution de l'aimant « A » de la liste suivante.

DÉSIGNATION DES AIMANTS	POIDS DE L'AIMANT en kg.	CHARGE MOYENNE portée en kg.	VALEUR DU coefficient a
A	0,495	13,30	21,25
B	0,487	11,78	19,03
E	0,889	19,02	20,57
3057	1,013	21,71	21,52
3053	1,521	27,90	21,17
3054	1,918	32,53	21,07
C	2,169	35,47	21,10

L'aimant « A » avait 0,66 cm d'épaisseur et son armature 0,3 cm ; les extrémités polaires étaient écartées l'une
de l'autre de 2,57 cm et chacune d'elles avait 2,68 cm
de large. La hauteur maxima de l'extérieur du sommet
de la courbure au milieu de la ligne des pôles était de
17 cm. La surface polaire avait 1,769 cm². La plus
grande distance entre les branches au-dessous de la courbure était de 3,65 cm. Les aimants « A », « B », « E », et
« C » étaient faits d'une seule barre d'acier. L'aimant
« 3053 » était un de ceux qui figuraient à l'Exposition
d'appareils scientifiques de South Kensington en 1876,
tandis que le « 3054 » avait été envoyé à l'Exposition
centenaire de Philadelphie la même année. A son retour
des Etats-Unis, en mai 1877, il avait été réaimanté et
portait 31,44 kg.

Autant qu'en peut juger l'Auteur, aucun constructeur
anglais n'a égalé ceux de Haarlem ; aucun en tout cas ne

les·a surpassés. Scoresby (1) cite en sa possession un aimant en·fer à· cheval composé de neuf lames, pesant
10 kg, qui portait de 30 à 40 kg. D'après la formule de
Bernouilli, un aimant de 1 kg, proportionnellement aimanté, ne porterait que 8,4 à 11,3 kg, soit beaucoup
moins que la charge d'un aimant de Haarlem. Scoresby
mentionne également un fer à cheval en acier à sept
lames, construit par le docteur Schmidt, et appartenant à
la Royal Institution, de Londres, qui, tout en pesant
7,260 kg, ne portait que 12,700 kg. Fabriqué comme
ceux de Haarlem, il aurait porté au moins 68 kg.

Van der Willigen a donné pour la force portante des
aimants de Haarlen une autre formule que nous repro-
duisons ci-dessous : —

$$F = b . A \sqrt{S} \sqrt[4]{\frac{L}{S}} . \frac{L}{l} ,$$

dans laquelle F est la force portante en kg, S la surface
de l'une des faces polaires (en cm²), A le périmètre de
l'une des extrémités polaires, l la longueur moyenne
effective du fer à cheval, L la longueur « réduite » (c'est-
à-dire la longueur·comprise entre les points présentant
le plus de magnétisme libre observés sur les côtés de
l'aimant muni de son armature), toutes ces longueurs
exprimées en cm ; b est un coefficient qui varie entre 0,7
et 1,2, et dont la valeur moyenne est de 0,891.

La force portante des barreaux droits aimantés est
naturellement bien inférieure à celle des aimants en fer
à cheval de poids égal, attendu que l'armature n'est ja-

(1) *Op. cit.*. p. 241.

mais aussi puissamment aimantée quand elle n'est appliquée que sur un pôle. Van der Willigen établit que, pour les barreaux aimantés de Van Wetteren, la charge portée par un seul pôle est exactement le quart de celle que porterait un fer à cheval de poids égal, ce qui signifie que (avec le kg pour unité), le coefficient a de Bernouilli doit être pris comme égal à 5 à peu près pour les barreaux aimantés de Haarlem. — Aucun constructeur anglais a-t-il jamais produit un barreau aimanté pesant 1 kg qui portât 5 kg sur un seul pôle?

CONSERVATION DES AIMANTS

Toutes les expériences prouvent que les aimants formant un circuit fermé ou sensiblement tel sont moins sujets que d'autres à varier d'intensité; de là les armatures dont sont toujours munis les aimants en fer à cheval et la disposition habituelle des aimants droits par paires dans les boîtes destinées à les conserver.

Les *variations de température* et les *chocs mécaniques* sont, ainsi qu'on l'a vu, susceptibles d'influer sur les aimants.

Le *claquement sec* de l'armature peut altérer l'aimantation. On devra toujours l'appliquer doucement, et même, de préférence, la faire glisser transversalement sur les branches à partir de la courbure et la retourner sur champ en arrivant aux pôles.

Le *brusque arrachement* de l'armature a, par contre, pour effet d'améliorer un électro-aimant en fer à cheval, en dépit de la croyance populaire diamétralement opposée. Les courants électriques parasites induits dans les masses polaires par le brusque arrachement de l'armature circulent dans un sens qui tend à augmenter le magnétisme. On peut ainsi augmenter considérablement la puissance d'un électro-aimant en promenant doucement l'armature sur ses branches, puis l'arrachant brusquement un certain nombre de fois de suite. Par contre rien n'est plus facile que de diminuer ses qualités magnétiques en laissant l'armature venir battre contre les pôles puis en la promenant doucement sur la courbure avant de l'enlever, le tout répété un certain nombre de fois.

Les barréaux aimantés destinés à servir dans des mesures magnétiques ne doivent jamais être en contact les uns avec les autres ni avec d'autres aimants ou pièces de fer.

AIMANTS UNIPOLAIRES

Il est impossible de construire des aimants à un seul pôle, mais il est facile d'arriver à un résultat virtuellement équivalent. Supposons un pôle (Sud, par exemple) d'aimant monté de manière à se trouver sur l'axe de rotation d'un système oscillant équilibré par un contrepoids, c. Il agira alors comme s'il ne possédait qu'un pôle Nord Ce contrepoids peut être commodément établi à l'aide d'un morceau de tuyau de plomb monté sur un bouchon et pouvant glisser le long d'un fil de laiton. La Fig. 216 montre deux formes d'aimants unipolaires ainsi établis.

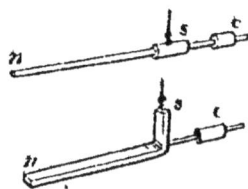

Fig. 216. — Aimants unipolaires.

MONTAGES ASTATIQUES

Des dispositions convenables permettent de monter une aiguille magnétique suspendue, qui naturellement tournerait sur elle-même sous l'action du magnétisme terrestre pour prendre une direction déterminée, de manière à l'affranchir de cette tendance et à la soustraire momentanément à l'attraction terrestre. Ces dispositions sont connues sous le nom de montage *astatique*. On peut les réaliser de plusieurs façons différentes.

(1). *Emploi d'un aimant compensateur.* — Un barreau aimanté parallèle à l'aiguille, placé à distance, latéralement, à l'est ou à l'ouest, comme dans la Fig. 217, ou en bout, et alors placé au nord ou au sud, peut servir à compenser le champ terrestre. Si ce barreau est trop

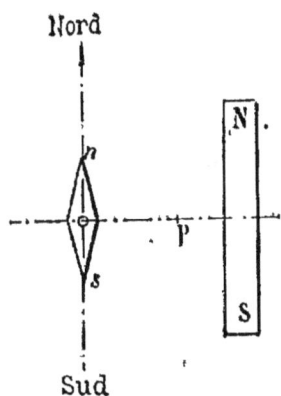

Fig. 217. — Aimant com-pensateur.

éloigné, il n'agira pas assez énergiquement; mais on peut trouver un point P tel que, si l'aimant est légèrement rapproché, l'aiguille tourne complètement sur elle-même. Lorsque l'aimant compensateur se trouve en ce point, le moindre déplacement qui lui est donné a une grande action sur la position de l'aiguille. Il est préférable de réaliser cette compensation à l'aide d'un fort aimant à une certaine distance plutôt qu'avec un faible aimant dans le voisinage immédiat de l'aiguille.

(2). *Interposition d'un écran en fer.* — Un autre mode de procéder consiste à entourer l'aiguille d'une protection en fer d'épaisseur convenable formant écran.

(3). *Montage sur pivot suivant la ligne d'inclinaison.* — Arago imagina de monter sur pivots une aiguille de boussole de manière à ce que son axe d'oscillation fût parallèle à la ligne d'inclinaison. Dans ce cas il n'existe pas de composante agissant sur l'aiguille dans le plan où elle est libre de se mouvoir ; elle est par suite astatique.

(4). *Equilibrage astatique.* — Un aimant recourbé, comme dans la Fig. 218, peut être monté en équilibre de manière à devenir astatique si ses pôles ont des moments magnétiques égaux par rapport à l'axe de suspension. Cette disposition est extrêmement sensible et d'un montage facile.

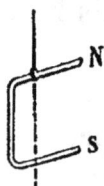

Fig. 218. — Aimant astatiquement équilibré.

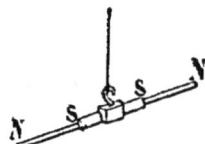

Fig. 219. — Sidéroscope de Lebaillif.

(5). *Couple de Lebaillif.* — Une paire d'aiguilles d'égale longueur, de même poids et semblablement aimantées peut être groupée astatiquement ; il suffit de monter ces aiguilles bout à bout, comme l'indique la Fig. 219. En ajustant les pôles de manière à les équilibrer plus ou moins exactement par leur longueur, on obtient un appareil d'une extrême sensibilité. C'est à l'aide de ce dispositif, nommé par lui *sidéroscope,* que Lebaillif découvrit la répulsion soi-disant diamagnétique de l'antimoine.

(6). *Couple de Nobili.* — Le mode de montage le plus ordinaire pour les aiguilles astatiques est celui représenté par la Fig. 220, où les pôles sont placés en opposition l'un avec l'autre. Cette disposition ne donne cependant une astaticité absolue que (*a*) si les deux aiguilles ont des moments magnétiques exactement égaux, (*b*) si elles sont parfaitement parallèles. Aucune de ces deux conditions n'est ordinairement remplie. Pour assurer le parallélisme il est préférable de suspendre l'aiguille inférieure aux extrémités de l'aiguille supérieure à l'aide de deux petits colliers d'aluminium en bande ou en fil, plutôt que d'adopter le mode habituel de suspension centrale.

(7). *Couple vertical.* — La Fig. 221 montre encore une autre disposition astatique imaginée par l'Auteur en 1886. Comme celle de

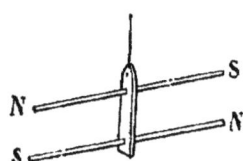

Fig. 220. — Montage de Nobili.

la Fig. 218, elle a sur celles de Nobili et de Lebaillif cet avantage que son degré d'asta- ticité n'est pas affecté

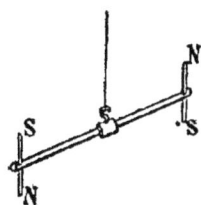

Fig. 221. — Montage astatique vertical.

par une inégale diminution de magné- tisme dans les deux aiguilles.

Il existe plusieurs autres combinaisons astatiques pos- sibles, mais aucune d'elles n'est appliquée dans les in- struments courants.

APPENDICES

APPENDICE A

UNITÉS ÉLECTRIQUES ET MAGNÉTIQUES

Les principales unités employées dans la pratique par les électriciens, suivant convention internationale, sont :

L'*ampère*, unité de courant ou d'intensité ;

Le *volt*, unité de force électromotrice ou de différence de potentiel;

L'*ohm*, unité de résistance électrique.

Ces trois unités pratiques ont pour point de départ certaines unités abstraites, déduites, par des raisonnements mathématiques et des lois prouvées par l'expérience, des trois unités fondamentales :

Le *centimètre*, adopté comme unité de longueur;

Le *gramme*, adopté comme unité de masse;

La *seconde*, adoptée comme unité de temps.

Le système d'unités « absolues » dérivé de ces trois dernières unités est désigné sous le nom de « système centimètre-gramme-seconde » ou, par abréviation, « système C. G. S. » (1); cette dénomination a pour but de le

_____

(1) Nous renvoyons le lecteur désireux d'étudier plus à fond le système d'unités C. G. S. au travail du professeur Everett « *Units and Physical Constants* » (*Unités et Constantes physiques*), traduction française par J. Raynaud, chez Gauthier-Villars, Paris, et, mieux encore, au point de vue pratique, au *Traité de l'Énergie électrique* d'Hospitalier, chez Masson, Paris.

distinguer d'autres systèmes antérieurs, basés sur d'autres unités fondamentales.

Tout système de mesures s'appuie sur des faits ou des lois d'expérience. On ne peut mesurer un courant électrique que par les effets qu'il produit. Or un courant électrique peut : (1) produire le dépôt de métaux libérés de leurs combinaisons chimiques ; (2) échauffer un fil qu'il parcourt ; (3) attirer (ou repousser) un courant parallèle voisin ; (4) déterminer l'accumulation d'une charge électrique qui peut repousser (ou attirer) une charge voisine d'électricité ; (5) produire dans son voisinage un champ magnétique, c'est-à-dire exercer une force sur le pôle d'un aimant placé auprès de lui, comme, par exemple, dans les galvanomètres. *On pouvait choisir* l'un quelconque de ces effets comme base d'un système d'unités de mesures, et ils ont tous en effet été proposés par une autorité ou par une autre. En fait, c'est le dernier de ces phénomènes qui a servi de base au système aujourd'hui adopté par convention internationale et appelé, en raison de son origine, *système électro-magnétique* ; et cette préférence est justifiée d'abord parce qu'il relie les unités électriques et magnétiques, et en second lieu parce qu'il est intimement lié aux unités mécaniques, ce qui permet de calculer aisément les valeurs mécaniques des quantités électriques.

Prenant donc comme point de départ le fait expérimental qu'un courant électrique passant dans un fil peut exercer une force sur le pôle d'un aimant placé auprès de lui, il reste à en définir les conditions avec la plus grande précision. — On trouve expérimentalement que

la force exercée sur un pôle magnétique par le courant
n'est-pas uniquement fonction de l'intensité de ce courant;
cette force est proportionnelle (toutes choses égales d'ailleurs) (1) à la longueur du fil conducteur, (2) à l'inverse
du carré de la distance entre un élément du fil et le pôle,
(3) à l'intensité du pôle magnétique. Pour préciser l'action en question il faut en conséquence prendre (1) un
fil d'une unité de longueur, (2) recourbé en un arc de
rayon égal à une unité, de telle sorte que chaque élément du fil se trouve à une unité de distance du pôle,
et (3) prendre un pôle magnétique d'une unité d'intensité. Ces conditions étant remplies, si l'on fait passer dans le fil un courant d'intensité telle qu'il agisse
sur le pôle avec une unité de force, le courant ayant
cette intensité pourra être pris comme terme de comparaison; en effet un courant deux fois aussi intense
exercerait sur le pôle, dans les mêmes conditions, une
force égale à deux unités, et ainsi de suite. Mais, pour
être précis, il faut encore définir ce qu'on entend par
« unité de force » et par « pôle magnétique d'une unité
d'intensité ». A cet effet, on recourra de nouveau aux
faits d'expérience et on choisira ceux qui permettent le
mieux d'arriver à établir un système rationnel d'unités.

On mesure une force par l'un des effets qu'elle produit, tels, par exemple, que les suivants : elle peut :
(1) élever une masse donnée en opposition avec l'attraction terrestre; (2) allonger un ressort; (3) imprimer un
mouvement à une masse donnée, ou le modifier en l'ac-
célérant dans un sens ou dans l'autre. Le premier de ces
effets, qu'il semblerait le plus naturel de choisir, a été
rejeté parce que l'action de la pesanteur varie aux diffé-

rents points de la terre; le second, parce qu'il entraîne-
rait des complications délicates en ce qui concerne les
propriétés élastiques des ressorts. Aussi a-t-on *choisi* le
troisième, et, pour préciser la définition, il faut se rappeler ce fait acquis par l'expérience que l'accélération de
mouvement imprimée par une force à la masse d'un
corps est proportionnelle (1) à cette force, (2) au temps
pendant lequel elle est appliquée, et (3) à l'inverse de la
masse sur laquelle elle agit. Si donc on pouvait obtenir
une force qui, agissant pendant une seconde sur la masse
d'un gramme, augmentât la vitesse de cette masse d'un
centimètre par seconde ou qui, en d'autres termes, lui
imprimât une accélération d'un centimètre par seconde
par seconde, cette force réaliserait une *unité de force.*
Cette unité a reçu le nom de « *dyne* ». — On peut remarquer que l'attraction de la terre ou action de la pesanteur sur la masse d'un gramme est suffisante pour lui
imprimer une accélération d'environ 981 centimètres par
seconde par seconde (sous la latitude de Paris); il en
résulte que l'action de la pesanteur sur un gramme-
masse (communément appelée le poids d'un gramme) est
égale (à Paris) à 981 dynes. L'action de la pesanteur sur
un kilogramme-masse (communément appelée le poids
d'un kilogramme) est (à Paris) de 981 000 dynes. Un
gramme-masse pèserait au pôle 983,11 dynes, et à l'Equa-
teur 978,1 dynes seulement. Une dyne est une force
égale à Paris à la 981ᵉ partie d'un gramme-poids, soit
environ un milligramme. — Quant à l'unité d'intensité
de pôle magnétique ou unité de magnétisme, un pôle
magnétique peut : (1) porter un morceau de fer; (2) repousser (ou attirer) un autre pôle magnétique à une certaine distance. Le premier de ces deux effets a été rejeté

comme base d'une définition d'unité parce que la charge
que peut porter un pôle d'aimant ne dépend pas seulement de l'intensité du magnétisme à ce pôle, mais aussi
de la forme et de la qualité du morceau de fer soulevé.
Pour préciser la définition à laquelle le second effet sert
de base, il faut se rappeler ce fait d'expérience que la répulsion d'un pôle magnétique par un autre est proportionnelle (1) au produit des intensités des deux pôles,
(2) à l'inverse du carré de la distance qui les sépare. En
conséquence, si l'on choisit deux pôles égaux et semblables, d'une intensité telle que, placés à une unité de distance l'un de l'autre, ils se repoussent avec une force
égale à une unité, ces deux pôles posséderont chacun la
quantité de magnétisme qu'on appellera *unité de quantité de magnétisme.*

Réunissant maintenant ces conceptions, on peut les
grouper systématiquement pour en former les unités du
système C. G. S.

L'unité absolue C. G. S. de force, ou *dyne,* est la force
qui, agissant sur la masse d'un gramme, lui imprime une
accélération d'un centimètre par seconde par seconde.

L'unité absolue C. G. S. de magnétisme, ou *unité de
pôle magnétique,* est le magnétisme ou le pôle magnétique qui, à la distance d'un centimètre (dans l'air), repousse un pôle semblable et d'égale intensité avec la force
d'une dyne.

L'unité absolue C. G. S. de courant ou *d'intensité,* est
le courant dont le circuit, recourbé en un arc de cercle
d'un centimètre de rayon et d'un centimètre de longueur,
exerce une force d'une dyne sur une unité de pôle magnétique placée en son centre.

30.

La condition impliquée par la dernière définition est difficile à réaliser pratiquement et il est plus aisé de constituer un cercle complet d'un centimètre de rayon qu'un arc de cercle d'un centimètre de longueur seulement sur un rayon égal. Si le rayon a plus d'un centimètre et s'il existe plus d'une spire de fil, comme dans la plupart des galvanomètres de tangentes, il est indispensable de recourir à une formule. Si l représente le rayon en centimètres, la longueur de la circonférence, également en centimètres, sera $2\,\pi\,l$. Désignons alors par N le nombre de spires de fil dont se compose la bobine et par i l'intensité du courant en unités absolues C.G.S.; la formule reliant ces quantités avec la force (en dynes) exercée par le courant sur une unité de pôle située en son centre est :

$$\frac{2\pi l N i}{l^2} = f,$$

d'où

$$\frac{2\pi N i}{l} = f.$$

Dans le cas du galvanomètre de tangentes, la force, au lieu d'être mesurée directement, est déterminée d'une façon indirecte, d'après la connaissance de la valeur (au point d'observation) de la composante horizontale du champ magnétique dû au magnétisme terrestre, ordinairement représentée par le symbole H, et d'après la mesure de la tangente de la déviation δ produite sur une aiguille aimantée suspendue au centre de la bobine, alors que celle-ci est placée parallèlement au méridien magnétique. On a alors $f = H \times \tang \delta$, d'où

$$\frac{2\,\pi\,N\,i}{l} = H \tang \delta,$$

Il résulte de là que, si N, l, H, et la tangente de l'angle de déviation δ sont connus, l'intensité du courant sera déterminée par le calcul de la valeur de i tirée de l'expression ci-dessus :

$$i \text{ (unités C. G. S.)} = \frac{lH}{2 \pi N} \; \text{tang } \delta.$$

(H peut d'ailleurs être pris comme ayant les valeurs respectives suivantes dans les principales villes du monde : Paris 0,188; Berlin 0,178; Bombay 0,33; Boston 0,17; Cleveland et Chicago 0,184; Glasgow 0,17; Halifax, N. S., 0,159; Londres 0,18; Montréal 0,147; Mexico 0,31; New-York 0,184; Niagara 0,167; Nouvelle-Orléans (la) 0,28; Philadelphie 0,194; Rome 0,24; San Francisco 0,255; Washington 0,20.)

Mais le courant assez intense pour satisfaire à la définition précédente est beaucoup trop considérable comme terme de comparaison pour tous les courants employés en télégraphie (première application de l'électricité ayant exigé la création d'unités de mesures), puisqu'il est à peu près égal en grandeur au courant d'un circuit de foyer à arc. En conséquence, *l'unité pratique* d'intensité a été fixée au dixième de l'unité absolue et a reçu le nom d' « *ampère* »; une unité absolue C. G. S. de courant est ainsi égale à dix ampères. Il en résulte que l'équation ci-dessus, si i est cherché en ampères, doit être modifiée de la façon suivante:

$$i \text{ (ampères)} = \frac{10 \, l \, H}{2 \pi N} \text{ tang } \delta.$$

On peut en conséquence construire de la manière suivante un simple galvanomètre de tangentes destiné à servir *d'ampèremètre* : — On prend une botte de fil de

cuivre isolé, de diamètre au moins égal à 3 mm, et on
en enroule cinq spires seulement suivant le rayon moyen
exact ci-dessous. Une bobine ainsi constituée, traversée
par un courant de 1 ampère fera dévier l'aiguille de 45°
exactement, c'est-à-dire de l'angle dont la tangente naturelle est = 1; et la lecture des tangentes naturelles des
déviations donnera dès lors directement le nombre d'ampères qu'elle laissera passer. Le rayon doit être inversement proportionnel à l'intensité de la composante horizontale du magnétisme terrestre au point d'utilisation
de l'ampèremètre. Pour Paris, où H = 0,188, le rayon des
spires sera de 16,76 cm. — Le tableau suivant donne les
valeurs à prendre pour les grands centres précédemment cités :

VILLES	COMPOSANTE horizontale du magnétisme terrestre	RAYON de la bobine en cm
Berlin.	0,178	17,65
Bombay	0,330	9,52
Boston et Glasgow	0,170	18,50
Halifax	0,159	19,75
Londres	0,180	17,15
Montréal	0,147	21,37
New-Orléans	0,280	11,22
New-York, Cleveland et Chicago . .	0,181	17,07
Paris	0,188	16,76
Philadelphie.	0,191	19,19
San Francisco	0,255	12,32
Washington.	0,200	15,70

On peut en outre noter qu'un courant d'intensité égale
à 1 ampère précipite dans un bain électrolytique de
cuivre 1,174 gramme de cuivre à l'heure, et 4,024 g
d'argent à l'heure dans un bain d'argent.

En Angleterre, le comité du « Board of Trade »; dans son rapport de 1891, tout en adoptant comme définition abstraite de l'ampère celle donnée ci-dessus, a ajouté comme définition secondaire ou d'application qu'*un courant invariable qui, en passant à travers une solution de nitrate d'argent dans l'eau* (conforme à la spécification indiquée dans ce rapport), *précipite l'argent à raison de 0,001118 gramme par seconde, peut être considéré comme un courant de 1 ampère.* Il a ajouté qu'un courant alternatif d'un ampère désignait un courant tel que la racine carrée de la moyenne des carrés de son intensité en ampères à chaque instant était égale à une unité pratique. C'est la grandeur désignée sous le nom d' « ampère efficace », unité pratique de l' « intensité efficace ».

Les autres unités électriques ont également besoin d'être définies. — La *force électromotrice* d'une pile ou d'une dynamo n'est, sous un autre nom, que la vertu qu'elles possèdent d'envoyer un courant électrique dans un circuit. Elle est également désignée quelquefois sous le nom de « pression » ou « tension » électrique. — Comme base de définition de l'unité de force électromotrice on aurait pu choisir l'un quelconque des faits expérimentaux suivants : La force électromotrice est proportionnelle : (1) au courant qu'elle développe dans un circuit de résistance donnée; (2) à la quantité d'électricité qu'elle accumule sous forme de charge dans un condensateur de capacité donnée; (3) conformément à la conception anglaise, au nombre de lignes de force magnétique coupées par seconde par un conducteur se mouvant dans un champ magnétique, ou, suivant notre conception, à la variation du flux magnétique par rapport au temps à travers un circuit fermé. Le premier de ces faits d'observation serait utilisable si l'unité de résistance était donnée, mais il vaut mieux le réserver comme base de définition de cette dernière unité plutôt que de l'appliquer à définir l'unité de force électromotrice ; le second sert à définir l'unité de capacité ; c'est le troisième qui a été *choisi* pour la définition de l'unité de force électromotrice, et il convient parfaitement à cet objet, comme étant le principe même de la machine dynamo. On doit évidemment prendre comme ayant une valeur égale à *une unité* la force électromotrice produite par le mouvement d'un conducteur coupant normalement par seconde une ligne de force magnétique ou un champ magnétique d'une unité de section.

Mais cette définition implique la définition préalable de l'*unité de ligne de force magnétique*. La voici : — Les lignes magnétiques appelées lignes de force représentent par leur sens celui de la force magnétique résultante dans l'espace à travers lequel elles passent : cet espace, qui est celui où se manifestent des forces magnétiques, et les lignes de force elles-mêmes constituent ce qu'on appelle un « champ » magnétique. Pour arriver à faire représenter aux lignes de force *numériquement*, aussi bien qu'en simple direction, l'intensité des forces magnétiques, on a adopté le procédé suivant. L'expérience montrant, comme on s'en souvient, que l'attraction (ou la répulsion) à laquelle est soumis un pôle magnétique placé dans un champ magnétique est proportionnelle à l'intensité de ce champ, on trace par centimètre carré un nombre de lignes égal à celui des dynes de force exercées sur une unité de pôle. Si l'on trouve par exemple en un point quelconque que l'attraction magnétique sur un pôle d'une unité est égale à 40 dynes, on tracera ou on supposera tracées 40 lignes magnétiques toutes réunies dans l'espace d'un centimètre carré de section. Comme la composante horizontale du magnétisme terrestre à Paris est seulement de 0,188 (dynes sur une unité de pôle), il s'ensuit qu'il n'est développé sous son influence que 18,8 lignes dans une surface de 100 centimètres carrés orientée verticalement est-ouest.

Revenant à la définition de la force électromotrice, on voit que, si le conducteur mobile ne coupe par seconde qu'une seule ligne magnétique, la force électromotrice engendrée aura pour valeur une unité, dans le système absolu de mesures C.G.S. [Dans notre langage scientifique nous disons que l'unité C.G.S. de *flux de force* est le flux traversant une surface de 1 centimètre carré lorsque l'intensité du champ est de 1 unité C.G.S et nous définirons l'*unité* C.G.S. *de force électromotrice* comme la f. é. m. engendrée par le mouvement d'un fil conducteur interceptant par unité de temps une unité de flux.]

Mais cette unité serait extrêmement petite, beaucoup trop faible pour la pratique courante, car, mesurée en unités C.G.S., la force électromotrice d'un seul élément Daniell serait représentée par le nombre énorme de 110 000 000 d'unités et un étalon de Latimer-Clark par 143 500 000 d'unités. Aussi a-t-on adopté comme unité pratique une force électromotrice égale à cent millions de fois l'unité absolue C.G.S., et l'on a donné à cette unité pratique le nom de « volt ». On définira en conséquence « un volt » comme étant la force électromotrice qui serait engendrée par un conducteur coupant par seconde et normalement cent millions (10^8) lignes de force magnétique [ou interceptant par seconde un flux de force de 10^8 unités C.G.S.]. La force électromotrice d'un élément Daniell est ainsi d'environ 1,1 volt; et celle de l'étalon de Clark, de 1,435 volt. Le « Board of Trade » accepte ce chiffre comme étant, à 1 p. 100 près, la vraie valeur du volt. — Le volt est également *l'unité* pratique *de différence de potentiel*.

Les instruments adaptés à la mesure des volts s'appellent *voltmètres*. Pour les forces électromotrices alternatives, l'unité légalement reconnue par le «Board of Trade» est le « volt efficace ».

Nous arrivons maintenant à l'unité de *résistance* électrique. On trouve expérimentalement que le courant lancé dans un circuit sous l'action d'une force électromotrice constante donnée dépend de la résistance offerte par le circuit au passage de l'électricité, ce courant étant d'autant plus faible que la résistance est plus élevée, conformément à la fameuse loi découverte par le docteur Ohm.

En fait la loi d'Ohm établit que le courant est directement proportionnel à la force électromotrice en vertu de laquelle il circule, et inversement proportionnelle à la résistance du circuit. L'adoption des symboles E pour le nombre d'unités de force électromotrice, R pour le nombre d'unités de résistance du circuit et I pour le courant qui en résulte, permet d'écrire la loi d'Ohm sous la forme :

$$\frac{E}{R} = I, \text{ ou } R = \frac{E}{I},$$

c'est-à-dire qu'on calculera la résistance en divisant le

nombre d'unités de force électromotrice par le nombre d'unités de courant. En d'autres termes l'*unité de résistance* est la résistance dans laquelle une unité de f. é. m. entretient une unité d'intensité ou de courant, ou encore celle dans laquelle une unité de courant détermine une chute de potentiel d'une unité. La loi d'Ohm peut encore revêtir la forme suivante qui est utile quand on veut calculer la force électromotrice nécessaire pour faire passer un courant déterminé à travers une résistance donnée :

$$E = RI.$$

Supposons maintenant qu'on dispose d'une force électromotrice égale à une unité absolue C.G.S., et qu'on désire lui faire produire un courant d'une unité d'intensité, définie comme précédemment dans ce même système absolu ; il faudra donner à la résistance du circuit une valeur déterminée ; et cette valeur sera extrêmement petite : autrement une force électromotrice aussi minime ne pourrait maintenir un courant aussi intense. Cette très faible résistance devra néanmoins être prise comme unité dans le système absolu C.G.S., car la loi d'Ohm sera numériquement satisfaite si

$$\frac{\text{une unité de force électromotrice}}{\text{une unité de résistance}} = \text{une unité d'intensité.}$$

Mais, comme on a déjà des unités pratiques de force électromotrice et de courant, on a également besoin d'une unité pratique correspondante de résistance. Un peu de réflexion suffit à montrer que cette unité pratique devra être égale à mille millions d'unités absolues, car la loi d'Ohm sera de nouveau satisfaite si

$$\frac{\text{cent millions d'unités C. G. S. de force électromotrice}}{\text{mille millions d'unités C. G. S. de résistance}}$$
= un dixième d'unité C. G. S. de courant.

On a donné à cette unité pratique de résistance le nom d'« ohm », et bien des recherches ont été effectuées en vue de déterminer sa représentation matérielle. Le Comité de l' « Association Britannique » a établi des bobines-étalons de fil qui ont été longtemps acceptées comme représentant exactement l'ohm ; mais on a reconnu depuis que leur résistance est un peu trop faible. Le Congrès international tenu à Paris en 1882 a fixé la *valeur de l'ohm* comme étant une *résistance égale à celle d'une colonne de mercure d'un millimètre carré de section et de 106 centimètres de long* (à la température de la glace fondante). C'est l'*ohm légal*. D'après des mesures prises avec le plus grand soin par Lord Rayleigh, la véritable valeur de l'ohm correspondrait à une longueur de la colonne mercurielle ci-dessus de 106,3 et non pas 106 cm de long. Le Rapport du Comité du « Board of Trade » adopte cette valeur plus exacte et base sur elle la définition de l'ohm *international*.

Dans la pratique on mesure les résistances des fils et des circuits en les comparant à certaines « bobines de résistances » étalons, souvent disposées en séries de multiples ou sous-multiples sous forme de « boîtes de résistances » ; les instruments spéciaux employés pour ces comparaisons sont de deux genres, les galvanomètres différentiels et le pont de Wheatstone. Pour plus amples renseignements, nous renvoyons le lecteur aux ouvrages sur les épreuves électriques [et à l'excellent livre de M. Hospitalier, *Traité élémentaire de l'Energie électrique*].

On peut se faire une idée grossière mais concrète de la
résistance appelée « ohm » en se rappelant qu'un kilomè-
tre de fil télégraphique ordinaire de 4 millimètres de diamètre présente une résistance de 10 ohms environ.

Une autre unité est nécessaire dans les applications
électriques ; c'est celle de *puissance*, pour exprimer celle
absorbée par une résistance électrique quelconque.

Pour mesurer le taux du travail effectué par un courant
dans un fil, une lampe, ou tout autre appareil alimenté
par de l'énergie électrique, il faut mesurer à la fois l'intensité, ici le nombre d'*ampères*, du courant qui y circule,
et la force électromotrice, ici le nombre de *volts*, agissant
réellement dans cette portion du circuit ; ces deux nombres étant déterminés, on les multipliera l'un par l'autre
pour avoir la puissance électrique. De même que les
ingénieurs mécaniciens expriment en « kilogrammètres
par seconde » la puissance mécanique fournie ou dépensée, l'électricien exprime en « volts-ampères » la puissance électrique. Le nom plus commode de « watt » a
été donné à l'unité de puissance électrique. Le calcul
indique qu'un « watt » ou « volt-ampère » est égal à
1/736 de cheval-vapeur.

Comme exemple de calcul de puissance électrique, on
peut prendre le suivant : — On veut savoir la puissance
dépensée pour entretenir une certaine lampe à arc. Le
voltmètre indique une tension électrique de 57 volts entre
les bornes de la lampe, et l'ampèremètre 10,5 ampères
pour le courant qui la traverse. Le produit est de 598,5
watts. En le divisant par 736 pour avoir sa valeur en
chevaux-vapeur, on trouve 0,813, soit un peu plus de
huit dixièmes de cheval.

On a donné à mille watts le nom de *kilowatt*. Un kilowatt est un peu plus de 1 1/3 cheval.

A titre d'exemple on peut noter que la puissance nécessaire à actionner le grand électro-aimant mentionné p. 35, comme ayant une force portante de 46735 kg, est de 2500 watts, soit environ 3,5 chevaux.

Comme unité pratique d'*énergie* électrique, la quantité légale officiellement admise pour la consommation publique est la puissance fournie en une heure par une puissance de 1000 watts ; autrement dit le *kilowatt-heure*.

L'unité de *self-induction* ou *henry* (autrefois désignée sous les divers noms de *secohm*, *quad* ou *quadrant*) est une unité dérivée d'origine récente. Toutes les fois qu'un courant varie d'intensité, il donne naissance, s'il parcourt une bobine, à des lignes de force en nombre variable [autrement dit à une variation de flux], qui agissent par induction sur les spires du conducteur et y développent une force électromotrice induite tendant à s'opposer aux changements dans la valeur de ce courant. Le symbole ordinairement employé pour le coefficient de self-induction est la lettre L_s ; il signifie que, si on lance ou on arrête brusquement une unité de courant dans le circuit en question, le nombre résultant de lignes magnétiques coupées [ou le flux de force intercepté] par les spires du circuit aura la valeur L_s. L'unité pratique correspondant au volt, à l'ohm, etc., a été prise comme égale à 10^9 unités C. G. S. ; on l'appelle *henry*. En d'autres termes, on dira qu'une bobine a pour coefficient de self-induction un *henry* si, un courant d'une unité étant lancé dans cette bobine, la variation du flux de force résultant à travers cette bobine même est équivalente à une variation de 10^9 unités C. G. S. de flux de force à travers une spire unique.

Si on représente par $\dfrac{di}{dt}$ la variation infiniment petite d'un courant correspondant à un intervalle de temps infiniment petit dt, la force électromotrice résultante de self-induction qui s'oppose à cette variation sera

$$ - L_s \frac{di}{dt} \cdot $$

Pour une forme et un volume donnés de bobine, le coefficient de self-induction est proportionnel au carré du nombre de ses spires. La présence d'un noyau de fer augmente considérablement les effets de self-induction ; mais elle fait du coefficient de self-induction une quantité variable par suite des variations de perméabilité du fer.

On a appelé *secohmmètre* l'instrument imaginé par Ayrton et Perry pour la mesure des coefficients de self-induction.

Pour plus amples détails, nous renvoyons le lecteur aux traités théoriques d'électricité. Il consultera utilement aussi un remarquable article de M. Kennedy dans l'*Electrical World*, XVI, 452, 1890.

APPENDICE B

APPENDICE AUX CHAPITRES IV ET V.

Calcul de l'excitation, des dérivations, etc.

Symboles employés.

Φ = *flux magnétique* total en unités C. G. S. (webers) passant dans un circuit magnétique ($\Phi = \mathcal{H}S$).

$\mathcal{B}$ = *induction* magnétique en unités C. G. S. (gauss) ($\mathcal{B} = \mu \mathcal{H}$).

$\mathcal{H}$ = *champ magnétique*, force magnétisante ou force magnétique, en unités C. G. S. (gauss) $\left(\mathcal{H} = \dfrac{\Phi}{S}\right)$.

μ = *perméabilité* du fer, etc., rapport de l'induction à l'intensité du champ qui la produit $\left(\mu = \dfrac{\mathcal{B}}{\mathcal{H}}\right)$.

S = *Section* droite en cm².

l = *longueur* en cm.

N_s = *nombre de spires* ou de tours de fil sur une bobine magnétisante.

1 = *intensité* de courant électrique, en ampères.

v = *coefficient de dérivation* ou rapport du flux magnétique total à la portion qui en est utilisée. (Il est toujours supérieur à l'unité).

Calcul des valeurs de $\mathfrak{B}$ d'après la force portante.

Si F représente l'effort exercé en kg et S la surface en cm² sur laquelle il s'exerce, on peut employer la formule suivante déduite de la loi de Maxwell (voir p. 92 et 146) :

$$\mathfrak{B} = 4965 \sqrt{\frac{F}{S}} \, .$$

Calcul de la Section droite de fer nécessaire pour une force portante déterminée.

En se reportant à la p. 150, on verra qu'il n'est guère pratique de chercher à obtenir des forces portantes supérieures à 10,5 kg par cm² dans les électro-aimants à noyaux de fer doux, ou à 2 kg avec la fonte. En divisant par l'un de ces deux nombres la charge donnée que doit porter l'électro-aimant, on obtiendra la section droite cherchée pour le fer ou la fonte respectivement.

Calcul de la Perméabilité μ d'après $\mathfrak{B}$.

On ne peut résoudre ce problème d'une façon satisfaisante qu'en se référant à un tableau numérique, comme le Tableau III de la p. 96, ou à des courbes, telles que celles des Fig. 41 ou 42, dans lesquels soient portés les résultats de mesures faites sur des échantillons réels du fer de la qualité visée. Les valeurs de μ pour les deux échantillons de fer auxquels s'applique le Tableau III peuvent se calculer approximativement de la manière suivante :

Pour le fer doux, $\mu = \dfrac{17000 - \mathfrak{B}}{3,5}$;

Pour la fonte grise, $\mu = \dfrac{7000 - \mathfrak{B}}{3,2}$.

Ces formules ne sont pas applicables pour le fer forgé quand la force portante doit être inférieure à 2 kg par cm², ni pour la fonte dont la force portante exigée serait moindre que 0,160 kg par cm².

Calcul du Flux magnétique total auquel un noyau de section donnée peut couramment livrer passage.

On a vu qu'il n'est pas pratique de pousser l'induction dans le fer forgé au delà de 15000 à 16000 gauss, et dans la fonte au delà de 6000 à 7000. Ce sont les valeurs les plus élevées dont on puisse partir dans le calcul des électro-aimants. On obtient le flux total en webers en multipliant le chiffre ainsi admis par la section en cm² ($\Phi = \mathfrak{B}S$).

Calcul de la Force magnétomotrice pour faire passer un flux donné à travers une réluctance déterminée.

On multiplie le nombre qui représente la réluctance donnée en oersteds, par le flux total en webers qu'on veut y faire pénétrer. Le produit donnera la valeur de la force magnétomotrice en gilberts. En le divisant par $\dfrac{4\pi}{10} = 1,256$, on en aura l'expression en *ampères-tours*.

Calcul de la Réluctance d'un noyau de fer.

La réluctance $\left(\mathfrak{R} = \dfrac{\mathcal{F}}{\Phi} \right)$ étant directement proportion-

nelle à la longueur du circuit et inversement proportionnelle à sa section et à sa perméabilité, on a la formule
suivante :

$$\text{Réluctance} = \frac{l}{\mu S};$$

mais on ne peut y introduire la valeur de μ tant qu'on
ne sait pas quelle doit être celle de $\mathfrak{B}$. On se reportera
en conséquence au Tableau III pour avoir μ.

Calcul de la Réluctance totale d'un circuit magnétique.

On calcule séparément les réluctances des différents
éléments du circuit et on les additionne. Il faut cependant tenir compte des dérivations; en effet, quand le
flux se divise, une partie passant dans l'armature et
l'autre se dérivant, la loi qui régit les circuits dérivés intervient, et la réluctance réduite est l'inverse de la somme
des inverses des réluctances partielles. Dans le cas le
plus simple, le circuit magnétique comprend trois parties : (1) l'armature, (2) l'air des deux entrefers, (3) le
noyau de l'électro-aimant. On peut séparer ces trois réluctances comme dans le tableau ci-dessous.

Si le fer employé comme armature et comme noyau
est de la même qualité et poussé au même degré de saturation, μ_1 et μ_3 seront semblables. Pour les entrefers
$\mu = 1$, et par suite on n'a pas à le faire intervenir dans
l'expression.

S'il n'y a pas de dérivations, la réluctance totale sera
simplement la somme de ces trois termes. Mais, quand
il y a dérivation, la réluctance totale se trouve réduite.

31.

ÉLÉMENTS DU CIRCUIT	RÉLUCTANCES CORRESPONDANTES.
1. Armature.	$\dfrac{l_1}{\mu_1 S_1}$
2. Entrefers	$2\,\dfrac{l_2}{S_2}$
3. Noyau	$\dfrac{l_3}{\mu_3 S_3}$

Calcul de la Force magnétomotrice, en ampères-tours, nécessaire pour faire passer le flux magnétique voulu à travers les réluctances du circuit magnétique.

D'après l'expression $\mathscr{F} = \Phi\,\mathscr{R} = 4\pi N_s I$, on sait que le nombre d'ampères-tours nécessaire est égal au flux multiplié par la réluctance du circuit et divisé par $\dfrac{4\pi}{10}$ $(= 1{,}256)$.

En détaillant les divers éléments du circuit, on aura pour le nombre d'ampères-tours correspondant à chacun d'eux : —

Ampères-tours nécessaires pour faire passer le flux Φ à travers le fer de l'armature.
$$= \Phi \times \frac{l_1}{\mu_1 S_1} : \frac{4\pi}{10}\,;$$

Ampères-tours nécessaires pour faire passer le flux Φ à travers les deux entrefers.
$$= \Phi \times \frac{2\,l_2}{S_2} : \frac{4\pi}{10}\,;$$

Ampères-tours nécessaires pour faire passer le flux $v\,\Phi$ à travers le fer du noyau.
$$= v\,\Phi \times \frac{l}{\mu_3 S_3} : \frac{4\pi}{10}\,;$$

et, en additionnant :

$$Total\ des\ Ampères\text{-}tours = \frac{10}{4\,\pi}\Phi\left(\frac{l_1}{\mu_1 S_1}+\frac{2\,l_2}{S_2}+\frac{v\,l_3}{\mu_3 S_3}\right).$$

On remarquera qu'ici on a dû introduire le coefficient de dérivation v, ou marge pour dérivations. Nous verrons ci-après comment il se calcule. En attendant, on peut faire observer que, dans l'étude d'électro-aimants applicables à tous les cas où v est approximativement connu d'avance, on peut simplifier le calcul en prenant la section droite du noyau plus grande que celle de l'armature dans la même proportion. Si, par exemple, on sait que le flux perdu par dérivations est à peu près égal à celui qui doit être utilisé dans l'armature (soit ici $v = 2$), on devra donner au noyau une section double de celle de l'armature. Dans ce cas μ_3 sera sensiblement égal à μ_1.

Calcul du Coefficient v de perte ou marge pour dérivations.

v est égal au flux total créé dans le noyau de l'électro-aimant, divisé par le flux utile qui passe dans l'armature. Les flux utile et perdu sont respectivement proportionnels aux perméances des voies qui leur sont ouvertes. La *perméance* ou *conductance magnétique* est l'inverse de la réluctance ou résistance magnétique. Si l'on désigne par μ_{ut} la perméance de l'armature et des entrefers, et par μ_p la perméance du milieu dans lequel se perd une partie du flux, on a

$$v = \frac{\mu_{ut} + \mu_p}{\mu_{ut}}.$$

μ_p peut être évalué d'après le Tableau XIII donné

p. 214, ou d'après d'autres règles de dérivations ; mais il doit être divisé par 2, attendu que la différence moyenne de potentiel magnétique sur la surface de dérivation n'est que la moitié de ce qu'elle est aux extrémités des pôles.

Règles pour l'évaluation des Dérivations magnétiques.

(Les règles I à III sont des adaptations de celles données par le professeur Forbes).

I. — *Perméance entre deux surfaces parallèles opposées l'une à l'autre.* — Si S_1 et S_2 sont les surfaces en cm², et l la distance (en cm) qui les sépare, on a :

$$\text{Perméance} = \frac{1}{2}\left(S_1 + S_2\right) : l.$$

II. — *Perméance entre deux surfaces adjacentes rectangulaires et égales situées dans le même plan.* — En admettant que les lignes de dérivation soient semi-circulaires, et qu'on connaisse (en cm) les distances respectives l_1 et l_2 qui séparent les côtés parallèles les plus proches et les plus éloignés, ainsi que la profondeur a suivant les autres côtés parallèles, on aura :

$$\text{Perméance} = \frac{a}{\pi}\log_e\frac{l_2}{l_1}.$$

III. — *Perméance entre deux surfaces rectangulaires parallèles égales situées dans le même plan à une certaine distance l'une de l'autre.* — On admet que les lignes de dérivation sont des quarts de cercles reliés par des lignes droites. On a alors :

$$\text{Perméance} = \frac{a}{\pi}\log_e\left(1 + \frac{\pi(l_2 - l_1)}{2\,l_1}\right).$$

IV. — *Perméance entre deux surfaces égales à angles droits l'une par rapport à l'autre.* — Si l'angle d'entre-fer est de 90°, il faudra, pour avoir la perméance, doubler les valeurs respectives calculées d'après II ou III. — Si cet angle est de 270°, il faudra prendre 2/3 de fois les valeurs respectives calculées d'après II.

V. — *Perméance entre deux cylindres parallèles de longueur indéfinie.* — La formule pour la réluctance dans ce cas est donnée p. 212 ci-dessus : la perméance en est l'inverse. Le Tableau XIII, p. 214 permet de simplifier les calculs.

APPENDICE C

RÈGLES DE KAPP (1) POUR LE BOBINAGE

Les règles suivantes sont utiles pour les calculs préliminaires relatifs à l'épaisseur du bobinage et au poids de cuivre sur les bobines des grands électro-aimants. On peut naturellement déterminer ces éléments en calculant successivement le diamètre du fil, nu et isolé, le nombre des spires, le nombre de spires par couche, et la résistance par spire. Si l est la longueur du fil, et b son épaisseur, toutes deux exprimées en cm, x l'excitation en ampères-tours, c le périmètre en cm de la bobine, et f le poids de la bobine en kg, on aura :

$$x = 0{,}247\, \alpha\, l \sqrt{b} , \qquad (1)$$

expression dans laquelle α est un coefficient dépendant du diamètre du fil et de l'épaisseur de son isolant. On aura également :

$$f = 0{,}4536\, \beta\, \frac{c}{l} \sqrt{\frac{x}{1000}} ; \qquad (2)$$

β étant un second coefficient qui varie avec le diamètre du fil.

(1) Voir *Engineer*, avril 1890.

Ces deux formules s'appliquent au cas où, une température-limite étant imposée, on se donne 16 cm² de surface par watt. S'il n'est imposé aucune limite de ce genre, et qu'on admette une certaine dépense d'énergie, il est plus commode de les remplacer par les deux suivantes :

$$x = 0,93\gamma\sqrt{\frac{flb}{c}}, \qquad (3)$$

$$f = \frac{0,178}{10^6}\,\delta\,\frac{c^2\,x^2}{b}. \qquad (4)$$

Les quatre coefficients numériques ci-dessus ont alors les valeurs suivantes :

DIAMÈTRE DU FIL NU en mm.	α	β	γ	δ
1,02	522	0,495	820	0,195
3,05	542	0,520	850	0,205
5,08	570	0,615	900	0,215

INDEX ALPHABÉTIQUE

T

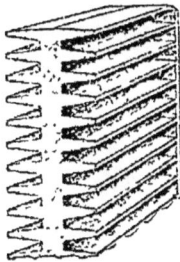